EUL VERLAG

Reihe: Rechnungslegung und Wirtschaftsprüfung · Band 32

Herausgegeben von Prof. (em.) Dr. Dr. h. c. Jörg Baetge, Münster, Prof. Dr. Hans-Jürgen Kirsch, Münster, und Prof. Dr. Stefan Thiele, Wuppertal

Dr. Martin Jonas

Die Bildung von Bewertungseinheiten im handelsrechtlichen Jahresabschluss

Eine auslegende Untersuchung des § 254 HGB zur Bilanzierung von Sicherungszusammenhängen bei Industrie- und Handelsunternehmen

Mit einem Geleitwort von Prof. Dr. Dr. h. c. Jörg Baetge, Westfälische Wilhelms-Universität Münster

EUL VERLAG

Bibliografische Information der Deutschen Nationalbibliothek

Die Deutsche Nationalbibliothek verzeichnet diese Publikation in der Deutschen Nationalbibliografie; detaillierte bibliografische Daten sind im Internet über <http://dnb.d-nb.de> abrufbar.

Dissertation, Westfälische Wilhelms-Universität Münster, 2011

D 6

ISBN 978-3-8441-0090-7
1. Auflage November 2011

JOSEF EUL VERLAG GmbH
Brandsberg 6
53797 Lohmar
Tel.: 0 22 05 / 90 10 6-6
Fax: 0 22 05 / 90 10 6-88
E-Mail: info@eul-verlag.de
http://www.eul-verlag.de

Bei der Herstellung unserer Bücher möchten wir die Umwelt schonen. Dieses Buch ist daher auf säurefreiem, 100% chlorfrei gebleichtem, alterungsbeständigem Papier nach DIN 6738 gedruckt.

Geleitwort

Die Globalisierung der Unternehmen und die zunehmende Verflechtung der Kapitalmärkte haben die Volatilitäten der Marktpreise und infolgedessen die Gefahr von marktpreisrisikoinduzierten Verlusten stark ansteigen lassen. Aus diesem Grund schließen neben Versicherungen und Kreditinstituten vermehrt auch Industrie- und Handelsunternehmen separate Sicherungsgeschäfte ab, vornehmlich derivative Finanzinstrumente, um sich gegen solche Risiken abzusichern. Die Bilanzierung dieser Sicherungsbeziehungen gehört seit jeher – nicht zuletzt aufgrund der dynamischen Entwicklung des Derivatemarkts und der zunehmenden Anzahl an Finanzinnovationen – zu den komplexesten und vielschichtigsten Rechnungslegungsproblemen. Im Handelsrecht gab es bis zur Verabschiedung des Bilanzrechtsmodernisierungsgesetzes (BilMoG) keine konkreten Vorschriften zur Bilanzierung von Sicherungsbeziehungen. Vielmehr war auf die Grundsätze ordnungsmäßiger Buchführung (GoB) zurückzugreifen. Zwar wurde im Schrifttum und in der Praxis überwiegend die Auffassung vertreten, dass Geschäfte in einem Sicherungszusammenhang zu einem einheitlichen Bewertungsobjekt zusammengefasst werden müssen, um eine Verlustantizipation als Ausfluss des Kapitalerhaltungszwecks lediglich auf offene Risikopositionen zu beschränken. Allerdings war wegen des strengen Einzelbewertungsgrundsatzes zweifelhaft, ob die Zusammenfassung von Einzelgeschäften zu einer Bewertungseinheit als zulässig erachtet werden kann. Über zahlreiche Detailregelungen herrschte im Schrifttum keine Einigkeit. Erst durch das BilMoG wurde mit dem neuen § 254 HGB dieser unbefriedigende Rechtszustand abgeschafft. Allerdings blieben auch nach Inkrafttreten des BilMoG zahlreiche Auslegungs- und Anwendungsfragen offen.

Der Verfasser hat sich das **Ziel** gesetzt, die Neuregelungen des **§ 254 HGB n.F.** zur Bildung von Bewertungseinheiten mit der für das Handelsrecht gebotenen Methode der Hermeneutik zweckadäquat auszulegen. Die neuerdings gesetzlich geregelte Bildung von Bewertungseinheiten nach § 254 HGB n.F. soll also entsprechend den Zwecken des handelsrechtlichen Jahresabschlusses und der GoB ausgelegt werden.

Die Arbeit ist in fünf Abschnitte gegliedert. In **Abschnitt 1** werden die Problemstellung und der Aufbau der Arbeit erläutert.

In **Abschnitt 2** erarbeitet der Verfasser die konzeptionellen Grundlagen seiner Arbeit. Dazu geht er auf die handelsrechtliche Konzeption zur Berücksichtigung von Verlustgefahren ein.

Anschließend erläutert er den der Arbeit zugrunde gelegten Risikobegriff und behandelt die Grundlagen der Risikoabsicherung. Die neue gesetzliche Regelung lässt ausschließlich Finanzinstrumente zur Risikoabsicherung zu. Daher konkretisiert und systematisiert der Verfasser wesentliche Finanzinstrumente. Dabei differenziert er – wie in den IFRS üblich – zwischen originären und derivativen Finanzinstrumenten.

In **Abschnitt 3** erarbeitet der Verfasser den für die Auslegung der neuen HGB-BilMoG-Vorschrift notwendigen handelsrechtlichen Bezugsrahmen und erläutert die Methodik zur Auslegung handelsrechtlicher Normen nach der in der Jurisprudenz üblichen und gebotenen hermeneutischen Methode. Zur Auslegung zieht er das Zweck - und GoB-System des handelsrechtlichen Jahresabschlusses heran. Dabei beschränkt er sich auf diejenigen Bilanzierungsgrundsätze, die für die Auslegung des § 254 HGB von Bedeutung sind und macht klar, dass hierzu auch der Grundsatz gehört, zweiseitig unerfüllte schwebende Geschäfte nicht bilanzieren zu dürfen, solange kein Verlust droht. Im diesem Fall ist eine Drohverlustrückstellung zu bilden.

In **Abschnitt 4** wird die durch das BilMoG erstmals in das HGB eingeführte Vorschrift des § 254 HGB zur Bildung von Bewertungseinheiten bei bestehenden Sicherungszusammenhängen analysiert. Nach einem kurzen Abriss über die Entstehungsgeschichte des § 254 HGB-BilMoG konkretisiert der Verfasser das Untersuchungsobjekt, nämlich die Bildung von Bewertungseinheiten zum Zweck der Risikoabsicherung. Denn im Unterschied zu Bewertungsobjekteinheiten, welche die Abgrenzung von einheitlich zu bewertenden Vermögensgegenständen regeln, werden bei Bewertungseinheiten i. S. d. § 254 HGB auch völlig unterschiedliche Positionen, die als Aktiva, als Passiva oder die überhaupt nicht in der Bilanz ausgewiesen werden, zusammengefasst.

Der Verfasser erläutert den Verpflichtungsgrad des § 254 HGB und kommt vor dem Hintergrund des handelsrechtlichen Zweck- und GoB-Systems zu dem Ergebnis, dass zusammengehörige Grund- und Sicherungsgeschäfte zwingend zu einer Bewertungseinheit zusammenzufassen sind. Eine überstrenge Interpretation des Einzelbewertungsgrundsatzes würde bei risikokompensierenden Geschäften zu dem der Rechenschaft widersprechenden und für die Kapitalerhaltung nicht erforderlichen Ergebnis führen, dass bei jeder Wertänderung von Grund- und Sicherungsgeschäft negative Erfolgsbeiträge zu antizipieren wären, obwohl bei perfekt abgesicherten Positionen keine Verluste eintreten können. Nach Ansicht des Verfassers ist bei der Interpretation des Einzelbewertungsgrundsatzes das Konzept der Interessenregelung zu beachten und zwar durch eine ausgewogene Gewichtung der Zwecke „Rechenschaft“ und „Kapitalerhaltung“ zum relativierten Schutz aller Adressaten. Der Verfasser kommt zu dem Ergebnis, dass wirksame Sicherungszusammenhänge, bei denen eine Verlustgefahr vollständig abgesichert ist, zwingend zu einer Bewertungseinheit zusammenzufassen sind, um ein den tatsächlichen Verhältnissen entsprechendes Bild der Vermögens-, Finanz- und Ertragslage der Unternehmung zu zeichnen.

Da die Bildung einer Bewertungseinheit dem Rechenschaftszweck dient, der handelsrechtliche Jahresabschluss aber auch der Kapitalerhaltung dienen muss, entwickelt der Verfasser strenge Objektivierungskriterien für die Bildung eines Sicherungszusammenhanges, damit eine Verlustgefahr ex ante ausgeschlossen werden kann. Neben der Zulässigkeit von Grund- und Sicherungsgeschäft analysiert der Verfasser vor allem die Wirksamkeit des zugrunde liegenden Sicherungszusammenhangs. Dem Gesetzeswortlaut des § 254 HGB folgend kommen als zulässige Grundgeschäfte neben Vermögensgegenständen, Schulden und schwebenden Geschäften auch mit hoher Wahrscheinlichkeit erwartete Transaktionen in Betracht. Der Verfasser analysiert dabei ausführlich, unter welchen Bedingungen erwartete Transaktionen als Grundgeschäfte in Frage kommen. Für erwartete Transaktionen legt der Verfasser dabei besonders strenge Anforderungen zugrunde, da der handelsrechtliche Jahresabschluss über die Informationsvermittlung hinaus auch die Grundlage für die Ausschüttungsbemessung bildet. Als erwartete Transaktionen dürfen dementsprechend nur Grundgeschäfte zugelassen werden, wenn ein mit an Sicherheit grenzender Wahrscheinlichkeit erwarteter Abschluss der künftigen Transaktion vorausgesetzt werden kann. Bestehen auch nur die geringsten Zweifel an dem tatsächlichen Abschluss der erwarteten Transaktion, darf die Bewertungseinheit nicht gebildet werden und eine zuvor aufgrund entsprechender Erwartungen bereits gebildete Bewertungseinheit ist umgehend aufzulösen. Die Zahl der möglichen Sicherungsgeschäfte beschränkt sich dem Wortlaut des § 254 HGB folgend ausschließlich auf Finanzinstrumente. Diesen unbestimmten Rechtsbegriff konkretisiert der Verfasser und kommt zu dem Ergebnis, dass der Begriff des Finanzinstruments möglichst weit zu fassen ist und daher in Übereinstimmung mit § 1a Abs. 3 KWG abgegrenzt werden sollte. Danach sind auch traditionelle Kreditsicherheiten, wie Bürgschaften oder Garantien, unter die Finanzinstrumente zu subsumieren. Da Warentermingeschäfte nicht unter diese Definition eines Finanzinstruments zu subsumieren sind, haben diese Geschäfte gem. § 254 Satz 2 HGB aber für Sicherungszwecke als Finanzinstrumente zu gelten. Der Wortlaut des Gesetzes steht somit in Einklang mit der vom Verfasser hergeleiteten Definition eines Finanzinstruments.

Nach einer Identifizierung der zulässigen Grund- und Sicherungsgeschäfte klärt der Verfasser die notwendigen Voraussetzungen zur Bildung von Bewertungseinheiten. Dabei arbeitet er objektive Kriterien heraus, welche die Wirksamkeit eines Sicherungszusammenhangs garantieren. Die Wirksamkeit jedes Sicherungszusammenhangs muss sich daher objektiv beurteilen und intersubjektiv nachprüfen lassen und zwar durch einen entsprechenden Effektivitätstest. Der Verfasser untersucht, mit welchen quantitativ-statistischen Verfahren die Effektivität eines Sicherungszusammenhangs im Handelsrecht gemessen werden kann und analysiert sowohl die Vorteile als auch die Nachteile der jeweiligen Verfahren. Auf die Möglichkeiten und Grenzen von qualitativ ausgerichteten Verfahren geht der Verfasser ebenfalls ein. Anforderungen, die an die Dokumentation der Bewertungseinheit zu stellen sind, erarbeitet der Verfasser ebenso wie Empfehlungen zur möglichst einfachen und praxisnahen Dokumentation von Bewertungseinheiten.

Besonders hervorzuheben ist, dass der Verfasser die Voraussetzungen zur Bildung von Bewertungseinheiten vor dem Hintergrund der in Betracht kommenden und im Schrifttum vorgeschlagenen Methoden zur Abbildung von Bewertungseinheiten diskutiert und diese auf ihre GoB-Konformität untersucht. Der Verfasser zeigt, dass nur das im Schrifttum als „Einfrierungsmethode" bezeichnete Verfahren für alle nach § 254 HGB zulässigen Sicherungszusammenhänge mit den GoB vereinbar ist, während die sogenannte „Durchbuchungsmethode" in den meisten Fällen gegen die GoB verstößt, nämlich immer dann, wenn das Grundgeschäft oder das Sicherungsgeschäft keinen bilanzierungsfähigen Vermögensgegenstand oder keine bilanzierungsfähige Schuld verkörpern. Die Besonderheit bei der Abbildung von Bewertungseinheiten im Zusammenhang mit der Absicherung von erwarten Transaktionen werden als gesetzliche Neuregelung besonders intensiv diskutiert. Der Verfasser unterscheidet klar zwischen Wertänderungen aus gesicherten und Wertänderungen aus ungesicherten Risiken, weil lediglich Wertänderungen aus gesicherten Risiken Bestandteil einer Bewertungseinheit nach § 254 HGB sein dürfen. Dagegen sind Wertänderungen aus ungesicherten Risiken nach den allgemeinen handelsrechtlichen Grundsätzen zu bilanzieren und daher nicht dem Bewertungsobjekt „Bewertungseinheit", sondern den jeweiligen Einzelgeschäften, d. h. dem Bewertungsobjekt „Grundgeschäft" oder „Sicherungsgeschäft", zuzurechnen. Neben der bilanziellen Abbildung von Bewertungseinheiten untersucht der

Verfasser auch die handelsrechtlichen Auswirkungen bei der Beendigung von Bewertungseinheiten. Anhand von Fallunterscheidungen zeigt der Verfasser, wann und wie eine bereits gebildete Bewertungseinheit wieder aufgelöst werden sollte. Dabei unterscheidet er zwischen dem (planmäßigen) Wegfall beider Geschäfte und dem Wegfall von lediglich einem der beiden Geschäfte. Werden Grund- und Sicherungsgeschäft nicht gleichzeitig aufgelöst, muss ferner zwischen dem Geschäft, das weiterhin im Bestand gehalten wird und dem Geschäft, das weggefallen ist (z. B. durch einen Verkauf) differenziert werden. Dabei ist grundsätzlich ein risikoinduzierter Erfolgsbeitrag aus dem abgehenden Geschäft erfolgswirksam zu berücksichtigen, während ein risikoinduzierter Erfolgsbeitrag aus dem weiterhin im Bestand befindlichen Geschäft nach dem Imparitätsprinzip zu behandeln ist, weil ein risikoinduzierter Erfolgsbeitrag eines weiterhin im Bestand befindlichen Geschäfts bei Auflösung der Bewertungseinheit noch nicht realisiert ist. Der Abschnitt schließt mit einer zusammenfassenden Würdigung der bilanziellen Abbildung von Bewertungseinheiten.

In **Abschnitt 5** werden die wichtigsten Ergebnisse der vorgelegten Arbeit thesenförmig zusammengefasst.

In der vorliegenden Monographie über das Hedge Accounting bearbeitet der Verfasser ein gleichermaßen aktuelles wie theoretisch und praktisch bedeutsames Thema, das in dieser systematischen Form noch nicht für das deutsche Handelsrecht bearbeitet wurde. Die Arbeit liefert nicht nur für die Wissenschaft sondern auch für den Praktiker wertvolle Antworten, welche Aspekte bei der Bilanzierung von Sicherungszusammenhängen im deutschen Handelsrecht zu beachten sind.

Münster in Westfalen, im November 2011 Prof. Dr. Dr. h.c. Jörg Baetge

Vorwort des Verfassers

Die vorliegende Arbeit entstand während meiner Tätigkeit als wissenschaftlicher Mitarbeiter im Forschungsteam Baetge und meiner Tätigkeit als fachlicher Mitarbeiter bei der Deloitte & Touche GmbH Wirtschaftsprüfungsgesellschaft in Düsseldorf. Sie wurde im Juni 2011 von der Wirtschaftswissenschaftlichen Fakultät der Westfälischen Wilhelms-Universität Münster als Dissertation angenommen.

Meinem verehrten Doktorvater, Herrn Professor Dr. Dr. h. c. Jörg Baetge, danke ich herzlich für die wissenschaftliche Betreuung der Arbeit und für die Übernahme des Erstgutachtens. Seine vorbildliche persönliche und fachliche Unterstützung sowie seine stete Zuversicht in das gute Gelingen der Arbeit haben mir während meiner Promotionszeit sehr geholfen. Für die weitreichende Unterstützung durch die Deloitte & Touche GmbH Wirtschaftsprüfungsgesellschaft bedanke ich mich stellvertretend herzlich bei Herrn WP/StB Lutz Meyer und Herrn WP/StB Josef Kalvelage. Mein herzlicher Dank gilt auch Herrn Prof. Dr. Christoph Watrin für die Zweitbegutachtung der Arbeit. Herrn Prof. Dr. Gustav Dieckheuer danke ich für seine Mitwirkung in der Promotionskommission.

Meinen ehemaligen und derzeitigen Kollegen des Forschungsteams Baetge danke ich für die nicht nur in den Doktorandenseminaren bewiesene Unterstützung. Besonders hervorheben möchte ich meine Arbeitskollegen, Dr. Peter Brüggemann und Dr. Dominic Sommerhoff, die sich trotz ihrer hohen Belastung die Zeit nahmen, das Manuskript kritisch durchzusehen. Danken möchte ich auch Dr. Andreas Schmidt und Dr. Matthias Schmidt für Ihre stete Diskussionsbereitschaft während der Promotionszeit sowie die gelegentliche Ablenkung von meinem Forschungsprojekt. Ebenso danke ich den Kolleginnen und Kollegen am Institut für Rechnungslegung und Wirtschaftsprüfung unter der Leitung von Herrn Prof. Dr. Hans-Jürgen Kirsch.

Ganz besonderes danken möchte ich meiner Freundin Johanna Ogilvie, die mir nicht nur während der arbeitsreichen Promotionszeit stets verständnisvoll und aufmunternd zur Seite stand. Mit ihrem Optimismus und ihrer liebevollen Art konnte ich die gelegentlichen Hürden bis zur Fertigstellung der Arbeit bestens meistern.

Der größte Dank gebührt meinen Eltern, Gisela Jonas und Rainer Thielen, die mich auf meinem bisherigen Lebensweg vertrauensvoll und stets mit großer Zuversicht in vielfältiger Weise unterstützt und gefördert haben. Ihnen ist diese Arbeit gewidmet.

Münster in Westfalen, im November 2011 Dr. Martin Jonas

Inhaltsübersicht

Inhaltsverzeichnis

Verzeichnis der Übersichten

Abkürzungsverzeichnis

§ Paragraph
% Prozent

A

a. A. anderer Ansicht
a. F. alte Fassung
Abs. Absatz/Absätze
Abschn. Abschnitt
Abt. Abteilung
ADS Adler/Düring/Schmaltz (Kommentar)
AG Aktiengesellschaft
AK Arbeitskreis
AK/HK Anschaffungs- bzw. Herstellungskosten
AKEU Arbeitskreis „Externe Unternehmensrechnung“ der Schmalenbach-Gesellschaft für Betriebswirtschaft e. V.
AktG Aktiengesetz
Aufl. Auflage

B

BB Betriebs-Berater (Zeitschrift)
BBK Buchführung, Bilanzierung, Kostenrechnung (Zeitschrift)
Bd. Band
BFH Bundesfinanzhof
BFuP Betriebswirtschaftliche Forschung und Praxis (Zeitschrift)
BGB Bürgerliches Gesetzbuch
BGBl. Bundesgesetzblatt
BilMoG Bilanzrechtsmodernisierungsgesetz
BKRUG Gesetz zur Umsetzung der neu gefassten Bankenrichtlinie und der neu gefassten Kapitaladäquanzrichtlinie
BMF Bundesministerium der Finanzen
BMJ Bundesministerium der Justiz
BR Bundesrat
BR-Drucks. Bundesrat-Drucksache
bspw. beispielsweise
BStBl. Bundessteuerblatt
BT Bundestag
BT-Drucks. Bundestag-Drucksache
bzw. beziehungsweise

C

c. p. ceteris paribus
CAD Kanadischer Dollar

D

d. h. das heißt
DAX Deutscher Aktienindex
DB Der Betrieb (Zeitschrift)
DBW Die Betriebswirtschaft (Zeitschrift)
DRS Deutscher Rechnungslegungs Standard
DRSC Deutsches Rechnungslegungs Standards Committee e. V.
DSR Deutscher Standardisierungsrat
DStR Deutsches Steuerrecht (Zeitschrift)

E

e. V. eingetragener Verein
ED Exposure Draft
EGHGB Einführungsgesetz zum Handelsgesetzbuch
ERS Entwurf einer Stellungnahme zur Rechnungslegung
EStG Einkommensteuergesetz
EU Europäische Union
EUR Euro
EURIBOR Euro Interbank Offered Rate (Referenzzinssatz)

F

f.	folgende (Seite, Paragraph)
FAZ	Frankfurter Allgemeine Zeitung
FB	Der Finanzbetrieb (Zeitschrift)
FN-IDW	Fachnachrichten des Instituts der Wirtschaftsprüfer in Deutschland e. V. (Zeitschrift)
Fn.	Fußnote

G

gem.	gemäß
ggf.	gegebenenfalls
ggü.	gegenüber
gl. A.	gleicher Ansicht
GoB	Grundsätze ordnungsmäßiger Buchführung
GoF	Geschäfts- oder Firmenwert (Goodwill)
GuV	Gewinn- und Verlustrechnung
grds.	grundsätzlich
GBP	Great Britain Pound, Britisches Pfund

H

HdJ	Handbuch des Jahresabschlusses (Kommentar)
HdR-E	Handbuch der Rechnungslegung – Einzelabschluss (Kommentar)
HFA	Hauptfachausschuss des Instituts der Wirtschaftsprüfer in Deutschland e. V.
HGB	Handelsgesetzbuch
hrsg. v.	herausgegeben von

I

i. d. R.	in der Regel
i. e. S.	im engeren Sinne
i. S. d.	im Sinne des
i. S. e.	im Sinne einer/eines
i. S. v.	im Sinne von
i. V. m.	in Verbindung mit
i. w. S.	im weiteren Sinne
i. Z. m.	im Zusammenhang mit
IAS	International Accounting Standard(s)
IASB	International Accounting Standards Board
IDW	Institut der Wirtschaftsprüfer in Deutschland e. V.
IFRS	International Financial Reporting Standard(s)
IRZ	Zeitschrift für Internationale Rechnungslegung

K

Kap.	Kapitel
KoR	Zeitschrift für internationale und kapitalmarktorientierte Rechnungslegung (Zeitschrift)
KWG	Kreditwesengesetz

M

m. w. N.	mit weiteren Nachweisen
Mio.	Million(en)

N

n. F.	neue Fassung
Nr.	Nummer(n)

P

PiR	Praxis der internationalen Rechnungslegung (Zeitschrift)

R

RefE	Referentenentwurf
RegE	Regierungsentwurf
RIW	Recht der Internationalen Wirtschaft (Zeitschrift)
Rn.	Randnummer(n)
RS	Stellungnahme zur Rechnungslegung

S

S. Seite(n)
S:R Status Recht (Zeitschrift)
sog. sogenannte(r)
StB Der Steuerberater (Zeitschrift)
StuB Steuern und Bilanzen (Zeitschrift)

T

TEUR Tausend Euro
Tsd. Tausend

U

u. und
u. a. und andere/unter anderem
u. U. unter Umständen
US United States
US-GAAP United States Generally Accepted Accounting Principles
USD US-Dollar

V

v. vom/von
v. a. vor allem
Verf. Verfasser
vgl. vergleiche
VVG Versicherungsvertragsgesetz
vs. versus

W

WiSt Wirtschaftswissenschaftliches Studium (Zeitschrift)
WPg Die Wirtschaftsprüfung (Zeitschrift)
WpHG Wertpapierhandelsgesetz

Z

z. B. zum Beispiel
ZBB Zeitschrift für Bankrecht und Bankwirtschaft
ZfB Zeitschrift für Betriebswirtschaft
zfbf Zeitschrift für betriebswirtschaftliche Forschung
ZfgK Zeitschrift für das gesamte Kreditwesen
ZGR Zeitschrift für Unternehmens- und Gesellschaftsrecht
ZgS Zeitschrift für die gesamte Staatswissenschaft
ZHR Zeitschrift für das gesamte Handelsrecht und Wirtschaftsrecht
ZRFG Zeitschrift für Risk, Fraud & Governance

1 Einleitung

11 Problemstellung

Jede unternehmerische Tätigkeit birgt sowohl Chancen als auch Risiken.[1] Die zunehmende Internationalisierung der Unternehmen und die damit verbundene Intensivierung des Wettbewerbs haben die Volatilitäten der Marktpreise und infolgedessen die Gefahr einer krisen- bzw. marktpreisinduzierten Unternehmensinsolvenz in den letzten Jahren stetig ansteigen lassen.[2] Daher kommt dem Risikomanagement, d. h. dem Erkennen, Bewerten, Überwachen und Absichern von Risiken, eine besondere Bedeutung zu.[3] Die wertkompensierende Absicherung von Risiken – international auch als **Hedging** bezeichnet – bildet dabei die Schlüsselrolle im Risikomanagement von Unternehmen und Kreditinstituten. Nicht zuletzt durch die Finanz- und Wirtschaftskrisen der jüngeren Vergangenheit sind finanzwirtschaftliche Risiken und deren Kompensation in den Fokus der breiten Öffentlichkeit gelangt.[4] Dabei werden unter **Hedging** jegliche risikokompensierenden Maßnahmen verstanden, die dazu geeignet sind, einen potenziellen Verlust aus einer Transaktion zu vermeiden bzw. zu begrenzen.[5] Oftmals geschieht dies, indem eine offene Risikoposition (**Grundgeschäft**) durch den Aufbau einer gegenläufigen Position (**Sicherungsgeschäft**) kompensiert wird.[6] Dieser gezielt eingegangene Sicherungszusammenhang wird auch als **Sicherungsbeziehung** bezeichnet.[7]

Zur Absicherung einzelner Transaktionen werden vor allem sog. **derivative Finanzinstrumente**[8] eingesetzt. Dabei werden derivative Finanzinstrumente längst nicht mehr nur von Kreditinstituten zur Absicherung von Risiken verwendet, sondern zunehmend auch von

---

1 Zum Risikobegriff vgl. Abschnitt 221 sowie GRAUMANN, M., Controlling, S. 553; BAETGE, J./ SCHULZE, D., Risiken der künftigen Entwicklung, S. 939.

2 Vgl. TÖPFER, A./HEYMANN, A., Marktrisiken, S. 227; GLAUM, M./KLÖCKER, A., Hedging gem. IAS 39, S. 3; GEBHARDT, G., Berichterstattung über derivative Finanzinstrumente, S. 609; zu Auswirkungen der Globalisierung vgl. m. w. N. BÖRSIG, C., Globalisierung, S. 619-629.

3 Vgl. TÖPFER, A./HEYMANN, A., Marktrisiken, S. 227.

4 Vgl. GLAUM, M./KLÖCKER, A., Hedging gem. IAS 39, S. 3.

5 Vgl. SCHEFFLER, J., Hedge-Accounting, S. 56; STEINER, M./MEYER, F., Hedging mit Financial Futures, S. 722.

6 Vgl. BAETGE, J./HAPPE, P., Risikomanagement und Bankenpublizität, S. 22.

7 Vgl. BRÖTZMANN, I., Güterwirtschaftliche Sicherungsbeziehungen, S. 16.

8 Zum Begriff und Systematisierung von Finanzinstrumenten vgl. Abschnitt 232.

Industrie- und Handelsunternehmen.[9] Aufgrund der vielfältigen Einsatzmöglichkeiten derivativer Finanzinstrumente,[10] der gestiegenen Volatilität der Märkte und der damit verbundenen Notwendigkeit zur Absicherung einzelner Transaktionen ist der Handel mit derivativen Finanzinstrumenten in den letzten Jahrzehnten stark gestiegen.[11] Betrug der Nominalwert aller weltweit ausstehenden Over-The-Counter (OTC) Derivate Ende 1998 noch 80.317 Mrd. USD, wurden Ende 2010 Derivate im Umfang von insgesamt 532.430 Mrd. USD gehandelt.[12]

Die Bilanzierung von Sicherungszusammenhängen im externen Rechnungswesen – international auch als **Hedge Accounting** bezeichnet – und den zugehörigen Finanzinstrumenten konnte bisher der rasanten Entwicklung auf dem Derivatemarkt sowie der zunehmenden Vielfalt und Komplexität derivativer Finanzinstrumente nicht nachkommen.[13] Wohl kaum ein Thema wurde in der internationalen und nationalen Rechnungslegung in den vergangenen Jahren so intensiv und kontrovers diskutiert wie die Frage nach der bilanziellen Abbildung derivativer Geschäfte.[14] Während auf internationaler Ebene in den International

9 Eine in den Jahren 2007 und 2008 durchgeführte Studie ergab, dass bereits 91,5 % der befragten Industrie- und Handelsunternehmen in Deutschland und der Schweiz derivative Finanzinstrumente zur Absicherung von Risiken einsetzen. Vgl. GLAUM, M./KLÖCKER, A., Hedging gem. IAS 39, S. 27.

10 Abhängig vom Einsatzmotiv der Akteure können derivative Finanzinstrumente außer zur Absicherung (*Hedging*) auch zur Spekulation oder zur Arbitrageausnutzung verwendet werden. Daneben kann der Einsatz auch bilanzpolitisch oder steuerlich motiviert sein. Vgl. GRÜNEWALD, A., Finanzterminkontrakte, S. 12-19.

11 Vgl. MAURITZ, P., Bilanzierung derivativer Finanzinstrumente, S. 1; GLAUM, M./ FÖRSCHLE, G., Finanzinstrumente und Risikomanagement, S. 1525; BEIKE, R./BARCKOW, A., Risk-Management, S. 14; WILLNOW, J., Derivative Finanzinstrumente, S. 10; RUDOLPH, B./ SCHÄFER, K., Derivative Finanzmarktinstrumente, S. 60; BIEKER, M., Die Bilanzierung von Euro-Bund-Futures, S. 167.

12 Vgl. BANK FOR INTERNATIONAL SETTLEMENTS (Hrsg.), Quarterly Review November 2000; BANK FOR INTERNATIONAL SETTLEMENTS (Hrsg.), Quarterly Review June 2011.

13 Vgl. GLAUM, M./FÖRSCHLE, G., Finanzinstrumente und Risikomanagement, S. 1525; HERZIG, N./MAURITZ, P., Micro-Hedges, Macro-Hedges und Portfolio-Hedges, S. 99; SCHARPF, P./LUZ, G., Finanzderivate, S. 629.

14 Vgl. m. w. N. SCHARPF, P./SCHABER, M., Bilanzierung von Bewertungseinheiten, S. 532; HERZIG, N., Derivatebilanzierung und GoB-System, S. 39-40; HERZIG, N./MAURITZ, P., Ökonomische Analyse von Konzepten zur Bildung von Bewertungseinheiten, S. 99; SCHMIDT, M., Bewertungseinheiten nach dem BilMoG, S. 882-886; PATEK, G., Bilanzielle Implikationen, S. 1077-1083; PATEK, G., Bewertungseinheiten nach BilMoG, S. 524-531; PETERSEN, K./ ZWIRNER, C./FROSCHHAMMER, M., Bewertungseinheiten, S. 424-433; PFITZER, N./SCHARPF, P./ SCHABER, M., Voraussetzungen für die Bildung von Bewertungseinheiten (Teil 1), S. 675-685; PFITZER, N./SCHARPF, P./SCHABER, M., Voraussetzungen für die Bildung von Bewertungseinheiten (Teil 2), S. 721-729; BENNE, J., Einzelbewertung und Bewertungseinheit, S. 2601-2610;

Financial Reporting Standards (IFRS) mit IAS 39 „Finanzinstrumente: Ansatz und Bewertung" und IFRS 7 „Finanzinstrumente: Angaben" bereits (mehrfach überarbeitete) Standards zur Bilanzierung von Sicherungsbeziehungen existieren und die Überarbeitung mit dem jüngst veröffentlichten Standard IFRS 9 „Finanzinstrumente"[15] noch lange nicht abschlossen ist, konnte die risikokompensierende Wirkung von Sicherungszusammenhängen auf nationaler Ebene lange Zeit nur unzureichend dargestellt werden, da **weder im Handels- noch im Steuerrecht Regelungen existierten.**[16] Aufgrund der fehlenden Normierung musste auf die handelsrechtlichen Grundsätze ordnungsmäßiger Buchführung (GoB)[17] zurückgegriffen werden. Indes führte eine strenge Auslegung des Einzelbewertungsgrundsatzes, des Imparitätsprinzips und des Realisationsprinzips zu einer verzerrten Darstellung der Vermögens-, Finanz- und Ertragslage, was mit dem Rechenschaftszweck der handelsrechtlichen Rechnungslegung nicht vereinbar war.[18] Im HGB ist aber neben dem Rechenschaftszweck auch der Kapitalerhaltungszweck verankert, was diesen Interpretationen die Grundlage gab. Bei strenger Auslegung dieser GoB würden aus den isoliert

FÜLBIER, R./GASSEN, J., Handelsrechtliche GoB vor der Neuinterpretation, S. 2605-2612; GLAUM, M./KLÖCKER, A., Hedge Accounting nach IAS 39 in der Praxis, S. 329-340; LÖW, E., Antizipative Sicherungsgeschäfte, S. 1109-1123; GROßE, J.-V., Implikationen für das Hedge Accounting, S. 191.

15 IAS 39 soll mittelfristig durch IFRS 9 abgelöst werden. Vorrangiges Ziel des IFRS 9 ist es, die Komplexität in der Bilanzierung von Finanzinstrumenten zu reduzieren. Zur Entwicklung des neuen Standards wurde das Projekt in drei Phasen geteilt, wobei sich die dritte Phase mit dem „Hedge Accounting" nach IFRS auseinandersetzt. Am 09.12.2010 wurde der Entwurf dazu veröffentlicht. Der endgültige Standard soll voraussichtlich ab 01.01.2013 zwingend anzuwenden sein. Eine vorzeitige Anwendung von IFRS 9 soll erlaubt sein. Vgl. zu den Regelungen in IFRS 9 ausführlich BARCKOW, A., in: Baetge u. a., Rechnungslegung nach IFRS, 2. Aufl., IAS 39, Rn. 283-297; MÄRKL, H./SCHABER, M., IFRS 9, S. 65.

16 Bei der Bilanzierung von Finanzinstrumenten existierten lediglich branchenspezifische Interpretationen, allerdings keine gesetzlichen Regelungen. Vgl. HERZIG, N./BRECKHEIMER, I., Bewertungseinheiten, S. 1541; HERZIG, N./MAURITZ, P., Micro-Hedges, Macro-Hedges und Portfolio-Hedges, S. 141. Zur Bilanzierung von Finanzinstrumenten und Sicherungsbeziehungen nach IFRS vgl. z. B. WATRIN, C./SCHOLZ, A., in: HdJ, Abt. II/8 und KROPP, M./BECKER, K., in: HdJ, Abt. IIIa/4.

17 Zum handelsrechtlichen Zweck- und GoB-System vgl. grundlegend LEFFSON, U., Die Grundsätze ordnungsmäßiger Buchführung sowie weiterführend u. a. BAETGE, J., Rechnungslegungszwecke, S. 11-30; BAETGE, J., GoB und Bilanzierung, Sp. 702-714; BAETGE, J., Bilanzen, 1. Aufl., S. 26-66; BAETGE, J./KIRSCH, H.-J., in: Küting/Weber/Pfitzer, HdR, 5. Aufl., Band 1, Kap. 4; BAETGE, J./KIRSCH, H.-J./THIELE, S., Bilanzen, S. 91-141 sowie SOLMECKE, H., Auswirkungen des BilMoG auf die GoB.

18 Vgl. SOLMECKE, H., Auswirkungen des BilMoG auf die GoB, S. 88-89; HERZIG, N./BRECKHEIMER, I., Bewertungseinheiten, S. 1451; HERZIG, N./MAURITZ, P., Micro-Hedges, Macro-Hedges und Portfolio-Hedges, S. 141; HERZIG, N./MAURITZ, P., Ökonomische Analyse von Konzepten zur Bildung von Bewertungseinheiten, S. 99.

betrachteten Einzelgeschäften ausschließlich Verluste ausgewiesen, die wirtschaftlich betrachtet nicht eintreten können, da die Verlustgefahr des zu sichernden Grundgeschäfts durch das Sicherungsgeschäft – eine perfekte Absicherung vorausgesetzt – vollständig eliminiert wird.[19]

Aus diesem Grund wurde es im Schrifttum – im Gegensatz zu einer formalen Betrachtung des gesetzlich formulierten Einzelbewertungsgrundsatzes – als notwendig erachtet, Grund- und Sicherungsgeschäft zu **Bewertungseinheiten**[20] unter bestimmten Voraussetzungen zusammenzufassen.[21] Denn eine (zu) strenge Auslegung des Imparitätsprinzips würde nicht der handelsrechtlichen **Interessenregelung** im Sinne eines vom Gesetzgeber beabsichtigten Ausgleichs der divergierenden Interessen gerecht, da neben dem Imparitätsprinzip als Ausfluss des handelsrechtlichen Kapitalerhaltungszwecks auch der gleichgewichtige Rechenschaftszweck zu berücksichtigen ist. Aus diesem Grund ergab sich die Bildung von Bewertungseinheiten sogar **zwingend aus einer zweckkonformen Interpretation der GoB unter Berücksichtigung der handelsrechtlichen Interessenregelung.**[22] Die Bildung von Bewertungseinheiten zielte nämlich darauf ab, eine Verlustantizipation als Ausfluss des Kapitalerhaltungszwecks auf jene Fälle zu beschränken, die **tatsächlich** von negativen Erfolgsbeiträgen bedroht waren, indem die Grundprinzipien der handelsrechtlichen Rechnungslegung auf die gebildete Bewertungseinheit und nicht auf die jeweiligen

19 Vgl. ARBEITSKREIS „EXTERNE UNTERNEHMENSRECHNUNG“, Bilanzierung von Finanzinstrumenten, S. 637; HERZIG, N./BRECKHEIMER, I., Bewertungseinheiten, S. 1451; HERZIG, N./ MAURITZ, P., Ökonomische Analyse von Konzepten zur Bildung von Bewertungseinheiten, S. 99.

20 Wertmäßige Verknüpfungen autonomer Vermögensgegenstände und Schulden zu einer Bewertungseinheit – genauer gesagt zu einer Bewertungsobjekteinheit – sind dem deutschen Handelsrecht nicht fremd. Im Anlagevermögen stellt sich nämlich häufig die Frage, ob ein einheitlich zu bewertender Vermögensgegenstand (z. B. ein Gebäude) vorliegt oder eine Mehrzahl von unterschiedlich zu bewertenden Vermögensgegenständen (z. B. Fahrstuhl, Türen, Wände etc.). Im Unterschied zu den in der vorliegenden Arbeit diskutierten Bewertungseinheiten handelt es sich bei den „klassischen“ Bewertungseinheiten also häufig um materielle Bewertungsobjekte, die sich durch einen technischen Nutzungs- und Funktionszusammenhang auszeichnen. Vgl. auch Abschnitt 42 sowie BENNE, J., Einzelbewertung und Bewertungseinheit, S. 2601-2610; TÖNNIES, M./SCHIERSMANN, B., Die Zulässigkeit von Bewertungseinheiten (Teil 1), S. 714; SELCHERT, F. W., in: Küting/Weber/Pfitzer, HdR, 5. Aufl., § 252 HGB, Rn. 65-68.

21 Vgl. LÖW, E., Antizipative Sicherungsgeschäfte, S. 1110; SELCHERT, F. W., in: Küting/Weber/ Pfitzer, HdR, 5. Aufl., § 252 HGB, Rn. 72; SOLMECKE, H., Auswirkungen des BilMoG auf die GoB, S. 194.

22 So auch BAETGE, J., Rechnungslegungszwecke, S. 21; SOLMECKE, H., Auswirkungen des BilMoG auf die GoB, S. 193-195; ARBEITSKREIS „EXTERNE UNTERNEHMENSRECHNUNG“, Bilanzierung von Finanzinstrumenten, S. 642; FINNE, T., Bilanzielle Berücksichtigung von Kurssicherungen, S. 1299 f.

(vertragsrechtlichen) Einzelgeschäfte anzuwenden waren.[23] Durch die Konzeption der Bildung von verlustfreien Bewertungseinheiten sollte eine ökonomisch sinnvolle und gesamtwirtschaftlich wünschenswerte risikoaverse Geschäftspolitik bilanziell korrekt, d. h. den tatsächlichen Verhältnissen der Vermögens-, Finanz- und Ertragslage entsprechend, abgebildet werden.[24] Da das HGB den Begriff „Bewertungseinheit“ bislang nicht kannte, war sich das Schrifttum allerdings **uneinig** über die konkreten **Bedingungen und Voraussetzungen** sowie über die **Möglichkeiten und Grenzen des Anwendungsbereiches** von Bewertungseinheiten bei bestehenden Sicherungszusammenhängen.[25]

Erst mit Inkrafttreten des Bilanzrechtsmodernisierungsgesetzes[26] (BilMoG) wurde der Begriff **Bewertungseinheit** durch den vollständig neugefassten § 254 HGB[27] in das deutsche Handelsrecht aufgenommen, während bereits einige Jahre zuvor die steuerrechtliche Maßgeblichkeit handelsrechtlicher Rechnungslegung um den Bereich der Absicherung finanzwirtschaftlicher Risiken erweitert wurde.[28] Die neue Vorschrift zur Bildung von Bewertungseinheiten ist unabhängig von Rechtsform, Branche und Größe der betroffenen Unternehmen gem. Art. 66 Abs. 3 EGHGB für alle seit dem 31.12.2010 endenden Geschäftsjahre anzuwenden.[29] Die Neufassung beruht – so auch die Begründung zum Gesetzentwurf des BilMoG – auf der vierten EU-Richtlinie (78/660/EWG), die im Jahr

23 Vgl. LEFFSON, U., Die Grundsätze ordnungsmäßiger Buchführung, S. 382 f.

24 Vgl. HERZIG, N., Derivatebilanzierung und GoB-System, S. 41; ANSTETT, C. W./HUSMANN, R., Bewertungseinheiten bei Derivatgeschäften, S. 1523; LÖW, E., Antizipative Sicherungsgeschäfte, S. 1110; BALLWIESER, W., in: Münchener Komm. HGB, § 252 HGB, Rn. 28.

25 Vgl. HERZIG, N./BRECKHEIMER, I., Bewertungseinheiten, S. 1451.

26 Das Bilanzrechtsmodernisierungsgesetz (BilMoG) wurde am 26.03.2009 durch den Bundestag verabschiedet und vom Bundesrat am 03.04.2009 beschlossen (Vgl. BT-Drucks. 16/12407 sowie BR-Drucks. 270/09). Das BilMoG wurde am 28.05.2009 im Bundesgesetzblatt (vgl. BGBl. I 2009, S. 1102-1137) verkündet und trat am 29.05.2009 in Kraft.

27 Im Folgenden wird im Text bei dem Verweis auf Paragraphen des HGB das BilMoG-HGB nicht mehr genannt. Bei Verweisen auf Paragraphen anderer Gesetze sowie älterer Fassungen des HGB wird das jeweilige Gesetz bzw. die jeweilige Fassung angegeben.

28 Durch das Gesetz zur Eindämmung missbräuchlicher Steuergestaltungen wurde der in § 5 Abs. 1 EStG kodifizierte Maßgeblichkeitsgrundsatz der handelsrechtlichen Rechnungslegung für die steuerrechtliche Rechnungslegung mit Abs. 1a um den Bereich der Absicherung handelsrechtlicher Risiken erweitert. Das Gesetz wurde vom Bundestag am 17.03.2006 verabschiedet und wurde vom Bundestag am 07.04.2006 beschlossen (Vgl. BT-Drucks. 16/634 sowie BR-Drucks. 199/06).

29 Eine in den Jahren 2007 und 2008 durchgeführte Befragung von 117 Industrie- und Handelsunternehmen aus Deutschland und der Schweiz ergab, dass 34,2 % der kleinen Unternehmen, 71% der mittelständischen Unternehmen sowie 94,7 % der großen Unternehmen Sicherungsgeschäfte abschließen. Vgl. GLAUM, M./KLÖCKER, A., Hedging gem. IAS 39, S. 40.

1985 durch das Bilanzrichtlinien-Gesetz (BiRiLiG) in das deutsche Handelsrecht implementiert wurde.[30] Gemäß Art. 2 Abs. 5 Satz 3 der vierten EU-Richtlinie wird den nationalen Gesetzgebern ein Wahlrecht eingeräumt, Sonderregelungen zu erlassen, sofern die Anwendung der Bilanzierungsvorschriften die wirtschaftliche Lage der Gesellschaft verzerrt.[31] Durch die neue Vorschrift soll nach dem Willen des Gesetzgebers die bisherige Bilanzierungspraxis bei der Bildung von Bewertungseinheiten nicht geändert werden.[32] Dies kann schon allein deshalb **nicht gelingen**, da zum einen keine einheitliche Auffassung im Schrifttum über die Voraussetzungen zur Bildung von Bewertungseinheiten existiert und zum anderen der Gesetzgeber mit § 254 den Anwendungsbereich weiter als das bisherige Schrifttum gefasst hat.[33] Gemäß § 254 ist der Anwendungsbereich nämlich wie folgt:

- Als **Grundgeschäfte** kommen jegliche Formen von Vermögensgegenständen, Schulden, schwebenden Geschäften oder mit hoher Wahrscheinlichkeit erwartete Transaktionen in Betracht. Erwartete Transaktionen zeichnen sich – wie schwebende Geschäfte – dadurch aus, dass weder eine Leistung noch eine Gegenleistung zum Bilanzstichtag erfolgt ist. Im Gegensatz zu schwebenden Geschäften liegt aber noch nicht einmal ein abgeschlossenes Rechtsgeschäft vor.[34] Diese Form der Absicherung wird auch als **antizipativer Hedge** bezeichnet.[35]

- Als **Sicherungsinstrumente** werden nach § 254 jegliche Arten von Finanzinstrumenten zugelassen.

- Als **abzusichernde Risiken** sind nach § 254 alle denkbaren Risikoarten (z. B. Währungs-, Zins- oder Marktpreisrisiken) anzusehen, sofern Grund- und Sicherungsgeschäft vergleichbaren Risiken ausgesetzt sind, mithin von den gleichen Einflussfaktoren abhängen,

30 Vgl. BT-Drucks. 16/10067 vom 30.07.2008, S. 59.

31 Vgl. vierte Richtlinie des Rates der europäischen Gemeinschaften vom 25.07.1978 (78/660/EWG) sowie ausführlich CASTAN, E., Rechnungslegung in der EG.

32 Vgl. BR-Drucks. 344/08 vom 23.05.2008, S. 124.

33 Vgl. m. w. N. SELCHERT, F. W., in: Küting/Weber/Pfitzer, HdR, 5. Aufl., § 252 HGB, Rn. 72; KUHNER, C., in: Baetge/Kirsch/Thiele, § 246 HGB, Rn. 866-874 sowie SCHARPF, P., in: Küting/Weber/Pfitzer, HdR, 5. Aufl., § 254 HGB, S. 202.

34 Vgl. BR-Drucks. 344/08 vom 23.05.2008, S. 125; BT-Drucks. 16/10067 vom 30.07.2008, S. 58; BAETGE, J./KIRSCH, H.-J./THIELE, S., Bilanzen, S. 438.

35 Vgl. GRÜNEWALD, A., Finanzterminkontrakte, S. 16; BARCKOW, A., Sicherungsbeziehungen, S. 29.

damit ein systematischer Ausgleich von Grund- und Sicherungsgeschäft gewährleistet ist.[36]

- Ferner darf eine Bewertungseinheit gem. § 254 **nur in dem Umfang** und **für den Zeitraum** gebildet werden, in dem die gegenläufigen Wertänderungen oder die gegenläufigen Zahlungsströme von Grund- und Sicherungsgeschäft sich ausgleichen. Der einer Bewertungseinheit zugrunde liegende Sicherungszusammenhang muss folglich **wirksam** sein.[37]

Werden die genannten Bedingungen erfüllt, sind dem Wortlaut des § 254 folgend für die Elemente einer Bewertungseinheit die Vorschriften der §§ 249 Abs. 1 (Bildung von Drohverlustrückstellungen), 252 Abs. 1 Nr. 3 (Einzelbewertungsgrundsatz) und Nr. 4 (Vorsichts-, Imparitäts- und Realisationsprinzip), 253 Abs. 1 Satz 1 (Anschaffungskostenprinzip) und 256a (Währungsumrechnung) nicht anzuwenden, sondern nur für die Bewertungseinheit. Dies bedeutet, dass bei einer Bewertungseinheit lediglich diejenigen Verluste des Grundgeschäfts antizipiert werden müssen, die nicht durch das Sicherungsgeschäft kompensiert werden.

Der Gesetzgeber lässt als Sicherungsform neben den im Schrifttum unstrittigen **Mikro-Hedges** darüber hinaus auch die umstrittenen **Portfolio- und Makro-Hedges** *„[...] in Abhängigkeit [...] des Vorhandenseins eines angemessenen und wirksamen Risikomanagementsystems [...]“* für alle Branchen zu.[38] Dies ist kritisch zu sehen, da die Bildung von Bewertungseinheiten bei Portfolio- und Makro-Hedges für Industrie- und Handels-

36 Vgl. BT-Drucks. 16/12407 vom 24.03.2009, S. 86.

37 Vgl. BT-Drucks. 16/12407 vom 24.03.2009, S. 86. Diese Voraussetzung gilt auch für sog. antizipative Hedges, bei denen erwartete Transaktionen abgesichert werden. Allerdings sind erwartete Transaktionen am Abschlussstichtag rechtsgeschäftlich noch nicht fest vereinbart und werden bilanziell grundsätzlich (noch) nicht abgebildet. Den künftigen Zahlungsströmen aus dem Sicherungsgeschäft stehen somit (noch) keine künftigen Zahlungsströme aus fest vereinbarten Grundgeschäften gegenüber, sodass eine kompensatorische Bewertung mithilfe einer Bewertungseinheit nicht unmittelbar möglich ist, da der Umfang, in dem sich Grund- und Sicherungsgeschäft ausgleichen, nicht mit Sicherheit bestimmt werden kann. Vgl. hierzu auch ausführlich Abschnitt 457.3.

38 Dies geht lediglich aus der Begründung zum BilMoG und nicht aus § 254 hervor. Für das Zitat: BT-Drucks. 16/10067 vom 30.07.2008, S. 58 (Auslassung durch den Verfasser).

unternehmen im Schrifttum zu einem großen Teil abgelehnt wurde.[39] Denn anders als beim Mikro-Hedge, bei dem das Grundgeschäft durch ein spezifisches Sicherungsgeschäft abgesichert wird, ist beim Portfolio- und Makro-Hedge die Zuordnung von Grund- und Sicherungsgeschäft nicht ohne Weiteres möglich, da bspw. das (Netto-)Risiko einer ganzen Gruppe von Grundgeschäften gleichzeitig abgesichert wird.[40]

Aus den vorhergehenden Ausführungen wird deutlich, dass der Gesetzgeber mit § 254 – der Tradition deutscher Rechnungslegung folgend – eine (abstrakt-)prinzipienorientierte Normierung gewählt hat, da es weder möglich noch erstrebenswert wäre, alle denkbaren wirtschaftlichen Einzelfälle zu erfassen.[41] Aus diesem Grund ist es erforderlich, die durch das BilMoG erstmalig in das deutsche Handelsrecht implementierten Vorschriften zur Bildung von Bewertungseinheiten näher zu konkretisieren bzw. auszulegen. Zur Klärung einer gesetzes- und zweckadäquaten Auslegung der neuen gesetzlichen Vorschrift sind zunächst einmal die im Wortlaut des § 254 verwendeten unbestimmten Rechtsbegriffe *„erwartete Transaktion“*, *„vergleichbares Risiko“* oder *„Finanzinstrument“* zu bestimmen. Des Weiteren gehen viele für die Anwendung der Vorschrift notwendige Voraussetzungen und Regelungen nicht unmittelbar aus dem Wortlaut der Vorschrift hervor, sondern lediglich aus den Gesetzesmaterialien oder sie sind sogar gänzlich ungeklärt. In diesem Zusammenhang stellen sich die Fragen,

- wie der Anwendungsbereich des § 254 abzugrenzen ist,
- ob ein Wahlrecht oder eine Pflicht zur Bildung von Bewertungseinheiten für in einem Sicherungszusammenhang stehende Positionen besteht,
- unter welchen Voraussetzungen ein Grund- und Sicherungsgeschäft zu einer Bewertungseinheit zusammenzufassen ist,
- wie der im Gesetzeswortlaut verwendete Begriff *„hohe Wahrscheinlichkeit“* einer erwarteten Transaktion auszulegen ist,
- welche Arten von Finanzinstrumenten als Sicherungsgeschäft in Betracht kommen,

39 Vgl. z. B. IDW (Hrsg.), WP Handbuch, E 54; PFITZER, N./SCHARPF, P./SCHABER, M., Voraussetzungen für die Bildung von Bewertungseinheiten (Teil 1), S. 675; PRAHL, R./NAUMANN, T., Financial Instruments, Rn. 227, m. w. N.

40 Vgl. SCHARPF, P., in: Küting/Weber/Pfitzer, HdR, 5. Aufl., § 254 HGB, S. 203-204.

41 Vgl. LEFFSON, U., Die Grundsätze ordnungsmäßiger Buchführung, S. 22.

- wie der gegenseitige Ausgleich von Grund- und Sicherungsgeschäft, d. h. die Effektivität der Bewertungseinheit, gemessen und beurteilt werden soll,
- welche besonderen Voraussetzungen bei Makro- und Portfolio-Hedges sowie bei antizipativen Hedges erfüllt sein müssen,
- wie Bewertungseinheiten bilanziell abzubilden sind und
- wann bzw. wie Bewertungseinheiten wieder aufzulösen sind.

Das Ziel der vorliegenden Arbeit ist es also, die neuen Vorschriften zur Bildung und Bilanzierung von Bewertungseinheiten nach § 254 zu strukturieren, zu analysieren und kritisch zu würdigen. Dafür sind die neuen handelsrechtlichen Vorschriften zunächst **zweck- und GoB-konform**[42] nach der in der Jurisprudenz üblichen und gebotenen Auslegungsmethode für gesetzliche Normen – **der Hermeneutik** – auszulegen.[43] Darüber hinaus sollen auf der Grundlage des handelsrechtlichen Zweck- und GoB-Systems Vorschläge und Empfehlungen zur Bilanzierung und Dokumentation wesentlicher Anwendungsbereiche von Bewertungseinheiten nach § 254 erarbeitet werden. Ferner soll die handelsrechtliche Abbildung von Bewertungseinheiten umfassend und praxisnah an einem Beispiel veranschaulicht werden.

12 Aufbau der Untersuchung

In **Abschnitt 2** werden die für die vorliegende Untersuchung notwendigen konzeptionellen Grundlagen gelegt. Der Abschnitt dient dazu, den Untersuchungsgegenstand zu konkretisieren und begriffliche Abgrenzungen vorzunehmen. Hierzu wird zunächst grundlegend auf die handelsrechtliche Konzeption zur Berücksichtigung von Verlustgefahren eingegangen. Anschließend werden der dieser Arbeit zugrunde zu legende Risikobegriff sowie die ver-

42 Für die vorliegende Arbeit wird das handelsrechtliche Zweck- und GoB-System von BAETGE/KIRSCH/THIELE übernommen, das sich nachweislich auch nach Inkrafttreten des BilMoG nicht geändert hat. Vgl. BAETGE, J., Bilanzen, 1. Aufl., S. 26-66; BAETGE, J./KIRSCH, H.-J./THIELE, S., Bilanzen, S. 91-145 i. V. m. SOLMECKE, H., Auswirkungen des BilMoG auf die GoB und BAETGE, J./KIRSCH, H.-J./SOLMECKE, H., Auswirkungen des BilMoG auf die Zwecke, S. 1211-1222. Für die Auslegung der neuen handelsrechtlichen Vorschriften zur Bildung von Bewertungseinheiten ist vor allem die handelsrechtliche „Interessenregelung“ im Sinne eines vom Gesetzgeber beabsichtigten Ausgleichs der divergierenden Interessen zu berücksichtigen. Vgl. hierzu BAETGE, J., Rechnungslegungszwecke, S. 21-24.

43 Vgl. BAETGE, J./KIRSCH, H.-J./THIELE, S., Bilanzen, S. 107; BAETGE, J./KIRSCH, H.-J., in: Küting/Weber/Pfitzer, HdR, 5. Aufl., Band 1, Kap. 4, Rn. 21; LARENZ, K., Methodenlehre, S. 195 f. und 298-350.

schiedenen Risikoarten näher konkretisiert. Im weiteren Verlauf des Abschnitts wird auf die Grundlagen der Risikoabsicherung eingegangen. Da vornehmlich Finanzinstrumente zu Risikoabsicherung verwendet werden, schließt der Abschnitt mit einer Abgrenzung und Systematisierung wesentlicher Finanzinstrumente.

In **Abschnitt 3** wird der Bezugsrahmen der vorliegenden Untersuchung vorgestellt. Dabei wird zunächst auf die Notwendigkeit einer Auslegung neuer handelsrechtlicher Vorschriften sowie auf die angewandte und für das HGB gebotene hermeneutische Methode zur Auslegung gesetzlicher Vorschriften eingegangen (Abschnitt 32). Anschließend wird das handelsrechtliche Zweck- und GoB-System erläutert (Abschnitt 33). Einerseits dient dies als Bezugsrahmen für eine Zweck- und GoB-konforme Auslegung der neuen HGB-BilMoG-Vorschriften und andererseits werden Regelungslücken, wie die Bilanzierung von derivativen Finanzinstrumenten, durch das Zweck- und GoB-System geschlossen. Bedeutsam für die Bilanzierung von derivativen Finanzinstrumenten ist in diesem Zusammenhang der sog. Nichtbilanzierungsgrundsatz schwebender Geschäfte, der in Abschnitt 34 aus dem GoB-System hergeleitet und erläutert wird.

Abschnitt 4 bildet den Hauptteil der Untersuchung. In diesem Abschnitt wird die durch das BilMoG erstmals kodifizierte Vorschrift zur Bildung von Bewertungseinheiten bei in einem **Sicherungszusammenhang** stehenden Positionen (§ 254) dargestellt, zweck- und GoB-konform ausgelegt sowie kritisch gewürdigt. Hierfür ist es zunächst erforderlich, den Begriff „**Bewertungseinheit**" gem. § 254 zu konkretisieren (Abschnitt 42). Anschließend wird auf den **Anwendungsbereich** (Abschnitt 43) und den **Verpflichtungsgrad** (Abschnitt 44) der gesetzlichen Vorschrift eingegangen. Die **Voraussetzungen** zur Bildung von Bewertungseinheiten werden im darauf folgenden Abschnitt analysiert und gewürdigt (Abschnitt 45). Im Anschluss daran werden die Regelungen zur **bilanziellen Abbildung** von Bewertungseinheiten nach § 254 erläutert, an einem (Fall-)Beispiel veranschaulicht und anschließend ebenfalls kritisch gewürdigt (Abschnitt 46). In diesem Unterabschnitt wird dabei auch auf mögliche Gründe für und die Bilanzierungsmaßnahmen bei **Beendigung** von Bewertungseinheiten eingegangen.

In **Abschnitt 5** werden schließlich wesentliche Ergebnisse der vorliegenden Arbeit zusammengefasst. Übersicht 1-1 veranschaulicht die Konzeption der Untersuchung.

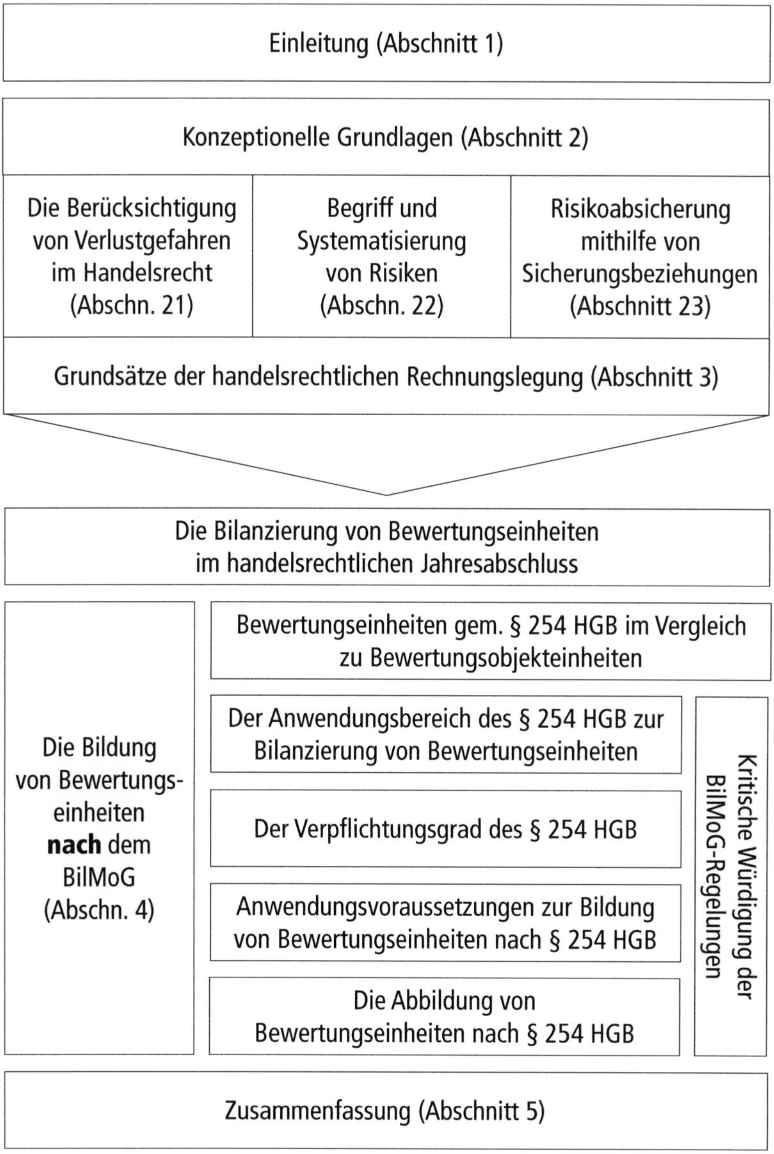

Übersicht 1-1: *Konzeption der Untersuchung*

2 Konzeptionelle Grundlagen

21 Die Berücksichtigung von Verlustgefahren im Handelsrecht

Handelsrechtliche Rechnungslegungsinformationen haben grundsätzlich **zwei** Aufgaben zu erfüllen. Denn – im Unterschied zu den IFRS – dient der handelsrechtliche Jahresabschluss nicht nur der **Rechenschaft** i. S. e. periodengerechten Erfolgsermittlung, sondern **gleichzeitig** auch der **nominellen Kapitalerhaltung.**[1] Durch eine ausgewogene Gewichtung der Jahresabschlusszwecke „Rechenschaft" und „Kapitalerhaltung" sollen nämlich die divergierenden Interessen **aller** Adressaten i. S. e. **Interessenregelung** berücksichtigt werden.[2] Dabei sind als maßgebliche Adressaten des Jahresabschlusses vor allem die Gesellschafter und die Gläubiger eines Unternehmens anzusehen. Da der handelsrechtliche Jahresabschluss u. a. die Grundlage für die **Ausschüttungsbemessung** bildet, könnten die Gläubiger eines Unternehmens Verzerrungen bei der Erfolgsermittlung grds. akzeptieren, wenn diese zu einem geringeren Periodenerfolg führen und damit zur Kapitalerhaltung beitragen, während Gesellschafter z. B. kurzfristig an höheren Ausschüttungen interessiert sein könnten.[3]

Da mit dem handelsrechtlichen Jahresabschluss über die Informationsvermittlung hinaus auch der Zweck verfolgt wird, das nominelle (Haft-)Kapital zu erhalten, wird den **Verlustgefahren** im deutschen Bilanzrecht – im Unterschied zu den IFRS – eine besonders hohe Bedeutung beigemessen. Würde nämlich der handelsrechtliche Jahresabschluss ausschließlich der Rechenschaft dienen, müssten erwartete negative Erfolgsbeiträge ebenso behandelt werden wie erwartete positive Erfolgsbeiträge. Da der handelsrechtliche Jahresabschluss allerdings der **Interessenregelung** i. S. e. vom Gesetzgeber beabsichtigten Ausgleichs der divergierenden Interessen dient, ist auch der (gleichgewichtige) Kapitalerhaltungszweck zu berücksichtigen. Ausfluss des handelsrechtlichen Kapitalerhaltungszwecks ist vor allem das

---

1 Das handelsrechtliche Zweck- und GoB-System, das der vorliegenden Untersuchung zugrunde liegt, wird in Abschnitt 33 in Grundzügen erläutert. Vgl. hierzu ausführlich z. B. BAETGE, J./ KIRSCH, H.-J., in: Küting/Weber/Pfitzer, HdR, 5. Aufl., Band 1, Kap. 4.

2 Zum Konzept der **Interessenregelung** i. S. e. Ausgleichs der divergierenden Interessen vgl. ausführlich BAETGE, J., Rechnungslegungszwecke, S. 21-30; BAETGE, J., Bilanzen, 1. Aufl., S. 37; BAETGE, J./KIRSCH, H.-J./THIELE, S., Bilanzen, S. 102; BAETGE, J./THIELE, S., Gesellschafterschutz versus Gläubigerschutz, S. 18-20.

3 Vgl. SOMMERHOF, D., Berichterstattung über das selbsterstellte immaterielle Anlagevermögen im Vergleich zu internationalen Rechnungslegungsnormen, S. 51; BAETGE, J./KIRSCH, H.-J./ THIELE, S., Bilanzen, S. 100 f.

in § 252 Abs.1 Nr.4 kodifizierte **Imparitätsprinzip**, wonach alle vorhersehbaren negativen Erfolgsbeiträge („Verluste") vor dem tatsächlichen Eintritt zu antizipieren sind.[4] Hingegen sind Gewinne aufgrund des in § 252 Abs. 1 Nr. 4 Halbsatz 2 kodifizierten **Realisationsprinzips** erst zu vereinnahmen, wenn das Geschäft realisiert ist, der Vermögensgegenstand also den „Sprung zum Absatzmarkt" geschafft hat.[5] Während erwartete Gewinne im deutschen Handelsrecht demnach nicht berücksichtigt werden, sind erwartete Verluste bereits vor Eintritt zu antizipieren. **Gewinnmöglichkeiten** und **Verlustgefahren** werden dem Zweck der nominellen Kapitalerhaltung folgend somit imparitätisch behandelt.

Da dem deutschen Handelsrecht ein besonderer **Risikobegriff** i. S. e. erwarteten Verlustgefahr zugrunde liegt, ist es für die weitere Analyse erforderlich, den Begriff des Risikos zunächst zu konkretisieren und von dem gängigen Risikobegriff im finanzierungstheoretischen Kontext abzugrenzen.

22 Begriff und Systematisierung von Risiken

221. Der Risikobegriff

Der Begriff „**Risiko**" wird in der Literatur nicht eindeutig definiert und besitzt abhängig vom **Untersuchungszweck** oder der **betriebswirtschaftlichen Teildisziplin** unterschiedliche Ausprägungen.[6] Im **finanztheoretischen Kontext** wird unter dem Begriff **Risiko** regelmäßig die negative und auch positive Abweichung der betrachteten Größe (z. B. eines Aktienkurses) von ihrem Erwartungswert verstanden.[7] Hier bedeutet Risiko also eine Streuung um den Erwartungswert. In der Rechnungslegung und im Bilanzrecht wird Risiko dagegen als Verlustgefahr (also ausschließlich eine negative Abweichung vom erwarteten Wert) verstanden, während positive Abweichungen vom erwarteten Wert hingegen als Chance bezeichnet werden. Da der vorliegenden Untersuchung allerdings nicht ein finanzierungs-

---

4 Zum Imparitätsprinzip vgl. Abschnitt 33 sowie grundlegend LEFFSON, U., Die Grundsätze ordnungsmäßiger Buchführung, S. 339-426; KOCH, H., Die Problematik des Niederstwertprinzips; FEY, D., Imparitätsprinzip und GoB-System.

5 Vgl. bereits LEFFSON, U., Die Grundsätze ordnungsmäßiger Buchführung, 1. Aufl., S. 149-155 sowie BAETGE, J./KIRSCH, H.-J./THIELE, S., Bilanzen, S. 129; KUHNER, C., Geschäftszweckgebundene Bewertungskonzeptionen, S. 53-56.

6 Vgl. BAETGE, J./SCHULZE, D., Risiken der künftigen Entwicklung, S. 939.

7 Vgl. BAETGE, J./SCHULZE, D., Risiken der künftigen Entwicklung, S. 939; KRELLE, W., Unsicherheit und Risiko, S. 633; KUPSCH, P. U., Risiken, S. 154; FARNY, D., Risk Management, S. 16-17.

theoretischer, sondern ein **handelsrechtlicher Kontext** zugrunde zu legen ist, muss der Begriff „Risiko" so definiert werden, wie er z. B. in § 249 Abs. 1 Satz 1 oder in § 252 Abs. 1 Nr. 4 verwendet wird. Danach bedeutet Risiko **die Gefahr, einen Verlust aus einem Geschäft zu erleiden**, sodass sich das Geschäft negativ auf die Vermögens-, Finanz- und Ertragslage auswirkt.[8] Eine **Chance** bedeutet hingegen **die Möglichkeit, einen Gewinn aus einem Geschäft zu erzielen.**

Bisher wurde lediglich die **wirkungsbezogene** Sichtweise des Risikobegriffs betrachtet. Allerdings haben jedes Risiko und jede Chance auch eine entsprechende Ursache.[9] Wird anstatt der wirkungsbezogenen Sichtweise die **ursachenbezogene** Sichtweise des Risikobegriffs eingenommen, ist Risiko als ein **Informationsdefizit** über künftige Umweltzustände zu verstehen.[10] Denn die unvollkommene Information über den Eintritt verschiedener künftiger Umweltzustände führt zu Unsicherheit im Hinblick auf die Realisation eines Geschäfts.

Unsicherheit kann in der betriebswirtschaftlichen Literatur grundsätzlich **zwei** Ausprägungen annehmen.[11] Danach wird von **Risiko** bzw. **Chance** gesprochen, wenn es möglich ist, den künftigen Umweltzuständen eine Wahrscheinlichkeitsverteilung zuzuordnen.[12] Sind indes keine Informationen über die Wahrscheinlichkeit künftiger Umweltzustände verfügbar, wird dies als **Ungewissheit** bezeichnet.[13] In der folgenden Übersicht wird der Unterschied zwischen Risiko bzw. Chance einerseits und Ungewissheit andererseits veranschaulicht:

---

8 Vgl. GÖTTGENS, M./PRAHL, R., Bilanzierung und Prüfung von Financial Futures und Forward Rate Agreements, S. 53; SCHEFFLER, J., Hedge-Accounting, S. 4; SCHMIDT, C., Hedge Accounting, S. 41; BIERMAN, H./TODD, J./PETERSON, S., Hedge Accounting, S. 7.

9 Vgl. SCHULZE, D., Berichterstattung über Risiken, S. 18-23; OESTREICHER, A., Zinsterminkontrakte, S. 10-11.

10 Vgl. SCHMITTING, W., Perspektiven eines Risikomanagements im Rahmen von Unternehmensakquisition und Due Diligence, S. 241; KUPSCH, P. U., Risiken, S. 153; BITZ, H., Risikomanagement, S. 13.

11 In Anlehnung an KNIGHT, F., Risk, Uncertainty and Profit, S. 197-232.

12 Vgl. PERRIDON, L./STEINER, M./RATHGEBER, A., Finanzwirtschaft der Unternehmung, S. 104.

13 Vgl. BAETGE, J., Objektivierung, S. 76; PERRIDON, L./STEINER, M./RATHGEBER, A., Finanzwirtschaft der Unternehmung, S. 104.

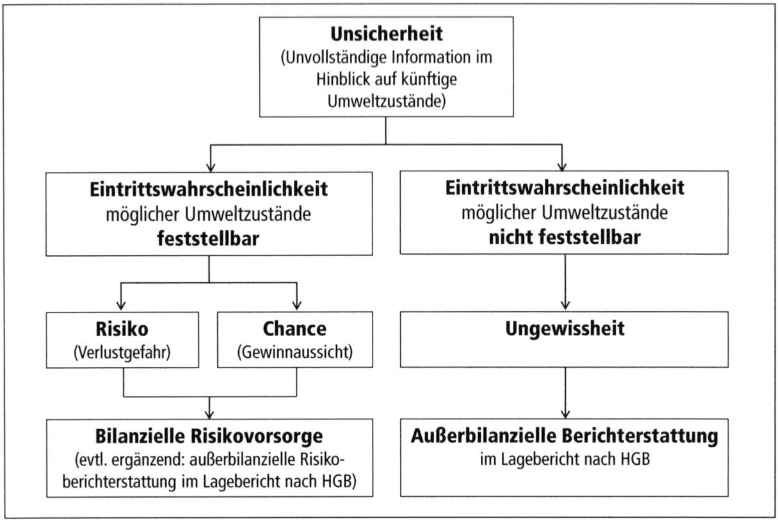

Übersicht 2-1: *Systematisierung des Risikobegriffs*[14]

Während für Risiken, d. h. Verlustgefahren, aufgrund des handelsrechtlichen Imparitätsprinzips (§ 252 Abs. 1 Nr. 4) frühzeitig **bilanziell** vorgesorgt werden muss, sind Chancen, d. h. Gewinnmöglichkeiten, aufgrund des Realisationsprinzips (§ 252 Abs. 1 Nr. 4 Halbsatz 2) erst dann **bilanziell** zu erfassen, wenn der positive Erfolgsbeitrag realisiert ist. Negative oder positive Entwicklungen unter Ungewissheit, die im weiteren Verlauf der vorliegenden Arbeit nicht näher betrachtet werden sollen, führen hingegen zu keinen bilanziellen Konsequenzen. Allerdings ist ggf. im Lagebericht darüber zu berichten.[15]

222. Risikoarten

222.1 Übersicht

Unternehmen sind durch ihre Geschäftstätigkeit nicht nur einem einzelnen Risiko, also nicht nur einer Verlustgefahr, sondern einer Vielzahl von Risiken ausgesetzt. Die Unter-

14 In Anlehnung an SCHULZE, D., Berichterstattung über Risiken, S. 37; MÜßIG, A., Bilanzielle Risikovorsorge, S. 23; PFITZER, N./KAHRE, B., Risikovorsorge nach HGB, IFRS und US-GAAP, S. 204.

15 Vgl. PFITZER, N./KAHRE, B., Risikovorsorge nach HGB, IFRS und US-GAAP, S. 210; MÜßIG, A., Bilanzielle Risikovorsorge, S. 23.

scheidung und Kategorisierung der verschiedenen Risikoarten ist in der Literatur allerdings nicht eindeutig. Der DEUTSCHE STANDARDISIERUNGSRAT (DSR)[16] unterscheidet im Deutschen Rechnungslegungs Standard Nr. 5 – „Risikoberichterstattung" (DRS 5) die folgenden ursachenbezogenen Risikokategorien:[17]

- Umfeld- und Branchenrisiken,
- unternehmensstrategische Risiken,
- leistungswirtschaftliche Risiken,
- Personalrisiken,
- informationstechnische Risiken,
- finanzwirtschaftliche Risiken und
- sonstige Risiken.

Alle diese ursachenbezogenen Risiken können zu Verlusten für das Unternehmen führen. Beispielsweise kann das Personalrisiko dazu führen, dass durch eine hohe Mitarbeiterfluktuation Wissen dem Unternehmen „verloren geht" und sich neue Mitarbeiter dieses Wissen erst aufwendig aneignen müssen.[18] Allerdings können solche Risiken nicht mithilfe eines Sicherungsgeschäfts abgesichert werden. Für die vorliegende Untersuchung sind daher lediglich Risiken relevant, die mithilfe eines Sicherungsgeschäfts, vornehmlich eines derivativen Finanzinstrumentes, abgesichert werden können. Dies betrifft einerseits **Marktpreisrisiken** und andererseits **Ausfallrisiken** (Kreditrisiken). Während Marktpreisrisiken vor allem bei Industrie- und Handelsunternehmen abgesichert werden, sind Ausfallrisiken und deren Absicherung vor allem bei Kreditinstituten von Bedeutung.[19] Beide Risikokategorien werden in den folgenden Abschnitten ausführlich erläutert.

---

16 Der DEUTSCHE STANDARDISIERUNGSRAT (DSR) ist Teil des DEUTSCHEN RECHNUNGSLEGUNGS STANDARDS COMMITTEE (DRSC) und wurde als nationales Standardisierungsgremium gegründet. Die Aufgaben des DRS sind u. a. die Entwicklung von Empfehlungen (Standards) zur Anwendung der Grundsätze über die Konzernrechnungslegung sowie die Beratung des Bundesministeriums der Justiz bei Gesetzgebungsvorhaben zu Rechnungslegungsvorschriften. Vgl. BAETGE, J./LÖW, E./BRÜGGEMANN, P., in: Küting/Weber/Pfitzer, HdR, 5. Aufl., Kapitel 1, Abschn. C, Rn. 401-502.

17 Vgl. zur Bedeutung der einzelnen Risikokategorien des DRS 15.17 auch PRIGGE, C., Konzernlageberichterstattung, S. 178-187.

18 Vgl. PRIGGE, C., Konzernlageberichterstattung, S. 182 f.

19 Vgl. BARCKOW, A., Sicherungsbeziehungen, S. 20; SCHEFFLER, J., Hedge-Accounting, S. 8.

222.2 Marktpreisrisiken

222.21 Vorbemerkungen

Marktpreisrisiken sind Verlustgefahren, die bei Geschäften entstehen, bei denen sich die **Marktpreise** (z. B. das Marktzinsniveau oder der Fremdwährungskurs) ändern können. Im Zusammenhang mit Marktpreisen können folgende Verlustgefahren entstehen:

- Zinsänderungsrisiken (Abschnitt 222.22),
- Währungsrisiken (Abschnitt 222.23) und
- sonstige Marktpreisrisiken (Abschnitt 222.24).

222.22 Zinsänderungsrisiken

Das **Zinsänderungsrisiko** bezeichnet die Gefahr, dass sich negative Erfolgsbeiträge infolge einer Marktzinsänderung ergeben können.[20] Dabei können die Marktzinsänderungen ihren Ursprung sowohl in wirtschaftlichen als auch in politischen Entwicklungen haben.[21] Zinsänderungsrisiken können in Form von **Zahlungsstromrisiken** oder in Form von **Wertänderungsrisiken** auftreten.[22]

Zahlungsstromrisiken führen zu einer Verschlechterung des Zinsergebnisses[23] eines Unternehmens, die sich aus variabel verzinslichen Finanzinstrumenten ergeben können. Bei **variabel verzinslichen Aktiva** (z. B. Wertpapieren) führen sinkende Marktzinsen zu einer Verminderung des Zinsertrags, während steigende Marktzinsen bei Passiva (z. B. Anleihen) zu einer Erhöhung des Zinsaufwands führen. **Beide Möglichkeiten kennzeichnen negative Erfolgsbeiträge, die zu einer Verschlechterung der Vermögens-, Finanz- und Ertragslage**

20 Vgl. KRUMNOW, J./SPRIẞLER, W./BELLAVITE-HÖVERMANN, Y., Rechnungslegung der Kreditinstitute, Teil B, Kapitel I, Rn. 257; SCHARPF, P., Finanzrisiken, S. 257.

21 Vgl. SCHARPF, P./LUZ, G., Finanzderivate, S. 91.

22 Vgl. SCHARPF, P., Finanzrisiken, S. 257; SCHARPF, P./LUZ, G., Finanzderivate, S. 91.

23 Das Zinsergebnis wird im Allgemeinen als Differenz aus Zinserträgen und Zinsaufwendungen definiert. Obwohl der Begriff ursprünglich der Rechnungslegung für Kreditinstitute als Teilkomponente des Gesamterfolges entstammt, wird er in der vorliegenden Untersuchung auch für Industrie- und Handelsunternehmen verwendet. Vgl. HARTMANN-WENDELS, T./ PFINGSTEN, A./WEBER, M., Bankbetriebslehre, S. 784-786.

führen.[24] **Wertänderungsrisiken** existieren bei **festverzinslichen** Finanzinstrumenten und resultieren aus einer Verschlechterung des Marktwerts aufgrund steigender oder fallender Marktzinsen. Denn bei steigenden Marktzinsen sinkt c. p. der Marktwert eines in den Aktiva bilanzierten festverzinslichen Papiers, der dem Barwert der künftigen Zins- und Tilgungszahlungen entspricht, während z. B. der Wert eines Passivums bei sinkenden Marktzinsen steigt.[25] Steigende Marktzinsen führen somit zu einem niedrigeren Marktwert von aktivierten festverzinslichen Wertpapieren. Die daraus resultierende **Verlustgefahr** muss aufgrund des Imparitätsprinzips antizipiert werden, indem das festverzinsliche Wertpapier gem. § 253 Abs. 4 auf den niedrigeren beizulegenden Wert abgeschrieben wird.

222.23 Währungsrisiken

Als Währungsrisiko wird die Gefahr einer Verschlechterung der Vermögens-, Finanz- und Ertragslage eines Unternehmens infolge von Wechselkursschwankungen bezeichnet.[26] Währungsrisiken beeinflussen daher nur Positionen, die auf eine fremde Währung lauten. Unterschieden werden Währungsrisiken im bilanziellen Kontext in

- Transaktionsrisiken und
- Translationsrisiken.[27]

Als **Transaktionsrisiko** wird die Verlustgefahr bezeichnet, die bei zeitlichen Differenzen zwischen der Entstehung eines Bilanzpostens in Fremdwährung und den zugehörigen Zahlungen entsteht.[28] Beispielsweise ändert sich der Gegenwert einer Fremdwährungsforderung in Hauswährung infolge einer Wechselkursänderung, bis die Forderung endgültig beglichen ist. Sinkt der Gegenwert der Fremdwährungsforderung in Hauswährung, so ist diese Verlustgefahr durch eine Abschreibung auf den niedrigeren beizulegenden Wert zu antizipieren.

24 Vgl. BARCKOW, A., Sicherungsbeziehungen, S. 20 f.

25 Vgl. SCHARPF, P., Finanzrisiken, S. 257-258; SCHARPF, P./LUZ, G., Finanzderivate, S. 92.

26 Vgl. BRÖTZMANN, I., Güterwirtschaftliche Sicherungsbeziehungen, S. 14.

27 Vgl. SCHARPF, P., Finanzrisiken, S. 258.

28 Vgl. GÖTTGENS, M., Kompensation von Zinsänderungs- und Währungsrisiken, S. 60; SCHARPF, P., Finanzrisiken, S. 258; SCHARPF, P./LUZ, G., Finanzderivate, S. 110 f.

Als **Translationsrisiko** wird die Gefahr von unrealisierten Kursverlusten bezeichnet, wenn einzelne Bilanzpositionen in Fremdwährung gem. § 244 in Hauswährung umgerechnet werden oder wenn ausländische Tochterunternehmen in den Konzernabschluss gem. § 294 Abs. 1 einbezogen werden. Da Translationsrisiken im Gegensatz zu Transaktionsrisiken nicht zahlungswirksam sind und nicht durch unternehmerische Disposition abgesichert werden (können)[29], wird diese Risikoart in der vorliegenden Untersuchung nicht weiter betrachtet.

222.24 Sonstige Marktpreisrisiken

Neben den Zinsänderungsrisiken und den Währungsrisiken kann das Unternehmen auch anderen Marktpreisrisiken, wie **Aktienkursrisiken** oder **Güterpreisrisiken**, ausgesetzt sein.[30] Das Risiko hierbei besteht darin, dass sich die Vermögens-, Finanz- und Ertragslage eines Unternehmens verschlechtert, wenn der Buchwert des Gutes oder der Aktie entsprechend auf den niederen beizulegenden Wert abgeschrieben werden muss.

222.3 Ausfallrisiken (Kreditrisiken)

Unter **Ausfallrisiko** wird allgemein die Gefahr verstanden, dass Gläubiger wegen einer Bonitätsverschlechterung die gewährte Schuld nicht oder nicht vollständig vertragsgemäß zurückzahlen können.[31] Im bilanziellen Kontext stellt ein Ausfallrisiko eine Verlustgefahr dar, weil z. B. eine bestehende Forderung aus einem Verkaufsgeschäft bei einer drohenden Insolvenz vom Kunden nicht (mehr) beglichen wird und daher außerplanmäßig wertberichtigt und ggf. vollständig abgeschrieben werden muss. Ausfallrisiken sind für Kreditinstitute die bedeutsamste Risikoart.[32] Bei Industrie- und Handelsunternehmen werden Ausfallrisiken auch als **Debitorenrisiken** bezeichnet.

Nachdem die für die Untersuchung relevanten Risikoarten identifiziert und erläutert wurden, werden im Folgenden die Grundlagen der Risikoabsicherung dargestellt, mit denen sich Unternehmen gegen diese Risiken absichern können.

29 Vgl. SCHARPF, P./LUZ, G., Finanzderivate, S. 114; SCHARPF, P., Finanzrisiken, S. 262 f.

30 Vgl. SCHARPF, P./LUZ, G., Finanzderivate, S. 118.

31 Vgl. SCHARPF, P./LUZ, G., Finanzderivate, S. 85.

32 Vgl. SCHEFFLER, J., Hedge-Accounting, S. 8.

23 Risikoabsicherung mithilfe von Sicherungsbeziehungen

231. Begriff und Zweck einer Sicherungsbeziehung (Hedging)

Eine **Sicherungsbeziehung** (Hedge) wird im **betrieblichen Risikomanagement** (z. B. im Treasury) des Unternehmens eingegangen, um Risiken **zielgerichtet** abzusichern, indem eine offene Risikoposition – auch **Grundgeschäft** genannt – durch den Aufbau einer gegenläufigen Position – auch als **Sicherungsgeschäft** bezeichnet – **finanzwirtschaftlich** geschlossen und damit abgesichert wird.[33] Eine Wertänderung oder ein Zahlungsstrom einer risikobehafteten Position soll durch eine möglichst perfekt **gegenläufige** Wertänderung oder einen möglichst perfekt **gegenläufigen** Zahlungsstrom kompensiert oder zumindest reduziert werden.[34] Die Grundidee einer Sicherungsbeziehung wird anhand der folgenden Abbildung vereinfacht dargestellt:

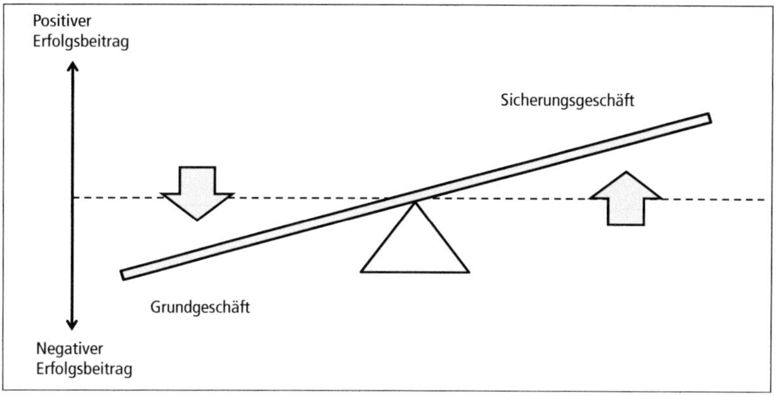

Übersicht 2-2: *Risikokompensation durch Hedging*[35]

Sicherungsbeziehungen sind von deren bilanzieller Abbildung durch sog. Bewertungseinheiten zu unterscheiden. Denn **Sicherungsbeziehungen** werden **zielgerichtet** durch das betriebliche Risikomanagement eines Unternehmens eingegangen und bilden nur die

33 Vgl. GRÜNEWALD, A., Finanzterminkontrakte, S. 12-13; GÖTTGENS, M., Kompensation von Zinsänderungs- und Währungsrisiken, S. 146; BRÖTZMANN, I., Güterwirtschaftliche Sicherungsbeziehungen, S. 16; BARCKOW, A., Sicherungsbeziehungen, S. 25; KUHN, S./SCHARPF, P., Financial Instruments nach IFRS, S. 351; WIESE, R., Hedge-Accounting, S. 64.

34 Vgl. BAETGE, J./HAPPE, P., Risikomanagement und Bankenpublizität, S. 22; GRÜNEWALD, A., Finanzterminkontrakte, S. 12.

35 In Anlehnung an NGUYEN, T., Finanzderivate und Sicherungsgeschäfte, S. 40.

Grundlage zur **Bildung von Bewertungseinheiten** im externen Rechnungswesen, wenn gleichzeitig die Voraussetzungen des § 254 erfüllt sind.[36] Die Voraussetzungen und die Bilanzierung von Bewertungseinheiten bei zugrunde liegenden Sicherungsbeziehungen werden in Abschnitt 4 erläutert.

Da bei **Sicherungsbeziehungen** i. d. R. Finanzinstrumente als Sicherungsgeschäft verwendet werden und gem. § 254 **ausschließlich** Finanzinstrumente als Sicherungsgeschäft für Bewertungseinheiten verwendet werden dürfen, ist es erforderlich, zunächst den Begriff des „Finanzinstruments" im Sinne des HGB-Bilanzrechts zu konkretisieren.

232. Begriff und Systematisierung von Finanzinstrumenten

232.1 Vorbemerkungen

In einem Unternehmen existieren vielfältige Motive, Finanzinstrumente zu verwenden. Neben der **Spekulation**[37], die als Ausnutzung von im Zeitablauf erwarteten Preis- oder Wertschwankungen durch den Kauf und späteren Verkauf eines Produktes verstanden werden kann, werden Finanzinstrumente auch zur **Absicherung** (Hedging) von Risiken verwendet.[38] Während vor einigen Jahren noch eine genau umrissene Menge an Finanzinstrumenten existierte, ist die Anzahl der „Produktinnovationen" und „Produktarten" heute nahezu unüberschaubar geworden.[39] Neben den klassischen Anlage- und Finanzie-

36 Bilanzielle Verlustgefahren können auch nicht „zielgerichtet", d. h. nicht durch den Kauf eines separaten Sicherungsgeschäfts, abgesichert werden. Beispielsweise gleichen sich die Währungsrisiken einer Fremdwährungsforderung und einer Fremdwährungsverbindlichkeit vollständig aus, wenn sie in gleicher Höhe, in gleicher Währung und mit identischen Fälligkeitsterminen bestehen. Diese risikoinduzierten gegenläufigen Bilanzpositionen werden in der vorliegenden Arbeit ebenfalls betrachtet und können unter bestimmten Voraussetzungen ebenso wie Sicherungsbeziehungen mithilfe von Bewertungseinheiten nach § 254 dargestellt werden. Der Begriff „Sicherungsbeziehung" wird in der vorliegenden Arbeit stets im Zusammenhang mit einer zielgerichteten Absicherung eines Risikos durch das betriebliche Risikomanagement verwendet.

37 Eine besondere Form der Spekulation ist die *Arbitrage*, bei der Preisdifferenzen nicht im Zeitablauf, sondern zu einem bestimmten Zeitpunkt, aber auf unterschiedlichen Märkten ausgenutzt werden, indem Produkte auf dem Markt mit dem niedrigeren Preis gekauft und an dem anderen Markt zu höheren Preisen verkauft werden. Vgl. KUHNER, C., in: Baetge/Kirsch/Thiele, § 246 HGB, Rn. 811; GRÜNEWALD, A., Finanzterminkontrakte, S. 18; BURKHARDT, D., Grundsätze ordnungsmäßiger Bilanzierung für Fremdwährungsgeschäfte, S. 157-158.

38 Vgl. GRÜNEWALD, A., Finanzterminkontrakte, S. 12-19; HARTMANN-WENDELS, T./ PFINGSTEN, A./WEBER, M., Bankbetriebslehre, S. 254; SCHEFFLER, E., in: Beck HdR, Abschnitt B 233, Rn. 385.

39 Vgl. GLAUM, M./FÖRSCHLE, G., Finanzinstrumente und Risikomanagement, S. 1525.

rungsinstrumenten existieren auch auf individuelle Bedürfnisse zugeschnittene Instrumente. Aufgrund der fehlenden Standardisierung dieser Instrumente findet der Handel allerdings grundsätzlich außerbörslich statt. Solche Transaktionen werden deshalb auch als „Over-The-Counter-Geschäfte" (OTC-Geschäfte) bezeichnet.[40] Wegen der Komplexität und der Vielfalt von Finanzinstrumenten ist eine vollständige und umfassende Darstellung im Folgenden nicht möglich. Daher werden lediglich die wichtigsten Grundformen erörtert, zumal alle Finanzinstrumente, die im weiteren Verlauf der Untersuchung behandelt werden, diesen Grundformen zugeordnet werden können. Zunächst ist es indes erforderlich, den im HGB unbestimmten Rechtsbegriff[41] des Finanzinstruments zu konkretisieren.

232.2 Der Begriff des Finanzinstruments

Ausgehend vom Wortlaut der in der vorliegenden Arbeit zu analysierenden Vorschrift des § 254 zur Bildung von Bewertungseinheiten dürfen handelsrechtlich ausschließlich Finanzinstrumente als Sicherungsgeschäft verwendet werden. Denn in § 254 heißt es:[42]

> *„Werden Vermögensgegenstände, Schulden, schwebende Geschäfte […] aus dem Eintritt vergleichbarer Risiken mit **Finanzinstrumenten** zusammengefasst […]".*

Bevor also die Regelungen zur Bilanzierung der als Sicherungsinstrument verwendeten Finanzinstrumente analysiert werden können, muss zunächst erörtert werden, was im Allgemeinen und vor allem im Bilanzrecht unter Finanzinstrumenten zu verstehen ist. Denn der Begriff des Finanzinstruments ist aus handelsrechtlicher Sicht ein unbestimmter Rechtsbegriff, da er zwar in einzelnen Vorschriften genannt wird, aber im HGB für den Begriff keine Legaldefinition existiert.[43] Auch der Gesetzgeber, der durch das BilMoG ne-

40 Vgl. HARTMANN-WENDELS, T./PFINGSTEN, A./WEBER, M., Bankbetriebslehre, S. 252; PERRIDON, L./STEINER, M./RATHGEBER, A., Finanzwirtschaft der Unternehmung, S. 170; HULL, J., Risikomanagement, S. 103.

41 Ein *unbestimmter Rechtsbegriff* zeichnet sich dadurch aus, dass dieser vom Rechtsanwender erst konkretisiert werden muss, da er einen Tatbestand nur sehr abstrakt und allgemeingültig beschreibt bzw. regelt. Vgl. hierzu TIPKE, K., Auslegung unbestimmter Rechtsbegriffe, S. 1-5.

42 (Auslassung und Hervorhebungen durch den Verfasser).

43 Neben der in der vorliegenden Arbeit zu untersuchenden Vorschrift des § 254 (Bildung von Bewertungseinheiten) wird der Begriff des Finanzinstruments z. B. in § 340c Abs. 1 Satz 1 (Vorschriften zur Gewinn- und Verlustrechnung und zum Anhang), in § 340e Abs. 3 Satz 1 (Bewertung von Vermögensgegenständen) sowie in den §§ 285 Satz 1 Nr. 18 und Nr. 19 (Sonstige Pflichtangaben) genannt.

ben der Bildung von Bewertungseinheiten bei Sicherungszusammenhängen u. a. auch die Bilanzierung von Finanzinstrumenten des Handelsbestands bei Kreditinstituten[44] kodifiziert hat, definiert diesen Begriff nicht. Stattdessen hat der Gesetzgeber eine Legaldefinition bewusst vermieden, um dem vorhandenen Spielraum durch eine den Erfordernissen des Marktes angepasste Auslegung des Begriffs im Zeitablauf gerecht zu werden.[45] Durch die unterlassene Kodifizierung des Begriffs „Finanzinstrument" ermöglicht der Gesetzgeber eine fortlaufende Anpassung des Begriffs an die aktuellen finanzwirtschaftlichen Gegebenheiten, was aufgrund der dynamischen Entwicklung der Finanzprodukte durchaus sinnvoll erscheint.

In Ermangelung einer handelsrechtlichen Kodifizierung des Begriffs „Finanzinstrument", wird im Schrifttum sowie in den einschlägigen Verlautbarungen des IDW vorgeschlagen, auf die Definitionen des Kreditwesengesetzes (KWG) oder des Wertpapierhandelsgesetzes (WpHG) zurückzugreifen.[46] Im Folgenden werden daher zunächst die Definitionen dieser beiden Gesetze dargestellt:

- **KWG:**

  Nach § 1a Abs. 3 KWG liegen *„alle[n] Verträge[n], die für eine der beteiligten Seiten einen finanziellen Vermögenswert[47] und für die andere Seite eine finanzielle Verbindlichkeit oder ein Eigenkapitalinstrument schaffen"*,[48] Finanzinstrumente zugrunde.[49] Ferner enthält § 1 Abs. 11 KWG eine abschließende Auflistung aller Finanzinstrumente i. S. d.

---

44 Vgl. hierzu ausführlich BRÜGGEMANN, P., Finanzinstrumente des Handelsbestands sowie IDW (Hrsg.), IDW RS BFA 2.

45 So die Begründung zum Gesetzentwurf des BilMoG. Vgl. BT-Drucks. 16/10067 vom 30.07.2008, S. 53.

46 So auch BRÜGGEMANN, P., Finanzinstrumente des Handelsbestands, S. 14 sowie z. B. SCHARPF, P., in: Küting/Weber/Pfitzer, HdR, 5. Aufl., § 254 HGB, Rn. 97; IDW (Hrsg.), IDW RS HFA 35, Rn. 34; GELHAUSEN, H./FEY, G./KÄMPFER, G., BilMoG, Rn. 23.

47 Das KWG verwendet fälschlicherweise den Begriff des „finanziellen Vermögenswerts". Gemeint sind wohl eher die im deutschen Bilanzrecht geläufigen „finanziellen Vermögensgegenstände", wie liquide Mittel oder Forderungen. Der Begriff „Vermögenswert" ist ein Begriff aus einem anderen Rechnungslegungssystem, den IFRS.

48 (Einfügungen durch den Verfasser).

49 Die Definition eines Finanzinstruments im Sinne des KWG stimmt mit der Definition nach IFRS überein (vgl. IAS 32.11) und wurde durch das „Gesetz zur Umsetzung der neu gefassten Bankenrichtlinie und der neu gefassten Kapitaladäquanzrichtlinie" (BKRUG) vom 17.11.2006 erstmalig in das KWG eingeführt. Eine ähnliche Definition liefern LÖW, E./SCHARPF, P./ WEIGEL, W., Auswirkungen des Regierungsentwurfs des BilMoG auf die Bilanzierung von Finanzinstrumenten, S. 1014.

KWG. Danach sind Wertpapiere[50], Geldmarktinstrumente[51], Devisen oder Rechnungseinheiten sowie Derivate[52] unter den Begriff des Finanzinstruments zu subsumieren.[53]

- **WpHG:**
  In § 2 WpHG werden Finanzinstrumente ebenfalls katalogartig aufgezählt. Gemäß § 2 Abs. 2b WpHG sind Finanzinstrumente Wertpapiere, Geldmarktinstrumente, Derivate und Rechte auf Zeichnung von Wertpapieren.

Eine katalogartige Aufzählung typischer Finanzinstrumente, wie in § 1 Abs. 11 KWG bzw. § 2 Abs. 2b WpHG, ist grundsätzlich als Definition des Begriffs ungeeignet, da dies zu einer Beschränkung der in den Gesetzen genannten Finanzinstrumente führen würde. Danach wären Wertpapiere, wie Aktien, als Finanzinstrument zu klassifizieren, GmbH-Anteile dagegen fälschlicherweise nicht.[54] Entsprechend klärt der Gesetzgeber die Auslegungsbreite für den Begriff des Finanzinstruments in der Begründung des Gesetzentwurfs zum BilMoG. Er formuliert: *„Aufgrund der Vielfalt und ständigen Weiterentwicklung ist eine abschließende inhaltliche Ausfüllung des Begriffs Finanzinstrument nicht möglich."*[55] Der Gesetzgeber intendiert also eine möglichst weit gefasste Definition des Begriffs und beschränkt sich nicht auf typische Finanzinstrumente, wie Derivate, sondern schließt auch originäre Finanzinstrumente mit ein.[56] Eine auf die Gesetzesmaterialien des BilMoG gestützte Definition erfordert, dass der Begriff nach Handelsrecht möglichst weit zu fassen

50 Ein *Wertpapier* im Sinne des KWG ist eine Urkunde, die ein privates Recht in der Weise verbrieft, dass das Recht aus der Urkunde gegenüber dem Schuldner nur geltend gemacht werden kann, wenn der Inhaber der Urkunde diese dem Schuldner vorlegt. Ohne den Besitz der Urkunde kann das darin verbriefte Recht nicht geltend gemacht werden. Typische Beispiele sind Aktien, Zertifikate auf Aktien, Schuldverschreibungen, Genuss- und Optionsscheine, mit Aktien und Schuldverschreibungen vergleichbare Instrumente sowie Investmentanteile. Vgl. § 1 Abs. 11 Satz 2 Nr. 1-4 KWG.

51 *Geldmarktinstrumente* im Sinne des KWG sind Forderungen, die keine Wertpapiere sind und auf dem Geldmarkt gehandelt werden. Vgl. § 1 Abs. 11 Satz 2 KWG.

52 Vgl. hierzu Abschnitt 232.41.

53 Einen Überblick über die jeweils zu subsumierenden Finanzinstrumente geben SCHARPF, P./LUZ, G., Finanzderivate, S. 5.

54 Vgl. GELHAUSEN, H./FEY, G./KÄMPFER, G., BilMoG, Rn. 24.

55 BR-Drucks. 344/08 vom 23.05.2008, S. 114.

56 Vgl. BT-Drucks. 16/10067 vom 30.07.2008, S. 58 i. V. m. BR-Drucks. 344/08 vom 23.05.2008, S. 114-116.

und der Begriff deshalb in Übereinstimmung mit § 1a Abs. 3 KWG abzugrenzen ist.[57] In den folgenden Abschnitten werden typische zur Absicherung von Risikopositionen geeignete Finanzinstrumente beschrieben. Dabei wird die finanztheoretische Unterscheidung in originäre und derivative Finanzinstrumente – wie bei den IFRS üblich – übernommen. Zwar kennt das deutsche Handelsrecht die Begriffe „originär" und „derivativ" nicht, dennoch wird dieses Begriffspaar bspw. in den Gesetzesmaterialien zum BilMoG verwendet und somit als bekannt vorausgesetzt.[58]

232.3 Originäre Finanzinstrumente

Originäre Finanzinstrumente verkörpern Fest- oder Residualansprüche, die auf eine unbedingte Leistung von Geldbeträgen gerichtet sind.[59] Das Verpflichtungs- und Erfüllungsgeschäft fällt bei originären Finanzinstrumenten stets zusammen, während dies bei derivativen Finanzinstrumenten nicht der Fall ist.[60] Bei dieser Definition handelt es sich somit um eine Negativabgrenzung zu den derivativen Finanzinstrumenten. Folglich sind alle nicht derivativen Finanzinstrumente den originären Finanzinstrumenten zuzuordnen.

Bei den originären Finanzinstrumenten sind die **Eigenkapitalinstrumente** und die **Fremdkapitalinstrumente** zu unterscheiden.[61] Unter die originären Finanzinstrumente mit Eigenkapitaleigenschaft lassen sich u. a. Aktien, stille Einlagen, Genussscheine oder nachrangiges Kapital subsumieren. Beispiele für originäre Finanzinstrumente mit Fremdkapitaleigenschaft sind variabel verzinsliche oder festverzinsliche Wertpapiere, aber auch Forderungen und Verbindlichkeiten.[62] Originäre und derivative Finanzinstrumente können hinsichtlich der Wertentwicklung miteinander verknüpft sein. Denn originäre Fi-

57 Vgl. z. B. GELHAUSEN, H./FEY, G./KÄMPFER, G., BilMoG, Rn. 23.

58 Vgl. z. B. BT-Drucks. 16/10067 vom 30.07.2008, S. 58; BT-Drucks. 344/08 vom 23.05.2008, S. 114.

59 Vgl. HERZIG, N./MAURITZ, P., Grundkonzeption, S. 8.

60 Vgl. SCHMIDT, M., Rechnungslegung von Finanzinstrumenten, S. 64.

61 Vgl. MAURITZ, P., Bilanzierung derivativer Finanzinstrumente, S. 9; SCHMIDT, M., Rechnungslegung von Finanzinstrumenten, S. 63.

62 Vgl. MAURITZ, P., Bilanzierung derivativer Finanzinstrumente, S. 9; GELHAUSEN, H./FEY, G./KÄMPFER, G., BilMoG, Rn. 25; BRECKHEIMER, I., Die steuerbilanzielle Behandlung von Sicherungsbeziehungen, S. 8; Forderungen und Verbindlichkeiten werden explizit in der Begründung des Gesetzentwurfs zum BilMoG unter die (originären) Finanzinstrumente subsumiert, vgl. BR-Drucks. 344/08 vom 23.05.2008, S. 125 sowie BT-Drucks. 16/10067 vom 30.07.2008, S. 58.

nanzinstrumente liegen oftmals den derivativen Finanzinstrumenten zugrunde. Ändert sich bspw. der Börsenwert einer bestimmten Aktie, ändert sich gleichzeitig auch der Wert einer Kauf- oder Verkaufsoption auf genau diese Aktie. Steigt bspw. der Wert einer SIEMENS-Aktie, steigt auch der Wert einer Kaufoption auf die SIEMENS-Aktie, da die Aktie zu einem (vorab) festgelegten Preis gekauft werden kann, der allerdings niedriger als der aktuelle Börsenwert ist.[63] Durch die Option wird somit das Recht verbrieft, die SIEMENS-Aktie zu einem günstigeren Preis zu kaufen, als die Aktie aktuell wert ist.

232.4 Derivative Finanzinstrumente

232.41 Begriffsdefinition

Der Begriff des **Derivats**[64] hat einen lateinischen Ursprung (derivare = ableiten) und charakterisiert dessen preisbildende Eigenschaften.[65] Gemäß § 1 Abs. 11 Satz 4 KWG ist nämlich der Wert eines Derivats abhängig von dem Wert des zugrunde liegenden **Basiswerts.**[66] Als Basiswert – auch Underlying oder Bezugswert genannt – wird der dem derivativen Finanzinstrument zugrunde liegende Vertragsgegenstand bezeichnet. Dies können Handelsgüter (z. B. Rohstoffe), Finanzinstrumente (z. B. Aktien) oder andere marktbezogene Referenzgrößen (z. B. Marktzinssätze) sein.[67] Ändert sich der Wert des Basiswerts, ändert sich auch gleichzeitig der Wert des Derivats, wobei die Wertentwicklung von Basiswert und Derivat auch gegenläufig sein kann. Diese mögliche negative Korrelation von Basiswert und Wert des Derivats ist auch der Grund, warum Derivate sich im besonderen Maße zur Risikoabsicherung eignen.[68]

63 Vgl. MAURITZ, P., Bilanzierung derivativer Finanzinstrumente, S. 9.

64 Als Synonym des Begriffs „Derivat" wird in der vorliegenden Arbeit auch der Begriff des „Finanzderivats" oder des „derivativen Finanzinstruments" verwendet.

65 Vgl. HARTMANN-WENDELS, T./PFINGSTEN, A./WEBER, M., Bankbetriebslehre, S. 251; SCHMIDT, M., Rechnungslegung von Finanzinstrumenten, S. 62; BIEG, H., Grundlagen der Bilanzierung und Bewertung von Derivaten – Teil I, S. 429; BIEG, H., Grundlagen der Bilanzierung und Bewertung von Derivaten – Teil I, S. 429.

66 Vgl. HARTMANN-WENDELS, T./PFINGSTEN, A./WEBER, M., Bankbetriebslehre, S. 251; WIESE, R., Hedge-Accounting, S. 36; BARCKOW, A., Sicherungsbeziehungen, S. 11.

67 Vgl. BIEKER, M., Die Bilanzierung von Euro-Bund-Futures, S. 167.

68 Vgl. MAURITZ, P., Bilanzierung derivativer Finanzinstrumente, S. 9.

Das folgende Beispiel soll die mögliche negative Korrelation von Basiswert und Wert des Derivats veranschaulichen:

> Durch eine Aktienoption[69] wird das **Recht** (nicht die Pflicht) verbrieft, eine festgelegte Aktie (Basiswert) zu einem festgelegten Preis (Ausübungskurs) künftig kaufen (Kaufoption) oder verkaufen (Verkaufsoption) zu können. Angenommen, es wird eine Verkaufsoption auf eine SIEMENS-Aktie abgeschlossen. Die Verkaufsoption werde im Zeitpunkt des Vertragsschlusses zu marktgerechten Konditionen abgeschlossen. Dies bedeutet, dass der Ausübungskurs, also der Preis, mit dem die SIEMENS-Aktie künftig verkauft werden kann, dem Kurs der SIEMENS-Aktie im Zeitpunkt des Vertragsabschlusses entspricht. Da sich Anspruch und Verpflichtung aus diesem Geschäft (noch) ausgleichen, ist der Marktwert der Verkaufsoption in diesem Zeitpunkt null. **Sinkt** nach Abschluss des Vertrages der Wert der SIEMENS-Aktie, dann **steigt** gleichzeitig der Wert der Verkaufsoption bzgl. dieser SIEMENS-Aktie, da die Aktie zu den alten Marktkonditionen, d. h. zu dem vertraglich fixierten höheren Ausübungskurs, verkauft werden kann. Der Eigentümer der Verkaufsoption bzgl. der SIEMENS-Aktie hat also das Recht, die Aktie (Basiswert) zu einem für ihn günstigeren, d. h. höheren Preis zu verkaufen als die Aktie zu dem Verkaufszeitpunkt wert ist. Folglich steigt auch der Wert der Aktienoption. Aktienkurs und Wert des Derivats weisen somit bei sinkendenden Aktienkursen eine negative Korrelation auf. Ein Unternehmen kann ein bestehendes Aktienkursrisiko daher durch eine Verkaufsoption bzgl. der betreffenden Aktie absichern.

Das Beispiel macht deutlich, dass sich Derivate aufgrund möglicher wertkompensierender Effekte besonders zur Absicherung von Geschäften eignen.[70] Allerdings weisen einzelne Derivate, die nicht als Sicherungsgeschäft designiert wurden, hohe Verlustgefahren auf, da zum einen der Kapitaleinsatz für die Anschaffung eines Derivats sehr gering ist und durch die Hebelwirkung dessen Volatilität, verglichen mit dem Basiswert, sehr hoch sein kann.[71] Beispielsweise ist denkbar, dass sich der Basiswert um einen EUR ändert, während sich der

---

69 Das als Option bezeichnete derivative Finanzinstrument stellt ein bedingtes Termingeschäft dar, das in Abschnitt 232.43 grundlegend erläutert wird.

70 Vgl. hierzu ergänzend auch das Beispiel von BIEG, H., Bilanzierung und Bewertung von Optionen und Zinsbegrenzungsvereinbarungen – Teil III, S. 380.

71 Vgl. BAETGE, J./KIRSCH, H.-J./THIELE, S., Bilanzen, S. 312; BÜSCHGEN, H., Bankbetriebslehre, S. 452.

Wert des Derivats aufgrund der Basiswertänderung um 10 EUR ändert. Dies wird als sog. **Hebelwirkung** bezeichnet.[72]

Das Handelsrecht definiert den Begriff des Derivats nicht. Die Begründung des Gesetzentwurfs zum BilMoG fasst allerdings Merkmale eines derivativen Finanzinstruments zusammen. Danach liegt ein derivatives Finanzinstrument vor, wenn die folgenden vier Eigenschaften kumulativ erfüllt sind:[73]

- Es liegt ein zweiseitig unerfülltes schwebendes Vertragsverhältnis vor,
- dessen Wert auf Änderungen des Basiswerts reagiert,
- bei dem Anschaffungskosten nicht oder nur in sehr geringem Umfang anfallen und
- das erst in der Zukunft erfüllt wird.

Da Verpflichtungs- und Erfüllungsgeschäft bei Derivaten zeitlich auseinanderfallen, werden diese Geschäfte auch als **Termingeschäfte** bezeichnet.[74] Anders als das HGB enthalten das KWG bzw. das WpHG nahezu wortgleiche Begriffsdefinitionen, die wie folgt lauten:[75]

> *„Derivate im Sinne dieses Gesetzes [also des WpHG] sind als Kauf, Tausch oder anderweitig ausgestaltete* ***Festgeschäfte*** *oder* ***Optionsgeschäfte****, die zeitlich verzögert zu erfüllen sind und deren Wert sich unmittelbar oder mittelbar vom Preis oder Maß eines* ***Basiswertes*** *ableitet (Termingeschäfte) […].“*

In der Finanzierungstheorie werden Festgeschäfte auch als **unbedingte Termingeschäfte** und Optionsgeschäfte als **bedingte Termingeschäfte** bezeichnet.[76] Bei einem **unbedingten**

72 Vgl. BÜSCHGEN, H., Bankbetriebslehre, S. 452.

73 Die in der vorliegenden Arbeit genannten Merkmale stammen aus der Begründung zur Einführung des § 253 Abs. 1, Satz 3, der im Rahmen des Gesetzgebungsverfahrens wieder gestrichen worden ist. Vgl. BR-Drucks. 344/08 vom 23.05.2008, S. 114. Für die vorliegende Untersuchung ist die vorgenommene Charakterisierung des Begriffs indes weiterhin gültig, da sie zutreffend die typischen Eigenschaften eines Derivats erfasst und mit der Literaturmeinung in Einklang steht. Vgl. z. B. BARCKOW, A., Sicherungsbeziehungen, S. 11 sowie m. w. N. BREALEY, R./MYERS, S./MARCUS, A., Corporate Finance, S. 38.

74 Vgl. MAURITZ, P., Bilanzierung derivativer Finanzinstrumente, S. 67.

75 § 2 Abs. 2 WpHG (Einfügungen und Auslassungen durch den Verfasser). Die Definition eines Derivats nach § 1 Abs. 11 Satz 4 KWG ist nahezu identisch und lautet wie folgt: *„Derivate sind als Kauf, Tausch oder anderweitig ausgestaltete Festgeschäfte oder Optionsgeschäfte, die zeitlich verzögert zu erfüllen sind und deren Wert sich unmittelbar oder mittelbar vom Preis oder Maß eines Basiswertes ableitet (Termingeschäfte)* […].“ Vgl. hierzu auch IDW (Hrsg.), IDW RH HFA 1.005, Rn. 5.

76 Vgl. KUHNER, C., in: Baetge/Kirsch/Thiele, § 246 HGB, Rn. 806; BARCKOW, A., Sicherungsbeziehungen, S. 70.

Termingeschäft (Festgeschäft) verpflichten sich sowohl Käufer als auch Verkäufer, ihre vertraglich festgelegten Leistungen ohne den Eintritt weiterer Bedingungen zu erbringen.[77] Bei einem **bedingten Termingeschäft** (Optionsgeschäft) – wie im Beispiel der Aktienoption – hängt hingegen der Leistungsanspruch bzw. die Leistungsverpflichtung von vertraglichen Bedingungen ab. Es besteht also ein implizites oder explizites Wahlrecht zur Ausübung des Optionsgeschäfts.[78]

In Übersicht 2-3 werden wesentliche derivative Finanzinstrumente nach der **Art der Vertragserfüllung** und nach dem **Handelsort** systematisiert und in den darauf folgenden Abschnitten in ihren Grundzügen erläutert:

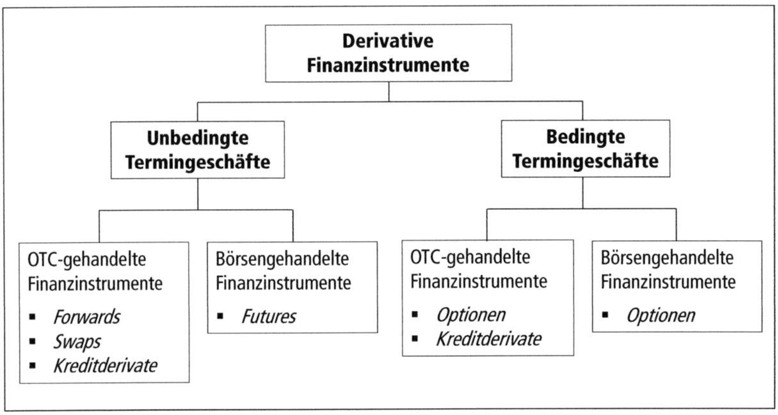

Übersicht 2-3: *Systematisierung derivativer Finanzinstrumente*[79]

232.42 Unbedingte Termingeschäfte

232.421. Futures und Forwards

Forwards und **Futures** sind vertragliche Vereinbarungen, bei denen sich die Vertragspartner dazu verpflichten, einen bestimmten Vermögensgegenstand (Basiswert) in einer

77 Vgl. BARCKOW, A., Sicherungsbeziehungen, S. 33; KUHNER, C., in: Baetge/Kirsch/Thiele, § 246 HGB, Rn. 806.

78 Vgl. HARTMANN-WENDELS, T./PFINGSTEN, A./WEBER, M., Bankbetriebslehre, S. 252; KUHNER, C., in: Baetge/Kirsch/Thiele, § 246 HGB, Rn. 807.

79 In Anlehnung an MAURITZ, P., Bilanzierung derivativer Finanzinstrumente, S. 9.

bestimmten Menge zu einem fest vereinbarten Preis zu einem künftigen Zeitpunkt zu tauschen.[80] Forwards unterliegen keinen Börsenregelungen und werden individuell zwischen den Vertragsparteien vereinbart. Somit handelt es sich bei Forwards um OTC-Geschäfte.[81] Der einzige Unterschied zwischen Forwards und Futures besteht darin, dass Futures zum Börsenhandel zugelassen sind, da es sich hierbei um standardisierte und damit einheitliche Finanzinstrumente handelt.[82]

Die größten Terminbörsen, an denen Futures-Kontrakte gehandelt werden, sind die US-amerikanische CHICAGO MERCANTILE EXCHANGE (CME) und die deutsch-schweizerische EUROPEAN EXCHANGE (EUREX).[83] Die Terminbörsen fungieren dabei als unabhängige Clearing-Stelle zwischen den Vertragspartnern, mit der Aufgabe, die gegenseitigen Forderungen, Verbindlichkeiten und Lieferverpflichtungen festzustellen und die Erfüllung des Vertrags zu garantieren.[84] Als Basiswerte kommen neben originären Finanzinstrumenten, wie Aktien oder Anleihen, auch physische Waren, wie Rohstoffe oder Agrarprodukte, in Betracht.[85] Im zuletzt genannten Fall wird auch von **Warentermingeschäften** (Commodity-Futures) gesprochen.[86] Indes werden die Verträge in den seltensten Fällen durch eine tatsächliche Lieferung des physischen Basiswerts erfüllt. Vielmehr wird das Termingeschäft vor Fälligkeit „glattgestellt“, also durch ein identisches Gegengeschäft geschlossen oder es erfolgt bei Fälligkeit ein Barausgleich.[87] Der Hauptgrund dafür ist, dass die meisten Kapitalmarktteilnehmer – vor allem Spekulanten – nicht an der physischen Lieferung aus dem Kontrakt interessiert sind. So ist ein Verkäufer eines Warentermingeschäfts, der auf fallende Marktpreise von Schweinebäuchen spekuliert, daran interessiert, den derzeit „hohen“ Preis

80 Vgl. PERRIDON, L./STEINER, M./RATHGEBER, A., Finanzwirtschaft der Unternehmung, S. 312; HULL, J., Optionen, Futures und andere Derivate, S. 26-29; BREALEY, R./MYERS, S./ALLEN, F., Principles of Corporate Finance, S. 680 f.; MAURITZ, P., Bilanzierung derivativer Finanzinstrumente, S. 69; BIEG, H., Bilanzierung und Bewertung von Financial Futures – Teil I, S. 92.

81 Vgl. HARTMANN-WENDELS, T./PFINGSTEN, A./WEBER, M., Bankbetriebslehre, S. 253.

82 Vgl. IDW (Hrsg.), BFA 2/1993, S. 517; PRAHL, R./NAUMANN, T., Financial Instruments, Rn. 83-86.

83 Vgl. HULL, J., Optionen, Futures und andere Derivate, S. 48.

84 Vgl. BIEG, H., Bilanzierung und Bewertung von Financial Futures – Teil I, S. 94; HULL, J., Optionen, Futures und andere Derivate, S. 56 f.

85 Vgl. SCHMIDT, M., Rechnungslegung von Finanzinstrumenten, S. 69-72; BIEG, H., Bilanzierung und Bewertung von Financial Futures – Teil I, S. 92.

86 Vgl. SCHMIDT, M., Rechnungslegung von Finanzinstrumenten, S. 71-72.

87 Vgl. HULL, J., Optionen, Futures und andere Derivate, S. 49 und S. 62.

der Ware zu fixieren. Im Falle tatsächlich fallender Kurse würde der Verkäufer des Termingeschäfts sich den Differenzbetrag von dem anderen Vertragspartner, also dem Käufer des Warentermingeschäfts, der auf steigende Marktpreise gehofft hat, auszahlen zu lassen.

Mit **Futures** können vor allem Marktpreisrisiken abgesichert werden, während mit **Forwards** aufgrund der Möglichkeit zur individuellen Vertragsgestaltung sowohl Marktpreisrisiken als auch Zins- und Währungsrisiken abgesichert werden können.[88]

232.422. Swaps

Swaps[89] sind vertragliche Vereinbarungen, bei denen künftige Zahlungsströme zwischen den Vertragspartnern über einen festgelegten Zeitraum getauscht werden.[90] Die zwei wichtigsten Arten von Swaps sind **Zinsswaps** und **Währungsswaps.**[91]

Bei einem **Zinsswap** verpflichtet sich eine Vertragspartei, einen festen Zins auf einen bestimmten – nur der Berechnung zugrunde liegenden – Nominalbetrag zu zahlen und erhält als Gegenleistung einen variablen Zins auf den gleichen Nominalbetrag, der an einen entsprechenden Marktzinssatz – bspw. den EURIBOR – gekoppelt ist.[92] Die dem Swap-Vertrag zugrunde liegenden fiktiven Nominalbeträge werden allerdings nicht getauscht.[93] Abhängig von der jeweiligen Vertragsseite wird bei einem Zinsswap zwischen einem **Payer-Swap** und einem **Receiver-Swap** unterschieden. Während der Inhaber eines Payer-Swaps

88 Vgl. BRECKHEIMER, I., Die steuerbilanzielle Behandlung von Sicherungsbeziehungen, S. 82-84.

89 Formal müssen Swaps – wie hier geschehen – den unbedingten Termingeschäften zugerechnet werden. Da diese Geschäfte sich in der Ausprägung allerdings deutlich von den Future- und Forward-Kontrakten unterscheiden, wäre aber auch eine Einordnung in eine eigenständige Kategorie vertretbar. Vgl. z. B. BÜSCHGEN, H., Bankbetriebslehre, S. 451.

90 Vgl. HULL, J., Optionen, Futures und andere Derivate, S. 194; BREALEY, R./MYERS, S./ALLEN, F., Principles of Corporate Finance, S. 688-692; SCHEFFLER, J., Hedge-Accounting, S. 42.

91 Vgl. DIBUS, R., Swaps, S. 272; HULL, J., Optionen, Futures und andere Derivate, S. 224; BIEG, H., Bilanzierung und Bewertung von Financial Swaps – Teil I, S. 210-212.

92 Vgl. HAPPE, P., Buchführung für Swapvereinbarungen, S. 17 f.; SCHMIDT, M., Rechnungslegung von Finanzinstrumenten, S. 76; RUDOLPH, B./SCHÄFER, K., Derivative Finanzmarktinstrumente, S. 11; HULL, J., Optionen, Futures und andere Derivate, S. 194-200.

93 Vgl. PRAHL, R./NAUMANN, T., Financial Instruments, Rn. 96.

den festen Zinssatz zahlt und den variablen Zinssatz erhält, bezahlt der Inhaber eines Receiver-Swaps den variablen Zinssatz und erhält im Gegenzug den festen Zinssatz.[94]

Bei einem **Währungsswap** werden ebenfalls Zinsen auf einen vereinbarten Nominalbetrag getauscht. Allerdings werden Nominalbeträge und zugehörige Zinszahlungen in unterschiedlicher Währung getauscht.[95] Ein Währungsswap wird dabei in den folgenden drei Schritten abgewickelt:[96]

(1) Die der Swap-Vereinbarung zugrunde liegenden Nominalbeträge in unterschiedlicher Währung werden am Anfang der Vertragslaufzeit zwischen den Vertragsparteien getauscht. Allerdings werden die Nominalbeträge so gewählt, dass sie sich unter Verwendung des aktuellen Kassa-Wechselkurses im Wert entsprechen.

(2) Die getauschten Nominalbeträge werden vereinbarungsgemäß über die Laufzeit verzinst. Die Zinsen werden in der Währung gezahlt, die dem getauschten Nominalbetrag entspricht, also zumeist in der jeweiligen Fremdwährung des Vertragspartners.

(3) Am Ende der Vertragslaufzeit werden die Nominalbeträge zu den historischen Kassa-Wechselkursen zurückgetauscht.

Der Vorteil eines **Zins-** oder **Währungsswaps** besteht darin, dass die gesamte Risikostruktur eines Vermögensgegenstands oder einer Schuld geändert werden kann.[97] So können Verlustgefahren aus sinkenden Marktzinsen durch einen Zinsswap vollständig eliminiert werden, indem variable (unsichere) Zahlungsströme in fixe (sichere) Zahlungsströme getauscht werden.[98] Durch einen Währungsswap wird i. d. R. das Währungsrisiko von Zahlungsströmen in Fremdwährung abgesichert.[99] Da die zugrunde liegenden Basiswerte individuell festgelegt werden, eignen sich Swaps allerdings nicht nur zur Absicherung von Zins- und Währungsrisiken, sondern zur Absicherung sämtlicher Marktpreisrisiken.[100] Im

94 Vgl. SCHARPF, P./LUZ, G., Finanzderivate, S. 443-445.

95 Vgl. HAPPE, P., Buchführung für Swapvereinbarungen, S. 13; HULL, J., Optionen, Futures und andere Derivate, S. 212.

96 Vgl. PRAHL, R./NAUMANN, T., Financial Instruments, S. 96.

97 Vgl. OEHLER, A./UNSER, M., Risikomanagement, S. 113; WOLKE, T., Risikomanagement, S. 97.

98 Vgl. HULL, J., Optionen, Futures und andere Derivate, S. 224 und S. 880.

99 Vgl. HULL, J., Optionen, Futures und andere Derivate, S. 224.

100 Vgl. BRECKHEIMER, I., Die steuerbilanzielle Behandlung von Sicherungsbeziehungen, S. 82-84.

Vergleich zu Futures und Forwards, bei denen nur einzelne Zahlungstermine festgelegt werden, können mithilfe von Swaps vollständige Zahlungsströme abgesichert werden, wie es bspw. bei periodischen Zinszahlungen aus einer Fremdwährungsanleihe der Fall ist.

Swap-Geschäfte sind in der Praxis sehr bedeutsam und haben in den letzten Jahren ein gewaltiges Wachstum erfahren.[101] Da Swaps ausschließlich individuell zwischen den Vertragspartnern vereinbart werden, haben sie mittlerweile auch eine zentrale Bedeutung auf dem OTC-Derivatemarkt erlangt.[102] Allerdings ist es meist schwierig, einen entsprechenden Vertragspartner zu finden, sodass Kreditinstitute i. d. R. als vorgeschaltete Vermittler (Intermediäre) fungieren.[103]

Der Grund für die Existenz und für die wachsende Bedeutung von **Swaps** liegt nicht zuletzt in den **komparativen Kostenvorteilen** der jeweiligen Vertragspartner, die durch Swaps genutzt werden können.[104] Kostenvorteile gegenüber den marktüblichen Konditionen ergeben sich z. B. durch einen besseren Marktzugang oder eine bessere Bonitätseinstufung.[105] So haben einige Unternehmen einen Kostenvorteil auf dem Markt für festverzinsliche Wertpapiere, während andere Unternehmen einen Kostenvorteil auf dem Markt für variabel verzinsliche Wertpapiere realisieren können. Folglich ist es möglich, die entsprechenden (Kosten-)Vorteile auszunutzen und bspw. ein Wertpapier mit einem festen Zins zu kaufen und anschließend durch einen Swap in ein variabel verzinsliches Wertpapier zu transformieren und vice versa. Die von RICARDO entwickelte **Theorie der komparativen Kostenvorteile** wird somit auf den Finanzsektor übertragen.[106]

---

101 Während im Juni 2000 weltweit noch Nominalbeträge in Höhe von 47.993 Mrd. USD gehandelt wurden, ist der Handel mit Swap-Geschäften im Juni 2010 auf 367.541 Mrd. USD angestiegen und hat sich damit mehr als versiebenfacht. Vgl. BANK FOR INTERNATIONAL SETTLEMENTS (Hrsg.), Quarterly Review November 2000, S. 3; BANK FOR INTERNATIONAL SETTLEMENTS (Hrsg.), Quarterly Review November 2010, S. 13; HULL, J., Optionen, Futures und andere Derivate, S. 194.

102 Vgl. HULL, J., Optionen, Futures und andere Derivate, S. 194; PRAHL, R./NAUMANN, T., Financial Instruments, S. 95.

103 Vgl. OEHLER, A./UNSER, M., Risikomanagement, S. 118; SCHARPF, P./LUZ, G., Finanzderivate, S. 441.

104 Vgl. WOLKE, T., Risikomanagement, S. 96; SCHARPF, P./LUZ, G., Finanzderivate, S. 445; HULL, J., Optionen, Futures und andere Derivate, S. 203.

105 Vgl. SCHARPF, P./LUZ, G., Finanzderivate, S. 445.

106 Die von DAVID RICARDO im Jahre 1817 entwickelte Theorie der komparativen Kostenvorteile ist heute ein Kernstück der volkswirtschaftlichen Außenhandelstheorie. Vgl. RICARDO, D., On the

232.43 Bedingte Termingeschäfte (Optionen)

Optionen sind Vereinbarungen, bei denen einem Vertragspartner das Recht eingeräumt wird, zu einem bestimmten künftigen Zeitpunkt mit dem anderen Vertragspartner ein festes Vertragsverhältnis einzugehen.[107] Optionen unterscheiden sich somit grundlegend von den unbedingten Termingeschäften, da der Optionsberechtigte **nicht verpflichtet** ist, den Vertrag zu einem künftigen Zeitpunkt zu erfüllen.[108] Bei Optionen wird zwischen einer **europäischen Option** und einer **amerikanischen Option** unterschieden.[109] Während europäische Optionen nur zu einem vereinbarten Zeitpunkt (Fälligkeitstag) ausgeübt werden dürfen, können amerikanische Optionen innerhalb der gesamten Vertragslaufzeit (Optionsfrist) ausgeübt werden. Der Käufer einer Option erwirbt gegen Zahlung einer bestimmten Prämie (**Optionsprämie**) das Recht, den Basiswert zu einem im Voraus vereinbarten Preis zu kaufen (**Kaufoption** bzw. **Call**) oder zu verkaufen (**Verkaufsoption** oder **Put**).[110] Der Verkäufer einer Option (**Stillhalter**) ist bei Ausübung der Option durch den Käufer hingegen verpflichtet, den Vertrag zu erfüllen.[111] Optionen eignen sich – wie unbedingte Termingeschäfte – zur Absicherung von Markpreisrisiken. Allerdings ist im Gegensatz zu unbedingten Termingeschäften die Risikostruktur der beiden Vertragspartner nicht symmetrisch, da sich das Verlustpotenzial des Optionsberechtigten nur auf die Höhe der

Principles of Political Economy and Taxation sowie auch BIEG, H., Bilanzierung und Bewertung von Financial Swaps – Teil I, S. 209.

107 Vgl. PERRIDON, L./STEINER, M./RATHGEBER, A., Finanzwirtschaft der Unternehmung, S. 326; WIESE, R., Hedge-Accounting, S. 38; SCHMIDT, M., Rechnungslegung von Finanzinstrumenten, S. 77; HULL, J., Optionen, Futures und andere Derivate, S. 232; BIEG, H., Bilanzierung und Bewertung von Optionen und Zinsbegrenzungsvereinbarungen – Teil I, S. 288.

108 Vgl. HULL, J., Optionen, Futures und andere Derivate, S. 232.

109 Vgl. BIEG, H., Bilanzierung und Bewertung von Optionen und Zinsbegrenzungsvereinbarungen – Teil I, S. 288; SCHARPF, P./LUZ, G., Finanzderivate, S. 342.

110 Vgl. BIEG, H., Bilanzierung und Bewertung von Optionen und Zinsbegrenzungsvereinbarungen – Teil I, S. 288.

111 Vgl. HARTMANN-WENDELS, T./PFINGSTEN, A./WEBER, M., Bankbetriebslehre, S. 252; IDW (Hrsg.), BFA 2/1995, S. 421; PERRIDON, L./STEINER, M./RATHGEBER, A., Finanzwirtschaft der Unternehmung, S. 326; BIEG, H., Bilanzierung und Bewertung von Optionen und Zinsbegrenzungsvereinbarungen – Teil I, S. 288.

Optionsprämie beschränkt.[112] Denn der Optionsberechtigte würde im Verlustfall die Option nicht ausüben.[113] Das Chancenpotenzial ist hingegen theoretisch unbegrenzt.[114]

Optionen werden sowohl auf Terminbörsen als auch „Over-The-Counter", also außerbörslich, gehandelt. Optionen können sich bspw. auf originäre Finanzinstrumente wie Aktien, festverzinsliche Wertpapiere oder Schuldscheindarlehen als Basiswert beziehen, aber auch auf Termingeschäfte, wie Futures oder Forwards oder auf andere Vermögensgegenstände, wie Grundstücke oder Edelmetalle.[115] Die Möglichkeiten zur Ausgestaltung von Optionen sind nahezu unbegrenzt.

232.44 Kreditderivate

Vor allem für Kreditinstitute sind Ausfallrisiken (Kreditrisiken) von großer Bedeutung. Denn Kreditinstitute tragen das Risiko, dass Kreditnehmer ihre laufenden Annuitäten (Zins- und Tilgungszahlungen) nicht mehr zahlen können. Die meisten Kreditinstitute betreiben daher einen beträchtlichen Aufwand, diese Risiken zu messen und zu überwachen.[116] Kreditderivate erlauben es, Ausfallrisiken von Darlehen, Anleihen und anderen Kreditpositionen zu separieren, auf andere Marktteilnehmer zu übertragen und mit ihnen zu handeln; sie etablieren sich daher zunehmend am Markt.[117] Kreditderivate unterscheiden sich grundlegend von den zuvor genannten Finanzinstrumenten und sind – abhängig von ihrer Ausgestaltung – entweder den bedingten oder unbedingten Termingeschäften zuzuordnen.[118] Aus diesem Grund ist es vorteilhaft, Kreditderivate in einem eigenständigen Unterabschnitt zu erläutern.

112 Vgl. BARCKOW, A., Sicherungsbeziehungen, S. 46; PRAHL, R./NAUMANN, T., Financial Instruments, Rn. 113; SCHARPF, P./LUZ, G., Finanzderivate, S. 342.

113 Vgl. RUDOLPH, B./SCHÄFER, K., Derivative Finanzmarktinstrumente, S. 22.

114 Vgl. BARCKOW, A., Sicherungsbeziehungen, S. 34.

115 Vgl. HULL, J., Optionen, Futures und andere Derivate, S. 250 f.

116 Vgl. HULL, J., Optionen, Futures und andere Derivate, S. 674.

117 Vgl. WATRIN, C./STRUFFERT, R., Verbesserung der Berichterstattung über den Transfer von Kreditrisiken – Vorschlag eines Kreditrisikospiegels, S. 29; IDW (Hrsg.), IDW RS BFA 1, S. 195; PERRIDON, L./STEINER, M./RATHGEBER, A., Finanzwirtschaft der Unternehmung, S. 346; RUDOLPH, B./SCHÄFER, K., Derivative Finanzmarktinstrumente, S. 61; ZANTOW, R./DINAUER, J., Finanzwirtschaft des Unternehmens, S. 402.

118 Vgl. BARCKOW, A., Sicherungsbeziehungen, S. 37.

Bei Kreditderivaten handelt es sich um Vereinbarungen, die es dem Risikoverkäufer (**Sicherungsnehmer** bzw. **Protection Buyer**) ermöglichen, das zugrunde liegende Ausfallrisiko gegen Zahlung einer Prämie auf den Risikokäufer (**Sicherungsgeber** bzw. **Protection Seller**) zu übertragen.[119] Der Sicherungsgeber übernimmt das Ausfallrisiko über die vereinbarte Laufzeit, ohne das zugrunde liegende Basisobjekt (z. B. eine Kreditposition) zu erwerben.[120] Der Sicherungsnehmer hat somit das Ausfallrisiko des Basiswerts vollständig auf den Sicherungsgeber übertragen. Damit der Sicherungsgeber überhaupt in Anspruch genommen werden kann, muss ein zuvor definiertes Kreditereignis (**Credit Event**) eingetreten sein.[121] Dies kann bspw. ein Konkurs, Zahlungsverzug oder eine gesunkene Bonitätsbeurteilung sein.[122] Kreditderivate zeichnen sich also im Vergleich zu den zuvor genannten Instrumenten dadurch aus, dass die Zahlungsströme des Derivats nicht von Marktbewegungen, sondern von der Bonitätsentwicklung des Marktteilnehmers abhängen.[123]

Kreditderivate werden bislang ausschließlich außerbörslich, also als OTC-Geschäft, gehandelt.[124] Das bedeutendste und am meisten gehandelte Kreditderivat ist der **Credit Default Swap** (CDS).[125] Der Kontrakt ähnelt grundsätzlich einer Kreditversicherung, da der Sicherungsgeber, z. B. ein Kreditinstitut, gegen Zahlung einer Prämie bei Zahlungsausfall (**Credit Event**) des Referenzschuldners, z. B. ein Kunde, eine vereinbarte Ausgleichszahlung zu leisten hat.[126] Der zugrunde liegende **Basiswert** dieses Derivats ist also die Bonität des Referenzschuldners. Der Unterschied zu Versicherungen besteht allerdings darin, dass der Referenzschuldner nicht unbedingt der Sicherungsnehmer sein muss. Dadurch können Kreditderivate gehandelt und an Dritte weitergegeben werden.[127] Kreditderivate werden daher nicht nur zu Sicherungszwecken, sondern auch zu Spekulationszwecken abgeschlos-

119 Vgl. BRÜTTING, C./WEBER, N./HEIDENREICH, M., Einsatz von Kreditderivaten, S. 756.

120 Vgl. BECKER, H./PEPPMEIER, A., Bankbetriebslehre, S. 351 f.

121 Vgl. HORAT, R., Kreditderivate, S. 969.

122 Vgl. SITTMANN-HAURY, C., Forderungsbilanzierung von Kreditinstituten, S. 58.

123 Vgl. HAUSMANN, W./DIENER, K./KÄSLER, J., Derivate, Arbitrage und Portfolio-Selection, S. 58.

124 Vgl. BARCKOW, A., Sicherungsbeziehungen, S. 52.

125 Vgl. HULL, J., Optionen, Futures und andere Derivate, S. 645.

126 Vgl. IDW (Hrsg.), IDW RS BFA 1, S. 195; PERRIDON, L./STEINER, M./RATHGEBER, A., Finanzwirtschaft der Unternehmung, S. 346.

127 Vgl. BECKER, H./PEPPMEIER, A., Bankbetriebslehre, S. 358-359.

sen.[128] Dies zeigte nicht zuletzt die griechische Finanzkrise, die im Frühjahr 2010 einen (vorläufigen) Höhepunkt fand. Als sich nämlich die ohnehin schon angespannte Haushaltslage Griechenlands als Folge der globalen Finanz- und Wirtschaftskrise weiter verschlechterte, schlossen Spekulanten – vor allem sog. **Hedge-Fonds**[129] – Credit Default Swaps (CDS) auf griechische Staatsanleihen ab und „wetteten" damit auf eine Bonitätsherabstufung des Landes. Im Falle einer Bonitätsherabstufung Griechenlands müssen Zahlungen aus den Kreditderivaten an die entsprechenden Hedge-Fonds fließen. Durch den Anstieg der Nachfrage nach CDS auf griechische Staatsanleihen verteuerte sich gleichzeitig deren Kurs, der als marktbezogener Indikator für die Ausfallwahrscheinlichkeit einer Kreditposition gilt. Die Attraktivität griechischer Staatsanleihen nahm aufgrund dessen stark ab. Zum einen mussten die Marktteilnehmer durch den Kursanstieg der CDS vermuten, dass sich die Haushaltslage Griechenlands weiter verschlechtert hatte, und zum anderen waren potenzielle Investoren gezwungen, sich zu erheblich höheren Kosten gegen Kreditausfälle abzusichern, was wiederum die Rendite griechischer Staatsanleihen drastisch reduzierte. Die daraus resultierende (zusätzliche) Liquiditätsknappheit verschlechterte die Haushaltslage Griechenlands dramatisch und führte schließlich zu einer drohenden Staatsinsolvenz, die nur mithilfe der europäischen Staatengemeinschaft, des Internationalen Währungsfonds (IWF) und der Europäischen Zentralbank (EZB) abgewendet werden konnte.[130]

---

128 Vgl. MARTIN, M./REITZ, S./WEHN, C., Kreditderivate, S. 10.

129 Hedgefonds sind Investmentfonds, die spekulative Anlagestrategien verfolgen. Zwar bieten Hedgefonds die Chance auf sehr hohe Renditen, allerdings tragen sie auch dementsprechend hohe Risiken. Vgl. BERG, B., Hedgefonds, S. 36-40.

130 Vgl. FAZ vom 20.02.2010, Hedge-Fonds – Die Fieberkurve der griechischen Schuldenkrise; FAZ vom 19.02.2010, Ein Instrument für Brandstifter?

3 Grundsätze der handelsrechtlichen Rechnungslegung

31 Vorbemerkungen

Nachdem die für die vorliegende Untersuchung relevanten Begriffe wie „Risiko“, „Sicherungsbeziehung“ und „Finanzinstrument“ definiert und die verschiedenen Formen innerhalb der jeweiligen Bereiche voneinander abgegrenzt und erläutert wurden, wird in den folgenden Abschnitten der **methodische Bezugsrahmen der Untersuchung** konkretisiert. Damit die durch das BilMoG in das Handelsrecht neu eingeführte Vorschrift des § 254 zur Bildung von Bewertungseinheiten ausgelegt und kritisch gewürdigt werden kann, muss zunächst auf die Notwendigkeit zur Auslegung handelsrechtlicher Vorschriften sowie auf die in der Jurisprudenz anerkannte Auslegungsmethodik, die Hermeneutik, eingegangen werden. Anschließend wird das bei der Auslegung als Bezugsrahmen heranzuziehende handelsrechtliche Zweck- und GoB-System erläutert.[1] Auf den Grundsatz der Nichtbilanzierung schwebender Geschäfte wird im darauf folgenden Abschnitt eingegangen. Er ist die Grundlage für die Bilanzierung derivativer Finanzinstrumente.

32 Die Auslegung kodifizierter Rechtsnormen mithilfe der hermeneutischen Methode

Mit der Reform des deutschen Bilanzrechts durch das BilMoG wurde mit § 254 erstmals eine allgemeine Vorschrift zur Bildung von Bewertungseinheiten für zugrunde liegende Sicherungszusammenhänge kodifiziert. Da vor Inkrafttreten des BilMoG keine gesetzlichen Regelungen zur Bilanzierung von Bewertungseinheiten im handelsrechtlichen Jahresabschluss existierten, mussten in einem Sicherungszusammenhang stehende Positionen auf Grundlage einer zweckkonformen Auslegung der Grundsätze ordnungsmäßiger Buchführung (GoB) bilanziert werden.[2] Allerdings führten unterschiedliche Rechtsauffassungen im

---

1 Vgl. bereits DÖLLERER, G., Grundsätze ordnungsmäßiger Bilanzierung, S. 1217-1221; LEFFSON, U., Die Grundsätze ordnungsmäßiger Buchführung, 1. Aufl.; LEFFSON, U., Die Grundsätze ordnungsmäßiger Buchführung, S. 24-26; BAETGE, J./KIRSCH, H.-J., in: Küting/Weber/Pfitzer, HdR, 5. Aufl., Band 1, Kap. 4, Rn. 113; LANG, J., Grundsätze ordnungsmäßiger Buchführung, S. 222.

2 Vgl. SCHMIDT, M., Bewertungseinheiten nach dem BilMoG, S. 882; PATEK, G., Bilanzielle Implikationen, S. 1077; HERZIG, N./BRECKHEIMER, I., Bewertungseinheiten, S. 1451; SCHARPF, P./SCHABER, M., Bilanzierung von Bewertungseinheiten, S. 533.

Schrifttum zu unterschiedlichen Auslegungsergebnissen.[3] Durch die Kodifizierung in § 254 sollte der unbefriedigende Rechtszustand beseitigt und Rechtssicherheit bei der Bildung von Bewertungseinheiten geschaffen werden.[4]

Während die IFRS versuchen, möglichst jeden Einzelfall durch separate Vorschriften zu regeln, sind die Rechtsnormen im deutschen Handelsrecht prinzipienbasiert, d. h. abstrakt und allgemeingültig. Dies hat den eindeutigen Vorteil, Problembereiche möglichst vollständig erfassen zu können, da die regelbasierten Vorschriften der IFRS oftmals bei veränderten Sachverhalten zu Regelungslücken führen können.[5] Damit eine handelsrechtliche Norm allerdings auf den Einzelfall angewendet werden kann, müssen die abstrakten Vorgaben zur Bildung von Bewertungseinheiten nach § 254 konkretisiert und mithilfe der in der Jurisprudenz anerkannten Auslegungsmethode, der **Hermeneutik**, ausgelegt werden.[6]

Die **Hermeneutik** ist eine ganzheitliche Auslegungsmethode, mit der die abstrakten Regelungen anhand der folgenden Kriterien konkretisiert werden:[7]

- Wortlaut und Wortsinn der gesetzlichen Vorschrift,
- Bedeutungszusammenhang der gesetzlichen Vorschrift,
- Entstehungsgeschichte der gesetzlichen Vorschrift,
- objektiv-teleologische Gesichtspunkte sowie
- Verfassungskonformität.

3 Vgl. m. w. N. SELCHERT, F. W., in: Küting/Weber/Pfitzer, HdR, 5. Aufl., § 252 HGB, Rn. 72; KUHNER, C., in: Baetge/Kirsch/Thiele, § 246 HGB, Rn. 886-874.

4 Vgl. BR-Drucks. 344/08 vom 23.05.2008, S. 127; BT-Drucks. 16/10067 vom 30.07.2008, S. 58; PATEK, G., Bilanzielle Implikationen, S. 1077.

5 Vgl. LEFFSON, U., Die Grundsätze ordnungsmäßiger Buchführung, S. 31; LARENZ, K., Methodenlehre, S. 189.

6 Vgl. LARENZ, K., Methodenlehre, S. 195 f. und S. 298-332; BAETGE, J., Bilanzen, 1. Aufl., S. 41 f.; BAETGE, J., Rechnungslegungszwecke, S. 18-21; BAETGE, J./KIRSCH, H.-J., in: Küting/Weber/Pfitzer, HdR, 5. Aufl., Band 1, Kap. 4, Rn. 18-28; BAETGE, J./ZÜLCH, H., in: HdJ, Abt. I/2, Rn. 25.

7 Einer der Begründer der universalen Hermeneutik ist der deutsche Philosoph HANS-GEORG GADAMER. Für ihn ist die Hermeneutik ein Prozess „des Verstehens". In seinem berühmtesten Werk „Wahrheit und Methode" versucht GADAMER die Begriffe Wahrheit, Sinn, Erkenntnis und Verstehen zu konkretisieren. Für GADAMER ist jegliches „Verstehen", gleichgültig ob es sich um Texte, Kunst- und Bauwerke oder das Gegenüber in einem Gespräch handelt, an die Bedeutung der Sprache vor dem Hintergrund der Zeit gebunden. Dabei ist es seines Erachtens wichtig, sich offen mit dem Werk auseinanderzusetzen, d. h. sich dem Werk reflexiv und möglichst vorurteilsfrei zu nähern. Vgl. hierzu GADAMER, H., Wahrheit und Methode sowie ausführlich zur hermeneutischen Methodenlehre LARENZ, K., Methodenlehre, S. 195 f. und S. 298-332; BAETGE, J., Bilanzen, 1. Aufl., S. 42; BAETGE, J./KIRSCH, H.-J./THIELE, S., Bilanzen, S. 108 f.

Ausgangspunkt der Gesetzesauslegung ist der **Wortlaut und Wortsinn** der gesetzlichen Regelung **(sprachlich-grammatikalische Auslegung).**[8] Der Wortlaut markiert zugleich die Grenze jeglicher Auslegung.[9] Enthält das Gesetz eine Legaldefinition, ist zu untersuchen, ob der Gesetzgeber einen Begriff aus einer wissenschaftlichen Fachsprache übernehmen wollte. In diesem Fall ist die Bedeutung maßgeblich, die dem verwendeten Begriff als Fachausdruck zukommt, andernfalls ist der allgemeine Sprachgebrauch maßgeblich.[10] Insofern können auch betriebswirtschaftliche Erkenntnisse bei der Auslegung von Bedeutung sein. Im Rahmen der sprachlich-grammatikalischen Auslegung gelangt der Auslegende aber i. d. R. nicht zu einer bestimmten und eindeutigen, sondern zu mehreren denkbaren Bedeutungsvarianten, da die Bedeutung oftmals vom begrifflichen Kontext abhängt. Beispielsweise wird unter dem Begriff „Bank" sowohl ein Kreditinstitut als auch eine Sitzgelegenheit verstanden.

Um die verschiedenen Bedeutungsvarianten eines Begriffes eingrenzen zu können, muss die gesetzliche Norm hinsichtlich ihres **Bedeutungszusammenhangs** analysiert werden **(logisch-systematische Auslegung).**[11] Hierbei müssen vor allem Über- und Unterordnung sowie Regel und Ausnahme identifiziert werden, um eine systemkonforme Auslegung zu erreichen. Drei Grundsätze der juristischen Methodenlehre sind bei der logisch-systematischen Auslegung von besonderer Bedeutung:

(1) Die Spezialnorm geht stets der Generalnorm vor *(„lex specialis derogat legi generali"),*

(2) ein späteres Gesetz geht einem früheren Gesetz vor *(„lex posterior derogat legi priori")* und

(3) Ausnahmeregelungen dürfen nicht erweiternd ausgelegt werden *(„singularia non sunt extendenda").*[12]

Nach einer Analyse der gesetzlichen Vorschrift als solche ist auf die **Entstehungsgeschichte** der Norm abzustellen **(historische Auslegung).**[13] Diese erschließt sich vor allem aus den veröffentlichten Materialien des Gesetzgebers (z. B. Gesetzesbegründungen, Gesetzesent-

8 Vgl. LARENZ, K., Methodenlehre, S. 320; SPRAU, H., in: Palandt, 69. Aufl., Einleitung, Rn. 41.

9 Vgl. LARENZ, K., Methodenlehre, S. 324.

10 Vgl. LARENZ, K., Methodenlehre, S. 320.

11 Vgl. LARENZ, K., Methodenlehre, S. 324-332.

12 Vgl. COING, H./HONSELL, H., in: Staudinger, Einleitung zum BGB, Rn. 147 f.

13 Vgl. LARENZ, K., Methodenlehre, S. 330; BAETGE, J./KIRSCH, H.-J./THIELE, S., Bilanzen, S. 108.

würfe und Protokolle aus Beratungen etc.) und lässt Schlüsse hinsichtlich des **subjektiven Willens** des Gesetzgebers zu.[14]

Darüber hinaus sind für die Auslegung auch **objektiv-teleologische Gesichtspunkte** entscheidend. Hierbei ist der Sinn und Zweck des Gesetzes, die *ratio legis,* heranzuziehen.[15] Bei diesem Kriterium kommt es auf den **objektivierten Willen** des Gesetzgebers an.[16] Der objektive, vernünftige und implizite Zweck der Vorschrift ist somit entscheidend, dessen sich der Gesetzgeber während des Gesetzgebungsverfahrens gar nicht bewusst sein musste.[17] Die unter Beachtung von betriebswirtschaftlichen Aspekten gewonnenen Zwecke des HGB-Abschlusses sind eng mit den objektiv-teleologischen Jahresabschlusszwecken verbunden. Der Auslegende fragt in diesem Zusammenhang, auf Basis welcher Jahresabschlusszwecke die Elemente der gesetzlichen Vorschrift die Regelungsabsicht tatsächlich erreichen.[18] Die objektiv-teleologische Auslegung ist besonders wichtig und nützlich, wenn der Gesetzgeber bestimmte Fallkonstellationen nicht bedacht hat oder der mit der Norm verfolgte Zweck mit anderen Regeln konfligiert.[19]

Das Kriterium der **Verfassungskonformität** geht allen anderen Normen vor. Da hinsichtlich der Bilanzierung von Bewertungseinheiten keine Widersprüche zu einzelnen Artikeln des Grundgesetzes bekannt sind, wird dieses Kriterium in der vorliegenden Untersuchung nicht weiter berücksichtigt.

Ein vom Gesetzgeber durch das BilMoG verfolgtes Ziel bestand **zunächst** in der *„maßvolle[n] Annäherung der handelsrechtlichen Rechnungslegungsvorschriften an die IFRS"*.[20] Allerdings wurden die Verweise auf die IFRS während des Gesetzgebungsverfahrens bewusst wieder gestrichen, weil das Bilanzrecht eine dauerhafte und eigenständige **Alternative**

14 Vgl. LARENZ, K., Methodenlehre, S. 330; HENNRICHS, J./PÖSCHKE, M., GoB vor dem Hintergrund des BilMoG und der IFRS, S. 52.

15 Vgl. LARENZ, K., Methodenlehre, S. 330; HENNRICHS, J./PÖSCHKE, M., GoB vor dem Hintergrund des BilMoG und der IFRS, S. 52.

16 So auch das Bundesverfassungsgericht: z. B. BVerfG 1, S. 312.

17 Vgl. LARENZ, K., Methodenlehre, S. 333.

18 Vgl. bereits BAETGE, J./APELT, B., in: HdJ, Abt. I/2; BAETGE, J./ZÜLCH, H., in: HdJ, Abt. I/2, Rn. 24.

19 Vgl. HENNRICHS, J./PÖSCHKE, M., Bedeutung der IFRS für die Auslegung, S. 533.

20 BT-Drucks. 16/10067, S. 34 (Einfügung durch den Verfasser).

zu den IFRS bilden sollte.[21] Es ist dennoch die Frage zu klären, welche Rolle den IFRS für die Auslegung der reformierten handelsrechtlichen Vorschriften zukommt.[22] **Bei der Beantwortung der Frage ist zunächst klarzustellen, dass die IFRS nicht als Rechtsquelle für das eigenständige deutsche Bilanzrecht heranzuziehen sind.**[23] Zum einen ergibt sich dies aus der unterschiedlichen Zwecksetzung der handelsrechtlichen Vorschriften im Vergleich zu den IFRS. Während nämlich der primäre Zweck der IFRS-Rechnungslegung darin besteht, **entscheidungsnützliche Informationen**[24] über die Vermögens-, Finanz- und Ertragslage zu vermitteln, spielen neben dem Rechenschaftszweck andere handelsrechtliche Zwecke, wie die Kapitalerhaltung bzw. der Gläubigerschutz, in den IFRS nur eine untergeordnete Rolle.[25] Zum anderen betont der deutsche Gesetzgeber mit dem BilMoG ausdrücklich die Eigenständigkeit des deutschen HGB, indem er u. a. klarstellt, dass ein befreiender IFRS-Einzelabschluss nicht infrage kommt und ausschließlich der HGB-Einzelabschluss die Grundlage für Ausschüttungen, für insolvenzrechtliche Regelungen und für die Steuerbemessung bildet.[26] Darüber hinaus besteht ein Kernziel des BilMoG, eine kostengünstigere und einfachere **Alternative** zu den IFRS zu schaffen.[27] Der Gesetzgeber weist explizit in der Gesetzesbegründung zum BilMoG darauf hin, dass die handelsrechtlichen Vorschriften weiterhin auf Grundlage des handelsrechtlichen Zweck- und GoB-Systems auszulegen

---

21 Vgl. BT-Drucks. 16/10067, S. 32 und S. 35.

22 Vgl. MOXTER, A., IFRS als Auslegungshilfe, S. 8 f.; HENNRICHS, J./PÖSCHKE, M., Bedeutung der IFRS für die Auslegung, S. 533.

23 Vgl. HENNRICHS, J./PÖSCHKE, M., Bedeutung der IFRS für die Auslegung, S. 536; MOXTER, A., IFRS als Auslegungshilfe, S. 9.

24 *Entscheidungsnützliche Informationen* sollen einerseits *entscheidungsrelevant*, also die Kauf- bzw. Verkaufsentscheidung eines potenziellen Investors beeinflussen können, und andererseits *glaubwürdig dargestellt* werden, also intersubjektiv nachprüfbar sein (Vgl. *Conceptual Framework* der IFRS, vor allem CF.QC6 und CF.QC125). Beide Kriterien stehen in einem gewissen Spannungsverhältnis zueinander, wobei auf ein ausgewogenes Verhältnis beider Kriterien zu achten ist. Vgl. hierzu bereits BAETGE, J., Objektivierung, S. 168-173 sowie CF.QC17 f.

25 Vgl. BAETGE, J./KIRSCH, H.-J./SOLMECKE, H., Auswirkungen des BilMoG auf die Zwecke, S. 1222; BAETGE, J./KIRSCH, H.-J./THIELE, S., Bilanzen, S. 150.

26 Vgl. BT-Drucks. 16/12407 vom 24.03.2009, S. 83. Die IFRS sind gem. Art. 4 der sog. „IAS-Verordnung" (Verordnung EG Nr. 1606/2002 des Europäischen Parlaments und des Rates vom 19.07.2002) i. V. m. § 315a nur für Konzernabschlüsse kapitalmarktorientierter Unternehmen verbindlich, während Konzernabschlüsse von nicht kapitalmarktorientierten Unternehmen entweder nach IFRS oder nach Handelsrecht aufgestellt werden dürfen. Für Einzelabschlüsse sind die Vorschriften des deutschen Bilanzrechts verbindlich anzuwenden. Vgl. hierzu BAETGE, J./KIRSCH, H.-J./THIELE, S., Konzernbilanzen, S. 105 f.

27 Vgl. z. B. BT-Drucks. 16/10067, S. 1.

sind.[28] Die (weitaus ausführlicheren) IFRS können daher lediglich eine **Ideenquelle** für eine handelsrechtliche Auslegung bzw. Konkretisierung handelsrechtlicher Normen sein.[29] Somit können die IFRS zwar grundsätzlich als Ideenlieferant für die Auslegung handelsrechtlicher Normen herangezogen werden, vor allem wenn die IFRS, wie im Bereich des Hedge Accounting, einen Sachverhalt detaillierter regeln als das HGB, allerdings ist in solchen Fällen sorgfältig zu prüfen, ob und wieweit ein interpretatorischer Rückgriff auf die IFRS unter *systematisch-teleologischen* Gesichtspunkten überhaupt zulässig ist.[30]

Ferner ist zu beachten, dass dem handelsrechtlichen Zweck- und GoB-System für die hermeneutische Auslegung die maßgebliche Bedeutung zukommt. Die GoB sind Generalvorschriften, die sowohl bei fehlenden Spezialnormen zur Schließung von Regelungslücken als auch bei der Auslegung von Spezialnormen heranzuziehen sind.[31] Indes gehen dem Grundsatz *„lex specialis derogat legi generali"* folgend im Handelsrecht kodifizierte Spezialnormen den kodifizierten und teilweise nicht kodifizierten Generalnormen der GoB vor (**Prioritätenregel**).[32] Bevor allerdings die Spezialnormen angewendet werden dürfen, müssen diese – um die Konsistenz des handelsrechtlichen Rechnungslegungssystems zu wahren – anhand der Generalnormen interpretiert und ausgelegt werden. Grundlage für die Ermittlung von (noch) nicht kodifizierten GoB sind wiederum die handelsrechtlichen Zwecke des Jahresabschlusses, die sich hermeneutisch aus den kodifizierten Rechnungslegungsnormen des HGB – insbesondere den kodifizierten GoB – herleiten lassen.[33] Normauslegung und Zweckauslegung sind also **interdependente Prozesse**.[34] Das als Be-

28 Vgl. BT-Drucks. 16/10067, S. 32 und S. 35; SOLMECKE, H., Auswirkungen des BilMoG auf die GoB, S. 45.

29 Vgl. HENNRICHS, J./PÖSCHKE, M., Bedeutung der IFRS für die Auslegung, S. 536; BAETGE, J./KIRSCH, H.-J./SOLMECKE, H., Auswirkungen des BilMoG auf die Zwecke, S. 1222; SOMMERHOF, D., Berichterstattung über das selbsterstellte immaterielle Anlagevermögen im Vergleich zu internationalen Rechnungslegungsnormen, S. 48; ähnlich MOXTER, A., IFRS als Auslegungshilfe, S. 7.

30 Vgl. HENNRICHS, J./PÖSCHKE, M., GoB vor dem Hintergrund des BilMoG und der IFRS, S. 60; SOMMERHOF, D., Berichterstattung über das selbsterstellte immaterielle Anlagevermögen im Vergleich zu internationalen Rechnungslegungsnormen, S. 48.

31 Vgl. DÖLLERER, G., Grundsätze ordnungsmäßiger Bilanzierung, S. 1217 f.; BAETGE, J., Grundsätze ordnungsmäßiger Buchführung, S. 635.

32 Vgl. BAETGE, J./KIRSCH, H.-J., in: Küting/Weber/Pfitzer, HdR, 5. Aufl., Band 1, Kap. 4, Rn. 113.

33 Vgl. bereits BAETGE, J./APELT, B., in: HdJ, Abt. I/2; BAETGE, J./KIRSCH, H.-J., in: Küting/Weber/Pfitzer, HdR, 5. Aufl., Band 1, Kap. 4, Rn. 113.

34 Vgl. BALLWIESER, W., in: Beck HdR, Abschnitt B 105, Rn. 2.

zugsrahmen der Auslegung heranzuziehende Zweck- und GoB-System wird in Abschnitt 33 erläutert. Dabei werden indes lediglich diejenigen GoB beschrieben, die für das hier zu analysierende Problem der Bilanzierung von Sicherungszusammenhängen relevant und notwendig sind.[35]

33 Das handelsrechtliche Zweck- und GoB-System

Mit einem handelsrechtlichen Abschluss sind bestimmte Aufgaben und Ziele verbunden. Indes werden die Ziele handelsrechtlicher Rechnungslegung im deutschen Recht nicht explizit genannt. Mithilfe der juristischen Methodenlehre wurde daher ein gesetzesadäquates Zwecksystem entwickelt, das unabhängig von Rechtsform und Branche gilt und aus den gleichrangigen Zwecken **Dokumentation**, **Rechenschaft** und **Kapitalerhaltung** besteht.[36]

Die **Dokumentation** sämtlicher Geschäftsvorfälle ergibt sich aus der in § 238 Abs. 1 kodifizierten Buchführungspflicht, nach der alle Geschäftsvorfälle übersichtlich, vollständig und für Dritte nachvollziehbar aufgezeichnet werden müssen. Zum einen erfüllt die Dokumentation damit eine präventive Funktion, indem sie durch Nachprüfbarkeit der Aufzeichnungen **dolose Handlungen**[37] verhindert, und zum anderen bildet sie auch die Grundlage des Jahresabschlusses und damit die Voraussetzung für die Jahresabschlusszwecke der Rechenschaft und der Kapitalerhaltung.[38]

Die **Rechenschaft** dient den Jahresabschlussadressaten dazu, einen vollständigen, klaren und zutreffenden Einblick in die Geschäftstätigkeit des Unternehmens zu erlangen und sich somit ein eigenes Urteil über die wirtschaftliche Lage des Unternehmens bilden zu können.[39] Die Rechenschaft zielt einerseits darauf ab, einem Kapitalgeber solche Informationen zu geben, die dieser für seine Investitionsentscheidung benötigt (Rechenschaft gegenüber

35 Für eine umfassende Darstellung der GoB vgl. z. B. BAETGE, J./ZÜLCH, H., in: HdJ, Abt. I/2, Rn. 1-94.

36 Vgl. BAETGE, J., Rechnungslegungszwecke, S. 15; BAETGE, J., Bilanzen, 1. Aufl., S. 29-36; BAETGE, J./KIRSCH, H.-J./THIELE, S., Bilanzen, S. 91-100.

37 Vgl. BAETGE, J., Objektivierung, S. 49-50; MELCHER, T., Aufdeckung wirtschaftskrimineller Handlungen, S. 63.

38 Vgl. LEFFSON, U., Die Grundsätze ordnungsmäßiger Buchführung, S. 157-172; BAETGE, J., Rechnungslegungszwecke, S. 15-18; BAETGE, J./KIRSCH, H.-J., in: Küting/Weber/Pfitzer, HdR, 5. Aufl., Band 1, Kap. 4, Rn. 56; BAETGE, J./KIRSCH, H.-J./THIELE, S., Bilanzen, S. 92 f.

39 Vgl. LEFFSON, U., Die Grundsätze ordnungsmäßiger Buchführung, S. 64.

Dritten), und andererseits, eigene vergangene Investitionsentscheidungen zu beurteilen bzw. künftige Investitionen zu planen (Selbstinformation).[40]

Der Zweck der **Kapitalerhaltung** besteht darin, das nominelle Haftkapital und damit den Fortbestand des Unternehmens langfristig zu sichern.[41] Um diesem Ziel gerecht zu werden, ist ein Periodenerfolg zu ermitteln, der – auch wenn er vollständig entnommen würde – das (nominelle) Eigenkapital nicht reduziert.[42] Bei Einzelunternehmen oder auch Personenhandelsgesellschaften wird der Unternehmensleitung durch den Jahresabschluss verdeutlicht, ab wann sie über den vorsichtig ermittelten Jahreserfolg hinaus Kapital entnimmt und dadurch die Haftungsmasse ihres Unternehmens reduziert (**Kapitalerhaltung aufgrund von Information**[43] bzw. **Kapitalverminderungskontrolle**[44]). Für Kapitalgesellschaften wird der Zweck der Kapitalerhaltung durch zusätzliche Ausschüttungsregelungen (z. B. Ausschüttungssperren oder Regeln für eine Höchst- bzw. Mindestausschüttung) konkretisiert.[45]

Während die Dokumentation als primärer Buchführungszweck die Voraussetzung für die Erfüllung der beiden Jahresabschlusszwecke (Rechenschaft und Kapitalerhaltung) ist, stellt sich die Frage, in welchem Verhältnis die Jahresabschlusszwecke stehen bzw. wann jeweils einer der beiden Zwecke als dominant anzusehen ist, weil der Gesetzgeber in den verschiedenen Einzelvorschriften einmal die Rechenschaft und ein anderes Mal die Kapitalerhaltung in den Vordergrund stellt. Nach der von BAETGE bzw. BAETGE/KIRSCH/THIELE vertretenen Auffassung, die der vorliegenden Arbeit zugrunde liegt, dominiert kein Jahres-

40 Vgl. LEFFSON, U., Die Grundsätze ordnungsmäßiger Buchführung, S. 57 und S. 63; BAETGE, J./THIELE, S., Gesellschafterschutz versus Gläubigerschutz, S. 14; MOXTER, A., Grundsätze ordnungsgemäßer Rechnungslegung, S. 4 f. Der Rechenschaftszweck wird auch als Informationsfunktion bezeichnet. Vgl. BAETGE, J./KIRSCH, H.-J./THIELE, S., Bilanzen, S. 96 sowie in der Begründung des Gesetzentwurfs zum BiMoG, BT-Drucks. 16/10067 vom 30.07.2008, S. 1 und 34.

41 Vgl. LEFFSON, U., Die Grundsätze ordnungsmäßiger Buchführung, S. 92; BAETGE, J./KIRSCH, H.-J., in: Küting/Weber/Pfitzer, HdR, 5. Aufl., Band 1, Kap. 4, Rn. 36-42.

42 Vgl. BAETGE, J./KIRSCH, H.-J./THIELE, S., Bilanzen, S. 96.

43 Vgl. LEFFSON, U., Die Grundsätze ordnungsmäßiger Buchführung, S. 97; BAETGE, J./KIRSCH, H.-J./THIELE, S., Konzernbilanzen, S. 44-46.

44 Vgl. LEFFSON, U., Die Grundsätze ordnungsmäßiger Buchführung, S. 98-107.

45 Vgl. MOXTER, A., Grundsätze ordnungsgemäßer Rechnungslegung, S. 3 f.; BAETGE, J./KIRSCH, H.-J./THIELE, S., Bilanzen, S. 97.

abschlusszweck.[46] Denn die Ausgewogenheit der Jahresabschlusszwecke resultiert aus dem vom Gesetzgeber angestrebten Interessenausgleich der divergierenden Adressaten *(Interessenregelung)*.[47] Auch durch das Inkrafttreten des BilMoG im Jahr 2009 hat sich nach einer diesbezüglichen Untersuchung von SOLMECKE bzw. BAETGE/KIRSCH/SOLMECKE an der **Gleichgewichtung** der handelsrechtlichen Jahresabschlusszwecke nichts geändert, wenngleich in der Untersuchung geringfügige Gewichtsverschiebungen zugunsten der Rechenschaft (Informationsregelung) und zulasten der Kapitalerhaltung (Ausschüttungsregelung) festgestellt wurden.[48]

Um den Zwecken der handelsrechtlichen Rechnungslegung gerecht zu werden, hat sich jeder Kaufmann bei der Bilanzierung von Geschäftsvorfällen sowie bei der Aufstellung des Jahresabschlusses nach den **Grundsätzen ordnungsmäßiger Buchführung (GoB)** zu richten.[49] Die GoB stellen dabei anerkannte, zum großen Teil im Handelsrecht (z. B. in §§ 239 Abs. 2, 243 Abs. 2, 246 Abs. 3 und 252 Abs. 1) kodifizierte Rechnungslegungsregeln dar, die **zum einen Gesetzeslücken ausfüllen sollen, wenn für einen bestimmten Sachverhalt keine adäquate Einzelvorschrift existiert – wie die Bilanzierung von Bewertungseinheiten vor Inkrafttreten des BilMoG –, und die zum anderen als Bezugsrahmen heranzuziehen sind, wenn Einzelvorschriften – wie die Bildung von Bewertungseinheiten gem. § 254 nach Inkrafttreten des BilMoG – durch Auslegung konkretisiert werden müssen.**[50] Der Begriff „Grundsätze ordnungsmäßiger Buchführung" wird im Gesetz zwar verwendet, aber

46 Vgl. BT-Drucks. 16/10067 vom 30.07.2008, S. 59 i. Z. m. BT-Drucks. 16/12407 vom 24.03.2009, S. 84; ebenso BAETGE, J., Rechnungslegungszwecke, S. 21-30; BAETGE, J., Bilanzen, 1. Aufl., S. 37 f.; BAETGE, J./KIRSCH, H.-J., in: Küting/Weber/Pfitzer, HdR, 5. Aufl., Band 1, Kap. 4, Rn. 47; BAETGE, J./ZÜLCH, H., in: HdJ, Abt. I/2, Rn. 38; BAETGE, J./KIRSCH, H.-J., in: Küting/Weber/Pfitzer, HdR, 5. Aufl., Band 1, Kap. 4, Rn. 47; BAETGE, J./KIRSCH, H.-J./SOLMECKE, H., Auswirkungen des BilMoG auf die Zwecke, S. 1221 f.; a. A. MOXTER, A., Zum Sinn und Zweck des handelsrechtlichen Jahresabschlusses nach neuem Recht, S. 361-372; BEISSE, H., Bilanzrechtssystem, S. 14.

47 Vgl. BAETGE, J., Rechnungslegungszwecke, S. 21-30; BAETGE, J., Bilanzen, 1. Aufl., S. 37; BAETGE, J./KIRSCH, H.-J./THIELE, S., Bilanzen, S. 102; BAETGE, J./THIELE, S., Gesellschafterschutz versus Gläubigerschutz, S. 18-20.

48 Vgl. SOLMECKE, H., Auswirkungen des BilMoG auf die GoB, S. 61; BAETGE, J./KIRSCH, H.-J./SOLMECKE, H., Auswirkungen des BilMoG auf die Zwecke, S. 1217.

49 Zu den kodifizierten GoB vgl. §§ 239 Abs. 2, 243 Abs. 2, 246, 252 sowie BAETGE, J./KIRSCH, H.-J./THIELE, S., Bilanzen, S. 102.

50 Vgl. BAETGE, J./KIRSCH, H.-J., in: Küting/Weber/Pfitzer, HdR, 5. Aufl., Band 1, Kap. 4, Rn. 113; LEFFSON, U., Die Grundsätze ordnungsmäßiger Buchführung, S. 24-26; LANG, J., Grundsätze ordnungsmäßiger Buchführung, S. 222; BEISSE, H., Rechtsfragen der Gewinnung von GoB, S. 499.

nicht definiert. Bei den GoB handelt es sich somit um einen unbestimmten Rechtsbegriff.[51] Dies hat den – vom Gesetzgeber gewollten – Vorteil, die gesetzliche Anforderung der Ordnungsmäßigkeit des Jahresabschlusses auch bei neuen Entwicklungen in der Rechnungslegung (z. B. bei neuen Sachverhalten oder bei Reformen des Bilanzrechts) erfüllen zu können.[52] So könnte eine umfassende Reform des Handelsrechts – wie das BilMoG – dazu führen, dass einzelne Vorschriften durch die Reform anders ausgelegt werden müssten.[53] SOLMECKE hat indes in seiner Untersuchung zu den Auswirkungen des BilMoG auf das handelsrechtliche GoB-System festgestellt, dass *„das BilMoG keine Neuinterpretation einzelner Grundsätze erfordert"*, sondern durch das BilMoG die *„GoB in den handelsrechtlichen Normen konsequenter umgesetzt werden."*[54]

Als die für die vorliegende Untersuchung maßgeblichen GoB werden im Folgenden lediglich der **Grundsatz der Richtigkeit**, der **Grundsatz der Vergleichbarkeit**, der **Grundsatz der Vollständigkeit**, der **Grundsatz der Einzelbewertung**, das **Realisationsprinzip**, die **Kapitalerhaltungsgrundsätze** sowie die **Ansatzgrundsätze für die Bilanz** beschrieben und auf wesentliche Problembereiche bei der Bilanzierung von in Sicherungszusammenhang stehenden Geschäften eingegangen.[55] Der Interessenregelung der handelsrechtlichen Rechnungslegung folgend ist kein GoB den anderen GoB über- bzw. untergeordnet, sondern alle GoB sind ohne inhaltliche Dominanz wechselseitig miteinander verflochten (**„Eiffelturm-Prinzip"**[56]), weil der Gesetzgeber **die Rechenschaft** und die **Kapitalerhaltung** als gleichrangige Zwecke des handelsrechtlichen Jahresabschlusses installiert hat.[57]

51 Vgl. bereits LEFFSON, U., Die Grundsätze ordnungsmäßiger Buchführung, 1. Aufl., S. 1 f. sowie LEFFSON, U., Die Grundsätze ordnungsmäßiger Buchführung, S. 21; LANG, J., Grundsätze ordnungsmäßiger Buchführung, S. 222; BAETGE, J., Bilanzen, 1. Aufl., S. 39.

52 Vgl. bereits LEFFSON, U., Die Grundsätze ordnungsmäßiger Buchführung, 1. Aufl., S. 36 sowie LEFFSON, U., Die Grundsätze ordnungsmäßiger Buchführung, S. 21 f.; BAETGE, J./KIRSCH, H.-J./THIELE, S., Bilanzen, S. 103.

53 Vgl. BAETGE, J./ZÜLCH, H., in: HdJ, Abt. I/2, Rn. 30; SOLMECKE, H., Auswirkungen des BilMoG auf die GoB, S. 3.

54 SOLMECKE, H., Auswirkungen des BilMoG auf die GoB, S. 263.

55 Für eine umfassende Darstellung der handelsrechtlichen GoB vgl. z. B. BAETGE, J./KIRSCH, H.-J., in: Küting/Weber/Pfitzer, HdR, 5. Aufl., Band 1, Kap. 4.

56 Der Begriff „Eiffelturm-Prinzip" versinnbildlicht die Bedeutung der einzelnen GoB im gesamten GoB-System. Jeder einzelne GoB trägt wie eine Stütze den „Jahresabschluss". Jeder GoB ist dabei so wichtig, dass nicht auf ihn verzichtet werden kann, ohne die Stabilität des gesamten Systems zu gefährden. Vgl. BAETGE, J., Bilanzen, 1. Aufl., S. 47; BAETGE, J./KIRSCH, H.-J./THIELE, S., Bilanzen, S. 139; BAETGE, J./KIRSCH, H.-J., in: Küting/Weber/Pfitzer, HdR, 5. Aufl.,

Der **Grundsatz der Richtigkeit** verlangt gem. § 239 Abs. 2, dass der Jahresabschluss und die ihm zugrunde gelegten Ansätze und Werte **objektiv**[58], d. h. intersubjektiv nachprüfbar[59], sind.[60] Intersubjektive Nachprüfbarkeit setzt die Beachtung der kodifizierten und der nicht kodifizierten GoB sowie der übrigen handelsrechtlichen Rechnungslegungsvorschriften voraus. Kann die Objektivität der Werte nicht erreicht werden, weil die Höhe des Bilanzwerts von einer subjektiven Schätzung bzw. vom Ermessensspielraum des Bilanzierenden abhängt, ist der Grundsatz der Objektivität um den **Grundsatz der Willkürfreiheit** zu ergänzen.[61] Das bedeutet, dass *„derjenige, der einen Jahresabschluss verantwortlich aufstellt, nur solche Werte wähl[en darf], die aus realitätsnahen und von ihm für zutreffend gehaltenen Hypothesen abgeleitet sind“.*[62] Beispielsweise ist der Ermessensspielraum bei der Bilanzierung von sog. **antizipativen Hedges** so einzugrenzen, dass sich aus diesbezüglichen Informationen des Jahresabschlusses kein Verlässlichkeitsdefizit ergibt.

Der **Grundsatz der Vergleichbarkeit**[63] ist eng mit dem Rechenschaftszweck verbunden und verlangt eine Vergleichbarkeit von Jahresabschlüssen eines Unternehmens im Zeitablauf (Zeitvergleich) und verschiedener Unternehmen zu einem Zeitpunkt (Unternehmensvergleich).[64] Unterschieden wird zwischen der *materiellen Stetigkeit* (Ansatz- und Bewertungsstetigkeit nach § 246 Abs. 3 bzw. § 252 Abs. 1 Nr. 6) und der *formellen Stetigkeit* (Bilanzidentität nach § 252 Abs. 1 Nr. 1 sowie Bezeichnungs-, Gliederungs- und Ausweisstetigkeit nach § 243 Abs. 2). Die materielle Stetigkeit fordert, dass gleiche Sachverhalte in einem

Band 1, Kap. 4, Rn. 50; BAETGE, J./ZÜLCH, H., in: HdJ, Abt. I/2, Rn. 40; a. A. MOXTER, A., handelsrechtlichen Grundsätze, S. 23.

57 So schon BAETGE, J., Bilanzen, 1. Aufl., S. 47 f. Auch nach der HGB-Reform durch das BilMoG hat sich an der Gleichrangigkeit der GoB nichts geändert. Vgl. SOLMECKE, H., Auswirkungen des BilMoG auf die GoB, S. 257.

58 Zum Begriff der „Objektivität“ vgl. grundlegend BAETGE, J., Objektivierung, S. 16 f.

59 Zum Begriff der „intersubjektiven Nachprüfbarkeit“ vgl. grundlegend POPPER, K., Logik der Forschung, 21-25.

60 Vgl. BAETGE, J./KIRSCH, H.-J./THIELE, S., Bilanzen, S. 115.

61 Vgl. LEFFSON, U., Die Grundsätze ordnungsmäßiger Buchführung, S. 202-205.

62 LEFFSON, U., Die Grundsätze ordnungsmäßiger Buchführung, S. 203 (Einfügung durch den Verfasser).

63 Zum Grundsatz der Vergleichbarkeit siehe im Einzelnen BAETGE, J./COMMANDEUR, D., Vergleichbar, S. 326-335.

64 Vgl. bereits LEFFSON, U., Die Grundsätze ordnungsmäßiger Buchführung, 1. Aufl., S. 227 f. sowie LEFFSON, U., Die Grundsätze ordnungsmäßiger Buchführung, S. 186; BAETGE, J./ KIRSCH, H.-J./THIELE, S., Bilanzen, S. 116 f.

Jahresabschluss auf gleiche Weise ermittelt, abgegrenzt und zusammengestellt werden. Die Ansatzstetigkeit wurde erst durch das BilMoG im Handelsrecht kodifiziert, wenngleich sie schon vorher für notwendig erachtet und angewendet wurde.[65] Der Grundsatz der Vergleichbarkeit ist auch bei der Bildung von Bewertungseinheiten, vor allem im Zusammenhang mit dem Verpflichtungsgrad von § 254, relevant. So beeinträchtigt ein Wahlrecht zur Bildung von Bewertungseinheiten stets die zwischenbetriebliche Vergleichbarkeit von Rechnungslegungsinformationen.

Der **Grundsatz der Vollständigkeit** ergibt sich aus § 239 Abs. 2, nach dem die Buchführung sowie andere Aufzeichnungen eines Unternehmens *vollständig* zu sein haben sowie aus § 246 Abs. 1 Satz 1, nach dem der handelsrechtliche Jahresabschluss *sämtliche* Vermögensgegenstände, Schulden, Rechnungsabgrenzungsposten, Aufwendungen und Erträge zu enthalten hat.[66] Da derivative Finanzinstrumente oftmals zu Sicherungszwecken vertraglich vereinbart werden, stellt sich im Zusammenhang mit dem Vollständigkeitsgrundsatz die Frage nach der Bilanzierungsfähigkeit dieser Geschäfte. Grundsätzlich stellen derivative Finanzinstrumente zweiseitig unerfüllte schwebende Geschäfte dar, die nach dem nicht kodifizierten **Grundsatz der Nichtbilanzierung schwebender Geschäfte** nicht bilanziert werden dürfen, solange aus diesen Geschäften kein Verlust droht.[67] Für den Fall eines drohenden Verlustes ist nach § 249 Abs. 1 Satz 1 eine Rückstellung für drohende Verluste aus schwebenden Geschäften zu bilden. Für derivative Finanzinstrumente, die in einem Sicherungszusammenhang stehen und nach § 254 zu einer Bewertungseinheit zusammengefasst werden, gilt der Grundsatz der Nichtbilanzierung schwebender Geschäfte zwar auch, allerdings sind in diesem speziellen Fall nicht realisierte positive Erfolgsbeiträge des Derivats mit den nicht realisierten negativen Erfolgsbeiträgen des Grundgeschäfts zu verrechnen, soweit

65 Vgl. LEFFSON, U., Stetigkeit, S. 445; BAETGE, J./ZIESEMER, S., in: Baetge/Kirsch/Thiele, § 252 HGB, Rn. 251.

66 Vgl. BAETGE, J./KIRSCH, H.-J./THIELE, S., Bilanzen, S. 119.

67 Hinsichtlich des **Nichtbilanzierungsgrundsatzes schwebender Geschäfte** vgl. Abschnitt 34 sowie ausführlich LEFFSON, U., Die Grundsätze ordnungsmäßiger Buchführung, S. 395; ADS, 6. Aufl., § 246 HGB, Rn. 377; HERZIG, N./KÖSTER, T., in: HdJ, Abt. III/5, Rn. 242-246; HOMMEL, M., in: Baetge/Kirsch/Thiele, § 249 HGB, Rn. 112 f.; GRÜNEWALD, A., Finanzterminkontrakte, S. 100; ALSHEIMER, C., Derivative Finanzinstrumente und ihre Darstellung im Jahresabschluß, S. 122; TIEDCHEN, S., Der Vermögensgegenstand im Handelsbilanzrecht, S. 71-75 m. w. N.

sich die gegenläufigen Wertentwicklungen beider Geschäfte ausgleichen und die Voraussetzungen zur Bildung einer Bewertungseinheit erfüllt sind.[68]

Der **Grundsatz der Einzelbewertung** besagt, dass alle Vermögensgegenstände und Schulden unabhängig voneinander, also einzeln, zu bewerten sind (§ 252 Abs. 1 Nr. 3). Durch die Einzelbewertung soll eine Kompensation von Wertsteigerungen eines Vermögensgegenstands oder einer Schuld mit Wertminderungen eines anderen Vermögensgegenstands oder einer anderen Schuld ausgeschlossen werden, um die **Objektivität** der im Jahresabschluss ermittelten Werte für die Adressaten zu wahren.[69] Eine Gesamtbewertung, wie sie für eine Unternehmensbewertung erforderlich ist, ist handelsrechtlich somit nicht zulässig.[70] Teilweise besteht allerdings das Problem, zu beurteilen, was als eigenständiger Vermögensgegenstand bzw. Schuld anzusehen ist. Die Frage, ob ein einheitlicher Vermögensgegenstand vorliegt oder eine Mehrzahl verschiedener Vermögensgegenstände, ist vor allem bei der Bilanzierung von sich gegenseitig absichernden Geschäften (in einer Bewertungseinheit) von entscheidender Bedeutung.[71]

Das **Realisationsprinzip** ist in § 252 Abs. 1 Nr. 4 Halbsatz 2 kodifiziert und besagt, dass

> *„Gewinne [...] nur zu berücksichtigen [sind], wenn sie am Abschlussstichtag realisiert sind“.*[72]

Durch das Realisationsprinzip sollen zum einen der Ausweis bzw. die Ausschüttung nicht realisierter Erträge verhindert werden und zum anderen Beschaffungsvorgänge in der Bilanz grundsätzlich erfolgsneutral behandelt werden.[73] Daher ist ein Vermögensgegenstand, solange er nicht den „Sprung zum Absatzmarkt“ geschafft hat, im Zeitpunkt des Zuganges höchstens mit seinen **Anschaffungs- und Herstellungskosten** (AK/HK) zu bewerten (§ 253 Abs. 1 Satz 1). Erst im Zeitpunkt der Realisation, d. h., wenn der Vermögensgegenstand

---

68 Die Voraussetzungen zur Bildung von Bewertungseinheiten bei sich gegenseitig absichernden Geschäften werden in Abschnitt 45 erläutert.

69 Vgl. BAETGE, J./ZIESEMER, S., in: Baetge/Kirsch/Thiele, § 252 HGB, Rn. 114; BALLWIESER, W., in: Beck HdR, Abschnitt B 105, Rn. 57; BURKHARDT, D., Grundsätze ordnungsmäßiger Bilanzierung für Fremdwährungsgeschäfte, S. 217.

70 Vgl. SCHMALENBACH, E., Theoretische Studie über den gemeinen Wert, S. 148; BAETGE, J./ KIRSCH, H.-J./THIELE, S., Bilanzen, S. 125.

71 Vgl. BERTSCH, A./KÄRCHER, R., Derivate, S. 554 sowie hierzu ausführlich Abschnitt 42.

72 (Einfügungen und Auslassungen durch den Verfasser).

73 Vgl. LEFFSON, U., Die Grundsätze ordnungsmäßiger Buchführung, S. 247-299.

den „Sprung zum Absatzmarkt“ geschafft hat, sind positive Erfolgsbeiträge zu vereinnahmen.[74]

Der handelsrechtliche **Kapitalerhaltungsgrundsatz** setzt sich aus dem **Vorsichtsprinzip** und dem **Imparitätsprinzip** zusammen. Das handelsrechtliche **Vorsichtsprinzip** (§ 252 Abs. 1 Nr. 4) verlangt, Vermögensgegenstände und Schulden grundsätzlich vorsichtig zu bewerten. Dieses Prinzip ist vor allem bei Unsicherheit über den künftigen Wert eines Vermögensgegenstands, also bei Schätzungen, relevant. Denn dann ist ein Vermögensgegenstand nicht mit dem wahrscheinlichsten Wert oder dem Mittelwert, sondern mit dem pessimistischsten Wert anzusetzen.[75] Das **Imparitätsprinzip** (§ 252 Abs. 1 Nr. 4) fordert zudem eine Ungleichbehandlung von erwarteten positiven und negativen Erfolgsbeiträgen. Während Wertsteigerungen erst zum Zeitpunkt der Realisation berücksichtigt werden, sind Wertminderungen bereits dann zu berücksichtigen, wenn sie mit hinreichend großer Wahrscheinlichkeit eintreten werden (*Verlustantizipation*).[76] Da der ausschüttungsfähige Gewinn um den drohenden Verlust reduziert wird, dient das Imparitätsprinzip somit der Kapitalerhaltung.[77]

Der **Ansatzgrundsatz für die Bilanz** legt fest, welche Zahlungen als Vermögensgegenstand zu aktivieren bzw. als Schuld zu passivieren sind. Der Grundsatz wird im HGB nicht genannt und gehört somit zu den nicht kodifizierten GoB. Aufgrund der fehlenden Legaldefinition des Aktivierungsgrundsatzes sind im handelsrechtlichen Schrifttum (**statisch geprägte Aktivierungskonzeption**) und in der Finanzrechtsprechung (**dynamisch geprägte Aktivierungskonzeption**) unterschiedliche Ansätze zur Konkretisierung entwickelt

74 Vgl. bereits LEFFSON, U., Die Grundsätze ordnungsmäßiger Buchführung, 1. Aufl., S. 149-155 sowie BAETGE, J./KIRSCH, H.-J./THIELE, S., Bilanzen, S. 129; KUHNER, C., Geschäftszweckgebundene Bewertungskonzeptionen, S. 53-56.

75 Vgl. LEFFSON, U., Die Grundsätze ordnungsmäßiger Buchführung, S. 465-492; BAETGE, J./ZIESEMER, S., in: Baetge/Kirsch/Thiele, § 252 HGB, Rn. 144; ADS, 6. Aufl., § 252 HGB, Rn. 68.

76 Zum Imparitätsprinzip vgl. grundlegend LEFFSON, U., Die Grundsätze ordnungsmäßiger Buchführung, S. 339-426; KOCH, H., Die Problematik des Niederstwertprinzips; FEY, D., Imparitätsprinzip und GoB-System.

77 Vgl. LEFFSON, U., Die Grundsätze ordnungsmäßiger Buchführung, 1. Aufl., S. 235-249 sowie BAETGE, J./KNÜPPE, W., Risiken und Verluste, S. 394; BAETGE, J./ZÜLCH, H., in: HdJ, Abt. I/2, Rn. 93.

worden.[78] In den folgenden Ausführungen wird allerdings lediglich auf die für den handelsrechtlichen Jahresabschluss maßgebliche statisch geprägte Aktivierungskonzeption eingegangen. Danach liegt ein **Vermögensgegenstand** vor, wenn das Gut das Kriterium der **abstrakten Aktivierungsfähigkeit** erfüllt. Entsprechend liegt eine **Schuld** vor, wenn eine Verpflichtung das Kriterium der **abstrakten Passivierungsfähigkeit** erfüllt.[79]

Abstrakt aktivierungsfähig ist ein Gut, wenn es **selbstständig verwertbar**[80] ist und damit zur Deckung der Schulden eines Unternehmens beitragen kann, indem es in Geld umgewandelt wird (z. B. durch Verkauf oder Vermietung).[81] Zu unterscheiden ist die abstrakte Aktivierungsfähigkeit von der **konkreten Aktivierungsfähigkeit**, die sich aus den einzelnen kodifizierten Vorschriften hinsichtlich des Bilanzansatzes ergibt.[82] Dementsprechend darf ein Gut nur dann in der Bilanz aktiviert werden, wenn sowohl die abstrakte als auch die konkrete Aktivierungsfähigkeit gegeben ist. Indes ist es möglich, dass ein Gut zwar abstrakt aktivierungsfähig ist, also einen Vermögensgegenstand verkörpert, aber ein konkretes Aktivierungsverbot der Aktivierung entgegensteht. Außerdem kann das Gesetz eine Ansatzpflicht vorsehen, obwohl keine abstrakte Aktivierungsfähigkeit gegeben ist. Dies ist bspw. bei einem entgeltlich erworbenen derivativen Geschäfts- oder Firmenwert (GoF) nach § 246 Abs. 1 Satz 4 der Fall.

Die **abstrakte Passivierungsfähigkeit** konkretisiert den Ansatz von Schulden. Danach besteht für alle Schulden eine Passivierungspflicht, wenn die drei folgenden Kriterien kumulativ erfüllt sind:[83]

(1) eine Verpflichtung ggü. einem Dritten (Außenverpflichtung) gegeben ist,

---

78 Vgl. dazu im Überblick ROSS, N., Gemeinsamkeiten und Unterschiede handels- und steuerrechtlicher Aktivierungskonzeptionen, S. 235-249; BAETGE, J./KIRSCH, H.-J./THIELE, S., Bilanzen, S. 157.

79 Vgl. BAETGE, J./ZÜLCH, H., in: HdJ, Abt. I/2, Rn. 81 und Rn. 87.

80 Das Kriterium der *selbstständigen Verwertbarkeit* wurde von LAMERS aus der Kritik der alternativen Konkretisierungsansätze der *konkreten Einzelveräußerbarkeit* sowie der *abstrakten Einzelveräußerbarkeit* entwickelt. Vgl. LAMERS, A., Aktivierungsfähigkeit und Aktivierungspflicht, S. 205-216. Zu den Kriterien des Begriffs Vermögensgegenstand vgl. ausführlich TIEDCHEN, S., Der Vermögensgegenstand im Handelsbilanzrecht, S. 28-82.

81 Vgl. BAETGE, J./KIRSCH, H.-J./THIELE, S., Bilanzen, S. 1.

82 Vgl. BAETGE, J./ZÜLCH, H., in: HdJ, Abt. I/2, Rn. 84.

83 Vgl. BAETGE, J./KIRSCH, H.-J./THIELE, S., Bilanzen, S. 128; THIELE, S., in: Baetge/Kirsch/Thiele, § 246 HGB, Rn. 101-118; COENENBERG, A./HALLER, A./SCHULTZE, W., Jahresabschluss und Jahresabschlussanalyse, S. 78.

(2) eine wirtschaftliche Belastung vorliegt und

(3) das Kriterium der Quantifizierbarkeit erfüllt ist.

Neben der abstrakten Passivierungsfähigkeit können gesetzliche Passivierungsvorschriften den Passivierungsgrundsatz **ergänzen** bzw. **konkretisieren**, was zu einer **konkreten Passvierungsfähigkeit** führt. Beispielsweise sind Rückstellungen für unterlassene Instandhaltung, sofern diese innerhalb von drei Monaten nachgeholt werden, gem. § 249 Abs. 1 Satz 2 Nr. 1 konkret passivierungspflichtig, wenngleich die Rückstellung keine Außenverpflichtung darstellt und somit nicht abstrakt passivierungsfähig ist.[84]

Den Zusammenhang von abstrakter und konkreter Aktivierungs- bzw. Passivierungsfähigkeit fasst die folgende Abbildung nochmals zusammen:

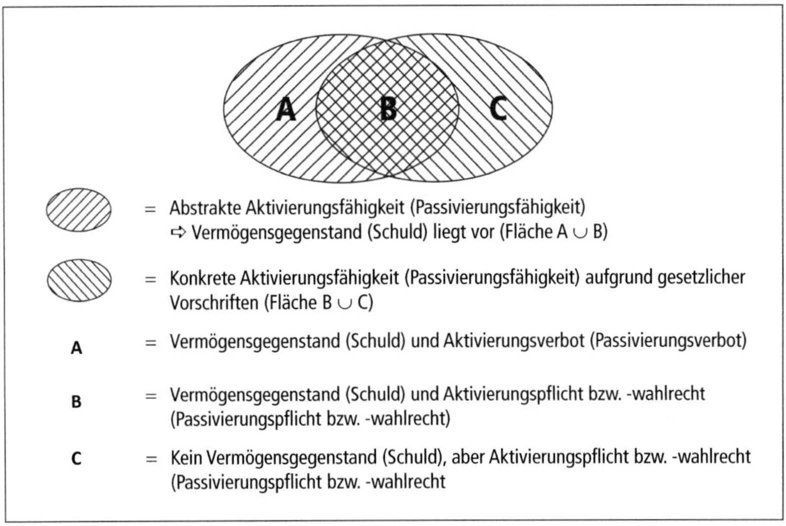

Übersicht 3-1: *Zusammenhang zwischen abstrakter und konkreter Aktivierungsfähigkeit (Passivierungsfähigkeit)*[85]

84 Vgl. BAETGE, J./KIRSCH, H.-J./THIELE, S., Bilanzen, S. 177.

85 In Anlehnung an BAETGE, J., Bilanzen, 1. Aufl., S. 146 und S. 159 sowie BAETGE, J./ KIRSCH, H.-J./THIELE, S., Bilanzen, S. 164 und S. 176.

34 Der Grundsatz der Nichtbilanzierung schwebender Geschäfte

Da **derivative Finanzinstrumente** häufig zu Sicherungszwecken abgeschlossen werden, wurde bereits im Zusammenhang mit dem Vollständigkeitsgrundsatz die Frage nach der Bilanzierungsfähigkeit dieser Geschäfte aufgeworfen. Derivative Finanzinstrumente stellen zweiseitig unerfüllte schwebende Geschäfte dar, für die im Handelsrecht eine „lex specialis" nicht existiert.[86] Nach dem **Grundsatz der Nichtbilanzierung schwebender Geschäfte**, der sich wiederum aus den GoB – vor allem dem Ansatzgrundsatz und dem Realisationsprinzip – herleitet, sind derivative Finanzinstrumente nicht zu bilanzieren.[87]

Der Grundsatz der **Nichtbilanzierung schwebender Geschäfte** wird daher im Folgenden **für den Spezialfall derivativer Finanzinstrumente** aus den GoB hergeleitet. Ausgangspunkt der Betrachtung ist somit die Frage, warum überhaupt ein derivatives Finanzinstrument nicht bilanzierungsfähig ist, also keinen **Vermögensgegenstand** (Fall 1) oder keine **Schuld** (Fall 2) im handelsrechtlichen Sinn verkörpert:

Fall 1: Vermögensgegenstand

Zunächst ist zu prüfen, ob ein derivatives Finanzinstrument einen Vermögensgegenstand darstellt, d. h. abstrakt aktivierungsfähig ist. Die abstrakte Aktivierungsfähigkeit ist gegeben, wenn ein derivatives Finanzinstrument *selbstständig verwertbar* ist und damit zur Deckung der Schulden eines Unternehmens beitragen kann. Die Schuldendeckungsfähigkeit ist bei einem derivativen Finanzinstrument nicht gegeben, da es sich um ein **zweiseitig unerfülltes schwebendes Geschäft**[88], d. h. um einen zweiseitig verpflichtenden Vertrag (Sy-

---

86 Vgl. KUHNER, C., in: Baetge/Kirsch/Thiele, § 246 HGB, Rn. 831 f. Es existieren lediglich branchenspezifische Regelungen für Kreditinstitute (z. B. § 340e Abs. 3), die in der vorliegenden Untersuchung nicht betrachtet werden. Vgl. hierzu BRÜGGEMANN, P., Finanzinstrumente des Handelsbestands.

87 Vgl. LEFFSON, U., Die Grundsätze ordnungsmäßiger Buchführung, S. 395; ADS, 6. Aufl., § 246 HGB, Rn. 377; HERZIG, N./KÖSTER, T., in: HdJ, Abt. III/5, Rn. 242-246; HOMMEL, M., in: Baetge/Kirsch/Thiele, § 249 HGB, Rn. 112 f.; GRÜNEWALD, A., Finanzterminkontrakte, S. 100; TIEDCHEN, S., Der Vermögensgegenstand im Handelsbilanzrecht, S. 71-75 m. w. N.

88 Für den Begriff des *schwebenden Geschäfts* existiert keine Legaldefinition. Der Begriff wird lediglich in § 249 Abs. 1 verwendet, allerdings durch das Schrifttum konkretisiert. Vgl. LEFFSON, U., Die Grundsätze ordnungsmäßiger Buchführung, S. 413; BAETGE, J./HAPPE, P., Risikomanagement und Bankenpublizität, S. 22; MOXTER, A., Bilanzrechtsprechung, S. 134 f.; KUHNER, C., in: Baetge/Kirsch/Thiele, § 246 HGB, Rn. 831. Zur Einstufung eines derivativen Finanzinstruments als schwebendes Geschäft vgl. BR-Drucks. 344/08, S. 114; LÖW, E., Antizipative Sicherungsgeschäfte und Fortentwicklung des deutschen Bilanzrechts, S. 252; GRÜNEWALD, A.,

nallagma) handelt, bei dem die Leistung noch von keiner Seite erfüllt ist bzw. der künftige Leistungsaustausch noch von der Entwicklung des Basiswerts (z. B. vom Marktzinsniveau) abhängt.[89] Darüber hinaus ist bei schwebenden Geschäften davon auszugehen, dass sich zu Beginn des Schwebezustands Ansprüche und Verpflichtungen aus dem Geschäft in gleicher Höhe gegenüberstehen (**Ausgeglichenheitsvermutung**).[90] Dementsprechend haben derivative Finanzinstrumente im Abschlusszeitpunkt grundsätzlich einen Wert von null.[91] Ausnahmen von der Ausgeglichenheitsvermutung – die hierbei nicht betrachtet werden sollen – bestehen lediglich, wenn bereits zum Zeitpunkt des Vertragsschlusses Zahlungen – z. B. in Form von Marginzahlungen[92] oder Prämienzahlungen[93] – fließen. Ferner ist die selbstständige Verwertbarkeit vor allem bei OTC-Derivaten schwierig, da es sich hierbei um individuelle Geschäfte zwischen den beiden Vertragsparteien handelt und die Derivate nicht ohne Weiteres gegenüber einem Dritten in Geld umgewandelt werden können.[94] Aus den genannten Gründen ist also eine abstrakte Aktivierungsfähigkeit von derivativen Finanzinstrumenten zu verneinen.

Als Nächstes ist zu prüfen, ob eine konkrete Aktivierungsfähigkeit in Form einer Aktivierungspflicht oder eines Aktivierungswahlrechts vorliegt. Dies ist ebenfalls nicht der Fall, da der Ansatz von derivativen Finanzinstrumenten bilanzrechtlich – mit Ausnahme von bran-

Finanzterminkontrakte, S. 61; BIEG, H., Schwebende Geschäfte in Handels- und Steuerbilanz, S. 29-29.

89 Vgl. BRÜGGEMANN, P., Finanzinstrumente des Handelsbestands, S. 97-98; GRÜNEWALD, A., Finanzterminkontrakte, S. 105-106; BRECKHEIMER, I., Die steuerbilanzielle Behandlung von Sicherungsbeziehungen, S. 43-44; a. A. BARCKOW, A., Sicherungsbeziehungen, S. 75.

90 Vgl. BFH-Urteil vom 7.9.1954 I 50/54 U, BStBl. III 1954, S. 330; KUHNER, C., in: Baetge/ Kirsch/Thiele, § 246 HGB, Rn. 832; LEFFSON, U., Die Grundsätze ordnungsmäßiger Buchführung, S. 413; HERZIG, N./KÖSTER, T., in: HdJ, Abt. III/5, Rn. 243; ANSTETT, C. W., Financial Futures, S. 11-13; MOXTER, A., Bilanzrechtsprechung, S. 134 f.

91 Vgl. m. w. N. PATEK, G., Derivative Finanzprodukte, S. 105.

92 Marginzahlungen sind Sicherheitsleistungen an eine Clearing-Stelle und werden als Forderung ggü. der Clearing-Stelle bilanziert. Vgl. BIEG, H., Bilanzierung und Bewertung von Financial Futures – Teil II, S. 126-128.; BAETGE, J./KIRSCH, H.-J./THIELE, S., Bilanzen, S. 330; MENNINGER, J., Spekulative Zins-Futures, S 183.

93 Prämien werden bei bedingten Termingeschäften (Optionen) gezahlt und verkörpern den Preis des Optionsrechtes. Optionsprämien stellen aktivierungsfähige Vermögensgegenstände dar. In diesem Fall ist die Option in Höhe der Optionsprämie zu aktivieren. Vgl. CYRANKIEWICZ, H./ WENDLAND, H., Wertpapieroptionsgeschäfte, S. 1026; BIEG, H., Bilanzierung und Bewertung von Optionen und Zinsbegrenzungsvereinbarungen – Teil II, S. 324; BAETGE, J./ KIRSCH, H.-J./THIELE, S., Bilanzen, S. 330.

94 Vgl. RUDOLPH, B./SCHÄFER, K., Derivative Finanzmarktinstrumente, S. 18.

chenspezifischen Sonderregelungen bei Kreditinstituten[95] – nicht geregelt ist.[96] Somit dürfen derivative Finanzinstrumente grundsätzlich nicht als Vermögensgegenstand in der Bilanz angesetzt werden.

Fall 2: Schuld

Ob ein derivatives Finanzinstrument eine Schuld darstellt, ergibt sich aus den Kriterien der abstrakten Passivierungsfähigkeit. Da ein schwebendes Geschäft auf einem zweiseitig verpflichtenden Vertrag beruht, besteht stets auch eine rechtliche **(Außen-)Verpflichtung**, der sich die Vertragspartner nicht entziehen können. Während ein Vertragspartner bspw. die Verpflichtung hat, zu einem festgelegten künftigen Zeitpunkt den Kaufpreis zu zahlen, hat der andere Vertragspartner die Verpflichtung, den entsprechenden Basiswert (z. B. eine festgelegt Menge an Weizen) zu liefern.[97] Kriterium (1) der abstrakten Passiervierungsfähigkeit ist somit bei derivativen Finanzinstrumenten erfüllt. Allerdings ist Kriterium (2) der abstrakten Passivierungsfähigkeit nicht erfüllt, da zu Beginn des Schwebezustands keine **wirtschaftliche Belastung** aus der jeweiligen Verpflichtung entsteht. Denn mit der Verpflichtung aus dem schwebenden Geschäft ist gleichzeitig auch ein Anspruch in gleicher Höhe verbunden **(Ausgeglichenheitsvermutung)**.[98] Eine effektive Belastung besteht im Ansatzzeitpunkt daher nicht. Kriterium (3) der abstrakten Passivierungsfähigkeit ist ebenfalls nicht erfüllt, da vor Fälligkeit des derivativen Finanzinstruments die **Höhe der Verpflichtung nicht eindeutig bestimmt** werden kann. Denn die Höhe der Verpflichtung hängt von der künftigen Entwicklung des zugrunde liegenden Basiswerts ab. Da die Kriterien der abstrakten Passivierungsfähigkeit nicht kumulativ erfüllt sind, liegt keine bilanzierungsfähige Schuld bei derivativen Finanzinstrumenten vor. Aufgrund fehlender gesetzlicher Vorschriften zur Bilanzierung von derivativen Finanzinstrumenten ist eine konkrete Passivierungsfähigkeit ebenfalls nicht gegeben.[99]

---

95 Zum Ansatz von (derivativen) Finanzinstrumenten des Handelsbestands bei Kreditinstituten vgl. BRÜGGEMANN, P., Finanzinstrumente des Handelsbestands, S. 93-95.

96 Vgl. SCHWARZ, C., Derivative Finanzinstrumente und hedge accounting, S. 99.

97 Vgl. GRÜNEWALD, A., Finanzterminkontrakte, S. 106-107.

98 Vgl. BFH-Urteil vom 07.09.1954 I 50/54 U, BStBl. III 1954, S. 330; LEFFSON, U., Die Grundsätze ordnungsmäßiger Buchführung, S. 413; MOXTER, A., Bilanzrechtsprechung, S. 134 f.

99 Vgl. GRÜNEWALD, A., Finanzterminkontrakte, S. 107; HAPPE, P., Buchführung für Swapvereinbarungen, S. 61.

Als Zwischenergebnis lässt sich festhalten, dass es sich bei derivativen Finanzinstrumenten im Zeitpunkt des Vertragsschlusses (Ansatzzeitpunkt) aufgrund der Ausgeglichenheitsvermutung bei schwebenden Geschäften weder um aktivierungsfähige Vermögensgegenstände noch um passivierungsfähige Schulden handelt. Allerdings liegt zwischen dem Zeitpunkt des Vertragsabschlusses und dem Bilanzstichtag meist ein längerer Zeitraum, so dass sich zwischenzeitlich Ansprüche und Verpflichtungen nicht mehr ausgeglichen gegenüberstehen. Abhängig von der Entwicklung des zugrunde liegenden Basiswerts kann entweder ein Anspruchsüberhang (erwarteter positiver Erfolgsbeitrag) oder ein Verpflichtungsüberhang (erwarteter negativer Erfolgsbeitrag) entstehen.[100]

Der aus dem Anspruchsüberhang resultierende positive Erfolgsbeitrag, der zu einem positiven Marktwert des derivativen Finanzinstruments führt, darf aufgrund des in § 252 Abs. 1 Nr. 4 Halbsatz 2 kodifizierten **Realisationsprinzips** nicht vereinnahmt werden.[101] Ein positiver Erfolgsbeitrag aus einem schwebenden Geschäft ist nicht realisiert und erst zu vereinnahmen, wenn das Erfüllungsgeschäft abgeschlossen ist. Allerdings muss ein Verpflichtungsüberhang, der bis zum Bilanzstichtag entstanden ist und der sich aus einem negativen Marktwert des Derivats ergibt, aufgrund des in § 252 Abs. 1 Nr. 4 kodifizierten **Imparitätsprinzips** antizipiert und gem. § 249 Abs. 1 als Rückstellung für drohende Verluste aus schwebenden Geschäften passiviert werden.[102]

Als **Fazit** lässt sich demnach festhalten, dass **derivative Finanzinstrumente** als zweiseitig unerfüllte schwebende Geschäfte – mit Ausnahme von Margin- und Prämienzahlungen – erst dann und nur dann zu bilanziellen Konsequenzen führen, falls aus diesen Geschäften ein Verlust droht.

---

100 Vgl. GRÜNEWALD, A., Finanzterminkontrakte, S. 108.

101 Vgl. GRÜNEWALD, A., Finanzterminkontrakte, S. 109; ANSTETT, C. W., Financial Futures, S. 13. Eine Ausnahme bilden Finanzinstrumente des Handelsbestands bei Kreditinstituten, die gem. § 340e Abs. 3 zu bilanzieren sind.

102 Vgl. ANSTETT, C. W., Financial Futures, S. 14; BAETGE, J./KIRSCH, H.-J./THIELE, S., Bilanzen, S. 330. In diesem Zusammenhang wird darauf hingewiesen, dass beim Inhaber einer Option eine Rückstellung für drohende Verluste aus schwebenden Geschäften – im Unterschied zu den anderen derivativen Finanzinstrumenten – nicht gebildet werden muss, da es sich bei Optionen um bedingte Termingeschäfte handelt. Falls eine Option folglich einen negativen Marktwert aufweist, würde die Option bei Einzelbetrachtung nicht ausgeübt werden. Für den Optionsinhaber gehen von Optionen mit negativen Marktwerten somit keine Verlustgefahren aus, die durch das Imparitätsprinzip antizipiert werden müssten. Für den Stillhalter der Option gilt diese Aussage allerdings nicht. Vgl. hierzu auch BIEG, H., Bilanzierung und Bewertung von Optionen und Zinsbegrenzungsvereinbarungen – Teil II, S. 327.

4 Die Bildung von Bewertungseinheiten nach BilMoG

41 Wortlaut und Entstehungsgeschichte des § 254 HGB

Durch Inkrafttreten des BilMoG wurde mit § 254 erstmals eine Vorschrift zur Bilanzierung von abgesicherten Risikopositionen in das deutsche Handelsrecht eingeführt. § 254 lautet wie folgt:

> *„Werden Vermögensgegenstände, Schulden, schwebende Geschäfte oder mit hoher Wahrscheinlichkeit erwartete Transaktionen zum Ausgleich gegenläufiger Wertänderungen oder Zahlungsströme aus dem Eintritt vergleichbarer Risiken mit Finanzinstrumenten zusammengefasst (Bewertungseinheit), sind § 249 Abs. 1, § 252 Abs. 1 Nr. 3 und 4, § 253 Abs. 1 Satz 1 und § 256a in dem Umfang und für den Zeitraum nicht anzuwenden, in dem die gegenläufigen Wertänderungen oder Zahlungsströme sich ausgleichen. Als Finanzinstrumente im Sinn des Satzes 1 gelten auch Termingeschäfte über den Erwerb oder die Veräußerung von Waren."*

Zwar ist das Konzept der **Bewertungseinheit** kein neuer Lösungsansatz, um eine kompensatorische Bewertung von sich gegenseitig absichernden Geschäften i. S. e. notwendigen wirtschaftlichen Betrachtungsweise zu ermöglichen. Denn bereits vor Inkrafttreten des BilMoG wurde im Schrifttum das Konzept der Bewertungseinheiten als zweckadäquater und GoB-konformer Lösungsansatz zur Abbildung von Sicherungszusammenhängen diskutiert. Allerdings bestand hinsichtlich zahlreicher Detailfragen keine Rechtssicherheit. Neben dem zulässigen Anwendungsbereich waren bspw. die konkreten Anwendungsvoraussetzungen sowie die handelsrechtliche Abbildung von Bewertungseinheiten nicht klar geregelt. Der Gesetzgeber hat mit der neuen Vorschrift des § 254 zur Bildung von Bewertungseinheiten, der durch § 285 Nr. 23 mit zahlreichen Anhangangaben zu Bewertungseinheiten flankiert wird, versucht, diesen unbefriedigenden Rechtszustand zu beseitigen.[1]

Allerdings bleiben auch nach Inkrafttreten des BilMoG viele Detailfragen (z. B. bzgl. des Verpflichtungsgrades der Vorschrift) unbeantwortet bzw. gehen aus dem Wortlaut der Vorschrift nicht hervor. Zudem wurde der Wortlaut des § 254 im Laufe des Gesetzgebungs-

1 Vgl. BR-Drucks. 344/08 vom 23.05.2008, S. 127; BT-Drucks. 16/10067 vom 30.07.2008, S. 58; PATEK, G., Bilanzielle Implikationen, S. 1077.

verfahrens zum BilMoG erheblich geändert. Während der Gesetzgeber bspw. im Referentenentwurf zum BilMoG noch jegliche Art von Sicherungsgeschäft zulässt, sind im Regierungsentwurf nur Finanzinstrumente als Sicherungsgeschäfte zugelassen.[2] Erwartete Transaktionen mussten im Referentenentwurf noch *„mit **höchster** Wahrscheinlichkeit **vorgesehen**"* sein, dagegen spricht der Gesetzgeber im BilMoG lediglich von *„mit **hoher** Wahrscheinlichkeit **erwarteten** Transaktionen"*.[3] Bereits an diesen beiden Beispielen wird der Auslegungsbedarf der Vorschrift nochmals deutlich. In der folgenden Übersicht wird daher die Entstehungsgeschichte der Vorschrift zur Bildung von Bewertungseinheiten vom Referentenentwurf (HGB-RefE), über den Regierungsentwurf (HGB-RegE) bis zum letztendlich verabschiedeten HGB-BilMoG zusammengefasst:

2 Vgl. BT-Drucks. 16/10067 vom 30.07.2008, S. 7; HERZIG, N., Steuerliche Konsequenzen des Regierungsentwurfs zum BilMoG, S. 1343.

3 BMJ (Hrsg.), Referentenentwurf, S. 7; BT-Drucks. 16/10067 vom 30.07.2008, S. 7 sowie auch HERZIG, N., Steuerliche Konsequenzen des Regierungsentwurfs zum BilMoG, S. 1343; ARBEITSKREIS „EXTERNE UND INTERNE ÜBERWACHUNG DER UNTERNEHMUNG", Stellungnahme zu dem Referentenentwurf des BilMoG, S. 996.

HGB a. F.	HGB-RefE	HGB-RegE	HGB-BilMoG
	§ 254 Bildung von Bewertungseinheiten	**§ 254 Bildung von Bewertungseinheiten**	**§ 254 Bildung von Bewertungseinheiten**
Die Bildung von Bewertungseinheiten war vor Inkrafttreten des BilMoG gesetzlich nicht kodifiziert und erfolgte auf Basis einer zweckkonformen Auslegung der GoB. *Vor Inkrafttreten des BilMoG waren in § 254 die steuerrechtlichen Abschreibungen geregelt, die durch das BilMoG aufgehoben wurden.*	Werden Vermögensgegenstände, Schulden, schwebende Geschäfte oder mit höchster Wahrscheinlichkeit vorgesehene Transaktionen zum Ausgleich gegenläufiger Wertänderungen oder Zahlungsströme aus vergleichbaren Risiken nachweislich zusammengefasst (Bewertungseinheit), sind die §§ 249 und 253 nicht anzuwenden, soweit die gegenläufigen Wertänderungen oder Zahlungsströme sich aufheben.	Werden Vermögensgegenstände, Schulden, schwebende Geschäfte oder mit hoher Wahrscheinlichkeit vorgesehene Transaktionen zur Absicherung von Zins-, Währungs- und Ausfallrisiken oder gleichartiger Risiken mit Finanzinstrumenten zusammengefasst (Bewertungseinheit), sind § 249 Abs. 1, § 252 Abs. 1 Nr. 3 und 4, § 253 Abs. 1 Satz 1 und § 256a nicht anzuwenden, soweit der Eintritt der abgesicherten Risiken ausgeschlossen ist.	Werden Vermögensgegenstände, Schulden, schwebende Geschäfte oder mit hoher Wahrscheinlichkeit erwartete Transaktionen zum Ausgleich gegenläufiger Wertänderungen oder Zahlungsströme aus dem Eintritt vergleichbarer Risiken mit Finanzinstrumenten zusammengefasst (Bewertungseinheit), sind § 249 Abs. 1, § 252 Abs. 1 Nr. 3 und 4, § 253 Abs. 1 Satz 1 und § 256a in dem Umfang und für den Zeitraum nicht anzuwenden, in dem die gegenläufigen Wertänderungen oder Zahlungsströme sich ausgleichen. Als Finanzinstrumente im Sinn des Satzes 1 gelten auch Termingeschäfte über den Erwerb oder die Veräußerung von Waren.

Übersicht 4-1: *Entstehungsgeschichte des § 254 im Gesetzgebungsverfahren zum BilMoG*

Da der in § 254 vom Gesetzgeber verwendete Begriff „**Bewertungseinheit**“ sich ausschließlich auf die Absicherung von Risikopositionen bezieht und sich von der „klassischen“ Bewertungseinheit – in der vorliegenden Untersuchung als „**Bewertungsobjekteinheit**“ bezeichnet – unterscheidet, wird im folgenden Abschnitt zunächst der Grund für die begriffliche Differenzierung erläutert und anschließend werden beide Begriffe voneinander abgegrenzt.

42 Die Abgrenzung des Bewertungsobjekts

421. Vorbemerkungen

Grundlage für die **Abgrenzung des Bewertungsobjekts**, auf das sämtliche handelsrechtlichen Bewertungsvorschriften anzuwenden sind, ist der **Grundsatz der Einzelbewertung** (§ 252 Abs. 1 Nr. 3).[4] Dieser Grundsatz verlangt nämlich, dass sämtliche *„Vermögensgegenstände und Schulden zum Abschlussstichtag einzeln zu bewerten [sind]."*[5] Obwohl schwebende Geschäfte nicht explizit im Gesetz genannt werden, ist dieser Grundsatz nach der im Schrifttum vertretenen Auffassung auch auf solche Geschäfte anzuwenden.[6] Der Grundsatz der Einzelbewertung trägt dadurch erheblich zur **Objektivierung** der Rechnungslegung bei, weil im Gegensatz zur Gesamtbewertung auf eine additive, von Verbundeffekten und subjektiven Schätzungen nahezu befreite Vermögensermittlung zurückgegriffen wird.[7] Die Einzelbewertung zielt im Wesentlichen darauf ab, eine Verrechnung von Wertminderungen des einen Bewertungsobjekts mit Werterhöhungen des anderen Bewertungsobjekts zu verhindern, und soll daher neben der Veröffentlichung von objektiven Informationen sowohl der **Rechenschaft** als auch der **Kapitalerhaltung** dienen.[8]

Dem Grundsatz der Einzelbewertung folgend ist also jeder Vermögensgegenstand und jede Schuld als ein separat zu bewertendes Objekt anzusehen. Allerdings wäre eine vollständige Atomisierung von Vermögensgegenständen und Schulden stets mit einem unverhältnismäßig hohen Aufwand für den Bilanzierenden verbunden. So setzen sich Vermögensgegen-

4 Vgl. BALLWIESER, W., in: Beck HdR, Abschnitt B 105, Rn. 58; SELCHERT, F. W., in: Küting/Weber/Pfitzer, HdR, 5. Aufl., § 252 HGB, Rn. 61.

5 Einfügungen durch den Verfasser.

6 Vgl. BALLWIESER, W., in: Beck HdR, Abschnitt B 105, Rn. 57; ANSTETT, C. W./HUSMANN, R., Bewertungseinheiten bei Derivatgeschäften, S. 1524; MAURITZ, P., Bilanzierung derivativer Finanzinstrumente, S. 27; SCHARPF, P./LUZ, G., Finanzderivate, S. 231.

7 Vgl. BAETGE, J., Objektivierung, S. 16; KUPSCH, P. U., Zum Verhältnis von Einzelbewertungsprinzip und Imparitätsprinzip, S. 341; ANSTETT, C. W./HUSMANN, R., Bewertungseinheiten bei Derivatgeschäften, S. 1524; BAETGE, J./HAPPE, P., Risikomanagement und Bankenpublizität, S. 22; ROLAND, H., Der Begriff des Vermögensgegenstandes, S. 83; BAETGE, J./KIRSCH, H.-J./THIELE, S., Bilanzen, S. 125.

8 Vgl. BENNE, J., Einzelbewertung und Bewertungseinheit, S. 2601; KUPSCH, P. U., Zum Verhältnis von Einzelbewertungsprinzip und Imparitätsprinzip, S. 341; GRÜNEWALD, A., Finanzterminkontrakte, S. 199. Der Rechenschaftszweck und der Kapitalerhaltungszweck sind neben dem Dokumentationszweck gleichgewichtige Zwecke des handelsrechtlichen Jahresabschlusses. Vgl. hierzu ausführlich BAETGE, J., Bilanzen, 1. Aufl., S. 26-66; BAETGE, J./KIRSCH, H.-J./THIELE, S., Bilanzen, S. 91-145 sowie Abschnitt 33.

stände zumeist aus anderen (kleineren) Vermögensgegenständen zusammen. Vor Inkrafttreten des BilMoG war der Begriff „Bewertungseinheit“ daher eher im Zusammenhang mit der Abgrenzung von einheitlich zu bewertenden Vermögensgegenständen geläufig. Das Konzept zur Abgrenzung von einheitlich zu bewertenden Vermögensgegenständen wird in der vorliegenden Untersuchung allerdings nicht als „Bewertungseinheit“, sondern als „**Bewertungsobjekteinheit**“[9] bezeichnet. Der Begriff „**Bewertungseinheit**“[10] wird dem Wortlaut des § 254 folgend stets im Zusammenhang mit der Abgrenzung des Bewertungsobjekts im Rahmen der Risikoabsicherung verwendet. Obgleich beide Konzeptionen ihren **gemeinsamen Ausgangspunkt im Einzelbewertungsgrundsatz haben**, regeln beide Konzepte dennoch unterschiedliche Sachverhalte, was eine Differenzierung beider Begrifflichkeiten notwendig macht.[11] Denn bei einer Bewertungseinheit i. S. d. § 254 werden entgegen der Konzeption der Bewertungsobjekteinheit nicht einzelne Vermögensgegenstände zu einem größeren Vermögensgegenstand, sondern völlig unterschiedliche Positionen, die als Aktiva, als Passiva oder überhaupt nicht in der Bilanz ausgewiesen werden, für Bewertungszwecke zusammengefasst.

422. Bewertungsobjekteinheiten

Während die Abgrenzung einer einheitlich zu bewertenden Schuld in der Bilanzierungspraxis i. d. R. keine Schwierigkeiten bereitet, stellt sich bei Vermögensgegenständen oftmals die Frage, was überhaupt als Vermögensgegenstand anzusehen und damit als eine Einheit zu bewerten ist.[12] Häufig ist nämlich zweifelhaft, ob ein einheitlicher Vermögensgegenstand

9 Im Schrifttum existieren im Zusammenhang mit der Abgrenzung von Vermögensgegenständen als Synonym zu dem Begriff „Bewertungsobjekteinheit“ auch die Begriffe „Bewertungseinheit i. e. S.“ (vgl. z. B. NAUMANN, T., Bewertungseinheiten, S. 50) und die „Vermögensgegenstandeinheit“ (vgl. z. B. KRUMNOW, J./SPRIẞLER, W./BELLAVITE-HÖVERMANN, Y., Rechnungslegung der Kreditinstitute, § 340e HGB, Rn. 105).

10 Im Schrifttum existieren im Zusammenhang mit der Abgrenzung von Geschäften, die in einem Sicherungszusammenhang stehen, auch die Begriffe „Bewertungseinheit i. w. S.“ (vgl. NAUMANN, T., Bewertungseinheiten, S. 53-54), „kompensatorische Bewertung“ (vgl. KUPSCH, P. U., Zum Verhältnis von Einzelbewertungsprinzip und Imparitätsprinzip, S. 342 und S. 350) oder „Bewertungsfunktionale Einheit“ (vgl. GLANEGGER, P., Bewertungseinheit und einheitliches Wirtschaftsgut, S. 147).

11 Vgl. BALLWIESER, W., in: Beck HdR, Abschnitt B 105, Rn. 58; SELCHERT, F. W., in: Küting/Weber/Pfitzer, HdR, 5. Aufl., § 252 HGB, Rn. 61.

12 Vgl. OESTREICHER, A., Zinsterminkontrakte, S. 249 f.; SELCHERT, F. W., in: Küting/Weber/Pfitzer, HdR, 5. Aufl., § 252 HGB, Rn. 65; GLANEGGER, P., Bewertungseinheit und einheitliches

oder eine Mehrzahl von verschiedenen Vermögensgegenständen vorliegt, da nahezu alle Vermögensgegenstände „zusammengesetzte Vermögensgegenstände" darstellen.[13] Das folgende Beispiel soll diesen Zusammenhang veranschaulichen:[14]

> Während der Außenspiegel eines Kraftfahrzeugs beim Hersteller des Spiegels ein einzelner Vermögensgegenstand und damit eine Bilanzierungsobjekteinheit darstellt, ist der Außenspiegel beim Fahrzeughersteller so lange einzeln als Vermögensgegenstand zu bilanzieren, bis das Fahrzeug fertiggestellt ist. Ab diesem Zeitpunkt ist der Außenspiegel Teil der größeren Einheit, also der Bewertungsobjekteinheit „Fahrzeug" geworden und hat damit seine Eigenschaft als einheitlicher Vermögensgegenstand verloren.

Aufgrund fehlender gesetzlicher Regelungen stellt sich für den Bilanzierenden allerdings die Frage, nach welchen Kriterien das Bewertungsobjekt abzugrenzen ist.[15] In der Finanzrechtsprechung und im Schrifttum wurde deswegen das Kriterium des **„einheitlichen Nutzen- und Funktionszusammenhangs"** erarbeitet, wonach das Bewertungsobjekt nicht nach zivilrechtlichen, sondern nach wirtschaftlichen Aspekten abzugrenzen ist.[16] Danach werden Vermögensgegenstände zu einer sog. **Bewertungsobjekteinheit** zusammengefasst, bei denen es wirtschaftlich nicht sinnvoll oder möglich ist, sie einzeln zu betrachten.[17] Allerdings ist das Kriterium des „einheitlichen Nutzen- und Funktionszusammenhangs" abhängig vom bilanzierenden Unternehmen zu beurteilen. Sofern nämlich die Objekteinheit „Außenspiegel" des obigen Beispiels der Nutzung der nächstgrößeren Einheit „Fahrzeug" dient, gehört

Wirtschaftsgut, S. 145-160; WIEDMANN, H., Bewertungseinheit und Realisationsprinzip, S. 101; BENNE, J., Die Bedeutung von Gewinnerwartungen aus schwebenden Geschäften, S. 1653.

13 Vgl. WIEDMANN, H., Die Bewertungseinheit im Handelsrecht, S. 455 f.

14 In Anlehnung an WICHMANN, G., Der Vermögensgegenstand als Bilanzierungsobjekt, S. 193.

15 Vgl. SELCHERT, F. W., in: Küting/Weber/Pfitzer, HdR, 5. Aufl., § 252 HGB, Rn. 65.

16 Zum Kriterium des „einheitlichen Nutzen- und Funktionszusammenhangs" vgl. BFH vom 26.11.1973, GrS 5/71, BStBl. II 1974, S. 136; BFH vom 15.12.1977, VIII R 121/73, BStBl. II 1978, S. 210-211; BFH vom 28.09.1990, III R 178/86, BStBl. II 1991, S. 187 sowie KUPSCH, P. U., Zum Verhältnis von Einzelbewertungsprinzip und Imparitätsprinzip, S. 343; WIEDMANN, H., Bewertungseinheit und Realisationsprinzip, S. 102; BAETGE, J./ZIESEMER, S., in: Baetge/Kirsch/Thiele, § 252 HGB, Rn. 120; SELCHERT, F. W., in: Küting/Weber/Pfitzer, HdR, 5. Aufl., § 252 HGB, Rn. 66-68; BALLWIESER, W., in: Beck HdR, Abschnitt B 105, Rn. 58; ANSTETT, C. W./HUSMANN, R., Bewertungseinheiten bei Derivatgeschäften, S. 1523; BENNE, J., Einzelbewertung und Bewertungseinheit, S. 1654.

17 Vgl. TÖNNIES, M./SCHIERSMANN, B., Die Zulässigkeit von Bewertungseinheiten (Teil 1), S. 714; BARCKOW, A., Sicherungsbeziehungen, S. 81.

der Gegenstand zur Bewertungsobjekteinheit „Fahrzeug".[18] Das Realisationsprinzip hilft bei dieser Abgrenzung. So ist es konsequent, die für die Unternehmen **üblichen Absatzeinheiten** als Bewertungsobjekteinheiten zu verwenden, da Erfolgsbeiträge bilanzrechtlich erst mit Lieferung dieser Objekte realisiert werden.[19] Danach ist ein Gut als Bewertungsobjekteinheit anzusehen, welches in der **nächstfolgenden** Produktionsstufe eines Unternehmens zusammenhängend weiterverarbeitet wird.[20] Wird dies auf das obige Beispiel übertragen, ist der Außenspiegel beim Spiegelhersteller als Bewertungsobjekteinheit anzusehen, während der Außenspiegel beim Fahrzeughersteller nur so lange als eigenständige Bewertungsobjekteinheit anzusehen ist, bis der Außenspiegel in der Produktion mit der nächstfolgenden Produktionsstufe „Fahrzeug" zu einer neuen Bewertungsobjekteinheit „verschmilzt".[21]

423. Bewertungseinheiten

Unter dem Begriff **„Bewertungseinheit"** wird nach § 254 die Zusammenfassung von Positionen verstanden, die sich in einem Sicherungszusammenhang befinden. Im Unterschied zu Bewertungsobjekteinheiten werden bei **Bewertungseinheiten** grundsätzlich getrennt zu bilanzierende Vermögensgegenstände, Schulden oder schwebende Geschäfte **wirtschaftlich** miteinander verknüpft, um eine kompensatorische Bewertung von sich gegenseitig absichernden Positionen zu ermöglichen.[22] Der Grundsatz der Einzelbewertung wird demnach nicht auf das rechtlich abgegrenzte Bewertungsobjekt angewendet, sondern der notwendigen wirtschaftlichen Betrachtungsweise folgend auf den abgegrenzten Sicherungszusammenhang.[23] Denn eine überstrenge Interpretation des Einzelbewertungsgrundsatzes würde bei sich gegenseitig absichernden Geschäften i. V. m. dem Realisations- und Impari-

18 Vgl. WIEDMANN, H., Bewertungseinheit und Realisationsprinzip, S. 102.

19 Vgl. BALLWIESER, W., in: Beck HdR, Abschnitt B 105, Rn. 58.

20 Vgl. WICHMANN, G., Der Vermögensgegenstand als Bilanzierungsobjekt, S. 193; JÜTTNER, U., GoB-System, S. 126.

21 Vgl. WICHMANN, G., Der Vermögensgegenstand als Bilanzierungsobjekt, S. 193.

22 Vgl. HERZIG, N./MAURITZ, P., Micro-Hedges, Macro-Hedges und Portfolio-Hedges, S. 144; PRAHL, R./NAUMANN, T., Die Bewertungseinheit am Bilanzstichtag, S. 2; ANSTETT, C. W./HUSMANN, R., Bewertungseinheiten bei Derivatgeschäften, S. 1523; TÖNNIES, M./SCHIERSMANN, B., Die Zulässigkeit von Bewertungseinheiten (Teil 1), S. 714.

23 Vgl. ANSTETT, C. W./HUSMANN, R., Bewertungseinheiten bei Derivatgeschäften, S. 1523; HENNRICHS, J., Bewertungseinheiten bei Auslandsbeteiligungen, S. 1193.

tätsprinzip zu einer verzerrten Darstellung der Vermögens-, Finanz- und Ertragslage führen.[24] Das folgende Beispiel soll dies verdeutlichen:

> Ein Unternehmen weist am Bilanzstichtag eine Fremdwährungsforderung aus dem Verkauf einer Ware in Höhe von 100 USD aus, die erst in einem halben Jahr fällig ist. Die Ware wurde im November 20X1 verkauft. Um Fremdwährungsrisiken aus der Fremdwährungsforderung auszuschließen, geht das Unternehmen ein zusätzliches Geschäft – ein Sicherungsgeschäft – ein, das die USD-Forderung per Termin zu einem aktuell gültigen Wechselkurs verkauft (sog. Währungsfuture). Ohne das Sicherungsgeschäft würde das Unternehmen bei einem gesunkenen EUR/USD Kurs am Bilanzstichtag weniger EUR für die 100 USD bekommen als zum Verkaufszeitpunkt. Die Forderung müsste auf Grundlage des in § 252 Abs. 1 Nr. 4 kodifizierten **Imparitätsprinzips** abgewertet und die Verlustgefahr dadurch antizipiert werden. Durch das Sicherungsgeschäft wird die Verlustgefahr faktisch eliminiert, da sich das Unternehmen den ursprünglich hohen Wechselkurs sichert. Der Währungsfuture ist daher in seinem Wert gestiegen. Eine (zu) strenge Interpretation des Einzelbewertungsgrundsatzes würde dazu führen, dass eine außerplanmäßige Abschreibung der Forderung auf Grundlage des Imparitätsprinzips vorgenommen würde, während der noch nicht realisierte Gewinn aus dem gestiegenen Marktpreis des Sicherungsgeschäfts auf Grundlage des in § 252 Abs. 1 Nr. 4 Halbsatz 2 kodifizierten **Realisationsprinzips** nicht vereinnahmt werden dürfte. Das Unternehmen müsste also – obwohl die Verlustgefahren durch das Kurssicherungsgeschäft vollständig eliminiert sind – Verluste ausweisen.

Das Beispiel verdeutlicht, dass – ohne Bildung einer Bewertungseinheit – die faktisch reduzierte bzw. im Grenzfall gänzlich ausgeschaltete Risikoposition **wirtschaftlich** betrachtet nicht korrekt abgebildet würde.[25] Denn eine (zu) strenge, d. h. auf ein rechtlich abgegrenztes Bewertungsobjekt abgestellte imparitätische Einzelbewertung würde bei sich gegenseitig absichernden Geschäften zu dem der **Rechenschaft widersprechenden und für die Kapital-**

24 Vgl. ARBEITSKREIS „EXTERNE UNTERNEHMENSRECHNUNG", Bilanzierung von Finanzinstrumenten, S. 637 f.; HERZIG, N./MAURITZ, P., Ökonomische Analyse von Konzepten zur Bildung von Bewertungseinheiten, S. 99; SCHARPF, P., Derivative Finanzinstrumente im Jahresabschluss, S. 186; KUHNER, C., in: Baetge/Kirsch/Thiele, § 246 HGB, Rn. 865 f.

25 Vgl. HERZIG, N./MAURITZ, P., Micro-Hedges, Macro-Hedges und Portfolio-Hedges, S. 142; MENICHETTI, M. J./FRANKE, G., Terminkontrakte und Optionen, S, 193-209.

erhaltung nicht erforderlichen Ergebnis führen, dass bei jeder Änderung von Grund- und Sicherungsgeschäft negative Erfolgsbeiträge zu antizipieren wären, obwohl die Verluste bei abgesicherten Positionen nicht eintreten können.[26] Eine überstrenge Interpretation des Einzelbewertungsgrundsatzes ist folglich nicht mit dem Konzept der **Interessenregelung** vereinbar, wonach der Jahresabschluss durch die ausgewogene Gewichtung der Jahresabschlusszwecke einem relativierten Schutz **aller** Adressaten dienen soll.[27] Bei einer (zu) strengen imparitätischen Einzelbewertung würde nämlich die Kapitalerhaltung zulasten der Rechenschaft übergewichtet, da der **ausschüttungsfähige Gewinn** um abgesicherte, d. h. faktisch ausgeschaltete Verlustgefahren reduziert werden würde. Da der Einzelbewertungsgrundsatz als Systemgrundsatz aber den (gleichrangigen) **Jahresabschlusszwecken dienen soll**, lässt sich eine solche überstrenge, d. h. ausschließlich am Wortlaut des § 252 Abs. 1 Nr. 3 orientierte Interpretation hermeneutisch nicht rechtfertigen.[28] Dem Wortlaut des § 252 Abs. 1 Nr. 3 folgend sind nämlich „nur" Vermögensgegenstände und Schulden einzeln zu bewerten. Eine Bewertungseinheit, in der Vermögensgegenstände, Schulden, schwebende Geschäfte und sogar erwartete Transaktionen für Bewertungszwecke zu einem eigenständigen Bewertungsobjekt zusammengefasst werden, geht folglich über den Wortlaut des kodifizierten Einzelbewertungsgrundsatzes hinaus. Bei Sicherungszusammenhängen ist allerdings eine **wirtschaftliche und über den Wortlaut des § 253 Abs. 1 Nr. 3 hinausgehende Interpretation des Einzelbewertungsgrundsatzes zwingend erforderlich, um den handelsrechtlichen Jahresabschlusszwecken i. S. e. Interessenregelung zu genügen.** Ansonsten wäre die Unternehmensführung dazu verleitet, bei schlechter Ertragslage auf eine wirtschaftlich sinnvolle Absicherung zu verzichten, um einen den tatsächlichen Verhältnissen widersprechenden und für die Kapitalerhaltung nicht erforderlichen Verlustausweis zu vermeiden.[29]

---

26 So z. B. BENNE, J., Einzelbewertung und Bewertungseinheit, S. 1655; BECKMANN, R., Zur Bilanzierung bei Kurssicherung durch Termingeschäfte, S. 387. Verfechter einer strengen Auslegung des Einzelbewertungsgrundsatzes vor Inkrafttreten des BilMoG sind z. B. GEBHARDT, G./BREKER, N., Fremdwährungstransaktionen, S. 339; HARTUNG, W., Zur Bilanzierung bei Kurssicherung, S. 363 f.

27 Vgl. BAETGE, J., Rechnungslegungszwecke, S. 21-30; BAETGE, J., Bilanzen, 1. Aufl., S. 37; BAETGE, J./KIRSCH, H.-J./THIELE, S., Bilanzen, S. 102; BAETGE, J./THIELE, S., Gesellschafterschutz versus Gläubigerschutz, S. 18-20.

28 Vgl. auch SOLMECKE, H., Auswirkungen des BilMoG auf die GoB, S. 194.

29 Vgl. OESTREICHER, A., Zinsterminkontrakte, S. 244.

Festzuhalten ist, dass mit § 254 das **Ziel** verfolgt wird, eine kompensatorische Bewertung von sich gegenseitig ausgleichenden Geschäften zu ermöglichen, solange kein Verlust aus dem Sicherungszusammenhang droht. Dieses Ziel wird dadurch erreicht, dass die jeweiligen Einzelgeschäfte nicht mehr Objekt der Bewertung sind, sondern die aus den Einzelgeschäften gebildete Bewertungseinheit.[30] Sämtliche handelsrechtlichen Bewertungsvorschriften, wie das Imparitätsprinzip oder das Realisationsprinzip, sind daher nicht mehr auf die jeweiligen Einzelgeschäfte, sondern vielmehr auf die gebildete Bewertungseinheit anzuwenden. Entgegen der z. T. in der Literatur[31] vertretenen Auffassung stellt die Bildung von verlustfreien Bewertungseinheiten folglich keine Ausnahme vom Einzelbewertungsgrundsatz gem. § 252 Abs. 2 dar, sondern diese ergibt sich (auch vor Inkrafttreten des BilMoG) **zwingend aus einer zweckkonformen Auslegung der GoB unter Berücksichtigung der handelsrechtlichen Interessenregelung.**[32]

Klarstellend sei darauf hingewiesen, dass das Grundgeschäft und das gegenläufige Sicherungsgeschäft nur für Bewertungszwecke, d. h. **nicht bilanziell**, zu einer Bewertungseinheit zusammenzufassen sind.[33] Durch eine Bewertungseinheit nach § 254 entsteht folglich **keine neue Bewertungsobjekteinheit i. S. e. neuen Vermögensgegenstands oder einer neuen Schuld.**

43 Anwendungsbereich von Bewertungseinheiten

431. Vorbemerkungen

Nachdem der Begriff „Bewertungseinheit" i. S. d. § 254 konkretisiert und von der „klassischen" Bewertungseinheit, der „Bewertungsobjekteinheit", abgegrenzt wurde, wird im

30 Vgl. ANSTETT, C. W./HUSMANN, R., Bewertungseinheiten bei Derivatgeschäften, S. 1525; TÖNNIES, M./SCHIERSMANN, B., Die Zulässigkeit von Bewertungseinheiten (Teil 1), S. 715; STEINER, M./TEBROKE, H.-J./WALLMEIER, M., Rechnungslegung für Finanzderivate, S. 535.

31 Vgl. z. B. ADS, 6. Aufl., § 252 HGB, Rn. 105; PATEK, G., Derivative Finanzprodukte, S. 218; SCHILDBACH, T., Der handelsrechtliche Jahresabschluss, S. 202.

32 So auch SOLMECKE, H., Auswirkungen des BilMoG auf die GoB, S. 193-195; ARBEITSKREIS „EXTERNE UNTERNEHMENSRECHNUNG", Bilanzierung von Finanzinstrumenten, S. 642. Zur handelsrechtlichen Interessenregelung vgl. grundlegend BAETGE, J., Rechnungslegungszwecke, S. 21-30; BAETGE, J., Bilanzen, 1. Aufl., S. 37; BAETGE, J./THIELE, S., Gesellschafterschutz versus Gläubigerschutz, S. 18-20; BAETGE, J./KIRSCH, H.-J./THIELE, S., Bilanzen, S. 102.

33 Vgl. SELCHERT, F. W., in: Küting/Weber/Pfitzer, HdR, 5. Aufl., § 252 HGB, Rn. 70; LÖW, E., Antizipative Sicherungsgeschäfte, S. 1110; ANSTETT, C. W./HUSMANN, R., Bewertungseinheiten bei Derivatgeschäften, S. 1523.

Folgenden der **Anwendungsbereich** der neuen HGB-BilMoG Vorschrift zur Bildung von Bewertungseinheiten aus dem Wortlaut des Gesetzes und den Gesetzesmaterialien hergeleitet. In Abschnitt 432 werden dabei zunächst die zulässigen **Formen von Bewertungseinheiten** erörtert, bevor in Abschnitt 433 darauf eingegangen wird, zum Ausgleich welcher **Risikoarten** die Grund- und Sicherungsgeschäfte zu einer Bewertungseinheit zusammengefasst werden dürfen.

432. Zulässige Formen von Bewertungseinheiten

432.1 Mikro-, Portfolio-, Makro-Hedge

Hinsichtlich der zulässigen Formen von Bewertungseinheiten nach § 254 heißt es in der Begründung zum Regierungsentwurf des BilMoG:[34]

> *„Bewertungseinheiten werden in der Praxis in der Weise gebildet, dass entweder das aus einem einzelnen Grundgeschäft resultierende Risiko durch ein einzelnes Sicherungsgeschäft unmittelbar abgesichert wird (auch sog. Mikro-hedging), dass die Risiken mehrerer gleichartiger Grundgeschäfte durch ein oder mehrere Sicherungsinstrumente abgedeckt werden (auch sog. Portfolio-hedging) oder dass die risikokompensierende Wirkung ganzer Gruppen von Grundgeschäften zusammenfassend betrachtet wird (sog. Makro-hedging).* ***Mit § 254 wird weder die eine noch die andere Art von Bewertungseinheiten bevorzugt oder gar ausgeschlossen.*** *“*

Danach kommen grundsätzlich drei unterschiedliche Formen von Bewertungseinheiten in Betracht:

(1) Beim sog. **Mikro-Hedge** wird ein einzelnes, exakt bestimmbares Grundgeschäft, d. h. die entsprechende Risikoposition, durch ein exakt bestimmbares Sicherungsgeschäft abgesichert.[35] In diesem Fall ist der Sicherungszusammenhang eindeutig.

34 BR-Drucks. 344/08 vom 23.05.2008, S. 126; BT-Drucks. 16/10067 vom 30.07.2008, S. 58 (Hervorhebungen durch den Verfasser).

35 Vgl. BT-Drucks. 16/10067 vom 30.07.2008, S. 58; IDW (Hrsg.), IDW RS HFA 35, Rn. 17; ANSTETT, C. W./HUSMANN, R., Bewertungseinheiten bei Derivatgeschäften, S. 1528; SCHEFFLER, J., Hedge-Accounting, S. 57; BIEG, H., Grundlagen der Bilanzierung und Bewertung von Derivaten –

(2) Beim sog. **Portfolio-Hedge** ist hingegen die eindeutige Zuordnung von Sicherungsgeschäft und Grundgeschäft nicht mehr möglich.[36] Hiermit wird das Risiko eines ganzen Portfolios, also einer Gruppe *„gleichartiger Grundgeschäfte"*, abgesichert.[37] Wird beispielsweise das USD-Währungsrisiko sämtlicher USD-Forderungen zusammengefasst und mithilfe nur eines Devisentermingeschäfts abgesichert, kann dies als Portfolio-Hedge bezeichnet werden. Im Vergleich zum Mikro-Hedge ist diese Sicherungsform effizienter und kostengünstiger, da lediglich Nettorisiken abgesichert werden.[38] Dem Portfolio-Hedge liegt der auf MARKOWITZ zurückgehende Grundgedanke der Portfoliotheorie zugrunde.[39] Nach dem Gesetz der großen Zahlen ist das Risiko des Gesamtportfolios c. p. kleiner als die Summe der einzelnen Risikopositionen, auch wenn die Gesamtrendite des Portfolios gleich bleibt, weil sich im Portfolio drohende Verluste aus einzelnen Grundgeschäften mit möglichen Gewinnen ausgleichen.[40] Dieser Effekt ist auf die Risikodiversifikation, also den gegenseitigen Ausgleich der einzelnen Risikopositionen untereinander, zurückzuführen.[41]

(3) Beim sog. **Makro-Hedge** werden auch Nettorisiken abgesichert, allerdings werden die Risiken *„ganzer Gruppen von Grundgeschäften"*, also nicht nur die Risiken von gleichartigen Grundgeschäften, abgesichert.[42] Wird beispielsweise das USD-Währungsrisiko sämtlicher USD-Forderungen zusammengefasst und mit den Risiken sämtlicher USD-Verbindlichkeiten saldiert, ist es möglich, lediglich den Fremdwährungsüberhang, also

---

Teil II, S. 473; NGUYEN, T., Finanzderivate und Sicherungsgeschäfte, S. 41; WIESE, R., Hedge-Accounting, S. 66; BAETGE, J./KIRSCH, H.-J./THIELE, S., Bilanzen, S. 649.

36 Vgl. ANSTETT, C. W./HUSMANN, R., Bewertungseinheiten bei Derivatgeschäften, S. 1528 f.; SCHEFFLER, J., Hedge-Accounting, S. 57; HERZIG, N./MAURITZ, P., Ökonomische Analyse von Konzepten zur Bildung von Bewertungseinheiten, S. 101; BAETGE, J./KIRSCH, H.-J./THIELE, S., Bilanzen, S. 649.

37 Vgl. BR-Drucks. 344/08 vom 23.05.2008, S. 126; IDW (Hrsg.), IDW RS HFA 35, Rn. 18.

38 Vgl. NGUYEN, T., Finanzderivate und Sicherungsgeschäfte, S. 42.

39 Vgl. MARKOWITZ, H. M., Portfolio Selection, S. 77-91.

40 Das „Gesetz der großen Zahlen" geht auf JAKOB BERNOULLI zurück (1654-1705). Vgl. auch LAUX, H., Entscheidungstheorie, S. 147 f.; MOSLER, K./SCHMID, F., Wahrscheinlichkeitsrechnung und schließende Statistik, S. 153-155.

41 Vgl. MARKOWITZ, H. M., Portfolio Selection, S. 77-91; LÖW, E., Antizipative Sicherungsgeschäfte, S. 1112.

42 Vgl. BR-Drucks. 344/08 vom 23.05.2008, S. 126; IDW (Hrsg.), IDW RS HFA 35, Rn. 19.

die Nettorisikoposition, mit einem Sicherungsgeschäft abzusichern.[43] Denn die Währungsrisiken von USD-Forderungen und USD-Verbindlichkeiten mit ähnlicher Laufzeit gleichen sich in dem Umfang aus, in dem sich gleich hohe Beträge gegenüberstehen.

Da vor Inkrafttreten des BilMoG keine gesetzlichen Vorschriften zur Bildung von Bewertungseinheiten existierten, ergaben sich diese aus einer Zweck- und GoB-konformen Auslegung der GoB.[44] Allerdings existierten sowohl unterschiedliche Auslegungsergebnisse als auch unterschiedliche Abgrenzungen in der Literatur, sodass Makro- und Portfolio-Hedges vor Inkrafttreten des BilMoG nicht einheitlich voneinander abgegrenzt werden konnten. Insofern hat der Gesetzgeber hinsichtlich der Abgrenzung dieser Geschäfte Rechtssicherheit geschaffen, die positiv zu bewerten ist.[45] Der Anwendungsbereich ist allerdings deutlich weiter als vor Inkrafttreten des BilMoG. Denn **für Industrie- und Handelsunternehmen** wurde nach HGB a. F. im Schrifttum nur die einfachste Form der Bewertungseinheit, der **Mikro-Hedge**, als zulässig erachtet, da Grund- und Sicherungsgeschäft nur in diesem Fall eindeutig zugeordnet werden können.[46] Eine paarweise Zuordnung von Grund- und Sicherungsgeschäft ist allerdings bei Versicherungen und Kreditinstituten aufgrund der Anzahl der zu sichernden Grundgeschäfte und der Art der Risikosteuerung nicht möglich.[47] **Makro-** und **Portfolio-Hedges** waren daher vor Inkrafttreten des BilMoG **ausschließlich für diese Branchen zugelassen.**[48] Da § 254 allerdings für alle Unternehmen, d. h. unabhängig von Branche, Rechtsform und Unternehmensgröße,

43 Vgl. ARBEITSKREIS „EXTERNE UNTERNEHMENSRECHNUNG“, Bilanzierung von Finanzinstrumenten, S. 638.

44 Vgl. z. B. SOLMECKE, H., Auswirkungen des BilMoG auf die GoB, S. 193-195; ARBEITSKREIS „EXTERNE UNTERNEHMENSRECHNUNG“, Bilanzierung von Finanzinstrumenten. S. 642.

45 Vgl. SCHARPF, P., in: Küting/Weber/Pfitzer, HdR, 5. Aufl., § 254 HGB, Rn. 30-32; LÖW, E./TORABIAN, F., Auswirkungen des Entwurfs des BilMoG auf die Bilanzierung von Finanzinstrumenten, S. 612.

46 Vgl. ADS, 6. Aufl., § 246 HGB, Rn. 363; LÖW, E./SCHARPF, P./WEIGEL, W., Auswirkungen des Regierungsentwurfs des BilMoG auf die Bilanzierung von Finanzinstrumenten, S. 1017; PFITZER, N./SCHARPF, P./SCHABER, M., Voraussetzungen für die Bildung von Bewertungseinheiten (Teil 1), S. 675; PRAHL, R., Bilanzierung von Financial Instruments, S. 215-216.

47 Vgl. LÖW, E./SCHARPF, P./WEIGEL, W., Auswirkungen des Regierungsentwurfs des BilMoG auf die Bilanzierung von Finanzinstrumenten, S. 1017.

48 Vgl. PFITZER, N./SCHARPF, P./SCHABER, M., Voraussetzungen für die Bildung von Bewertungseinheiten (Teil 1), S. 675; LÖW, E./SCHARPF, P./WEIGEL, W., Auswirkungen des Regierungsentwurfs des BilMoG auf die Bilanzierung von Finanzinstrumenten, S. 1017.

gilt, lässt der Gesetzgeber des BilMoG nunmehr auch Makro- und Portfolio-Hedges bei Industrie- und Handelsunternehmen zu.[49] Allerdings ist die Begründung des Gesetzgebers zum Regierungsentwurf des BilMoG dazu nicht ganz passend. Denn darin heißt es:[50]

> *„Die Neufassung des § 254 HGB dient der gesetzlichen Verankerung der im Schrifttum als Grundsätze ordnungsmäßiger Bilanzierung eingestuften bilanziellen Abbildung von Bewertungseinheiten.* ***Änderungen der bisherigen Bilanzierungspraxis sollen mit der Vorschrift** [...] **nicht einhergehen.**"*

Diese Aussage würde bedeuten, dass für Industrie- und Handelsunternehmen lediglich Mikro-Hedges zugelassen wären, während für Versicherungen und Kreditinstitute auch Makro- und Portfolio-Hedges in Betracht kommen würden. Dies entspricht indes nicht der neuen Regelung des § 254 HGB-BilMoG, auch wenn die Bilanzierung von Makro- und Portfolio-Hedges bei Versicherungen und Kreditinstituten nicht so problematisch ist. Denn im Unterschied zu Industrie- und Handelsunternehmen sind Versicherungen und Kreditinstitute verpflichtet, ein umfangreicheres Risikomanagementsystem zu implementieren als Industrie- und Handelsunternehmen, das zudem gewissen Mindestanforderungen entsprechen muss. Diese Anforderungen an das Risikomanagement werden bei Kreditinstituten und Versicherungen durch die „Mindestanforderungen an das Risikomanagement" (MaRisk[51]) konkretisiert und durch die Bundesanstalt für Finanzdienstleistungsaufsicht (BaFin) kontrolliert.[52] Durch diese Mindestanforderungen wird gewährleistet, dass alle Risiken der zu sichernden Grundgeschäfte zum einen ständig kontrolliert werden können und zum anderen im Sinne einer sog. dynamischen Absicherungsstrategie[53] alle nötigen Gegen-

---

49 So auch BIEKER, M., Die Bewertungskonzeption des BilMoG.

50 BR-Drucks. 344/08 vom 23.05.2008, S. 124; BT-Drucks. 16/10067 vom 30.07.2008, S. 57 (Hervorhebungen und Auslassungen durch den Verfasser).

51 Die Mindestanforderungen an das Risikomanagement (MaRisk) sind verbindliche Vorgaben der Bundesanstalt für Finanzdienstleistungsaufsicht (BaFin) zur Ausgestaltung des Risikomanagements in deutschen Kreditinstituten und Versicherungen. Die Vorgaben für Kreditinstitute (MaRisk (BA)) wurden von der BaFin erstmals mit Rundschreiben 18/2005 vom 20. Dezember 2005 veröffentlicht und zuletzt am 15. Dezember 2010 durch das Rundschreiben 11/2010 geändert. Die Vorgaben für Versicherungen (MaRisk(VA)) wurden am 22. Januar 2009 im Rahmen des Rundschreibens 3/2009 veröffentlicht.

52 Eine Übersicht der MaRisk geben z. B. HANNEMANN, R./SCHNEIDER, A./HANENBERG, L., MaRisk; FÜSER, K./WEBER, M., MaRisk.

53 Von einer **dynamischen Absicherungsstrategie** wird gesprochen, wenn ein Ausgleich von Risiken und Chancen nur erreicht werden kann, sofern die Sicherungsinstrumente bzw. deren relative Gewichtung ständig an die veränderten Marktbedingungen angepasst werden, indem bspw. zusätzliche

maßnahmen ergriffen werden können, um Verlustgefahren auszuschließen oder zumindest zu reduzieren.[54] Diese (Mindest-)Anforderungen und Kontrollen existieren bei Industrie- und Handelsunternehmen allerdings nicht. Insofern ist es fraglich, ob Bewertungseinheiten überhaupt für Portfolio-Hedges und Makro-Hedges bei Industrie- und Handelsunternehmen gebildet werden dürfen. Da ein funktionierendes Risikomanagementsystem eine zwingend zu erfüllende Voraussetzung zur Bildung von Bewertungseinheiten bei Portfolio- und Makro-Hedges darstellt, wird zur Beantwortung der Frage auf Abschnitt 457.2 der Untersuchung verwiesen.

432.2 Antizipative Hedges

Neben den zuvor beschriebenen Formen von Bewertungseinheiten lässt der Gesetzgeber die Bildung von Bewertungseinheiten auch bei sog. **antizipativen Hedges** zu.[55] Von antizipativen Hedges wird gesprochen, wenn noch nicht kontrahierte Grundgeschäfte gegen Risiken abgesichert werden.[56] Denn in § 254 heißt es:[57]

> *„Werden [...] mit **hoher Wahrscheinlichkeit erwartete Transaktionen** [...] mit Finanzinstrumenten zusammengefasst (Bewertungseinheit) [...].“*

Erwartete Transaktionen als Gegenstand von Sicherungsbeziehungen wurden durch das BilMoG erstmalig in das HGB eingeführt und zeichnen sich dadurch aus, dass den Grundgeschäften – im Unterschied zu schwebenden Geschäften – keine abgeschlossenen Rechtsgeschäfte zugrunde liegen und sie somit erst in Zukunft zu Anschaffungskosten füh-

Sicherungsinstrumente abgeschlossen werden. Die dynamische Absicherungsstrategie ist eine typische Sicherungsform von Portfolio- und Makro-Hedges, da sich die Nettorisikoposition eines zu sichernden Portfolios im Laufe der Zeit ändert, bspw. weil neue (Grund-)Geschäfte abgeschlossen werden oder ursprünglich vorhandene und gesicherte Positionen veräußert oder fällig werden. Daher ist es in diesem Fall zwingend erforderlich, die Absicherungswirkung, d. h. die Höhe der Nettorisikoposition, regelmäßig zu prüfen und ggf. Anpassungen vorzunehmen. Vgl. MENICHETTI, M. J./FRANKE, G., Terminkontrakte und Optionen, S. 204; BRACKERT, G./PRAHL, R./NAUMANN, T., Risikosteuerung, S. 550.

54 Vgl. BRACKERT, G./PRAHL, R./NAUMANN, T., Risikosteuerung, S. 550.

55 Vgl. z. B. SOLMECKE, H., Auswirkungen des BilMoG auf die GoB, S. 91; IDW (Hrsg.), IDW RS HFA 35, Rn. 24.

56 Vgl. BARCKOW, A., Sicherungsbeziehungen, S. 29; BRECKHEIMER, I., Die steuerbilanzielle Behandlung von Sicherungsbeziehungen, S. 77.

57 Auslassungen und Hervorhebungen durch den Verfasser.

ren bzw. realisiert werden (können).[58] Da sich diese Formen von Bewertungseinheiten auf künftige Geschäfte beziehen, werden sie auch als antizipative Hedges bezeichnet.[59] Anders als bei bereits bestehenden Rechtsgeschäften wird kein tatsächlicher Verlust, sondern ein Opportunitätsverlust abgesichert.[60] Beispiele für antizipative Hedges aus der Risikomanagementpraxis sind u. a.:[61]

- Der geplante Fremdwährungsumsatz eines bestimmten künftigen Zeitraums (z. B. der gesamte USD-Umsatz des Monats Mai des kommenden Jahres) wird gegen das Währungsrisiko abgesichert, indem der geschätzte Fremdwährungsumsatz schon heute per Termin zu einem fixen Kurs verkauft wird (Devisentermingeschäft).
- Eine nach dem Bilanzstichtag geplante Aufnahme eines variabel verzinslichen Darlehens wird schon heute gegen das Zinsrisiko abgesichert, indem mit der Hausbank ein Forward-Swap[62] vereinbart wird.

Vor dem Hintergrund des handelsrechtlichen Zweck- und GoB-Systems ist der Anwendungsbereich bezogen auf antizipative Hedges als kritisch zu beurteilen und wurde **vor** der Verabschiedung des BilMoG von weiten Teilen der Literatur mit Skepsis betrachtet bzw. als nicht zulässig erachtet.[63] Der Grund besteht in erster Linie in der **geringen Objektivität, d. h. in der mangelnden intersubjektiven Nachprüfbarkeit,** dieser Bewertungseinheiten. Denn bei antizipativen Hedges werden **Gewinnerwartungen zumeist mit schwebenden**

---

58 Vgl. BR-Drucks. 344/08 vom 23.05.2008, S. 125; BT-Drucks. 16/10067 vom 30.07.2008, S. 58.

59 Vgl. GRÜNEWALD, A., Finanzterminkontrakte, S. 16.

60 Vgl. SCHEFFLER, J., Hedge-Accounting, S. 59 f.

61 Für weitere Beispiele vgl. PFITZER, N./SCHARPF, P./SCHABER, M., Voraussetzungen für die Bildung von Bewertungseinheiten (Teil 1), S. 722; LÖW, E., Antizipative Sicherungsgeschäfte und Fortentwicklung des deutschen Bilanzrechts, S. 248.

62 Ein Forward-Swap ist eine Kombination aus einem Swap und einem Forward. Bei einem Forward-Swap werden die Konditionen des Swaps, also des künftigen Tauschs von Zahlungsströmen (hier: variable Zinsen gegen feste Zinsen), schon heute vereinbart, obwohl die Laufzeit des Swaps erst zu einem Zeitpunkt nach dem Bilanzstichtag beginnt. Vgl. SCHARPF, P./LUZ, G., Finanzderivate, S. 448; LÖW, E., Antizipative Sicherungsgeschäfte, S. 1113; DIBUS, R., Swaps, S. 272.

63 Gegen die Bildung von antizipativen Bewertungseinheiten sprechen sich vor Inkrafttreten des BilMoG beispielsweise aus: BREKER, N., Optionsrechte und Stillhalterverpflichtungen, S. 194 m. w. N.; FÖRSCHLE, G., in: Beck Bilanzkomm., 6. Aufl., § 246 HGB, Rn. 153; ADS, 6. Aufl., § 253 HGB, Rn. 110. A. A. sind PFITZER/SCHARPF/SCHABER, die es unter bestimmten – den von ihnen entwickelten – Voraussetzungen bereits vor Inkrafttreten des BilMoG für zulässig erachten, antizipative Bewertungseinheiten zu bilden. Vgl. PFITZER, N./SCHARPF, P./SCHABER, M., Voraussetzungen für die Bildung von Bewertungseinheiten (Teil 1), S. 722.

Geschäften (derivativen Finanzinstrumenten) abgesichert.[64] Lediglich vage Gewinnhoffnungen können nicht Grundlage der Rechnungslegung sein. Bilanzierungsfähige Sachverhalte setzen nämlich grundsätzlich rechtsverbindliche Vereinbarungen voraus, zumal Ansprüche aus einem Schuldverhältnis (gem. § 311 Abs. 1 BGB i. V. m. § 241 Abs. 1 BGB) erst dann rechtlich durchsetzbar sind.[65] Dies ist bei *„erwarteten Transaktionen"* nicht der Fall, da das Grundgeschäft, das den gegenläufigen Erfolgsbeitrag zum Sicherungsgeschäft liefern soll, noch gar nicht existiert.[66] Probleme bei der Bilanzierung von antizipativen Hedges mithilfe von Bewertungseinheiten bestehen immer dann, wenn aus einem Geschäft ein Verlust droht und die Verlustgefahr durch eine Drohverlustrückstellung auf der Grundlage des Imparitätsprinzips antizipiert werden müsste, allerdings aufgrund der „Hoffnung" auf eine (gegenläufige) Transaktion nicht gebildet wird.[67] Da es einer *„erwarteten Transaktion"* erheblich an Objektivität in Bezug auf den tatsächlichen Vertragsabschluss mangelt, verstoßen antizipative Bewertungseinheiten ganz erheblich gegen den in § 239 Abs. 2 kodifizierten Grundsatz der Richtigkeit. Die fehlende Objektivität einer (nur) *„erwarteten Transaktion"* hat auch der Gesetzgeber des BilMoG erkannt und aus diesem Grund das Anforderungskriterium *„hohe Wahrscheinlichkeit"* in den Wortlaut des § 254 aufgenommen, um den Mangel möglichst zu begrenzen. Da *„erwartete Transaktionen"* erst nach dem Bilanzstichtag abgeschlossen werden, stellt sich für den Bilanzierenden zudem die Frage, wieweit diese Geschäfte überhaupt mit dem Zweck der Kapitalerhaltung und dem Zweck der Rechenschaft, d. h. einer **periodengerechten Erfolgsermittlung**, vereinbar sind.[68] Werden Sicherungsgeschäfte, d. h. derivative Finanzinstrumente, allerdings eigens zur Absicherung geplanter (Grund-)Geschäfte abgeschlossen und kommen die geplanten Geschäfte nach dem Bilanzstichtag tatsächlich zustande, ist es **für eine periodengerechte Erfolgsermittlung auch nicht sachgerecht**, Drohverlustrückstellungen für Sicherungsgeschäfte mit negativem Marktwert zu bilden, die lediglich den Preis künftiger Beschaffungs- oder Absatzgeschäfte absichern. Auch für die Kapitalerhaltung ist eine Verlust-

64 Vgl. KÜTING, K./PFITZER, N./WEBER, C.-P., Das neue deutsche Bilanzrecht, S. 202.

65 Vgl. BAETGE, J., Objektivierung, S. 17; POPPER, K., Logik der Forschung, S. 21-25; BAETGE, J./KIRSCH, H.-J./THIELE, S., Bilanzen, S. 115.

66 Vgl. SCHARPF, P./LUZ, G., Finanzderivate, S. 328.

67 Vgl. GELHAUSEN, H./FEY, G./KÄMPFER, G., BilMoG, Abschn. H, Rn. 18; BIEG, H., U. A., Bilanzrechtsmodernisierungsgesetz, S. 68.

68 Vgl. auch SOLMECKE, H., Auswirkungen des BilMoG auf die GoB, S. 139; BAETGE, J./KIRSCH, H.-J./THIELE, S., Bilanzen, S. 115.

antizipation nicht erforderlich. **Denn unter der Voraussetzung, dass geplante Beschaffungs- oder Absatzgeschäfte auch tatsächlich nach dem Bilanzstichtag abgeschlossen werden, können Verluste aus den Sicherungsgeschäften überhaupt nicht eintreten.** Unter diesen Voraussetzungen, d. h. dem tatsächlichem Abschluss eines geplanten Geschäfts nach dem Bilanzstichtag, ist die Bildung von antizipativen Bewertungseinheiten sogar i. S. e. Interessenregelung des handelsrechtlichen Jahresabschlusses zu befürworten. Da eine *„hohe Wahrscheinlichkeit"* für den tatsächlichen Abschluss des geplanten Geschäfts vorliegen muss und somit eine zwingend zu erfüllende Voraussetzung zur Bildung von antizipativen Bewertungseinheiten darstellt, wird dieses Kriterium aber (erst) in Abschnitt 45 der vorliegenden Untersuchung analysiert. Das Kriterium ist vor dem Hintergrund des handelsrechtlichen Zweck- und GoB-Systems allerdings sehr restriktiv auszulegen.[69]

433. Zulässige Risikoarten für die Bildung von Bewertungseinheiten

Nach § 254 muss das Risiko, dem das zu sichernde Grundgeschäft ausgesetzt ist, zu einer **Wertänderung** oder einer **Zahlungsstromänderung** führen.[70] Denn in § 254 heißt es:

> *„Werden Vermögensgegenstände, […] **zum Ausgleich gegenläufiger Wertänderungen oder Zahlungsströme** […] mit Finanzinstrumenten zusammengefasst (Bewertungseinheit) […]"*

Ausgehend vom Wortlaut des § 254 wird an dieser Stelle eine **wirkungsbezogene Sichtweise**[71] des Risikobegriffs zugrunde gelegt.[72] Denn **alle** in Abschnitt 222 beschriebenen **ursachenbezogenen** Risikoarten führen zwangsläufig entweder zu einer Wertänderung oder zu einer Zahlungsstromänderung. Als **Wertänderungsrisiko** wird danach ein Risiko bezeichnet, bei dem der (Markt-)Wert eines Grundgeschäfts sinkt und somit negativ auf die Vermögens-, Finanz- und Ertragslage des Unternehmens wirkt.[73] Hingegen wird unter einem **Zahlungsstromänderungsrisiko** das Risiko verstanden, dass die tatsächliche Höhe

69 Vgl. auch KESSLER, H./BUDDE, T., BilMoG, S. 190.

70 Vgl. GELHAUSEN, H./FEY, G./KÄMPFER, G., BilMoG, Abschn. H, Rn. 51.

71 Risiken können sowohl nach ihrer Ursache als auch nach ihrer Wirkung klassifiziert werden. Vgl. hierzu ausführlich Abschnitt 221.

72 Vgl. z. B. HENKEL, K., Rechnungslegung von Treasury-Instrumenten, S. 262. Die verschiedenen Risikoarten werden in Abschnitt 222 der vorliegenden Arbeit erläutert.

73 Vgl. IDW (Hrsg.), IDW RS HFA 35, Rn. 21.

künftiger Zahlungen aus einem Grundgeschäft von der ursprünglich erwarteten Höhe negativ abweicht.[74] Während bei Vermögensgegenständen, Schulden oder schwebenden Geschäften sowohl Wertänderungsrisiken als auch Zahlungsstromänderungsrisiken auftreten können, führen erwartete Transaktionen lediglich zu Zahlungsstromrisiken, da das künftige Geschäft, d. h. das Grundgeschäft, (noch) nicht bilanziert wird.[75]

Typische Beispiele für zu sichernde Grundgeschäfte, die zu einem **Wertänderungsrisiko** führen, sind:

- Ein **festverzinsliches Finanzinstrument** ist einem Zinsänderungsrisiko ausgesetzt und führt zu einem Wertänderungsrisiko, da der Börsenkurs des Wertpapiers abhängig vom Marktzinsniveau schwankt und nach § 253 Abs. 3 ggf. außerplanmäßig auf den niedrigeren Börsenkurs abgeschrieben werden muss.[76]
- Eine **Fremdwährungsforderung** oder **Fremdwährungsverbindlichkeit** ist einem Währungsrisiko ausgesetzt und führt zu einem Wertänderungsrisiko, da der Gegenwert der Forderung bzw. der Verbindlichkeit in Hauswährung abhängig vom Wechselkurs schwankt. Die bilanzielle Verlustgefahr besteht darin, dass die Forderung aufgrund der in § 253 Abs. 3 kodifizierten strengen Niederstwertvorschrift außerplanmäßig abgeschrieben werden muss, während die Verbindlichkeit aufgrund des Höchstwertprinzips u. U. höher bewertet werden muss.[77]

---

74 Vgl. GELHAUSEN, H./FEY, G./KÄMPFER, G., BilMoG, Abschn. H, Rn. 52; IDW (Hrsg.), IDW RS HFA 35, Rn. 21.

75 Vgl. SCHARPF, P., in: Küting/Weber/Pfitzer, HdR, 5. Aufl., § 254 HGB, Rn. 37; IDW (Hrsg.), IDW RS HFA 35, Rn. 22 f.

76 Vgl. THIELE, S., U. A., in: Baetge/Kirsch/Thiele, § 253 HGB, Rn. 436; KESSLER, H., in: Haufe HGB Bilanzkommentar, § 254 HGB, Rn. 28; GELHAUSEN, H./FEY, G./KÄMPFER, G., BilMoG, Abschn. H, Rn. 52; SCHARPF, P., in: Küting/Weber/Pfitzer, HdR, 5. Aufl., § 254 HGB, Rn. 36.

77 Vgl. THIELE, S., U. A., in: Baetge/Kirsch/Thiele, § 253 HGB, Rn. 434 und Rn. 74; KESSLER, H., in: Haufe HGB Bilanzkommentar, § 254 HGB, Rn. 28; GELHAUSEN, H./FEY, G./KÄMPFER, G., BilMoG, Abschn. H, Rn. 52; SCHARPF, P., in: Küting/Weber/Pfitzer, HdR, 5. Aufl., § 254 HGB, Rn. 36.

- Eine **Forderung** ist zudem einem Ausfallrisiko (Debitorenrisiko) ausgesetzt, was zu einem Wertänderungsrisiko führt, da der Wert der Forderung abhängig von der Bonität des Schuldners ist und ggf. (einzel-)wertberichtigt werden muss.[78]

- Eine als Wertpapier des Umlaufvermögens gehaltene **Aktie** ist einem Aktienkursrisiko ausgesetzt, was zu einem Wertänderungsrisiko führt, wenn der Marktwert bzw. der Börsenkurs der Aktie schwankt und ggf. unter die Anschaffungskosten sinkt. Auch hier ist ggf. eine außerplanmäßige Abschreibung gem. § 253 Abs. 3 vorzunehmen.

Typische Beispiele für Grundgeschäfte, die zu einem **Zahlungsstromänderungsrisiko** führen, sind:

- Ein **variabel verzinstes Finanzinstrument** ist einem Zinsänderungsrisiko ausgesetzt, was zu einem Zahlungsstromrisiko führt, da die (Zins-)Zahlungen abhängig vom Marktzinsniveau schwanken. Steigen beispielsweise die Marktzinsen, muss das Unternehmen bei einem variabel verzinslichen Darlehen höhere Zinsaufwendungen leisten als vor dem Anstieg des Marktzinsniveaus.

- Eine **Fremdwährungsforderung** oder **Fremdwährungsverbindlichkeit** ist einem Währungsrisiko ausgesetzt und führt zu einem Zahlungsstromrisiko, da sich die Höhe der Zahlung in Hauswährung abhängig vom Wechselkurs ändert.

- Eine **erwartete Transaktion**, also ein geplantes, aber noch nicht kontrahiertes Beschaffungs- oder Absatzgeschäft, ist einem Güterpreisrisiko ausgesetzt und führt zu Zahlungsstromrisiken, da die Höhe der Zahlungen noch nicht vertraglich fixiert ist.

Wertänderungsrisiken und Zahlungsstromrisiken sind oftmals miteinander verknüpft. Dies wird vor allem bei verzinslichen Finanzinstrumenten deutlich. Sind die (Zins-) Zahlungen vertraglich fixiert, führt ein Zinsänderungsrisiko c. p. zu Marktwertschwankungen. Wird allerdings das Finanzinstrument marktgerecht, d. h. variabel verzinst, führt ein Zinsänderungsrisiko zu Zahlungsstromschwankungen, während der Marktwert c. p. unverändert bleibt. Ein Extremfall liegt bei Forderungen oder Verbindlichkeiten vor. Wird die Forderung bzw. die Verbindlichkeit als Bilanzposten betrachtet, kann ein Währungsrisiko oder

78 Vgl. THIELE, S., U. A., in: Baetge/Kirsch/Thiele, § 253 HGB, Rn. 430; GELHAUSEN, H./ FEY, G./KÄMPFER, G., BilMoG, Abschn. H, Rn. 52; SCHARPF, P., in: Küting/Weber/Pfitzer, HdR, 5. Aufl., § 254 HGB, Rn. 36.

Ausfallrisiko zu Wertschwankungen führen. Wird allerdings die Zahlung aus einer Forderung bzw. Verbindlichkeit betrachtet, führen die gleichen Risikoarten zu Zahlungsstromschwankungen. Hierbei ist also die Risikowirkung abhängig von der jeweiligen Betrachtungsweise bzw. vom Risikoverständnis des Managements.[79] Da allerdings sowohl Zahlungsstromschwankungen als auch Wertschwankungen gleichsam mithilfe von Bewertungseinheiten dargestellt werden können, ist die genaue Unterscheidung – im Gegensatz zu den IFRS, bei denen die Abbildung von der wirkungsbezogenen Risikoart abhängt – nicht essenziell für die handelsrechtliche Bilanzierung von Bewertungseinheiten.

44 Der Verpflichtungsgrad zur Bildung von Bewertungseinheiten

441. Vorbemerkungen

Nachdem der Anwendungsbereich des § 254 beschrieben wurde, muss im Folgenden zunächst der **Verpflichtungsgrad** der neuen HGB-BilMoG Vorschrift erörtert werden, bevor auf die Voraussetzungen zur Bildung von Bewertungseinheiten eingegangen werden kann. Für den Anwender des § 254 stellt sich nämlich die Frage, ob ein **Wahlrecht** oder eine **Pflicht** zur Bildung von Bewertungseinheiten bei sich gegenseitig absichernden Geschäften existiert.

Zur Absicherung von Verlustgefahren existieren im **bilanziellen Kontext** grundsätzlich zwei unterschiedliche Möglichkeiten. Zum einen können Verlustgefahren durch den Aufbau einer ökonomischen **Sicherungsbeziehung** mithilfe eines speziell dafür abgeschlossenen Sicherungsgeschäfts, d. h. **zielgerichtet**, abgesichert werden. Zum anderen werden offene Risikopositionen u. U. auch durch bereits bestehende Positionen geschlossen und damit abgesichert. Beispielsweise gleichen sich die Währungsrisiken von USD-Forderungen und USD-Verbindlichkeiten in gleicher Höhe und gleicher Laufzeit vollständig aus, ohne dass ein spezielles Sicherungsgeschäft abgeschlossen werden muss. Hinsichtlich des zu erörternden Verpflichtungsgrades wird daher im Folgenden zwischen **Sicherungsbeziehungen** (Abschnitt 442) einerseits und **risikoinduzierten gegenläufigen Bilanzpositionen** (Abschnitt 443) andererseits als Grundlage für Bewertungseinheiten unterschieden.

79 Vgl. GEBHARDT, G., Probleme der bilanziellen Abbildung von Finanzinstrumenten, S. 563.

442. Der Verpflichtungsgrad bei Sicherungsbeziehungen

Der Verpflichtungsgrad zur Bildung von Bewertungseinheiten wurde **vor**[80] und wird auch noch **nach** Inkrafttreten des BilMoG kontrovers diskutiert. Nach Inkrafttreten des BilMoG besteht im Schrifttum vor allem Uneinigkeit darüber, ob eine im betrieblichen Risikomanagement eingegangene **Sicherungsbeziehung** auch bilanziell durch eine **Bewertungseinheit** nachvollzogen werden kann oder muss. Liegt der Bewertungseinheit eine Sicherungsbeziehung zugrunde, ist nämlich zwischen zwei Ebenen zu unterscheiden:[81]

- **Ebene 1: Sicherungsbeziehung**
  Auf der ersten Ebene wird im betrieblichen Risikomanagement des Unternehmens eigenverantwortlich die Entscheidung getroffen, ob ein bestimmtes Risiko durch den zielgerichteten Aufbau einer **Sicherungsbeziehung** abgesichert wird oder nicht. Die Entscheidung zur (ökonomischen) Absicherung ist somit Gegenstand des betrieblichen Risikomanagements.[82] Auf der ersten (sachverhaltsgestaltenden) Ebene besteht also grundsätzlich ein unstrittiges Wahlrecht.

- **Ebene 2: Bewertungseinheit**
  Abhängig von der Entscheidung, eine Sicherungsbeziehung im betrieblichen Risikomanagement aufzubauen, ist auf der zweiten Ebene die Frage zu beantworten, ob die eingegangene Sicherungsbeziehung auch in der externen Rechnungslegung durch eine **Bewertungseinheit** nachzuvollziehen ist oder ob diese Entscheidung losgelöst von der Entscheidung zur ökonomischen Absicherung getroffen werden kann.[83]

80 Einen Überblick über die Diskussion vor Inkrafttreten des BilMoG hinsichtlich des Verpflichtungsgrades geben z. B. PFITZER, N./SCHARPF, P./SCHABER, M., Voraussetzungen für die Bildung von Bewertungseinheiten (Teil 1), S. 678; SCHARPF, P., Derivative Finanzinstrumente im Jahresabschluss, S. 187 f.; STEINER, M./TEBROKE, H.-J./WALLMEIER, M., Rechnungslegung für Finanzderivate, S. 537 sowie SELCHERT, F. W., in: Küting/Weber/Pfitzer, HdR, 5. Aufl., § 252 HGB, Rn. 72, m. w. N.

81 So auch IDW (Hrsg.), IDW RS HFA 35, Rn. 11 bzw. ausführlicher IDW (Hrsg.), IDW ERS HFA 35, Rn. 12 sowie SCHARPF, P., in: Küting/Weber/Pfitzer, HdR, 5. Aufl., § 254 HGB, Rn. 20; OSER, P., Handelsrechtliche Bilanzierung von Bewertungseinheiten, S. I.

82 Vgl. SCHARPF, P., in: Küting/Weber/Pfitzer, HdR, 5. Aufl., § 254 HGB, Rn. 20; IDW (Hrsg.), IDW ERS HFA 35, Rn. 11.

83 Vgl. SCHARPF, P., in: Küting/Weber/Pfitzer, HdR, 5. Aufl., § 254 HGB, Rn. 20.

Während bei der Entscheidung auf Ebene 2 nach Auffassung des IDW von einem expliziten **Wahlrecht**[84] auszugehen ist, spricht sich vor allem SCHARPF für eine **Pflicht**[85] aus, eine im Risikomanagement eingegangene Sicherungsbeziehung auch bilanziell nachzuvollziehen. Ausgangspunkt der Untersuchung hinsichtlich des Verpflichtungsgrades bildet dabei zunächst der **Wortlaut** des Gesetzes:[86]

> *„**Werden** Vermögensgegenstände, Schulden, [...] mit Finanzinstrumenten zusammengefasst [...], **sind** [...] **nicht anzuwenden** [...].“*

Nach dem Wortlaut des § 254 bedarf es zur Bildung von Bewertungseinheiten einer bewussten Entscheidung des bilanzierenden Unternehmens. Für den Bilanzierenden stellt sich allerdings die Frage, ob die bewusste Entscheidung bereits durch den Aufbau einer ökonomischen Sicherungsbeziehung getroffen wird oder die Entscheidung für bilanzielle Zwecke erneut getroffen werden darf. Fraglich ist also, ob der Gesetzgeber mit dem Wortlaut des § 254 auf eine *„tatsächliche Zusammenfassung“* oder auf eine *„bilanzielle Zusammenfassung“* von Grund- und Sicherungsgeschäft als Tatbestandsmerkmal abstellt. Wie das IDW zutreffend feststellt, lässt der **Wortlaut** zunächst offen,

> *„[...] ob eine solche Entscheidung bereits durch die Herstellung einer Sicherungsbeziehung für Risikomanagementzwecke auch für bilanzielle Zwecke getroffen wird*

84 Vgl. IDW (Hrsg.), IDW RS HFA 35, Rn. 11 f. sowie mit ausführlicher Begründung IDW (Hrsg.), IDW ERS HFA 35, Rn. 12. Von einem **expliziten Wahlrecht** zur Bildung von Bewertungseinheiten gehen ferner aus: FÖRSCHLE, G./USINGER, R., in: Beck Bilanzkomm., 7. Aufl., § 254 HGB, Rn. 5; SCHMIDT, M., Bewertungseinheiten nach dem BilMoG, S. 883; BIEG, H., U. A., Bilanzrechtsmodernisierungsgesetz, S. 70; LÜDENBACH, N./FREIBERG, J., Handelsbilanzielle Bewertungseinheiten nach IDW ERS HFA 35, S. 2683 f. Von einem **faktischen Wahlrecht** gehen aus: HERZIG, N., Steuerliche Konsequenzen des Regierungsentwurfs zum BilMoG, S. 1344; GELHAUSEN, H./FEY, G./KÄMPFER, G., BilMoG, Abschn. H, Rn. 86; GÖLLERT, K., Auswirkungen des BilMoG auf die Bilanzpolitik, S. 1167.

85 Vgl. SCHARPF, P., in: Küting/Weber/Pfitzer, HdR, 5. Aufl., § 254 HGB, Rn. 20 f. Von einer **Pflicht** zur Bildung von Bewertungseinheiten gehen ferner aus: PRINZ, U., in: Kölner Kommentar zum Rechnungslegungsrecht, § 254 HGB, Rn. 1 f.; GLASER, A./HACHMEISTER, D., Pflicht oder Wahlrecht, S. 559; BIEKER, M., Die Bilanzierung von Euro-Bund-Futures, S. 218; KESSLER, H., in: Haufe HGB Bilanzkommentar, § 254 HGB, Rn. 5; BURKHARDT, K./WALTERSCHEIDT, S., Pro und Contra der abstrakten Regelungen zu Bewertungseinheiten, S. 129; LÖW, E./SCHARPF, P./WEIGEL, W., Auswirkungen des Regierungsentwurfs des BilMoG auf die Bilanzierung von Finanzinstrumenten, S. 1016; KÜTING, K./PFITZER, N./WEBER, C.-P., Das neue deutsche Bilanzrecht, S. 202; KOPATSCHEK, M./STRUFFERT, R./WOLFGARTEN, W., Bewertungseinheiten nach BilMoG (Teil 1), S. 273; KÜTING, K./CASSEL, J., Bewertungseinheiten, S. 769.

86 Auslassungen und Hervorhebungen durch den Verfasser.

oder ob diese Entscheidung unabhängig vom Risikomanagement – ggf. auch davon abweichend – für die handelsrechtliche Rechnungslegung getroffen werden darf.“[87]

Da der Wortlaut des § 254 zu keinen weiteren Erkenntnissen hinsichtlich des Verpflichtungsgrades führt, ist der **Bedeutungszusammenhang** der neuen HGB-BilMoG Vorschrift näher zu betrachten. Vor allem Befürworter eines Bewertungswahlrechts sehen im **Regelungskontext**, d. h. in der Platzierung von § 254 unter die Bewertungsvorschriften, einen Beleg für die Auslegung des § 254 als Bewertungswahlrecht.[88] Als Legitimation wird zumeist § 252 Abs. 2 herangezogen, wonach in *„begründeten Ausnahmefällen“* von den in § 252 Abs. 1 kodifizierten GoB abgewichen werden darf. Da der Grundsatz der Einzelbewertung nach § 254 nicht auf die zu einer Bewertungseinheit zusammengefassten Grund- und Sicherungsgeschäfte anzuwenden sei, wird die Bilanzierung von Bewertungseinheiten von den betreffenden Autoren als eine solche Ausnahme interpretiert.[89] Dieser Interpretation ist allerdings **nicht zu folgen**, da nur in *„begründeten Ausnahmefällen“* unter Berücksichtigung der (gleichgewichtigen) Jahresabschlusszwecke von den in § 252 Abs. 1 kodifizierten GoB abgewichen werden dürfe.[90] Durch ein Wahlrecht zur Bildung von verlustfreien Bewertungseinheiten würde aber die Rechenschaft des handelsrechtlichen Jahresabschlusses erheblich geschwächt. Der Wortlaut des § 252 Abs. 2 *„darf...nur“* ist zudem als **generelles Abweichungsverbot** zu verstehen und **nicht als Legitimation für ein Wahlrecht.**[91] Vielmehr handelt es sich bei § 254 um eine Spezialnorm, die dem Grundsatz *„lex specialis derogat legi generali“* folgend stets den Generalnormen vorgeht **(Prioritätenregel).**[92] Daher bedarf es auch überhaupt keiner Ausnahmeregelung, womit der Begründung

87 IDW (Hrsg.), IDW ERS HFA 35, Rn. 12 (Auslassungen durch den Verfasser). Die erläuternden Ausführungen wurden in der endgültig verabschiedeten IDW-Verlautbarung gestrichen.

88 So z. B. die Begründung des Entwurfs einer IDW-Stellungnahme zur Rechnungslegung, vgl. IDW (Hrsg.), IDW ERS HFA 35, Rn. 12. Das IDW unterstellt damit implizit, dass der Gesetzgeber im Wortlaut des § 254 von einer *„bilanziellen Zusammenfassung“* ausgeht. Die Begründung wurde allerdings in der endgültig verabschiedeten Verlautbarung ersatzlos gestrichen, obwohl das IDW nach wie vor zu dem Ergebnis eines Bilanzierungswahlrechts gelangt.

89 Vgl. z. B. MACK, C./JUNG, J., Finanzinstrumente, S. 312 f.; DRIESCH, D./OERTZEN, C., Bilanzierung von Bewertungseinheiten nach § 254 HGB, S. 345; SCHILDBACH, T., Der handelsrechtliche Jahresabschluss, S. 202; TIEDCHEN, S., in: Münchener Kommentar zum AktG, § 252 HGB, Rn. 30 m. w. N.

90 Vgl. SELCHERT, F. W., in: Küting/Weber/Pfitzer, HdR, 5. Aufl., § 252 HGB, Rn. 271.

91 Vgl. BAETGE, J./ZIESEMER, S., in: Baetge/Kirsch/Thiele, § 252 HGB, Rn. 271.

92 Vgl. BAETGE, J./KIRSCH, H.-J., in: Küting/Weber/Pfitzer, HdR, 5. Aufl., Band 1, Kap. 4, Rn. 113.

eines Wahlrechts über § 252 Abs. 2 die Grundlage entzogen wäre.[93] Die Analyse des Bedeutungszusammenhangs führt folglich zu keinem eindeutigen Ergebnis hinsichtlich des Verpflichtungsgrades. Zudem vermag die teilweise im Schrifttum vertretene Interpretation eines Bilanzierungswahlrechts über den Ausnahmetatbestand des § 252 Abs. 2 nicht wirklich zu überzeugen.

Zur weiteren Konkretisierung des Verpflichtungsgrades wird im Folgenden die **Entstehungsgeschichte** des § 254 analysiert.[94] Allerdings lassen die Gesetzesmaterialien zum BilMoG keine eindeutigen Schlüsse zu, da sich einzelne Textpassagen in der Begründung zum Gesetzentwurf widersprechen. So lässt folgende Textpassage auf ein **Wahlrecht** zur Bildung von Bewertungseinheiten schließen:[95]

> *„Im Einzelnen wird, [...] die Bildung von Bewertungseinheiten zwischen Vermögensgegenständen, Schulden, schwebenden Geschäften oder mit hoher Wahrscheinlichkeit vorgesehenen Transaktionen und Finanzinstrumenten zur Absicherung von Risiken **zugelassen** (§ 254).“*

Es ist aber zu vermuten, dass der Gesetzgeber sich mit dieser Formulierung auf die Situation vor Inkrafttreten des BilMoG bezieht. Denn bei bestimmten Sicherungszusammenhängen (z. B. bei erwarteten Transaktionen) war die Bildung von Bewertungseinheiten von Teilen des Schrifttums als nicht zulässig erachtet worden.[96]

Für eine **Pflicht** zur Bildung von Bewertungseinheiten bei bestehenden Sicherungszusammenhängen sprechen die folgenden Textpassagen:[97]

> *„Die Rechtsfolgen des § 254 HGB treten nur ein, wenn die abgesicherten Risiken nicht eintreten. Dies impliziert die im Gesetzestext enthaltene Wendung, dass die*

93 Vgl. GLASER, A./HACHMEISTER, D., Pflicht oder Wahlrecht, S. 557.

94 Vgl. LARENZ, K., Methodenlehre, S. 330; HENNRICHS, J./PÖSCHKE, M., GoB vor dem Hintergrund des BilMoG und der IFRS, S. 52.

95 BT-Drucks. 16/10067 vom 30.07.2008, S. 36 (Auslassungen und Hervorhebungen durch den Verfasser).

96 Vgl. SCHARPF, P./SCHABER, M., Bilanzierung von Bewertungseinheiten, S. 534; PFITZER, N./SCHARPF, P./SCHABER, M., Voraussetzungen für die Bildung von Bewertungseinheiten (Teil 1), S. 676.

97 BR-Drucks. 344/08 vom 23.05.2008, S. 126; BT-Drucks. 16/10067 vom 30.07.2008, S. 58 (Auslassungen und Hervorhebungen durch den Verfasser).

> *§§ 249 Abs. 1, 252 Abs. 1 Nr. 3 und 4, § 253 Abs. 1 Satz 1 und § 256a HGB nicht anzuwenden* ***sind****, soweit der* ***Eintritt der abgesicherten Risiken ausgeschlossen ist****."*

Danach weist der Gesetzgeber explizit darauf hin, dass die in § 254 genannten Vorschriften zwingend *„nicht anzuwenden sind"*, soweit die bilanziellen Verlustgefahren *„ausgeschlossen"* werden können. Falls also bilanzielle Verlustgefahren nicht eintreten können, weil ein perfekter Sicherungszusammenhang existiert, ist eine Bewertungseinheit danach **zwingend** zu bilden. Und in der Begründung zum Gesetzentwurf des BilMoG heißt es dementsprechend weiter:[98]

> *„Mit § 254 HGB wird die Darstellung der Vermögens-, Finanz- und Ertragslage stärker als bisher und [...] an den* ***tatsächlichen (wirtschaftlichen) Verhältnissen*** *eines Unternehmens orientiert."*

Diese Textpassage zeigt den **subjektiven Willen** des Gesetzgebers, eine verzerrende Darstellung der Vermögens-, Finanz- und Ertragslage zu vermeiden, indem der wirtschaftliche Charakter der Absicherung auch in der handelsrechtlichen Abbildung zum Ausdruck kommen muss. **Die Vorschrift des § 254 dient folglich in erster Linie dem Rechenschaftszweck handelsrechtlicher Rechnungslegung** und ist mit einem Bewertungswahlrecht (Ebene 2) unvereinbar, da der Bilanzierende dadurch bewusst von den tatsächlichen wirtschaftlichen Verhältnissen im betrieblichen Risikomanagement (Ebene 1) abweichen könnte.

Werden zur weiteren Konkretisierung des Verpflichtungsgrades neben den Gesetzesmaterialien, die trotz widersprüchlicher Textpassagen eher auf eine Bilanzierungspflicht schließen lassen, **objektiv-teleologische** Gesichtspunkte herangezogen, kann nur eine Bilanzierungspflicht das Ergebnis einer hermeneutischen Auslegung des Verpflichtungsgrades sein. Ausgangspunkt der objektiv-teleologischen Betrachtung bildet dabei der handelsrechtliche Grundsatz der Einzelbewertung, da dieser stets die Abgrenzung des Bewertungsobjekts verlangt. Allerdings ist das Bewertungsobjekt derart abzugrenzen, dass auch die Zwecke des handelsrechtlichen Jahresabschlusses i. S. e. Interessenregelung berücksichtigt werden.

98 BR-Drucks. 344/08 vom 23.05.2008, S. 127; BT-Drucks. 16/10067 vom 30.07.2008, S. 59 (Auslassungen und Hervorhebungen durch den Verfasser).

Denn eine strikte, d. h. auf ein rechtlich abgegrenztes Bewertungsobjekt abgestellte Einzelbewertung würde bei Geschäften, die in einem wirtschaftlichen Sicherungszusammenhang stehen, zu dem der **Rechenschaft widersprechenden und für die Kapitalerhaltung nicht erforderlichen** Ergebnis führen, dass bei jeder Änderung von Grund- und Sicherungsgeschäft negative Erfolgsbeiträge zu antizipieren wären, obwohl die Verluste bei perfekt abgesicherten Positionen überhaupt nicht eintreten können.[99] Die Kapitalerhaltung würde demnach zulasten der Rechenschaft übergewichtet, da der **ausschüttungsfähige Gewinn** um abgesicherte, d. h. faktisch ausgeschaltete Verlustgefahren reduziert werden würde. Durch die Bildung einer Bewertungseinheit wird eine Verlustantizipation als Ausfluss des Kapitalerhaltungszwecks lediglich auf solche Geschäfte beschränkt, die tatsächlich einer Verlustgefahr ausgesetzt sind, um dadurch den divergierenden Interessen **aller** Adressaten des Jahresabschlusses (z. B. Jahresabschlussersteller, Gesellschafter, Gläubiger und Arbeitnehmer) gerecht zu werden.[100] Vor dem Hintergrund des vom Gesetzgeber intendierten Interessenausgleichs sind Sicherungsbeziehungen, bei denen Verlustgefahren durch die Anwendungsvoraussetzungen des § 254 ausgeschlossen werden können, zwingend auch in der externen Rechnungslegung durch die Bildung von Bewertungseinheiten nachzuvollziehen. **Grund- und Sicherungsgeschäft sind demzufolge nicht als Ausnahme, sondern als zwingende Folge aus dem Grundsatz der Einzelbewertung zusammenzufassen.**[101]

Aus den **Zielen des BilMoG** ergibt sich bei bestehenden wirksamen Sicherungsbeziehungen ebenfalls eine **Pflicht** zur Bildung von Bewertungseinheiten. Denn durch die Reformierung des Bilanzrechts sollte in erster Linie – nicht zuletzt durch die Abschaffung zahlreicher Bilanzierungswahlrechte – die **Aussagekraft** sowie die **Zuverlässigkeit** des Jahresabschlusses gestärkt werden.[102] Ein (explizites) Wahlrecht würde es dem Bilanzierenden allerdings ermöglichen, **bewusst** nicht die Realität abzubilden. Dies widerspricht dem (seit Jahren

99 Vgl. m. w. N. BECKMANN, R., Zur Bilanzierung bei Kurssicherung durch Termingeschäfte, S. 387. Verfechter einer strengen Auslegung des Einzelbewertungsgrundsatzes sind z. B. GEBHARDT, G./BREKER, N., Fremdwährungstransaktionen, S. 339; HARTUNG, W., Zur Bilanzierung bei Kurssicherung, S. 363 f.

100 Vgl. BAETGE, J., Rechnungslegungszwecke, S. 21-30; BAETGE, J., Bilanzen, 1. Aufl., S. 37; BAETGE, J./KIRSCH, H.-J./THIELE, S., Bilanzen, S. 102; BAETGE, J./THIELE, S., Gesellschafterschutz versus Gläubigerschutz, S. 18-20.

101 So auch SOLMECKE, H., Auswirkungen des BilMoG auf die GoB, S. 194.

102 Hinsichtlich der Zwecksetzung des BilMoG vgl. SOLMECKE, H., Auswirkungen des BilMoG auf die GoB, S. 43-46, BR-Drucks. 344/08 vom 23.05.2008, S. 69 f.

geforderten) Ziel einer Bewertungseinheit, nämlich die verzerrende Darstellung einer überstrengen Interpretation des Einzelbewertungsgrundsatzes zu vermeiden und dadurch den Rechenschaftszweck des Jahresabschlusses zu stärken.[103]

Darüber hinaus würde dem Bilanzierenden durch ein (explizites) Bewertungswahlrecht, das zudem – wie vom IDW vorgeschlagen – nicht an das **sachliche Stetigkeitsgebot** gebunden ist, ein erheblicher **bilanzpolitischer Spielraum** eröffnet.[104] Denn der Bilanzierende könnte einzelfallabhängig entscheiden, ob eine im betrieblichen Risikomanagement eingegangene Sicherungsbeziehung mithilfe einer Bewertungseinheit nachvollzogen wird oder nicht. Dies ist weder mit dem in § 252 Abs. 1 Nr. 6 kodifizierten Grundsatz der Vergleichbarkeit noch mit dem in § 239 Abs. 2 kodifizierten Grundsatz der Richtigkeit vereinbar.[105] Zudem würde der handelsrechtliche Zweck der Rechenschaft erheblich geschwächt, wenn das Wahlrecht zur Bildung von Bewertungseinheiten – rechnungslegungspolitisch motiviert – unterschiedlich ausgeübt werden könnte. Das immense Ausmaß des bilanzpolitischen Spielraums, das aus einem (expliziten) Wahlrecht resultiert, wird im Folgenden an dem HGB-Einzelabschluss der BMW AG für das Berichtsjahr 2010 verdeutlicht.[106] So wurden nach Angaben der BMW AG Drohverlustrückstellungen für schwebende Geschäfte in Höhe von 383 Mio. EUR deswegen nicht gebildet, weil diese Geschäfte Bestandteil von Bewertungseinheiten waren und ihnen gegenläufige Geschäfte gegenüberstanden.[107] Es ist zu vermuten, dass es sich hierbei primär um als Sicherungsgeschäfte designierte derivative Finanzinstrumente mit negativen Marktwerten handelt. Allerdings lassen sich dem Jahresabschluss der BMW AG hierzu keine genaueren Angaben entnehmen. Unter der vereinfachenden Annahme, dass den Angaben zu den Bewertungseinheiten perfekte Siche-

---

103 Vgl. BR-Drucks. 344/08 vom 23.05.2008, S. 71 und S. 127; BT-Drucks. 16/10067 vom 30.07.2008, S. 57.

104 Vgl. IDW (Hrsg.), IDW RS HFA 35, Rn. 12; OSER, P., Handelsrechtliche Bilanzierung von Bewertungseinheiten, S. I. Unter der **sachlichen Stetigkeit** gem. § 252 Abs. 1 Nr. 6 wird die Beibehaltung der Bewertungsmethoden in Bezug auf gleichartige Sachverhalte verstanden. Vgl. hierzu auch BAETGE, J./ZIESEMER, S., in: Baetge/Kirsch/Thiele, § 252 HGB, Rn. 250.1.

105 Vgl. LEFFSON, U., Die Grundsätze ordnungsmäßiger Buchführung, S. 238. Zu den allgemeinen Voraussetzungen für einen betriebswirtschaftlichen Vergleich. Vgl. BAETGE, J./ COMMANDEUR, D., Vergleichbar, S. 327 f.

106 Für das Beispiel wird der HGB-Einzelabschluss der BMW AG verwendet, da der Konzernabschluss der BMW-Group nach den Regelungen der IFRS aufgestellt wird. Vgl. BMW AG (Hrsg.), Jahresabschluss der BMW AG 2010.

107 Vgl. BMW AG (Hrsg.), Jahresabschluss der BMW AG 2010, S. 14.

rungsbeziehungen zugrunde liegen, resultiert daraus ein identischer bilanzpolitischer Spielraum von insgesamt 383 Mio. EUR. Denn der Bilanzierende könnte bei bestehenden Sicherungsbeziehungen i. V. m. einem angeblich bestehenden Wahlrecht zur Bildung von Bewertungseinheiten bewusst entscheiden, ob für die schwebenden Geschäfte gem. § 249 Abs. 1 Satz 1 Drohverlustrückstellungen gebildet werden oder nicht. Verglichen mit dem Jahresüberschuss der BMW AG für das Geschäftsjahr 2010 in Höhe von 1.506 Mio. EUR wird der angeblich bestehende bilanzpolitische Spielraum eines (expliziten) Wahlrechts erst recht deutlich.[108] Die aus einem (expliziten) Wahlrecht resultierende willkürliche Bilanzierung kann lediglich dadurch vermieden werden, dass eine realwirtschaftlich existierende Sicherungsbeziehung **zwingend** durch eine Bewertungseinheit nachvollzogen werden muss.

Ein weiteres Argument, das gegen ein Bilanzierungswahlrecht spricht, ist die **Maßgeblichkeit handelsrechtlicher Rechnungslegung für die Steuerbilanz**, die im Jahr 2006 um den Bereich der Absicherung finanzwirtschaftlicher Risiken erweitert wurde.[109] Da nämlich eine Wahlrechtsausübung den Jahreserfolg unmittelbar beeinflussen würde, hätte ein Wahlrecht auch Auswirkungen auf die Steuerlast des entsprechenden Unternehmens, was vor allem mit dem steuerlichen Leistungsfähigkeitsprinzip[110] nicht in Einklang steht. Denn bei der Möglichkeit der Nutzung eines Bilanzierungswahlrechtes würde die unterschiedliche steuerliche Belastung nicht aus der wirtschaftlichen Leistungsfähigkeit eines Unternehmens resultieren, sondern aus handelsbilanziellen bzw. steuerpolitischen Motiven.[111]

Zusammenfassend ist festzuhalten, dass sich eine **Pflicht zur Bildung von Bewertungseinheiten** bei bestehenden wirksamen Sicherungsbeziehungen **aus einer Zweck- und GoB-**

---

108 Vgl. BMW AG (Hrsg.), Jahresabschluss der BMW AG 2010, S. 5.

109 Durch das Gesetz zur Eindämmung missbräuchlicher Steuergestaltungen wurde der in § 5 Abs. 1 EStG kodifizierte Maßgeblichkeitsgrundsatz der handelsrechtlichen Rechnungslegung für die steuerrechtliche Rechnungslegung mit Abs. 1a um den Bereich der Absicherung handelsrechtlicher Risiken erweitert. Das Gesetz wurde vom Bundestag am 17.03.2006 verabschiedet und wurde vom Bundestag am 07.04.2006 beschlossen. Vgl. BT-Drucks. 16/634 vom 13.02.2006 sowie BR-Drucks. 199/06 vom 17.03.2006 sowie HERZIG, N., Steuerliche Konsequenzen des Regierungsentwurfs zum BilMoG, S. 1343.

110 Das Leistungsfähigkeitsprinzip bezeichnet im Steuerrecht die Besteuerung eines Steuersubjekts bzw. Steuerobjekts nach dessen wirtschaftlicher Leistung und resultiert aus der Anwendung des allgemeinen Gleichheitssatzes nach Art. 3 Abs. 1 des Grundgesetzes. Als Maßstab der Leistungsfähigkeit wird dabei das Einkommen herangezogen. Das Leistungsfähigkeitsprinzip gehört zu den Fundamentalprinzipien des Steuerrechts und ist als oberster materieller Grundsatz der Steuergerechtigkeit anerkannt. Vgl. TIPKE, K., Die Steuerrechtsordnung, S. 479-481.

111 Vgl. TIPKE, K., Die Steuerrechtsordnung, S. 516 f.

konformen Auslegung des § 254 ergibt und sich nur eine solche Pflicht argumentativ rechtfertigen lässt. Die Entscheidung zur Bildung von Bewertungseinheiten (Ebene 2) resultiert folglich unmittelbar aus der getroffenen und dokumentierten Entscheidung, Risiken im betrieblichen Risikomanagement (z. B. der Treasuryabteilung) durch Sicherungsbeziehungen absichern zu lassen (Ebene 1). Bindeglied zwischen den beiden Ebenen stellt somit die im betrieblichen Risikomanagement zwingend zu dokumentierende Sicherungsbeziehung dar. **Ein Wahlrecht kann daher lediglich in der Entscheidung des betrieblichen Risikomanagements zur ökonomischen und tatsächlichen Absicherung bestehen (Ebene 1).** Mit anderen Worten **ist** eine im Risikomanagement eingegangene Sicherungsbeziehung, die die handelsrechtlichen Voraussetzungen zur Bildung von Bewertungseinheiten erfüllt, d. h., die wirksam ist, auch bilanziell abzubilden.[112] Falls die handelsrechtlichen Voraussetzungen nicht **kumulativ** erfüllt werden, sind Grund- und Sicherungsgeschäft nicht als Bewertungseinheit zu bilanzieren, sondern das jeweilige Geschäft ist einzeln nach den allgemeinen handelsrechtlichen Grundsätzen zu bewerten.[113] Ausgangspunkt der Bilanzierung bildet also die Dokumentation der Sicherungsabsicht im betrieblichen Risikomanagement, die auch für die Jahresabschlussprüfung heranzuziehen ist.[114]

Da derzeit weder im Schrifttum noch in entsprechenden Fachgremien Einigkeit über den Verpflichtungsgrad des § 254 zur Bildung von Bewertungseinheiten herrscht, fehlt es in diesem Punkt auch nach Inkrafttreten des BilMoG an Rechtssicherheit. Vor dem Hintergrund, dass § 254 die Bildung von Bewertungseinheiten unabhängig von Branche, Rechtsform und Größe regelt und mit der Bildung von Bewertungseinheiten zahlreiche Dokumentations- und Nachweisanforderungen verbunden sind, werden mit einer Bilanzierungspflicht vor allem kleine und mittelgroße Unternehmen belastet. Allerdings kann eine Zusatzbelastung für kleine und mittelgroße Unternehmen nicht als Argument für die Aus-

112 Dies entspricht auch der Empfehlung des IDW. Vgl. IDW (Hrsg.), IDW RS HFA 35, Rn. 12. Vor Verabschiedung des BilMoG kommen zu diesem Ergebnis bereits: BAETGE, J./HAPPE, P., Risikomanagement und Bankenpublizität, S. 23; ARBEITSKREIS „EXTERNE UNTERNEHMENSRECHNUNG“, Bilanzierung von Finanzinstrumenten, S. 642; BIEG, H., Grundlagen der Bilanzierung und Bewertung von Derivaten – Teil II, S. 474; PRAHL, R./NAUMANN, T., Financial Instruments, S. 93; SCHARPF, P./LUZ, G., Finanzderivate, S. 276-278; SCHWITTERS, J./ BOGAJEWSKAJA, J., in: Beck HdR, Abschnitt B 730, Rn. 114.

113 Vgl. GELHAUSEN, H./FEY, G./KÄMPFER, G., BilMoG, Rn. 4.

114 Vgl. SCHARPF, P., in: Küting/Weber/Pfitzer, HdR, 5. Aufl., § 254 HGB, Rn. 25.

legung des § 254 als Bilanzierungswahlrecht angeführt werden. Hinzu kommt, dass die Nachweis- und Dokumentationsanforderungen abhängig von der Komplexität der Sicherungsbeziehungen sind. Da aber kleine und mittelgroße Unternehmen oftmals nur einfache Sicherungsbeziehungen (z. B. Mikro-Hedges zur Absicherung von Fremdwährungsforderungen) eingehen, sind die diesbezüglichen Anforderungen auch recht einfach zu erfüllen. Eine größen- oder rechtsformabhängige Regelung zur Bildung von Bewertungseinheiten wäre geeigneter gewesen, um kleine und mittelgroße Unternehmen aus Gründen der Wesentlichkeit von der generellen Pflicht zur Bildung von Bewertungseinheiten und den damit verbundenen Nachweis- und Dokumentationspflichten zu befreien.

443. Der Verpflichtungsgrad bei risikoinduzierten Wertänderungen von gegenläufigen Bilanzpositionen

Bilanzielle Verlustgefahren können **nicht nur zielgerichtet** durch den Kauf eines Sicherungsgeschäfts (z. B. eines derivativen Finanzinstruments) und den gezielten Aufbau einer **Sicherungsbeziehung**[115] abgesichert werden, sondern auch durch **bereits bestehende Bilanzpositionen.** Beispielsweise gleichen sich die Währungsrisiken von USD-Forderungen und USD-Verbindlichkeiten in gleicher Höhe und gleicher Laufzeit vollständig aus, ohne dass ein separates Geschäft zur Absicherung eingegangen werden muss.[116] Diese Form der ökonomischen Absicherung wird auch als **Finanz-Hedging** bezeichnet.[117] Werden somit bei risikoinduzierten Wertänderungen von gegenläufigen Bilanzpositionen die Voraussetzungen des § 254 erfüllt, sind diese Wertänderungen – analog zu den Sicherungsbeziehungen – **zwingend** im Rahmen der Folgebewertung zu einer Bewertungseinheit zusammenfassen. Eine zu antizipierende Verlustgefahr existiert in diesem Fall nämlich nicht. **Allerdings wird darauf hingewiesen, dass die gegenläufigen Bilanzpositionen unbedingt die in Abschnitt 45 beschriebenen Voraussetzungen erfüllen müssen. Anderenfalls würde gegen den Grundsatz der Einzelbewertung nach § 252 Abs. 1 Nr. 3 verstoßen, wenn Verlustge-**

115 Der Begriff „Sicherungsbeziehung“ wird in der vorliegenden Arbeit stets im Zusammenhang mit der (zielgerichteten) Absicherung einer Risikoposition durch ein separat eingegangenes Sicherungsgeschäft im betrieblichen Risikomanagement verwendet.

116 Vgl. ARBEITSKREIS „EXTERNE UNTERNEHMENSRECHNUNG“, Bilanzierung von Finanzinstrumenten, S. 638; SOLMECKE, H., Auswirkungen des BilMoG auf die GoB, S. 89.

117 Vgl. BURKHARDT, D., Grundsätze ordnungsmäßiger Bilanzierung für Fremdwährungsgeschäfte, S. 204 f.

fahren mit Gewinnmöglichkeiten willkürlich, d. h. ohne Legitimation, saldiert würden.[118]

Im obigen Beispiel werden diese Voraussetzungen hingegen erfüllt.[119] Denn eine USD-Verbindlichkeit stellt ohne Zweifel eine absicherungsfähige Schuld nach § 254 dar (Grundgeschäft), die mithilfe eines zulässigen (originären) Finanzinstruments, d. h. der USD-Forderung, abgesichert werden darf (Sicherungsgeschäft). Eine Forderung ist deswegen als zulässiges Sicherungsgeschäft anzusehen, da die in Abschnitt 232.2 genannten Definitionskriterien eines Finanzinstruments erfüllt werden. Denn eine Forderung verkörpert einen **finanziellen Vermögensgegenstand**, der bei dem anderen Vertragspartner zu einer **finanziellen Verbindlichkeit** führt.[120] Sowohl die USD-Forderungen als auch die USD-Verbindlichkeiten sind somit zulässige Positionen eines Finanz-Hedging i. S. d. § 254.[121]

Da USD-Forderungen und USD-Verbindlichkeiten dem gleichen Währungsrisiko ausgesetzt sind, ist eine weitere wesentliche Voraussetzung zur Bildung von Bewertungseinheiten erfüllt, nämlich die **Vergleichbarkeit**[122] der wertbestimmenden Risikofaktoren von Grund- und Sicherungsgeschäft (Währungsidentität). Es ist daher nicht möglich, das Währungsrisiko einer USD-Verbindlichkeit mithilfe einer CAD-Forderung abzusichern. Ebenso ist es nicht möglich, akut ausfallgefährdete Fremdwährungsforderungen zur Absicherung von Währungsrisiken zu verwenden, da in einem solchen Fall nicht mit hinreichender Sicherheit davon ausgegangen werden kann, dass positive Erfolgsbeiträge aus einem

118 Vgl. BENNE, J., Einzelbewertung und Bewertungseinheit, S. 2601; KUPSCH, P. U., Zum Verhältnis von Einzelbewertungsprinzip und Imparitätsprinzip, S. 341; GRÜNEWALD, A., Finanzterminkontrakte, S. 199.

119 Zu den nach § 254 zu erfüllenden Voraussetzungen zur Bildung von Bewertungseinheiten vgl. im Einzelnen Abschnitt 45.

120 Forderungen und Verbindlichkeiten werden explizit in der Begründung des Gesetzentwurfs zum BilMoG unter die (originären) Finanzinstrumente subsumiert. Vgl. BR-Drucks. 344/08 vom 23.05.2008, S. 125 sowie BT-Drucks. 16/10067 vom 30.07.2008, S. 58.

121 Das gleiche Ergebnis kann auch durch eine entgegengesetzte Argumentation erreicht werden. Denn eine USD-Forderung kann ebenso auch als Grundgeschäft designiert und durch eine USD-Verbindlichkeit abgesichert werden. Während nämlich eine USD-Forderung einen sicherungsfähigen Vermögensgegenstand verkörpert, erfüllt eine USD-Verbindlichkeit die Definitionskriterien eines Finanzinstruments und ist daher auch als Sicherungsgeschäft zugelassen.

122 Vgl. hierzu auch Abschnitt 454.2.

ausfallgefährdeten Geschäft tatsächlich realisiert werden können, um die negativen Erfolgsbeiträge aus dem Gegengeschäft zu kompensieren.[123]

Damit ein Sicherungszusammenhang wirksam sein kann, muss neben der Vergleichbarkeit der Risikofaktoren auch die **Gegenläufigkeit**[124] von Grund- und Sicherungsgeschäft vorausgesetzt werden. Grund- und Sicherungsgeschäfte dürfen nämlich gem. § 254 nur dann zu einer Bewertungseinheit zusammengefasst werden, falls *„die risikoinduzierten Wertänderungen oder Zahlungsströme sich ausgleichen."* Dies ist bei Forderungen und Verbindlichkeiten nur dann der Fall, wenn wesentliche Merkmale, wie die Fristigkeit (**Laufzeitkongruenz**) und die Höhe (**Betragsidentität**) übereinstimmen.[125] Bildet beispielsweise eine Fremdwährungsverbindlichkeit in Höhe von 100 USD mit einer Fremdwährungsforderung in Höhe von 40 USD mit identischer Fälligkeit bzw. Fristigkeit einen Sicherungszusammenhang, ist lediglich das Währungsrisiko in Höhe des übereinstimmenden (Teil-)Betrages, also in Höhe von 40 USD, abgesichert.[126] Der nicht übereinstimmende (Teil-)Betrag in Höhe von 60 USD (= 100 USD - 40 USD) ist nach wie vor einem Fremdwährungsrisiko ausgesetzt und daher nach den allgemeinen handelsrechtlichen Grundsätzen imparitätisch zu behandeln. Da Fremdwährungsverbindlichkeiten – wie „normale" Verbindlichkeiten – nach § 253 Abs. 1 Satz 2 mit ihrem **Erfüllungsbetrag** anzusetzen sind, bedeutet dies, dass bei einem höheren EUR/USD-Kurs am Bilanzstichtag – im Vergleich zu dem Zeitpunkt der Einbuchung – ein höherer EUR-Betrag gezahlt werden muss, damit der ungesicherte Teilbetrag der Fremdwährungsverbindlichkeit in Höhe von 60 USD beglichen werden kann. Bei langfristigen Verbindlichkeiten, d. h. bei einer Restlaufzeit von

123 Vgl. IDW (Hrsg.), IDW RS HFA 35, Rn. 30 und Rn. 37; GELHAUSEN, H./FEY, G./KÄMPFER, G., BilMoG, Abschn. H, Rn. 78; SCHARPF, P./SCHABER, M., Bilanzierung von Bewertungseinheiten, S. 534; FÖRSCHLE, G./USINGER, R., in: Beck Bilanzkomm., 7. Aufl., § 254 HGB, Rn. 27; PFITZER, N./SCHARPF, P./SCHABER, M., Voraussetzungen für die Bildung von Bewertungseinheiten (Teil 1), S. 680; KÜTING, K./PFITZER, N./WEBER, C.-P., Das neue deutsche Bilanzrecht, S. 210.

124 Vgl. hierzu auch Abschnitt 454.3.

125 Gleicher Ansicht vor Inkrafttreten des BilMoG: ARBEITSKREIS „EXTERNE UNTERNEHMENSRECHNUNG", Bilanzierung von Finanzinstrumenten, S. 637.

126 Vgl. ARBEITSKREIS „EXTERNE UNTERNEHMENSRECHNUNG", Bilanzierung von Finanzinstrumenten, S. 639.

mehr als einem Jahr, ist die Verbindlichkeit gem. § 256a i. V. m. dem Höchstwertprinzip[127] entsprechend höher zu bewerten.[128]

Zusammenfassend lässt sich für den in der Praxis sehr relevanten Fall einer Fremdwährungsabsicherung festhalten, dass Fremdwährungsforderungen so lange nicht auf Grundlage der in § 253 Abs. 3 kodifizierten Niederstwertvorschrift außerplanmäßig abgeschrieben werden dürfen, wie ihnen Fremdwährungsverbindlichkeiten gegenüberstehen, bei denen

(1) eine **Betragsidentität,**

(2) eine **Währungsidentität** und

(3) eine **Laufzeitkongruenz** vorausgesetzt werden kann.[129]

Das Höchstwertprinzip für Fremdwährungsverbindlichkeiten ist bei entsprechend vorliegenden Voraussetzungen ebenso nicht anzuwenden. Eine kompensatorische Bewertung in einer Bewertungseinheit nach § 254 ist in diesen Fällen **verpflichtend** vorzunehmen, da Verlustgefahren aus Fremdwährungsforderungen und Fremdwährungsverbindlichkeiten nicht entstehen können.[130] Stehen sich Fremdwährungsforderungen und Fremdwährungsverbindlichkeiten in gleicher Währung und mit gleicher Laufzeit, allerdings **nicht in gleicher Höhe** gegenüber, so ist der übersteigende (Teil-)Betrag entsprechend imparitätisch nach den allgemeinen handelsrechtlichen Vorschriften zu bewerten.[131]

127 Besondere Bedeutung für die Bewertung von Verbindlichkeiten im Zeitablauf besitzt § 252 Abs. 1 Nr. 4. Aus dem dort normierten Imparitätsprinzip lässt sich in Verbindung mit dem in § 252 Abs. 1 Nr. 3 kodifizierten Stichtagsprinzip für Posten der Passivseite ein Höchstwertprinzip entwickeln, das analog den für Vermögensgegenstände geltenden Niederstwertvorschriften des § 253 Abs. 2 und 3 anzuwenden ist. Nach dem Höchstwertprinzip sind Verbindlichkeiten grundsätzlich mit dem höheren Bilanzstichtagswert anzusetzen, falls die aus der Verbindlichkeit resultierende Belastung am Bilanzstichtag über dem bisher angesetzten Erfüllungsbetrag liegt. Vgl. THIELE, S., U. A., in: Baetge/Kirsch/Thiele, § 253 HGB, Rn. 74.

128 Vgl. ADS, 6. Aufl., § 253 HGB, Rn. 75; THIELE, S., U. A., in: Baetge/Kirsch/Thiele, § 253 HGB, Rn. 74.

129 Vgl. hierzu ausführlich LANGENBUCHER, G., Die Umrechnung von Fremdwährungsgeschäften, S. 82-85.

130 So bereits LEFFSON, U., Die Grundsätze ordnungsmäßiger Buchführung, S. 292.

131 Vgl. LEFFSON, U., Die Grundsätze ordnungsmäßiger Buchführung, S. 292; LANGENBUCHER, G., Die Umrechnung von Fremdwährungsgeschäften, S. 84.

45 Voraussetzungen zur Bildung von Bewertungseinheiten

451. Vorbemerkungen

In Abschnitt 44 wurde erläutert, dass vor dem Hintergrund des handelsrechtlichen Zweck- und GoB-Systems grundsätzlich von einer Pflicht auszugehen ist, Geschäfte, die in einem Sicherungszusammenhang stehen, bilanziell auch zu einer Bewertungseinheit zusammenzufassen, wenn **zugleich** die in diesem Abschnitt konkretisierten (Tatbestands-)**Voraussetzungen des § 254 erfüllt sind**. Andernfalls wäre dem bilanzierenden Kaufmann – angesichts des Volumens[132] gesicherter Geschäfte – ein großer bilanzpolitischer Spielraum gegeben, indem Verlustgefahren antizipiert würden, die tatsächlich gar nicht eintreten können und daher für die Kapitalerhaltung nicht notwendig sind und der Rechenschaft entgegenstehen.[133] Denn nur die Bildung einer Bewertungseinheit berücksichtigt bei Geschäften, die in einem Sicherungszusammenhang stehen und bei denen die Risiken ausgeschlossen werden können, den vom Gesetzgeber intendierten Ausgleich der divergierenden Interessen der verschiedenen Adressaten.[134] Nur durch die ausgewogene Gewichtung der beiden Jahresabschlusszwecke der Rechenschaft und der Kapitalerhaltung ist gewährleistet, dass die Interessen **aller** berechtigten Jahresabschlussadressaten berücksichtigt werden.[135] Allerdings sind nur solche – sich gegenseitig absichernden – Geschäfte zu einer

132 Obwohl das exakte Volumen gesicherter Grundgeschäfte nicht angegeben werden kann, lässt eine im Jahr 2009 durchgeführte Studie von Industrie- und Handelsunternehmen in Deutschland und der Schweiz dennoch die Bedeutung von ökonomischen Sicherungsmaßnahmen erahnen. Nach dieser Umfrage schließen bereits 90 % der Unternehmen Sicherungsgeschäfte ab. Dabei wurde von den befragten Unternehmen das Währungsrisiko am häufigsten abgesichert (82,9 %), gefolgt vom Zinsänderungsrisiko (72,3 %) und vom Güterpreisrisiko (39,3 %). Vgl. GLAUM, M./KLÖCKER, A., Hedging gem. IAS 39, S. 27 f. und S. 35. Wird zusätzlich das stetig steigende Volumen derivativer Finanzinstrumente betrachtet, die vor allem zur Absicherung verwendet werden, wird die Bedeutung für die Unternehmen erst recht deutlich. Betrug nämlich der Nominalwert aller weltweit ausstehenden Over-The-Counter (OTC) Derivate Ende 1998 noch 80.317 Mrd. USD, wurden Ende 2010 Derivate im Umfang von insgesamt 532.430 Mrd. USD gehandelt. Vgl. BANK FOR INTERNATIONAL SETTLEMENTS (Hrsg.), Quarterly Review November 2000; BANK FOR INTERNATIONAL SETTLEMENTS (Hrsg.), Quarterly Review June 2011.

133 Vgl. BECKMANN, R., Zur Bilanzierung bei Kurssicherung durch Termingeschäfte, S. 394.

134 Vgl. dazu ausführlich BAETGE, J., Rechnungslegungszwecke, S. 21-30; BAETGE, J./THIELE, S., Gesellschafterschutz versus Gläubigerschutz, S. 12-17; JONAS, H., Der Jahresabschluß im Widerstreit der Interessen, S. 110-128.

135 Vgl. ausführlich BAETGE, J., Rechnungslegungszwecke, S. 21-30; BAETGE, J./KIRSCH, H.-J./THIELE, S., Bilanzen, S. 101 f. Als Adressaten der handelsrechtlichen Rechnungslegung sind vor allem die Gesellschafter und die Gläubiger eines Unternehmens anzusehen. Während die Gesellschafter z. B. kurzfristig an höheren Ausschüttungen interessiert sein könnten, könnten die Gläubiger Verzerrungen bei der Erfolgsermittlung grds. akzeptieren, wenn dadurch ein geringerer

Bewertungseinheit zusammenzufassen, bei denen der Eintritt der Risiken auch tatsächlich ausgeschlossen ist. Dem Kapitalerhaltungszweck handelsrechtlicher Rechnungslegung soll entsprechend durch die Voraussetzungen zur Bildung von Bewertungseinheiten, die in den folgenden Abschnitten beschrieben werden, hinreichend entsprochen werden.

452. Sicherungsfähige Grundgeschäfte

Als Grundgeschäft für Bewertungseinheiten kommen gem. § 254

> *„Vermögensgegenstände, Schulden, schwebende Geschäfte oder mit hoher Wahrscheinlichkeit erwartete Transaktionen"*

in Betracht. Das Spektrum der zulässigen Grundgeschäfte ist vom Gesetzgeber **weit** gefasst.[136] Denn nach Aussage des Gesetzgebers sollen *„bereits praktizierte Absicherungen – beispielsweise Risiken aus dem künftigen Bezug von Roh-, Hilfs- oder Betriebsstoffen – auch weiterhin zulässig sein."*[137] Neben **finanziellen Vermögensgegenständen** (z. B. Wertpapieren oder Auslandsbeteiligungen[138]) können auch **materielle Vermögensgegenstände** (z. B. Rohstoffe, unfertige bzw. fertige Erzeugnisse, Edelmetalle, Sachanlagen) als sicherungsfähige Grundgeschäfte verwendet werden.[139] Denn eine Beschränkung auf Grundgeschäfte finanzieller Art hält der Gesetzgeber aufgrund der Vielfalt von möglichen Sicherungszusammenhängen für nicht sachgerecht.[140] Des Weiteren können als Grundgeschäft neben Vermögensgegenständen auch Schulden und schwebende Geschäfte herangezogen werden, sodass grundsätzlich auch **sämtliche Finanzinstrumente** in Betracht kommen. Während **originäre Finanzinstrumente** entweder Vermögensgegenstände (z. B. Forderungen, Beteili-

Betrag i. S. d. Kapitalerhaltung ausgeschüttet werden würde. So auch SOMMERHOF, D., Berichterstattung über das selbsterstellte immaterielle Anlagevermögen im Vergleich zu internationalen Rechnungslegungsnormen, S. 51.

136 Vgl. BR-Drucks. 344/08 vom 23.05.2008, S. 124; PETERSEN, K./ZWIRNER, C./ FROSCHHAMMER, M., Bewertungseinheiten nach § 254 HGB, S. 450; PETERSEN, K./ ZWIRNER, C./FROSCHHAMMER, M., Bewertungseinheiten, S. 425.

137 BT-Drucks. 16/10067 vom 30.07.2008, S. 58; BR-Drucks. 344/08 vom 23.05.2008, S. 125.

138 Auch Auslandsbeteiligungen stellen sicherungsfähige Grundgeschäfte dar, die gegen das Währungsrisiko abgesichert werden können. Vgl. hierzu ausführlich HENNRICHS, J., Bewertungseinheiten bei Auslandsbeteiligungen, S. 1193.

139 Vgl. IDW (Hrsg.), IDW RS HFA 35, Rn. 29.

140 Vgl. BT-Drucks. 16/10067 vom 30.07.2008, S. 58; BR-Drucks. 344/08 vom 23.05.2008, S. 125.

gungen, Aktien oder andere Wertpapiere) oder Schulden (z. B. Verbindlichkeiten, wie Anleihen) darstellen, sind **derivative Finanzinstrumente** (z. B. Forwards, Futures oder Optionen) unter die schwebenden Geschäfte zu subsumieren.[141] Auch Mischformen, d. h. **strukturierte Finanzinstrumente,** kommen damit als Grundgeschäft in Betracht.[142] Strukturierte Finanzinstrumente unterscheiden sich von „normalen" Finanzinstrumenten dadurch, dass ein originäres Finanzinstrument – zumeist ein Vermögensgegenstand mit Forderungscharakter, wie ein Schuldscheindarlehen oder eine Anleihe – vertraglich mit einem oder mehreren derivativen Finanzinstrumenten verknüpft ist und abhängig von der Ausgestaltung des Vertrages entweder einheitlich oder getrennt zu bilanzieren ist.[143] Da der Gesetzgeber das Spektrum der absicherungsfähigen Grundgeschäfte bewusst weit gefasst hat, sind unter den absicherungsfähigen Schulden i. S. d. § 246 Abs. 1 Satz 1 auch **Rückstellungen** zu subsumieren.[144] Grundsätzlich sind als Grundgeschäft allerdings nur solche Positionen zugelassen, die **nicht akut ausfallgefährdet** sind.[145] Davon ausgenommen sind solche ausfallgefährdeten Positionen, die gegen das Bonitätsrisiko (z. B. durch einen Credit Default Swap) abgesichert sind.[146] Der **Geschäfts- oder Firmenwert** (GoF) kommt **nicht** als Grundgeschäft einer Bewertungseinheit in Betracht, da dieser keinen Vermögensgegenstand i. S. d. § 246 Abs. 1 Satz 1 darstellt. Zudem sind keine Bewertungseinheiten zur Absicherung des allgemeinen Unternehmensrisikos gestattet, was sich in der Höhe des originären GoF widerspiegeln würde.[147]

---

141 Zur Systematisierung und Unterscheidung von originären und derivativen Finanzinstrumenten vgl. Abschnitt 232. Die Zuordnung derivativer Finanzinstrumente zu den schwebenden Geschäften und deren Bilanzierung wird aufgrund fehlender handelsrechtlicher Vorschriften aus den GoB hergeleitet und am Ende des Abschnitts 33 erläutert.

142 So auch IDW (Hrsg.), IDW RS HFA 35, Rn. 31.

143 Die handelsrechtliche Bilanzierung von strukturierten Finanzinstrumenten ist nicht Gegenstand der vorliegenden Untersuchung. Das IDW hat diesbezüglich eine Stellungnahme zur Rechnungslegung veröffentlicht und Kriterien erarbeitet, nach denen strukturierte Finanzinstrumente entweder einheitlich oder getrennt zu bilanzieren sind. Vgl. hierzu IDW (Hrsg.), IDW RS HFA 22 sowie SCHABER, M., U. A., Handbuch strukturierte Finanzinstrumente, S. 5-59.

144 Vgl. GELHAUSEN, H./FEY, G./KÄMPFER, G., BilMoG, Abschn. H, Rn. 15; ADS, 6. Aufl., § 246 HGB, Rn. 102.

145 Vgl. SCHARPF, P./SCHABER, M., Bilanzierung von Bewertungseinheiten, S. 534; IDW (Hrsg.), IDW RS HFA 35, Rn. 30.

146 Vgl. IDW (Hrsg.), IDW ERS HFA 35, Rn. 30.

147 Vgl. FÖRSCHLE, G./USINGER, R., in: Beck Bilanzkomm., 7. Aufl., § 254 HGB, Rn. 10; GELHAUSEN, H./FEY, G./KÄMPFER, G., BilMoG, Abschn. H, Rn. 14. Der derivative GoF gilt zwar seit BilMoG gem. § 246 Abs. 1 Satz 4 als zeitlich begrenzt nutzbarer Vermögensgegenstand, allerdings

Neben allen Arten von Vermögensgegenständen, Schulden und schwebenden Geschäften werden in § 254 auch **erwartete Transaktionen**, bei denen – im Gegensatz zu den schwebenden Geschäften – noch nicht einmal verbindliche Rechtsgeschäfte abgeschlossen wurden, als sicherungsfähige Grundgeschäfte zugelassen. Hierbei handelt es sich um solche Geschäfte, deren verbindlicher Abschluss vom Bilanzierenden aus Stichtagssicht lediglich (subjektiv) erwartet wird.[148] Aus diesem Grund kann der tatsächliche Abschluss dieser Geschäfte nicht objektiv, d. h. intersubjektiv nachprüfbar, beurteilt werden.[149] Somit verstoßen solche (künftigen) Geschäfte erheblich gegen den Grundsatz der Richtigkeit und der periodengerechten Erfolgsermittlung.[150] Allerdings versucht der Gesetzgeber den Mangel an Objektivität dadurch zu heilen, dass er ein Wahrscheinlichkeitskriterium für den Eintritt dieser Geschäfte vorgibt.[151] Danach dürfen erwartete Transaktionen nur dann als Grundgeschäft verwendet werden, wenn der tatsächliche Abschluss des Geschäfts mit ***„hoher Wahrscheinlichkeit"*** erwartet werden kann. Allerdings wurden im Laufe des Gesetzgebungsverfahrens die Anforderungen an das Wahrscheinlichkeitskriterium gesenkt. Während der Gesetzgeber im Referentenentwurf noch von *„mit höchster Wahrscheinlichkeit vorgesehenen Transaktionen"* ausging, erlaubt das verabschiedete BilMoG ein Hedging von nur noch *„mit hoher Wahrscheinlichkeit erwarteten Transaktionen"*.[152] Da die handelsrechtlichen Rechnungslegungsinformationen der Interessenregelung i. S. e. vom Gesetzgeber beabsichtigten Ausgleichs der divergierenden Interessen dienen, d. h., der handelsrechtliche Abschluss bildet über die Informationsaufgabe hinaus auch die **Grundlage für die Ausschüttungsbemessung**, sind besonders hohe Anforderungen an die Verlässlichkeit der Rechnungslegungsinformationen zu stellen. Für die Auslegung des Wahrscheinlichkeitsbegriffs sind somit **strenge Objektivierungskriterien** heranzuziehen. Insofern reicht eine

erfüllt dieser – ebenso wie der originäre GoF – nicht die Ansatzkriterien eines Vermögensgegenstands (bzw. war dies vor Verabschiedung des BilMoG umstritten). Vgl. KUßMAUL, H., in: Küting/Weber/Pfitzer, HdR, 5. Aufl., § 246 HGB, Rn. 19.

148 Vgl. BT-Drucks. 16/10067 vom 30.07.2008, S. 58; BR-Drucks. 344/08 vom 23.05.2008, S. 125.

149 Vgl. zum Begriff der „Objektivität" grundlegend BAETGE, J., Objektivierung, S. 16-17 und zum Begriff der „intersubjektiven Nachprüfbarkeit" POPPER, K., Logik der Forschung, 21-25.

150 Zu dem Ergebnis kommt auch SOLMECKE, H., Auswirkungen des BilMoG auf die GoB, S. 140.

151 Vgl. PATEK, G., Bewertungseinheiten nach dem Referentenentwurf des BilMoG, S. 367.

152 Vgl. zum Wortlaut des § 254 in den Fassungen des HGB-RefE, HGB-RegE und HGB-BilMoG die Synopse in Abschnitt 41 dieser Arbeit.

Eintrittswahrscheinlichkeit von knapp über 50 % nicht aus.[153] Vielmehr verlangt die Begründung zum Regierungsentwurf des BilMoG eine deutlich höhere Wahrscheinlichkeit als 50 %, auch wenn, im Gegensatz zum Referentenentwurf, nicht mehr von einer *„höchsten Wahrscheinlichkeit"* gesprochen wird. Denn im Regierungsentwurf heißt es zur Begründung der Regelung:[154]

> *„[Es] muss eine hohe Wahrscheinlichkeit für den tatsächlichen Abschluss des Rechtsgeschäfts bestehen. Dies bedeutet, dass der tatsächliche Abschluss* ***so gut wie sicher*** *sein muss. Es dürfen allenfalls noch außergewöhnliche Umstände entgegenstehen, die außerhalb des Einflussbereichs des Unternehmens liegen."*

Der Wortlaut *„so gut wie sicher"* impliziert, dass der tatsächliche Abschluss des Geschäfts **mit an Sicherheit grenzender Wahrscheinlichkeit** erwartet werden muss.

Da in den IFRS auch erwartete Transaktionen als Grundgeschäft zugelassen sind und ebenso eine hohe Wahrscheinlichkeit für den tatsächlichen Abschluss dieser Geschäfte vorliegen muss, könnten die IFRS **ausnahmsweise** als zusätzliche Informationsquelle herangezogen werden. Zwar quantifiziert auch der IASB[155] die Forderung nach einer hohen Eintrittswahrscheinlichkeit von erwarteten Transaktionen nicht, doch wird im Schrifttum häufig eine Eintrittswahrscheinlichkeit von **mindestens 80 %** gefordert.[156] Da der IFRS-Abschluss aber eine andere Zwecksetzung verfolgt als der handelsrechtliche Jahresabschluss, wäre es nicht sachgerecht, die Auslegung bzw. die entsprechenden Regelungen der IFRS heranzuziehen.[157] Denn für den handelsrechtlichen Jahresabschluss sind höhere Anforderungen an die

153 So auch GELHAUSEN, H./FEY, G./KÄMPFER, G., BilMoG, Abschn. H, Rn. 18; LÖW, E., Antizipative Sicherungsgeschäfte, S. 1121; SCHEFFLER, E., in: Beck HdR, Abschnitt B 233, Rn. 391.

154 BT-Drucks. 16/10067 vom 30.07.2008, S. 58 (Einfügungen und Hervorhebungen durch den Verfasser).

155 Der INTERNATIONAL ACCOUNTING STANDARDS BOARD (IASB) ist ein privater und unabhängiger Standardsetzer mit dem vorrangigen Ziel, ein kapitalmarktorientiertes Rechnungslegungssystem zu entwickeln. Die zugehörigen Standards werden als International Financial Reporting Standards (IFRS) bezeichnet. Vgl. hierzu ausführlich KLEEKÄMPER, H./KUHLWIND, A.-M./ ALVAREZ, M., in: Baetge u. a., Rechnungslegung nach IFRS, 2. Aufl., Kapitel I: Ziele, Organisation, Entwicklung und Bedeutung des IASB.

156 Vgl. BARCKOW, A., Sicherungsbeziehungen, Rn. 169.

157 Vgl. STIBI, B./FUCHS, M., Zum Referentenentwurf des Bilanzrechtsmodernisierungsgesetzes (BilMoG), S. 12; ZÜLCH, H./HOFFMANN, S., Der Referentenentwurf zum BilMoG, S. 1056; MOXTER, A., IFRS als Auslegungshilfe, S. 9; HENNRICHS, J., BilMoG – Verhältnis zu IFRS und Gläubigerschutz, S. 129; HENNRICHS, J./PÖSCHKE, M., Bedeutung der IFRS für die Auslegung, S. 536.

Verlässlichkeit zu stellen, da er – abweichend von den IFRS – auch die Grundlage für die Ausschüttungsbemessung bildet. **Aus diesem Grund erscheint es sachgerecht, sogar eine Mindesteintrittswahrscheinlichkeit von über 80 % für den Abschluss einer erwarteten Transaktion zu fordern.**

Die Vorgabe einer **quantitativen Mindesteintrittswahrscheinlichkeit** ist allerdings für die Praxis **problematisch**, da sich solche Vorgaben nur schwer operationalisieren lassen.[158] Denn Eintrittswahrscheinlichkeiten lassen sich durch den Bilanzierenden nur schwer prognostizieren und messen. Eine quantitative Vorgabe würde eine Scheingenauigkeit vortäuschen, die in Wirklichkeit gar nicht existiert.[159] Auch der Gesetzgeber gibt deswegen in der Gesetzesbegründung zum Regierungsentwurf des BilMoG lediglich **qualitative Indikatoren** vor, die auf eine hohe Eintrittswahrscheinlichkeit einer geplanten Transaktion hinweisen.[160]

Folgende beispielhaft aufgelisteten Sachverhalte sollten als qualitative Indikatoren zur Beurteilung der Eintrittswahrscheinlichkeit von erwarteten Transaktionen herangezogen werden. Entsprechend ist eine **hohe Eintrittswahrscheinlichkeit** zu vermuten, wenn:[161]

- erwartete Transaktionen in der Vergangenheit häufig abgesichert und auch tatsächlich abgeschlossen wurden,
- die finanzielle und operative Situation des Unternehmens dafür spricht, die erwartete Transaktion auch tatsächlich abschließen zu können,

158 Vgl. GELHAUSEN, H./FEY, G./KÄMPFER, G., BilMoG, Abschn. H, Rn. 19; DRIESCH, D./OERTZEN, C., Bilanzierung von Bewertungseinheiten nach § 254 HGB, S. 347; SCHARPF, P., in: Küting/Weber/Pfitzer, HdR, 5. Aufl., § 254 HGB, Rn. 68.

159 Vgl. LÜDENBACH, N./FREIBERG, J., Handelsbilanzielle Bewertungseinheiten nach IDW ERS HFA 35, S. 2684.

160 Vom Gesetzgeber werden lediglich qualitative Indikatoren als Beispiele genannt. Vgl. BT-Drucks. 16/10067 vom 30.07.2008, S. 58; BR-Drucks. 344/08 vom 23.05.2008, S. 125.

161 Diese Indikatoren sind zum einen den Gesetzesmaterialien des BilMoG entnommen und zum anderen den IFRS-Indikatoren angenähert. Denn in den IFRS sind ebenfalls erwartete Transaktionen als Grundgeschäft im Rahmen des Hedge-Accounting zugelassen. Dort muss der Eintritt des Geschäfts „hochwahrscheinlich" sein, sodass wegen der diesbezüglich sehr ähnlichen Anforderung die IFRS ausnahmsweise als Ideenquelle herangezogen werden (dürfen). Vgl. zu den einzelnen genannten Indikatoren auch BR-Drucks. 344/08 vom 23.05.2008, S. 125 sowie IAS 39.IG F.3.7 i. V. m. IDW (Hrsg.), IDW RS HFA 9, Rn. 322.

- die geplante Transaktion zwingend durchgeführt werden muss, um die Produktion aufrechtzuerhalten (z. B. zwingend benötigte Rohstoffe eines Speziallieferanten),
- eine nicht abgeschlossene erwartete Transaktion zu großen Risiken für das Unternehmen führt (z. B. große Verluste) oder
- der Prognosehorizont relativ kurz ist, da mit einem längeren Prognosezeitraum die Unsicherheit über den tatsächlichen Abschluss der erwarteten Transaktion steigt.

Allerdings stellen die genannten qualitativen Indikatoren lediglich Indizien für eine *„hohe Wahrscheinlichkeit"* dar. **Sollte das bilanzierende Unternehmen trotz des Vorliegens der genannten Indikatoren auch nur geringe Zweifel an dem Zustandekommen der künftigen Transaktion besitzen, ist die (künftige) Transaktion nicht als Grundgeschäft geeignet.** Da die Beurteilung der Eintrittswahrscheinlichkeit trotz Vorgabe qualitativer Indikatoren stark von subjektiven Elementen des Bilanzierenden abhängt, ist es Aufgabe des Abschlussprüfers, die zugrunde gelegten Einschätzungen des Bilanzierenden kritisch zu würdigen und im Zweifel auf einer imparitätischen Einzelbewertung solcher Geschäfte zu beharren.[162] Damit die Wahrscheinlichkeitseinschätzung des Bilanzierenden von Dritten, d. h. intersubjektiv, nachvollzogen werden kann, sind die Umstände, die zu dieser Bewertung führen, zwingend zu dokumentieren. Darüber hinaus spricht eine verfehlte Wahrscheinlichkeitseinschätzung, die nicht zum tatsächlichen Abschluss der *„erwarteten Transaktion"* geführt hat, grundsätzlich gegen die Möglichkeit, auch künftig antizipative Bewertungseinheiten zu bilden.[163] Sofern der Bilanzierende das Wahrscheinlichkeitskriterium von *„erwarteten Transaktionen"* in der Vergangenheit fälschlicherweise zu hoch eingeschätzt hat, aber weiterhin *„erwartete Transaktionen"* absichern möchte, muss der Bilanzierende die von ihm nicht zu vertretenden Umstände nachweisen, die zu der verfehlten Wahrscheinlichkeitseinschätzung führten. Wesentlich in diesem Zusammenhang ist also, dass der Bilanzierende die Umstände, die zu der Fehleinschätzung führten, nachweislich nicht zu vertreten hat.[164]

162 Vgl. BT-Drucks. 16/10067 vom 30.07.2008, S. 58; KESSLER, H./BUDDE, T., BilMoG, S. 191; DRIESCH, D./OERTZEN, C., Bilanzierung von Bewertungseinheiten nach § 254 HGB, S. 347.

163 Vgl. SCHARPF, P., in: Küting/Weber/Pfitzer, HdR, 5. Aufl., § 254 HGB, Rn. 71.

164 So SCHARPF, P., in: Küting/Weber/Pfitzer, HdR, 5. Aufl., § 254 HGB, Rn. 71.

453. Zulässige Sicherungsgeschäfte und deren Sicherungseignung

Nachdem die zulässigen Grundgeschäfte erläutert wurden, wird im Folgenden untersucht, welche Geschäfte der Gesetzgeber als Sicherungsinstrumente zulässt. Dem Wortlaut der Vorschrift zur Bildung von Bewertungseinheiten folgend, werden ausschließlich **Finanzinstrumente** als Sicherungsgeschäfte zugelassen. Denn in § 254 Satz 1 heißt es:[165]

> *„Werden Vermögensgegenstände, Schulden, schwebende Geschäfte oder mit hoher Wahrscheinlichkeit erwartete Transaktionen […] **mit Finanzinstrumenten** zusammengefasst […].“*

Allerdings gelten nach § 254 Satz 2 auch **Warentermingeschäfte**, die eine **physische** Lieferung oder einen **physischen** Bezug der zugrunde liegenden Ware unterstellen, als Finanzinstrumente. Die Klarstellung ist insofern von Bedeutung, da physische Warentermingeschäfte nicht den Definitionskriterien eines Finanzinstruments entsprechen und somit streng genommen keine Finanzinstrumente i. S. d. § 254 Satz 1 sind.[166] Denn wird das Termingeschäft **nicht physisch** erfüllt, führt dieses Geschäft weder zu einem **finanziellen Vermögensgegenstand** auf der einen Vertragsseite noch **gleichzeitig** zu einer **finanziellen Verbindlichkeit** oder einem Eigenkapitalinstrument auf der anderen Vertragsseite.[167] Da diese Geschäfte aber dennoch als Sicherungsgeschäfte zugelassen sein sollen, ***„gelten“*** sie gem. § 254 Satz 2 **ausschließlich für die Bildung von Bewertungseinheiten** als Finanzinstrumente.[168] Unter dem Begriff „Waren“ werden in diesem Zusammenhang sämtliche handelbaren materiellen und immateriellen Güter verstanden, zu denen bspw. auch Energie, Metall oder CO_2-Emissionsberechtigungen gehören.[169] Neben Finanzinstrumenten in dem erläuterten weiteren Sinne werden als Sicherungsgeschäfte aber weder erwartete Transaktionen noch nicht finanzielle Vermögensgegenstände und Schulden (z. B. Roh-,

---

165 (Auslassungen und Hervorhebungen durch den Verfasser).

166 Vgl. GELHAUSEN, H./FEY, G./KÄMPFER, G., BilMoG, Abschn. H, Rn. 28.

167 So auch PETERSEN, K./ZWIRNER, C./FROSCHHAMMER, M., Bewertungseinheiten, S. 426. Zu den Definitionskriterien eines Finanzinstruments vgl. Abschnitt 232.2.

168 So der Regierungsentwurf zum BilMoG, vgl. BT-Drucks. 16/12407, S. 86 sowie LÖW, E./SCHARPF, P./WEIGEL, W., Auswirkungen des Regierungsentwurfs des BilMoG auf die Bilanzierung von Finanzinstrumenten, S. 1014; PETERSEN, K./ZWIRNER, C./FROSCHHAMMER, M., Bewertungseinheiten, S. 426; KOPATSCHEK, M./STRUFFERT, R./WOLFGARTEN, W., Bewertungseinheiten nach BilMoG (Teil 1), S. 272 f.

169 Vgl. GELHAUSEN, H./FEY, G./KÄMPFER, G., BilMoG, Abschn. H, Rn. 34.

Hilfs- und Betriebsstoffe) zugelassen.[170] Zwar ist der Umfang möglicher Sicherungsgeschäfte geringer als der Umfang der absicherungsfähigen Grundgeschäfte. Allerdings wurde schon in Abschnitt 232 erläutert, welche Produktvielfalt sich hinter dem Begriff „Finanzinstrument" verbirgt, zumal sowohl originäre als auch derivative Finanzinstrumente sowie Kombinationen aus diesen Finanzinstrumenten (sog. strukturierte Produkte) darunter zu subsumieren sind.[171] Zudem würde laut Begründung des Regierungsentwurfs zum BilMoG *„eine Beschränkung auf Derivate [...] der Praxis nicht in vollem Umfang gerecht, auch wenn üblicherweise Derivate als Sicherungsinstrumente herangezogen werden."*[172]

Weitere Bedingungen, die an das Sicherungsgeschäft gestellt werden müssen, ergeben sich unmittelbar aus dem Zweck der Vorschrift sowie aus der Begründung des Regierungsentwurfs zum BilMoG. Denn die als Sicherungsinstrument designierten Finanzinstrumente müssen **objektiv zur Absicherung gegen das spezifizierte Risiko geeignet sein.**[173] Eine Bewertungseinheit darf nur dann gebildet werden, wenn das als Sicherungsgeschäft designierte Finanzinstrument das Risiko des Grundgeschäfts (z. B. das Währungsrisiko) **nachweislich** und **anerkanntermaßen** eliminiert oder zumindest reduziert.[174] Die Eignung eines Finanzinstruments als Sicherungsgeschäft ergibt sich somit indirekt aus dem Grundgeschäft. Damit ein Finanzinstrument als **objektiv geeignetes Sicherungsgeschäft** gilt, muss es denselben Risiken ausgesetzt sein wie das Grundgeschäft, mithin von den gleichen wertbestimmenden Einflussfaktoren abhängen.[175] Folglich ist ein als Sicherungsgeschäft vorgesehenes Finanzinstrument **nicht** als ein Sicherungsinstrument **geeignet**, wenn das Finanzinstrument **von anderen Risikoarten abhängt als das Grundgeschäft.**[176] Beispielsweise

170 Vgl. GELHAUSEN, H./FEY, G./KÄMPFER, G., BilMoG, Abschn. H, Rn. 22.

171 Vgl. IDW (Hrsg.), IDW RS HFA 35, Rn. 34 f.; KESSLER, H./BUDDE, T., BilMoG, S. 192; GELHAUSEN, H./FEY, G./KÄMPFER, G., BilMoG, Abschn. H, Rn. 26.

172 BR-Drucks. 344/08 vom 23.05.2008, S. 125; BT-Drucks. 16/10067 vom 30.07.2008, S. 58.

173 Vgl. BR-Drucks. 344/08 vom 23.05.2008, S. 126; BT-Drucks. 16/10067 vom 30.07.2008, S. 58; PETERSEN, K./ZWIRNER, C./FROSCHHAMMER, M., Bewertungseinheiten nach § 254 HGB, S. 451.

174 Vgl. BT-Drucks. 16/12407 vom 24.03.2009, S. 86; IDW (Hrsg.), IDW RS HFA 35, Rn. 38; FÖRSCHLE, G./USINGER, R., in: Beck Bilanzkomm., 7. Aufl., § 254 HGB, Rn. 25.

175 Vgl. BT-Drucks. 16/12407 vom 24.03.2009, S. 86; FÖRSCHLE, G./USINGER, R., in: Beck Bilanzkomm., 7. Aufl., § 254 HGB, Rn. 27; SCHARPF, P., in: Küting/Weber/Pfitzer, HdR, 5. Aufl., § 254 HGB, Rn. 115.

176 Vgl. SCHARPF, P./SCHABER, M., Bilanzierung von Bewertungseinheiten, S. 535. Ähnlich auch IDW (Hrsg.), IDW ERS HFA 35, Rn. 38.

ist ein Zinsswap, durch den variable Zinszahlungen in feste Zinszahlungen getauscht werden, zur Absicherung eines Zinsrisikos ungeeignet, wenn dessen variable „Seite" nicht von einem Marktzins, wie dem EURIBOR, abhängt, sondern von der Kursentwicklung einer bestimmten Auslandswährung.[177] In diesem Fall ist der wertbestimmende Einflussfaktor des Zinsswaps nicht das Zinsrisiko, sondern das Währungsrisiko. Während also die Wertänderung des Grundgeschäfts (z. B. eines Darlehens) von einem Zinsrisiko abhängt, wird die Wertänderung des Sicherungsgeschäfts von einem Währungsrisiko bestimmt. In diesem Fall ist das Finanzinstrument nicht zur Absicherung der risikoinduzierten Wertschwankung des Grundgeschäfts geeignet. Daraus folgt weiter, dass der alleinige statistische Nachweis einer negativen Korrelation von Grund- und Sicherungsgeschäft nicht ausreicht, um als objektiv geeignetes Sicherungsinstrument zu gelten. Denn negative Korrelationen können auch aus einer rein zufälligen Wertkompensation von Grund- und Sicherungsgeschäft resultieren.[178]

Dem Kriterium der **objektiven Eignung** eines Finanzinstruments als Sicherungsgeschäft wird vor allem bei sog. **Plain Vanilla-Geschäften** entsprochen, da nur bei solchen Finanzinstrumenten das wertbestimmende Risiko eindeutig bestimmbar ist.[179] Darunter werden Standardgeschäfte von Finanzinstrumenten verstanden (z. B. Futures, Optionen) ohne spezifische oder komplexe Ausgestaltungsmerkmale, wie es bspw. bei strukturierten Produkten der Fall ist.[180] Allerdings werden auch Finanzinstrumente, die nicht zu den Plain Vanilla-Geschäften gehören, vom Gesetzgeber zugelassen, solange das zu sichernde Grundgeschäft die gleichen, d. h. identischen spezifischen Ausgestaltungsmerkmale aufweist wie das Sicherungsgeschäft und dadurch der bestmögliche Sicherungserfolg erreicht werden kann.[181]

Voraussetzung für die Bildung einer Bewertungseinheit ist also, dass die wertbestimmenden Einflussfaktoren von Grund- und Sicherungsgeschäft übereinstimmen. Folglich

---

177 Vgl. SCHARPF, P./SCHABER, M., Bilanzierung von Bewertungseinheiten, S. 535; BIEG, H., Bilanzierung und Bewertung von Financial Swaps – Teil II, S. 263.

178 Vgl. BT-Drucks. 16/12407 vom 24.03.2009, S. 86; SCHARPF, P., in: Küting/Weber/Pfitzer, HdR, 5. Aufl., § 254 HGB, Rn. 116.

179 Vgl. IDW (Hrsg.), IDW ERS HFA 35, Rn. 38; DRIESCH, D./OERTZEN, C., Bilanzierung von Bewertungseinheiten nach § 254 HGB, S. 350; SCHARPF, P., in: Küting/Weber/Pfitzer, HdR, 5. Aufl., § 254 HGB, Rn. 117.

180 Vgl. HULL, J., Optionen, Futures und andere Derivate, S. 948.

181 Vgl. IDW (Hrsg.), IDW RS HFA 35, Rn. 39; SCHARPF, P., in: Küting/Weber/Pfitzer, HdR, 5. Aufl., § 254 HGB, Rn. 117.

dürfen auch mehrere Risiken mit nur einem Sicherungsgeschäft abgesichert werden. Danach ist z. B. ein **Zins-Währungsswap**[182] (Cross-Currency-Swap) für die **alleinige** Absicherung entweder nur des Zins- oder nur des Währungsrisikos ungeeignet. Allerdings darf ein Zins-Währungsswap für die Absicherung von Grundgeschäften eingesetzt werden, die **sowohl einem Währungsrisiko als auch einem Zinsrisiko ausgesetzt sind.** Trotzdem ist es nicht empfehlenswert, derivative Finanzinstrumente, die nicht zu den Plain Vanilla-Geschäften gehören (z. B. auch exotische Optionen[183]), zur Absicherung einzusetzen, da mit diesen Instrumenten auch zusätzliche Gefahren verbunden sind, die in der Komplexität ihrer wertbestimmenden Faktoren liegen. So können die wertbestimmenden Faktoren bei diesen Finanzinstrumenten nicht immer uneingeschränkt vom Bilanzierenden überblickt bzw. erkannt werden, so dass u. U. zusätzliche Risiken durch das Sicherungsgeschäft eingegangen werden, die überhaupt nicht bilanziell berücksichtigt werden.

Des Weiteren dürfen ausschließlich solche Finanzinstrumente als Sicherungsgeschäft verwendet werden, die nicht akut ausfallgefährdet sind.[184] Falls nur geringe Anzeichen einer Bonitätsverschlechterung des Finanzinstruments vorliegen, ist dieses Geschäft nicht mehr als Sicherungsinstrument geeignet, da die Wirksamkeit der Sicherungsbeziehung ex ante schon nicht gegeben ist. Dies hat nicht zuletzt die Insolvenz der US-amerikanischen In-

182 Der *Zins-Währungsswap* – auch als *Fixed-for-Floating-Währungsswap* oder als *Cross-Currency-Zinsswap* bezeichnet – wird in der Literatur zu den Währungsswaps gezählt. Diese Swap-Variante stellt eine Kombination aus einem „normalen“ Währungsswap (Fixed-for-Fixed-Währungsswap), bei dem die fest vereinbarten Zinszahlungen in unterschiedlicher Währung gezahlt werden, und einem Zinsswap (Fixed-for-Floating-Zinsswap) dar, bei dem variable Zinszahlungen gegen fixe Zinszahlungen getauscht werden. Bei einem Zins-Währungsswap werden folglich Zahlungsströme in unterschiedlicher Währung und mit unterschiedlicher Zinsbindung getauscht (z. B. Tausch von Zinszahlungen auf ein festkonditioniertes EUR-Darlehen gegen Zinszahlungen auf ein USD-Darlehen mit marktgerechter variabler Verzinsung). Vgl. hierzu ausführlich HULL, J., Optionen, Futures und andere Derivate, S. 221-224.

183 Exotische Optionen sind derivative Finanzinstrumente, die von Standard-Optionen hergeleitet werden. Bei diesen Optionsarten liegen kompliziertere Auszahlungsstrukturen vor als bei vergleichbaren Standard-Optionen. Besonders häufig sind dabei die sog. pfadabhängigen Optionen, bei denen die Auszahlung bei Ausübung der Option und damit der Wert der Option nicht nur von dem Wert des Basiswerts im Ausübungszeitpunkt abhängt, sondern von dem Wert des Basiswerts in anderen Zeitpunkten oder in bestimmten Zeiträumen. Denkbar ist allerdings auch, dass der Wert der Option nicht nur von einem, sondern von mehreren Basiswerten abhängt oder dass die Wertentwicklung der Option nicht linear mit dem Basiswert verknüpft ist. Vgl. hierzu ausführlich RUDOLPH, B./SCHÄFER, K., Derivative Finanzmarktinstrumente, S. 333-339.

184 Vgl. IDW (Hrsg.), IDW RS HFA 35, Rn. 37; FÖRSCHLE, G./USINGER, R., in: Beck Bilanzkomm., 7. Aufl., § 254 HGB, Rn. 27; PFITZER, N./SCHARPF, P./SCHABER, M., Voraussetzungen für die Bildung von Bewertungseinheiten (Teil 1), S. 680; KÜTING, K./PFITZER, N./WEBER, C.-P., Das neue deutsche Bilanzrecht, S. 210.

vestmentbank LEHMAN BROTHERS im Herbst 2008 gezeigt.[185] Denn eine ex ante scheinbar perfekte Absicherung ist wertlos, wenn ein als Vertragspartner eines Sicherungsgeschäfts fungierendes Kreditinstitut insolvent wird.[186]

Nachdem die zugelassenen Grund- und Sicherungsgeschäfte erarbeitet wurden, die zu einer Bewertungseinheit zusammengefasst werden dürfen, wird im folgenden Abschnitt auf das Kriterium der Wirksamkeit eingegangen. Die Wirksamkeit des zugrunde liegenden Sicherungszusammenhangs ist eine weitere und wesentliche (kumulativ) zu erfüllende Voraussetzung, um Bewertungseinheiten nach § 254 bilden zu dürfen.

454. Die Wirksamkeit von Bewertungseinheiten

454.1 Vorbemerkungen

Nach § 254 treten die Rechtsfolgen zur Bildung von Bewertungseinheiten nur

> *„[...] **in dem Umfang** und **für den Zeitraum** [ein], in dem die **gegenläufigen** Wertänderungen oder Zahlungsströme **sich ausgleichen**."*[187]

Daraus folgt, dass eine Bewertungseinheit nur dann gebildet werden darf, wenn auch der zugrunde liegende Sicherungszusammenhang wirksam ist.[188] **Wirksam** ist eine Bewertungseinheit nach § 254 folglich nur dann, wenn die zugrunde liegenden Grund- und Sicherungsgeschäfte

- **vergleichbaren Risiken** ausgesetzt sind (Abschnitt 454.2),
- **zu gegenläufigen** Wertänderungen oder Zahlungsströmen führen (Abschnitt 454.3) und diese
- **verlässlich ermittelt** werden können (Abschnitt 454.4).

185 Handelsblatt vom 15.09.2008, US-Banken im Umbruch – Lehman Brothers muss Konkurs beantragen.

186 Vgl. LÜDENBACH, N./FREIBERG, J., Handelsbilanzielle Bewertungseinheiten nach IDW ERS HFA 35, S. 2684; KÜTING, K./PFITZER, N./WEBER, C.-P., Das neue deutsche Bilanzrecht, S. 211.

187 (Auslassungen, Hervorhebungen und Einfügungen durch den Verfasser).

188 Vgl. BURKHARDT, K./WALTERSCHEIDT, S., Pro und Contra der abstrakten Regelungen zu Bewertungseinheiten, S. 122 f.; GELHAUSEN, H./FEY, G./KÄMPFER, G., BilMoG, Abschn. H, Rn. 50.

Darüber hinaus muss die **Wirksamkeit** von Bewertungseinheiten **prospektiv,** d. h. mit Blick in die Zukunft, **nachgewiesen** werden. Zudem muss der Umfang der Wirksamkeit an jedem Bilanzstichtag **retrospektiv**, d. h. für das vergangene Berichtsjahr, **berechnet** werden.[189] Die **Wirksamkeit** von Bewertungseinheiten wird dabei durch einen sog. **Effektivitätstest nachgewiesen** (Abschnitt 454.5). Die **Effektivität** bezeichnet hierbei den **Grad**, mit dem die Wert- oder Zahlungsstromänderungen des Grundgeschäfts, die auf das abgesicherte Risiko zurückzuführen sind, durch die Wert- oder Zahlungsstromänderungen des Sicherungsgeschäfts kompensiert werden.[190] Wird die Effektivität rechnerisch ermittelt, bedeutet eine Effektivität von 100 % bzw. 1, dass die Wert- oder Zahlungsstromschwankungen des Grundgeschäfts zu 100 % durch das Sicherungsgeschäft kompensiert werden. Dies wird als perfekter Sicherungszusammenhang bezeichnet. Folglich liegt bei einer Effektivität größer als 100 % eine Überkompensation bzw. bei einer Effektivität kleiner als 100 % eine Unterkompensation vor.

454.2 Vergleichbarkeit der Risiken von Grund- und Sicherungsgeschäft

Eine wirksame Bewertungseinheit setzt einen wirksamen zugrunde liegenden Sicherungszusammenhang voraus. **Wirksam** kann ein Sicherungszusammenhang allerdings nur sein, wenn ein als Sicherungsgeschäft vorgesehenes Finanzinstrument **objektiv zur Absicherung geeignet** ist. Ein Finanzinstrument kann aber nur dann als Sicherungsgeschäft geeignet sein, wenn das Sicherungsgeschäft die Wert- oder Zahlungsstromänderungen des Grundgeschäfts **systematisch kompensiert.** Grund- und Sicherungsgeschäft dürfen demnach nicht zu einer Bewertungseinheit zusammengefasst werden, wenn sich die Wert- oder Zahlungsstromänderungen nur zufällig ausgleichen.[191] Damit ein zufälliger Ausgleich von Grund- und Sicherungsgeschäft vermieden werden kann, müssen sowohl die Wert- oder Zahlungsstromänderungen des Grundgeschäfts als auch die Wert- oder Zahlungsstromänderungen des Sicherungsgeschäfts von **den gleichen Einflussfaktoren** abhängen. Im Schrifttum wird

189 Vgl. IDW (Hrsg.), IDW RS HFA 35, Rn. 50; PETERSEN, K./ZWIRNER, C./FROSCHHAMMER, M., Bewertungseinheiten, S. 427; FÖRSCHLE, G./USINGER, R., in: Beck Bilanzkomm., 7. Aufl., § 254 HGB, Rn. 42.

190 Vgl. LÜDENBACH, N./FREIBERG, J., Handelsbilanzielle Bewertungseinheiten nach IDW ERS HFA 35, S. 2685.

191 Vgl. BT-Drucks. 16/12407 vom 24.03.2009, S. 86; PATEK, G., Bewertungseinheiten nach BilMoG, S. 365.

dies als *„homogene Beeinflussung von Gewinnchance und Verlustrisiko"* bezeichnet.[192] Damit die Wert- oder Zahlungsstromänderungen von den gleichen Einflussfaktoren abhängen, müssen sowohl das jeweilige Grundgeschäft als auch das jeweilige Sicherungsgeschäft von denselben Risiken abhängen.[193] Aus diesem Grund heißt es in § 254:

> *„Werden Vermögensgegenstände [...] aus dem Eintritt* ***vergleichbarer Risiken*** *mit Finanzinstrumenten zusammengefasst (Bewertungseinheit) [...]."*

Danach dürfen Wert- oder Zahlungsstromänderungen nur aus **eindeutig identifizierbaren** Risiken, wie Zins-, Währungs- oder Bonitätsrisiken, abgesichert und mithilfe von Bewertungseinheiten dargestellt werden.[194] So dürfen Bewertungseinheiten zur Absicherung des allgemeinen Unternehmensrisikos nicht gebildet werden.[195] Der Gesetzgeber geht nur dann von einer wirksamen Bewertungseinheit aus, wenn sich die Wert- oder Zahlungsstromschwankungen **systematisch**, d. h. durch die **gleichen Risikofaktoren** kompensieren.[196] Dies ist vor allem bei Portfolio- und Makro-Hedges relevant. Denn Grundgeschäfte dürfen nur zu einem sicherungsfähigen Portfolio zusammengefasst werden, wenn das gesamte Portfolio der gleichen abzusichernden Risikoart ausgesetzt ist. Das verbleibende Nettorisiko des Portfolios darf folglich auch nur durch entsprechend risikoadäquate Sicherungsgeschäfte abgesichert werden. Das heißt, **sowohl die zu sichernden Grundgeschäfte als auch die entsprechenden Sicherungsgeschäfte müssen homogen hinsichtlich des abgesicherten Risikos sein.**[197]

Die Unterscheidung zwischen Wert- und Zahlungsstromschwankungen des Grund- und Sicherungsgeschäfts aus **vergleichbaren und damit abgesicherten Risiken** und Wert- und Zahlungsstromschwankungen aus **nicht vergleichbaren und damit nicht abgesicherten Risiken** ist vor allem für die handelsrechtliche Abbildung von Bewertungseinheiten bedeutsam, da Wert- oder Zahlungsstromänderungen aus nicht abgesicherten Risiken nicht zu

192 Vgl. TÖNNIES, M./SCHIERSMANN, B., Die Zulässigkeit von Bewertungseinheiten (Teil 1), S. 717; PFITZER, N./SCHARPF, P./SCHABER, M., Voraussetzungen für die Bildung von Bewertungseinheiten (Teil 1), S. 682; BIEKER, M., Die Bilanzierung von Euro-Bund-Futures, S. 219; SCHARPF, P., Derivative Finanzinstrumente im Jahresabschluss, S. 190.

193 Vgl. PATEK, G., Bewertungseinheiten nach BilMoG, S. 365.

194 Vgl. BT-Drucks. 16/12407 vom 24.03.2009, S. 86.

195 Vgl. SCHARPF, P./SCHABER, M., Bilanzierung von Bewertungseinheiten, S. 533.

196 Vgl. KÜTING, K./PFITZER, N./WEBER, C.-P., Das neue deutsche Bilanzrecht, S. 207.

197 Vgl. IDW (Hrsg.), IDW RS HFA 35, Rn. 27.

einer Bewertungseinheit zusammengefasst werden dürfen.[198] Den Zusammenhang von vergleichbaren, d. h. abgesicherten Risiken, und von nicht vergleichbaren, d. h. nicht abgesicherten Risiken veranschaulicht Übersicht 4-2.

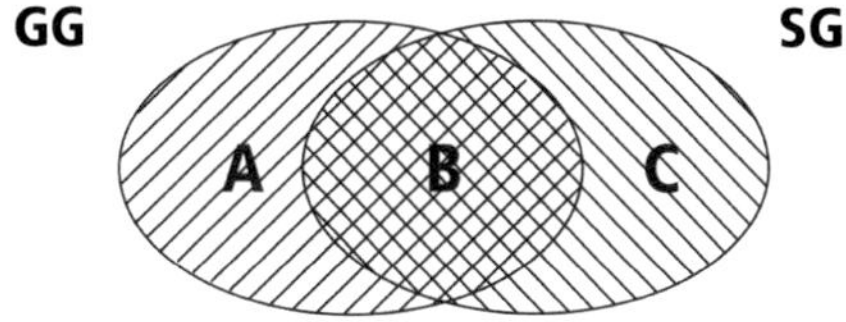

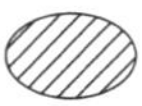 ≡ Risikoinduzierte Wert- oder Zahlungsstromänderungen des Grundgeschäfts (GG)

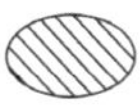 ≡ Risikoinduzierte Wert- oder Zahlungsstromänderungen des Sicherungsgeschäfts (SG)

A ≡ Wert- oder Zahlungsstromänderungen des GG resultieren aus **nicht abgesicherten** Risiken (z. B. Währungsrisiken)
⇨ **keine Bildung einer Bewertungseinheit** bzgl. des betrachteten Risikos

B ≡ Wert- oder Zahlungsstromänderungen des GG und des SG resultieren aus „vergleichbaren", d. h. aus einer identischen Risikoart (z. B. Zinsrisiken)
⇨ **Bildung einer Bewertungseinheit**

C ≡ Wert- oder Zahlungsstromänderungen des SG resultieren aus **nicht abgesicherten** Risiken (z. B. Bonitätsrisiken)
⇨ **keine Bildung einer Bewertungseinheit** bzgl. des betrachteten Risikos

Übersicht 4-2: *Das Kriterium der Vergleichbarkeit von Risiken*

Zum besseren Verständnis der obigen Grafik wird diese anhand des folgenden **Beispiels** erläutert:

> Eine langfristige und festverzinsliche Anleiheverbindlichkeit in Fremdwährung soll gegen Zinsrisiken abgesichert werden. Die Verbindlichkeit wird daher als Grundgeschäft (GG) designiert. Das GG ist aber neben Zinsrisiken auch Währungsrisiken ausgesetzt, da die Anleihe in Fremdwährung notiert. Als Sicherungsgeschäft (SG) ist ein Zinsswap vorgesehen. Das Finanzinstrument ist allerdings nur für die Absicherung der zinsrisikoinduzierten Marktwertschwankungen des GG geeignet. Während somit die **zinsrisikoinduzierten** Marktwertschwankungen der Anleihe mit den

198 Zur bilanziellen Abbildung von Bewertungseinheiten wird auf Abschnitt 46 der vorliegenden Arbeit verwiesen.

zinsrisikoinduzierten Marktwertschwankungen des Swaps zusammengefasst und mithilfe einer Bewertungseinheit dargestellt werden müssen (Fläche B), sind die **währungsrisikoinduzierten** Wertänderungen des Grundgeschäfts (Fläche A) imparitätisch nach den allgemeinen Grundsätzen zu behandeln und es ist von einer kompensatorischen Bewertung innerhalb der Bewertungseinheit zu abstrahieren. Sonstigen Risikoarten, wie einem Bonitätsrisiko, sei der Zinsswap nicht ausgesetzt. Fläche C existiert in diesem Beispiel somit nicht.

Um die kompensatorischen Wert- oder Zahlungsstromänderungen der zu einer Bewertungseinheit zusammengefassten Grund- und Sicherungsgeschäfte hinsichtlich des abgesicherten Risikos intersubjektiv nachprüfen und beurteilen zu können (z. B. durch den Abschlussprüfer), ist es erforderlich, das zu sichernde Risiko exakt zu definieren und zu dokumentieren.[199] Gleichzeitig verhindert die Dokumentation eine nachträgliche willkürliche Zusammenfassung von Grund- und Sicherungsgeschäften zu Bewertungseinheiten.[200]

454.3 Gegenläufigkeit der Wert- und Zahlungsstromänderungen

Das Kriterium der „Gegenläufigkeit“ ergibt sich zum einen aus dem Zweck einer Bewertungseinheit, nämlich die kompensatorische Bewertung von Grund- und Sicherungsgeschäft zu ermöglichen, und zum anderen direkt aus dem Wortlaut der Vorschrift zur Bildung von Bewertungseinheiten. Denn nach § 254 Satz 1 müssen Wert- oder Zahlungsstromänderungen von Grund- und Sicherungsgeschäft aufgrund des Eintritts vergleichbarer Risiken *„gegenläufig“* sein, damit eine Bewertungseinheit wirksam sein kann.[201] Falls die Wert- oder Zahlungsstromänderungen von Grund- und Sicherungsgeschäft nicht gegenläufig sind, ist das Sicherungsgeschäft folglich nicht zur Absicherung des Grundgeschäfts geeignet und die Bewertungseinheit darf nicht gebildet werden.[202] Das Kriterium der „Gegenläufigkeit“ impliziert auch, dass ein Sicherungsgeschäft die **gleiche Fristigkeit** wie das Grundgeschäft aufweisen muss, damit es überhaupt die Wert- oder Zahlungsstromände-

199 Vgl. IDW (Hrsg.), IDW RS HFA 35, Rn. 28. Vgl. zu den Dokumentationsanforderungen auch Abschnitt 456.

200 Vgl. SCHARPF, P., in: Küting/Weber/Pfitzer, HdR, 5. Aufl., § 254 HGB, Rn. 47. Zu den Dokumentationsanforderungen im Rahmen einer Bewertungseinheit siehe auch Abschnitt 456.

201 Vgl. BIEKER, M., Die Bilanzierung von Euro-Bund-Futures, S. 219.

202 Vgl. GELHAUSEN, H./FEY, G./KÄMPFER, G., BilMoG, Abschn. H, Rn. 75.

rungen des Grundgeschäfts ausgleichen, mithin wirksam, sein kann.[203] Fällt ein gegenläufiges Geschäft einer gebildeten Bewertungseinheit somit weg, entsteht eine offene Risikoposition, die entsprechend den allgemeinen handelsrechtlichen Vorschriften imparitätisch einzeln zu bewerten ist. Eine gebildete Bewertungseinheit ist in dem Fall folglich aufzulösen.

454.4 Verlässliche Messbarkeit von Wert- oder Zahlungsstromänderungen

Eine weitere (implizite) Voraussetzung zur Bildung von Bewertungseinheiten nach § 254 ist die **verlässliche Messbarkeit** der Wert- und Zahlungsstromänderungen von Grund- und Sicherungsgeschäft.[204] Ist diese Voraussetzung nicht erfüllt, kann zum einen **nicht der erforderliche Nachweis der Wirksamkeit durch einen Effektivitätstest** erbracht werden und zum anderen auch nicht festgestellt werden, in **welchem Umfang** sich Grund- und Sicherungsgeschäft ausgleichen.[205] Letzteres ist vor allem für die handelsrechtliche Abbildung von Bewertungseinheiten notwendig.

Darüber hinaus ist es erforderlich, die **gesicherten Risiken** von den **ungesicherten Risiken** separieren zu können.[206] Dies gilt für den Fall, dass das Grund- oder Sicherungsgeschäft **neben dem gesicherten Risiko zusätzlich einem nicht vergleichbaren und damit ungesicherten Risiko ausgesetzt** ist. Da nur Grund- und Sicherungsgeschäfte mit *„vergleichbaren Risiken"* zu einer Bewertungseinheit zusammengefasst werden dürfen, ist es ansonsten nicht möglich, festzustellen, auf welcher Basis sich Risiken von Grund- und Sicherungsgeschäft ausgleichen. Sollten Grund- oder Sicherungsgeschäft ungesicherten Risiken ausgesetzt sein **und** sollten die Wert- oder Zahlungsstromänderungen aus den ungesicherten Risiken nicht verlässlich von den Wert- oder Zahlungsstromänderungen aus den gesicherten Risiken abgegrenzt werden können, ist der Versuch der Bildung einer Bewertungseinheit **als Ganzes**

203 Vgl. GELHAUSEN, H./FEY, G./KÄMPFER, G., BilMoG, Abschn. H, Rn. 84 f.; IDW (Hrsg.), IDW RS HFA 35, Rn. 33. Die Fristen- bzw. Fälligkeitsidentität wurde im Schrifttum auch vor Inkrafttreten des BilMoG gefordert. Vgl. hierzu z. B. ADS, 6. Aufl., § 253 HGB, Rn. 105; IDW (Hrsg.), WP Handbuch, Bd. I, Abschn. E, Rn. 54.

204 Vgl. BIEKER, M., Die Bilanzierung von Euro-Bund-Futures, S. 219 f.

205 Vgl. BT-Drucks. 16/12407 vom 24.03.2009, S. 86.

206 Vgl. BT-Drucks. 16/10067 vom 30.07.2008, S. 58.

unwirksam.[207] Die Bildung einer Bewertungseinheit ist in diesem Fall von Beginn an unzulässig. Sollten sich die Wert- und Zahlungsstromänderungen von gesicherten und ungesicherten Risiken nachträglich, d. h. nachdem eine Bewertungseinheit gebildet wurde, nicht mehr verlässlich separieren lassen, ist der Versuch der Bildung einer Bewertungseinheit ebenfalls unwirksam und die vorläufig gebildete Bewertungseinheit ist entsprechend aufzulösen.[208] Von einer verlässlichen Messbarkeit der Wert- oder Zahlungsstromänderungen ist ferner nicht auszugehen, wenn entweder das Grund- oder das Sicherungsgeschäft akut ausfallgefährdet ist, da in einem solchen Fall nicht mit hinreichender Sicherheit davon ausgegangen werden kann, dass die positiven Erfolgsbeiträge aus einem ausfallgefährdeten Geschäft tatsächlich realisiert werden können, um die negativen Erfolgsbeiträge aus dem Gegengeschäft zu kompensieren.[209]

Im Zusammenhang mit dem Kriterium der verlässlichen Messbarkeit von Wert- oder Zahlungsstromänderungen stellt sich vor allem bei Wertänderungsrisiken die Frage, von welchem Wertebegriff das Gesetz (§ 254) überhaupt ausgeht. Denn anders als bei Zahlungsströmen, bei denen i. d. R. keine Bewertungsprobleme existieren, sind der Wert und die sich ergebenden Wertänderungen von Grund- und Sicherungsgeschäft abhängig von der zugrunde gelegten Bewertungskonzeption. Vor dem Hintergrund, dass mit Inkrafttreten des BilMoG erstmals auch der Begriff des **beizulegenden Zeitwerts** kodifiziert wurde, ist es für den Bilanzierenden fraglich, ob diese Bewertungskonzeption auch für die Bewertung von Grund- und Sicherungsgeschäft heranzuziehen ist. Denn der Begriff „beizulegender Zeitwert" wird im handelsrechtlichen Schrifttum nach Inkrafttreten des BilMoG teilweise im Zusammenhang mit Bewertungseinheiten nach § 254 verwendet.[210] Obwohl die Konzeption des beizulegenden Zeitwerts erstmals durch das BilMoG im Handelsrecht kodifiziert wurde, stellt der Begriff für die deutsche Rechnungslegung indes kein Novum

207 Vgl. GELHAUSEN, H./FEY, G./KÄMPFER, G., BilMoG, Abschn. H, Rn. 77.

208 Vgl. BT-Drucks. 16/12407 vom 24.03.2009, S. 86; GELHAUSEN, H./FEY, G./KÄMPFER, G., BilMoG, Abschn. H, Rn. 77.

209 Vgl. IDW (Hrsg.), IDW RS HFA 35, Rn. 30 und Rn. 36; GELHAUSEN, H./FEY, G./KÄMPFER, G., BilMoG, Abschn. H, Rn. 78; SCHARPF, P./SCHABER, M., Bilanzierung von Bewertungseinheiten, S. 534; FÖRSCHLE, G./USINGER, R., in: Beck Bilanzkomm., 7. Aufl., § 254 HGB, Rn. 27; PFITZER, N./SCHARPF, P./SCHABER, M., Voraussetzungen für die Bildung von Bewertungseinheiten (Teil 1), S. 680; KÜTING, K./PFITZER, N./WEBER, C.-P., Das neue deutsche Bilanzrecht, S. 210.

210 Vgl. z. B. GELHAUSEN, H./FEY, G./KÄMPFER, G., BilMoG, Abschn. H, Rn. 129; SCHARPF, P., in: Küting/Weber/Pfitzer, HdR, 5. Aufl., § 254 HGB, Rn. 321.

dar. Denn schon in der Vergangenheit wurde diese Konzeption im handelsrechtlichen Schrifttum sehr kontrovers diskutiert.[211] Im Laufe des Gesetzgebungsverfahrens zum BilMoG wurde der Anwendungsbereich von Positionen, die zum beizulegenden Zeitwert zu bewerten sind – nicht zuletzt wegen der Kritik aufgrund der krisenverstärkenden Wirkung des beizulegenden Zeitwerts während der Finanz- und Wirtschaftskrise im Jahre 2008 – drastisch eingeschränkt.[212] Sollten im Referentenentwurf des BilMoG bspw. noch sämtliche Handelsbestände von Finanzinstrumenten zum beizulegenden Zeitwert bewertet werden, wurde die Zeitwertbewertung im endgültig verabschiedeten BilMoG nur noch für Handelsbestände von Finanzinstrumenten bei Kreditinstituten zugelassen (§ 340e Abs. 3).

Der Begriff des **beizulegenden Zeitwerts** wird nach § 255 Abs. 4 abhängig von der Existenz eines aktiven Marktes wie folgt konkretisiert:[213]

(1) Der beizulegende Zeitwert entspricht dem Marktpreis, sofern ein aktiver Markt besteht (§ 255 Abs. 4 Satz 1).

(2) Soweit kein aktiver Markt existiert, ist der beizulegende Zeitwert mithilfe von anerkannten Bewertungsmethoden zu bestimmen (§ 255 Abs. 4 Satz 2).

(3) Lässt sich der beizulegende Zeitwert weder nach § 255 Abs. 4 Satz 1 (Marktwert auf einem aktiven Markt) noch nach § 255 Abs. 4 Satz 2 (Anwendung einer Bewertungsmethode) ermitteln, sind die AK/HK gem. § 253 Abs. 4 entsprechend fortzuführen. Dabei gilt der zuletzt anhand eines Marktwerts auf einem aktiven Markt oder anhand einer allg. anerkannten Bewertungsmethode ermittelte beizulegende Zeitwert als AK/HK (§ 255 Abs. 4 Satz 3 und 4).

Fraglich bleibt für das bilanzierende Unternehmen, was unter einem **aktiven Markt** zu verstehen ist.

211 Vgl. m. w. N. BAETGE, J./ZÜLCH, H., Fair Value-Accounting, S. 547 f.; BÖCKING, H.-J./ LOPATTA, K./RAUSCH, B., Fair Value-Bewertung versus Anschaffungskostenprinzip, S. 83-105; BIEG, H., U. A., Die Saarbrücker Initiative gegen den Fair Value, S. 2549-2552. Einen historischen Überblick über den Begriff „beizulegender Zeitwert" gibt KÜMMEL, J., Fair Value-Ermittlung mit Barwertkalkülen.

212 Vgl. KNOP, W., U. A., in: Küting/Weber/Pfitzer, HdR, 5. Aufl., § 255 HGB, Rn. 415; BIEG, H., U. A., Die Saarbrücker Initiative gegen den Fair Value, S. 2549-2552.

213 Vgl. KÜNKELE, P./KOSS, C., § 255 HGB - Bewertungsmaßstäbe, S. 445.

Ein Marktpreis gilt nach der Begründung des Regierungsentwurfs zum BilMoG nur dann als an einem aktiven Markt ermittelt, wenn folgende Bedingungen kumulativ erfüllt sind:

(1) Der Marktpreis ist an einer Börse, von einem Händler, von einem Broker, von einer Branchengruppe, von einem Preisberechnungsservice oder einer Aufsichtsbehörde

(2) leicht und regelmäßig erhältlich und

(3) beruht auf aktuellen und regelmäßig auftretenden Markttransaktionen

(4) zwischen unabhängigen Dritten.[214]

Ob die Grund- und Sicherungsgeschäfte einer Bewertungseinheit nach der Konzeption des beizulegenden Zeitwerts zu bewerten sind, kann weder dem Wortlaut des § 254 noch den Gesetzesmaterialien zum BilMoG entnommen werden. Sowohl im Gesetz als auch in der Gesetzesbegründung zum BilMoG wird stets nur von *„Wert"* bzw. *„Wertänderungen"* gesprochen.[215] Allerdings lassen der Zweck der Vorschrift sowie die Entstehungsgeschichte des § 255 Abs. 4 zum Anwendungsbereich des beizulegenden Zeitwerts im Handelsrecht darauf schließen, dass weder Grund- noch Sicherungsgeschäft zum beizulegenden Zeitwert zu bewerten sind.[216] Denn **der beizulegende Zeitwert ist nur für einen sehr engen Anwendungsbereich zugelassen**, da die Bewertungskonzeption gegen wesentliche GoB verstößt. Allen voran ist der **Grundsatz der Richtigkeit** gem. § 239 Abs. 2 zu nennen. Schließlich verweist die Bewertungshierarchie des beizulegenden Zeitwerts – für den Fall, dass ein aktiver Markt nicht existiert – auf anerkannte Bewertungsmethoden, wodurch die Objektivität der Werte im Jahresabschluss erheblich beeinträchtigt werden kann. Denn die Wahl der Bewertungsmethode sowie die Wahl der zugrunde gelegten Parameter bieten dem Bilanzierenden einen erheblichen Ermessensspielraum bei der Berechnung dieser Werte, der ggf.

---

214 Vgl. BR-Drucks. 344/08 vom 23.05.2008, S. 132. Hilfreiche Indikatoren, wann ein aktiver Markt vorliegt bzw. wann dieser aktive Markt nicht mehr vorliegt, geben z. B. KNOP, W., U. A., in: Küting/Weber/Pfitzer, HdR, 5. Aufl., § 255 HGB, Rn.431 f. sowie BRÜGGEMANN, P., Finanzinstrumente des Handelsbestands, S. 128-130.

215 Vgl. BR-Drucks. 344/08 vom 23.05.2008, S. 124-128; BT-Drucks. 16/10067 vom 30.07.2008, S. 57-59.

216 Vgl. zur Entstehungsgeschichte auch KNOP, W., U. A., in: Küting/Weber/Pfitzer, HdR, 5. Aufl., § 255 HGB, Rn. 415-417.

einseitig ausgenutzt werden kann.[217] Nicht zuletzt aus diesem Grund hat der Gesetzgeber den beizulegenden Zeitwert auch **nur** für bestimmte Problembereiche zugelassen. Dies betrifft die Finanzinstrumente des Handelsbestands bei Kreditinstituten (§ 340e Abs. 3 Satz 1), das Planvermögen aus Altersvorsorgeverpflichtungen (§ 253 Abs. 1 Satz 3) oder die im Rahmen einer Erstkonsolidierung vorzunehmende Kaufpreisallokation (§ 301 Abs. 1 Satz 2 und 3).[218] Hingegen werden Grund- und Sicherungsgeschäfte einer Bewertungseinheit nicht aufgeführt. Dies bedeutet, dass zur Bewertung von Grund- und Sicherungsgeschäften zwar auch der Markt- oder Börsenpreis[219] als hinreichend objektiver Bewertungsmaßstab heranzuziehen ist, zumal in erster Linie Marktpreisrisiken mithilfe von Sicherungsgeschäften abgesichert werden.[220] Allerdings ist eine Bewertungseinheit entsprechend aufzulösen, sofern die Markt- oder Börsenwerte nicht mehr öffentlich verfügbar sind, da das Kriterium **der verlässlichen Messbarkeit** von Grund- und Sicherungsgeschäft in diesem Fall **nicht mehr als erfüllt** anzusehen ist. Zudem ist der Markt- und Börsenwert – im Unterschied zur Bewertungshierarchie des Bewertungskonzepts für den beizulegenden Zeitwert – vorsichtig zu ermitteln, d. h., es ist auf einen niedrigeren Markt- oder Börsenpreis abzustellen, falls Grund- oder Sicherungsgeschäft an mehreren Börsen bzw. Handelsplätzen gehandelt werden sollten. Bewertungsmethoden (wie DCF-Verfahren[221] oder Optionspreismodelle[222]) als Alternative zu Markt- und Börsenwerten dürfen somit

217 Vgl. BAETGE, J./KLÖNNE, H./SCHUMACHER, K., Financial Due Diligence, S. 835; BAETGE, J., Verwendung von DCF-Kalkülen, S. 14 f.; KOELEN, P., Investitionstheoretische Bewertungskalküle, S. 213 f.

218 Vgl. KNOP, W., U. A., in: Küting/Weber/Pfitzer, HdR, 5. Aufl., § 255 HGB, Rn. 420 f. sowie Rn. 424.

219 Unter dem Börsenpreis wird der an einer amtlichen anerkannten Börse festgestellte Preis verstanden. Vgl. BAETGE, J./KIRSCH, H.-J./THIELE, S., Bilanzen, S. 209; SCHMIDT, M., in: Beck HdR, Abschnitt B 214, Rn. 137; THIELE, S., U. A., in: Baetge/Kirsch/Thiele, § 253 HGB, Rn. 396. Unter dem Marktpreis wird derjenige Preis verstanden, der an einem Handelsplatz für Waren einer bestimmten Gattung von durchschnittlicher Art und Güte zu einem bestimmten Zeitpunkt im Durchschnitt gewährt wurde. Vgl. BAETGE, J./KIRSCH, H.-J./THIELE, S., Bilanzen, S. 207 f.; THIELE, S., U. A., in: Baetge/Kirsch/Thiele, § 253 HGB, Rn. 397.

220 So auch BIEG, H., Bilanzierung und Bewertung von Forward Rate Agreements, S. 180.

221 Die Discounted-Cashflow-Verfahren (DCF-Verfahren) gehören neben den Ertragswertverfahren zu den Gesamtbewertungsverfahren, wonach prognostizierte künftige Zahlungsströme mit einem laufzeit- und risikoäquivalenten Zinssatz auf den Bewertungsstichtag zu diskontieren sind. Vgl. grundlegend KLEIN, K.-G./JONAS, M., Due Diligence und Unternehmensbewertung, S. 173 f.; PERRIDON, L./STEINER, M./RATHGEBER, A., Finanzwirtschaft der Unternehmung, S. 17; BAETGE, J., U. A., Darstellung der Discounted Cashflow-Verfahren, S. 52.

222 Optionspreismodelle wurden entwickelt, um den Wert von Wertpapieroptionen im Kapitalmarktgleichgewicht zu bestimmen. Die bekanntesten Modelle sind das Binomialmodell sowie das

nicht vom Bilanzierenden herangezogen werden, um die Wertänderungen aus Grund- und Sicherungsgeschäft zu bestimmen. In diesem Fall sind die jeweiligen Geschäfte streng imparitätisch einzeln zu bewerten. Dies ist besonders zu betonen, da im handelsrechtlichen Schrifttum nach Inkrafttreten des BilMoG fälschlicherweise der Begriff des „beizulegenden Zeitwerts" im Zusammenhang mit der Bewertung von Grund- und Sicherungsgeschäften bei Bewertungseinheiten verwendet wird.[223]

Nachdem die Kriterien erläutert wurden, die die Wirksamkeit einer Bewertungseinheit gewährleisten, wird im Folgenden auf die sog. Effektivität eingegangen. Denn die Wirksamkeit einer Bewertungseinheit muss auch noch **intersubjektiv nachprüfbar nachgewiesen** werden. Dies geschieht mit einem sog. **Effektivitätstest.** Sowohl der Begriff der Effektivität als auch die zulässigen Methoden zur Effektivitätsmessung werden daher im folgenden Abschnitt erläutert.

454.5 Nachweis der Wirksamkeit (Effektivität)

454.51 Begriff und Bedeutung der Effektivität

Wesentliche Voraussetzung zur Bildung einer Bewertungseinheit ist die Wirksamkeit des zugrunde liegenden Sicherungszusammenhangs. Allerdings muss die Wirksamkeit auch **nachgewiesen** werden, um dem in § 239 Abs. 2 geforderten **Grundsatz der Richtigkeit** von Rechnungslegungsinformationen gerecht zu werden. Denn richtig kann eine Rechnungslegungsinformation nur sein, wenn sie willkürfrei und objektiv, d. h. durch einen Nachweis, intersubjektiv nachgeprüft werden kann.[224]

Optionspreismodell nach BLACK/SCHOLES. Vgl. grundlegend BLACK, F./SCHOLES, M., The Pricing of Options and Corporate Liabilities, S. 637-654; PERRIDON, L./STEINER, M./RATHGEBER, A., Finanzwirtschaft der Unternehmung, S. 520; RUDOLPH, B./SCHÄFER, K., Derivative Finanzmarktinstrumente, S. 213; SCHABER, M., U. A., Handbuch strukturierte Finanzinstrumente, S. 137.

223 Den unpassenden Begriff des *„beizulegenden Zeitwerts"* verwenden z. B. GELHAUSEN, H./FEY, G./KÄMPFER, G., BilMoG, Abschn. H, Rn. 129; SCHARPF, P., in: Küting/Weber/Pfitzer, HdR, 5. Aufl., § 254 HGB, Rn. 321.

224 Vgl. BAETGE, J., Objektivierung, S. 17. Zu dem Begriff der „intersubjektiven Nachprüfbarkeit" vgl. auch POPPER, K., Logik der Forschung, S. 21-25.

Auch der Gesetzgeber fordert im Bericht des Rechtsausschusses zum BilMoG,

> *„[...] dass ein Unternehmen zu jedem Bilanzstichtag* ***positiv festzustellen hat,*** *ob und in welchem Umfang sich die gegenläufigen Wertänderungen oder Zahlungsströme einer Bewertungseinheit am Bilanzstichtag und voraussichtlich in Zukunft ausgleichen."*[225]

Dabei empfiehlt es sich, den **Nachweis der Wirksamkeit** – wie in den IFRS üblich –durch einen **Effektivitätstest** zu erbringen. Die **Effektivität** bezeichnet hierbei den **Grad**, mit dem Wert- oder Zahlungsstromänderungen, die auf das **abgesicherte Risiko** zurückzuführen sind, durch die Wert- oder Zahlungsstromänderungen von Sicherungsgeschäften kompensiert werden.[226] Eine Effektivität von 100 % bzw. 1 bedeutet, dass die Wert- oder Zahlungsstromschwankungen des Grundgeschäfts zu 100 % durch das Sicherungsgeschäft kompensiert werden. Dies wird als **perfekte Bewertungseinheit** bezeichnet. Bei einer Effektivität größer als 100 % liegt folglich eine **Überkompensation** bzw. bei einer Effektivität kleiner als 100 % eine **Unterkompensation** vor. Die folgende Formel veranschaulicht diesen Zusammenhang:

$$Effektivität_t = -\frac{\Delta SG_t}{\Delta GG_t}$$

Legende:

ΔSG_t = Änderungen im beizulegenden Wert/erwarteten Zahlungsstrom des Sicherungsgeschäfts in Periode t

ΔGG_t = Änderungen im beizulegenden Wert/erwarteten Zahlungsstrom des Grundgeschäfts in Periode t

Übersicht 4-3: *Definition von Effektivität*[227]

225 Vgl. BT-Drucks. 16/12407 vom 24.03.2009, S. 86 (Hervorhebungen und Auslassungen durch den Verfasser).

226 Vgl. STAUBER, J., Finanzinstrumente im IFRS-Abschluss von Nicht-Banken, S. 221; LÜDENBACH, N./FREIBERG, J., Handelsbilanzielle Bewertungseinheiten nach IDW ERS HFA 35, S. 2685; SCHMIDT, M./PITTROFF, E./KLINGELS, B., Finanzinstrumente, S. 95; WIESE, R., Hedge-Accounting, S. 129.

227 Vgl. STAUBER, J., Finanzinstrumente im IFRS-Abschluss von Nicht-Banken, S. 221.

454.52 Prospektive und retrospektive Effektivität

Die Effektivität einer Bewertungseinheit kann zeitlich in zwei Richtungen festgestellt werden, **prospektiv und retrospektiv.**[228] Bei einem **prospektiven Effektivitätstest** wird festgestellt, ob die Wirksamkeit der Bewertungseinheit **künftig** (noch) gegeben ist, d. h., wieweit ein Ausgleich der Wert- oder Zahlungsstromänderungen von Grund- und Sicherungsgeschäft **erwartet** wird.[229] Ein prospektiver Effektivitätstest zielt darauf ab, das Kriterium der **objektiven Eignung** eines Sicherungsgeschäfts zu beurteilen und sicherzustellen.[230] Denn die Ausgestaltungsmerkmale von Grund- und Sicherungsgeschäft müssen insoweit übereinstimmen, dass das Sicherungsgeschäft im Falle einer Änderung des Einflussfaktors (z. B. einer Marktzinsänderung) die Wert- oder Zahlungsstromänderung des Grundgeschäfts systematisch und nicht zufällig kompensiert. Bei einem **retrospektiven Effektivitätstest** wird der **Grad der negativen Korrelation** (z. B. mithilfe einer Regressionsanalyse) ex post aus den **vergangenen und tatsächlich** eingetretenen Wert- oder Zahlungsstromschwankungen von Grund- und Sicherungsgeschäft berechnet.[231]

Im Gegensatz zu den IFRS-Regelungen werden im Handelsrecht allerdings sowohl für die prospektive als auch für die retrospektive Effektivität **keine quantitativen (Mindest-) Effektivitätsspannen** vorgegeben. Während sich der Gesetzgeber in der Begründung des Regierungsentwurfs zum BilMoG noch für eine (Mindest-)Effektivitätsspanne von 80 % bis 120 % aussprach, wurde diese Vorgabe im Laufe des Gesetzgebungsverfahrens nämlich wieder gestrichen.[232] Dabei hatte sich der Gesetzgeber zunächst stark an den IFRS-Regelungen orientiert, in denen eine (Mindest-)Effektivitätsspanne von 80 % (= 4 / 5) bis **125 %** (= 5 / 4) vorgesehen ist, und diese sogar falsch übernommen.[233] Im Laufe des Ge-

228 Vgl. PRICEWATERHOUSECOOPERS LLP, Manual of accounting, Rn. 10.149; LÜDENBACH, N., in: Haufe IFRS-Kommentar, 8. Aufl., § 28 Finanzinstrumente, Rn. 254.

229 Vgl. IDW (Hrsg.), IDW RS HFA 35, Rn. 50; SCHARPF, P./SCHABER, M., Bilanzierung von Bewertungseinheiten, S. 537; KOPATSCHEK, M./STRUFFERT, R./WOLFGARTEN, W., Bewertungseinheiten nach BilMoG (Teil 1), S. 275; IDW (Hrsg.), IDW RS HFA 9, Rn. 325.

230 Vgl. IDW (Hrsg.), IDW RS HFA 35, Rn. 54.

231 Vgl. SCHMIDT, M./PITTROFF, E./KLINGELS, B., Finanzinstrumente, S. 95; LÜDENBACH, N./ FREIBERG, J., Handelsbilanzielle Bewertungseinheiten nach IDW ERS HFA 35, S. 2685.

232 Vgl. BR-Drucks. 344/08 vom 23.05.2008, S. 127.

233 Vgl. IAS 39.AG 105. Der IASB erwägt, die (Mindest-)Effektivitätsspannen mit IFRS 9, der neben der bilanziellen Abbildung von Finanzinstrumenten auch das Hedge Accounting neu regeln soll, abzuschaffen. Dies sieht zumindest der im Dezember 2010 veröffentlichte Entwurf des IASB zum *Hedge Accounting* vor. Grund hierfür ist vor allem die Kritik der Unternehmen, dass die Effektivi-

setzgebungsverfahrens zum BilMoG wurden die Verweise auf die IFRS-Regelungen wieder gestrichen. Zur (Mindest-)Effektivitätsspanne heißt es anschließend in der Beschlussempfehlung und im Bericht des Rechtsausschusses:[234]

> *„Etwaige Effektivitätsspannen, wie sie die International Financial Reporting Standards (IFRS) für die Annahme einer wirksamen Bewertungseinheit vorsehen, haben handelsrechtlich keine Bedeutung."*

Eine starre und willkürlich festgelegte (Mindest-)Effektivitätsspanne, die nachträglich zu einer gänzlich unwirksamen Bewertungseinheit führen würde, ist für die Bilanzierung im Handelsrecht auch nicht zwingend erforderlich, da unwirksame, d. h. sich nicht kompensierende Beträge der Bewertungseinheit ohnehin nach den allgemeinen handelsrechtlichen Bewertungsvorschriften zu bewerten sind und keine anderweitigen bilanziellen Konsequenzen nach sich ziehen.[235] Unwirksame Beträge werden folglich nur dann erfolgswirksam erfasst, wenn es sich um unrealisierte Verluste handelt. Unwirksame Beträge in Form von unrealisierten Gewinnen (z. B. aus Derivaten) werden – im Unterschied zu den IFRS – aufgrund des Imparitätsprinzips nicht erfolgswirksam gebucht. Aus diesem Grund kommt es dem Gesetzgeber nicht auf eine bestimmte (Mindest-) Risikokompensation als Nachweis einer wirksamen Bewertungseinheit an.[236] Anders als in den IFRS ist ein **separat und zusätzlich durchzuführender retrospektiver Effektivitätstest**, der den **Grad** der negativen Korrelation von Grund- und Sicherungsgeschäft (z. B. mithilfe einer Regressionsanalyse) misst, wegen fehlender Effektivitätsspannen **obsolet**, da keine speziellen bilanziellen Konsequenzen damit verbunden sind.[237] Ein **retrospektiver Effektivitätstest stellt somit keine**

tätsspannen nahezu willkürlich und konzeptionell nicht begründbar seien. IFRS 9 soll mittelfristig IAS 39 ersetzen und ist für die bilanzierenden Unternehmen voraussichtlich ab 01.01.2013 zwingend anzuwenden. Vgl. IASC FOUNDATION (Hrsg.), ED/2010/13 Hedge Accounting sowie BARCKOW, A., in: Baetge u. a., Rechnungslegung nach IFRS, 2. Aufl., IAS 39, Rn. 243; WIESE, R./ SPINDLER, M., IFRS 9 Financial Instruments, S. 57 f.

234 Vgl. BT-Drucks. 16/12407 vom 24.03.2009, S. 86.

235 So auch CASSEL, J., Bewertungseinheiten, S. 534; SCHARPF, P./SCHABER, M., Bilanzierung von Bewertungseinheiten, S. 536; KÜTING, K./PFITZER, N./WEBER, C.-P., Das neue deutsche Bilanzrecht, S. 211; GELHAUSEN, H./FEY, G./KÄMPFER, G., BilMoG, Abschn. H, Rn. 59.

236 Vgl. CASSEL, J., Bewertungseinheiten, S. 534.

237 Mit IFRS 9 sollen künftig auch die derzeit noch zwingend durchzuführenden retrospektiven Effektivitätstests abgeschafft werden. Zumindest sieht dies der im Dezember 2010 veröffentlichte Entwurf des IASB zur Neuregelung des *Hedge Accounting* vor. Grund hierfür ist die vehemente Kritik der Unternehmen an den Regelungen, vor allem an dem unverhältnismäßig hohen Aufwand, neben einem prospektiven Effektivitätstest zusätzlich noch einen retrospektiven Effektivitätstest

zwingende Voraussetzung für die Fortführung einer Bewertungseinheit dar, da die Bildung der Bewertungseinheit bereits in der Vergangenheit aufgrund eines positiven prospektiven Effektivitätstests erfolgte.[238] Allerdings – so die Begründung des Rechtsausschusses zum BilMoG[239] – bieten

> *„[...] weder § 254 HGB noch die allgemeinen handelsrechtlichen Bewertungsvorschriften [...] eine Grundlage, von der* ***Ermittlung des Umfangs****, in dem sich die gegenläufigen Wertänderungen oder Zahlungsströme einer Bewertungseinheit ausgleichen, abzusehen."*

Dies bedeutet, dass zwar ein retrospektiver Effektivitätstest (z. B. in Form einer Regressionsanalyse) nicht separat durchgeführt werden muss, allerdings sind die unwirksamen, d. h. die sich nicht kompensierenden Beträge zwingend für die Bilanzierung von Bewertungseinheiten zu berechnen.[240]

Die obigen Ausführungen hinsichtlich eines obsoleten retrospektiven Effektivitätstests aufgrund einer nicht vorhandenen (Mindest-)Effektivitätsspanne gelten allerdings **nicht für den prospektiven Effektivitätstest.** Eine positive Beurteilung der prospektiven Effektivität stellt – im Unterschied zum retrospektiven Effektivitätstest – eine **zwingende Voraussetzung für die Bildung und Fortführung** einer Bewertungseinheit dar. Denn der Gesetzgeber verlangt im Bericht des Rechtsausschusses zum BilMoG,

> *„[...] dass ein Unternehmen* ***zu jedem Bilanzstichtag positiv festzustellen hat,*** *ob und in welchem Umfang sich die gegenläufigen Wertänderungen oder Zahlungsströme einer Bewertungseinheit [...]* ***voraussichtlich in Zukunft*** *ausgleichen."*[241]

---

durchführen zu müssen. Vgl. IASC FOUNDATION (Hrsg.), ED/2010/13 Hedge Accounting sowie BARCKOW, A., in: Baetge u. a., Rechnungslegung nach IFRS, 2. Aufl., IAS 39, Rn. 242 und Rn. 290; MÄRKL, H./GLASER, A., Neuerungen beim hedge accounting durch ED/2010/13, S. 125; WIESE, R./SPINDLER, M., IFRS 9 Financial Instruments, S. 63 f.

238 Vgl. GELHAUSEN, H./FEY, G./KÄMPFER, G., BilMoG, Rn. 63; SCHARPF, P., in: Küting/Weber/Pfitzer, HdR, 5. Aufl., § 254 HGB, Rn. 175.

239 Vgl. BT-Drucks. 16/12407 vom 24.03.2009, S. 86.

240 Die handelsrechtliche Abbildung von Bewertungseinheiten nach § 254 wird in Abschnitt 46 erläutert.

241 BT-Drucks. 16/12407 vom 24.03.2009, S. 86 (Hervorhebungen und Auslassungen durch den Verfasser).

Die Wirksamkeit einer Bewertungseinheit muss somit **bei Begründung der Bewertungseinheit sowie an jedem Bilanzstichtag prospektiv beurteilt und nachgewiesen werden.**[242] Der Nachweis kann mithilfe eines anerkannten Verfahrens zur Ermittlung der prospektiven Effektivität erbracht werden. Allerdings ist es auch möglich, einen vergangenheitsorientierten, d. h. retrospektiven Effektivitätstest für die Beurteilung der prospektiven Effektivität zu nutzen.[243] Obwohl für den prospektiven Effektivitätstest ebenfalls keine (Mindest-)Effektivitätsspannen vorgesehen sind, **ist ein gewisses Mindestmaß an Effektivität trotzdem erforderlich.**[244] Ansonsten kann nicht mit hinreichend hoher Wahrscheinlichkeit davon ausgegangen werden, dass das Sicherungsinstrument objektiv zur Absicherung des Risikos geeignet ist sowie Grund- und Sicherungsgeschäft von den gleichen Einflussfaktoren, d. h. von *„vergleichbaren"* Risiken, abhängen. Denn für den Fall, dass eine Bewertungseinheit eine Effektivität von 50 % oder weniger aufweist, ist es im hohen Maße zweifelhaft, ob die abgesicherten Risiken *„vergleichbar"* und die Wert- oder Zahlungsstromänderungen in ausreichendem Umfang *„gegenläufig"* sind. Denn in diesem Fall gleichen sich Wert- oder Zahlungsstromänderungen von Grund- und Sicherungsgeschäft im geringeren Umfang aus, als sie es nicht tun.[245] Folglich ist zumindest eine Effektivitätsspanne von 50 % (= 1 / 2) bis 200 % (= 2 / 1) für den prospektiven Effektivitätstest zu fordern. Allerdings sind die noch strengeren, aber willkürlich festgelegten Effektivitätsspannen **von 80 % (= 4 / 5) bis 125 % (= 5 / 4)** aus den IFRS-Regelungen durchaus auch für die handelsrechtliche Rechnungslegung vertretbar, um *„vergleichbare"* Risiken von Grund- und Sicherungsgeschäft, wie in § 254 gefordert, zu haben.

Nachdem der Begriff und die Bedeutung der Effektivität erläutert, der Unterschied zwischen der prospektiven und retrospektiven Effektivität erarbeitet sowie die Konsequenzen aus einer fehlenden (Mindest-)Effektivitätsspanne diskutiert wurden, werden im folgenden Abschnitt einige bedeutsame Verfahren zur Effektivitätsmessung erörtert.

242 So auch z. B. IDW (Hrsg.), IDW RS HFA 35, Rn. 50; GELHAUSEN, H./FEY, G./KÄMPFER, G., BilMoG, Abschn. H, Rn. 62; CASSEL, J., Bewertungseinheiten, S. 534.

243 Methoden, mit denen die prospektive Effektivität beurteilt werden kann, werden in Abschnitt 454.53 umfassend erläutert.

244 So auch BIEKER, M., Die Bilanzierung von Euro-Bund-Futures, S. 219; GELHAUSEN, H./FEY, G./KÄMPFER, G., BilMoG, Abschn. H, Rn. 56.

245 So auch GELHAUSEN, H./FEY, G./KÄMPFER, G., BilMoG, Abschn. H, Rn. 59.

454.53 Methoden zur prospektiven Effektivitätsbeurteilung

454.531. Vorbemerkungen

Wie bereits erläutert wurde, muss ein prospektiver Effektivitätstest durchgeführt werden, um eine Bewertungseinheit bilden und fortführen zu dürfen. **Die Auswahl der Methode** bleibt allerdings dem bilanzierenden Unternehmen überlassen.[246] Genaue Vorgaben, wie die Effektivität zu beurteilen oder zu messen ist, macht der Gesetzgeber nicht.[247] In der Finanzierungstheorie existieren indes zahlreiche Methoden, mit denen die Effektivität einer Bewertungseinheit bestimmt werden kann (z. B. Sensitivitätsmethoden, Dollar-Offset Methoden etc.). Im Folgenden werden daher einige bedeutsame und für die handelsrechtliche Rechnungslegung geeignete Methoden dargestellt. Die einmal gewählte Methode zur Effektivitätsmessung ist gem. § 252 Abs. 1 Nr. 6 sowohl **sachlich**, d. h. für gleichartige Sachverhalte (z. B. gleiche Risikoarten und Sicherungsformen), als auch **zeitlich stetig** anzuwenden. Wie bereits im vorherigen Abschnitt erläutert wurde, stellt ein prospektiver Effektivitätstest lediglich eine Voraussetzung zur Bildung und Fortführung einer Bewertungseinheit dar. Die Wahl der Methode bleibt dabei dem bilanzierenden Unternehmen überlassen und es wird – im Unterschied zu den IFRS – keine Mindesteffektivitätsspanne vorgegeben, die zu einer Auflösung der Bewertungseinheit führen würde. Denn ineffektive, d. h. sich nicht innerhalb der Bewertungseinheit kompensierende Beträge sind nach den allgemeinen handelsrechtlichen Grundsätzen, also imparitätisch zu behandeln. Daraus folgt gleichzeitig, dass ein bilanzpolitisches Potenzial durch die Wahl der Methode in der handelsrechtlichen Rechnungslegung nicht gegeben sein kann, da der Umfang, in dem sich Grund- und Sicherungsgeschäft tatsächlich ausgleichen, unabhängig vom Effektivitätstest ist.

Zum Nachweis der nach § 254 geforderten prospektiven Effektivität werden im Schrifttum vor allem der **Critical Term Match**, die **Sensitivitätsanalyse** sowie die **historische Betrach-**

246 Vgl. BR-Drucks. 344/08 vom 23.05.2008, S. 127; BT-Drucks. 16/12407 vom 24.03.2009, S. 86; KÜTING, K./PFITZER, N./WEBER, C.-P., Das neue deutsche Bilanzrecht, S. 213; PETERSEN, K./ZWIRNER, C./FROSCHHAMMER, M., Bewertungseinheiten nach § 254 HGB, S. 451.

247 Vgl. DRIESCH, D./OERTZEN, C., Bilanzierung von Bewertungseinheiten nach § 254 HGB, S. 351; PETERSEN, K./ZWIRNER, C./FROSCHHAMMER, M., Bewertungseinheiten nach § 254 HGB, S. 451.

tung diskutiert.[248] Als retrospektive Effektivitätstests werden im Schrifttum vor allem die **Dollar-Offset Methode**, die **Regressionsanalyse** sowie die **Varianzreduktionsmethode** genannt.[249] Obwohl retrospektive Effektivitätstests im Handelsrecht nicht durchgeführt werden müssen, können diese dennoch i. V. m. der historischen Betrachtung zur Beurteilung der prospektiven Effektivität herangezogen werden. Die genannten und in Übersicht 4-4 dargestellten Methoden werden daher im Folgenden in ihren Grundformen erläutert sowie deren Vor- und Nachteile diskutiert.

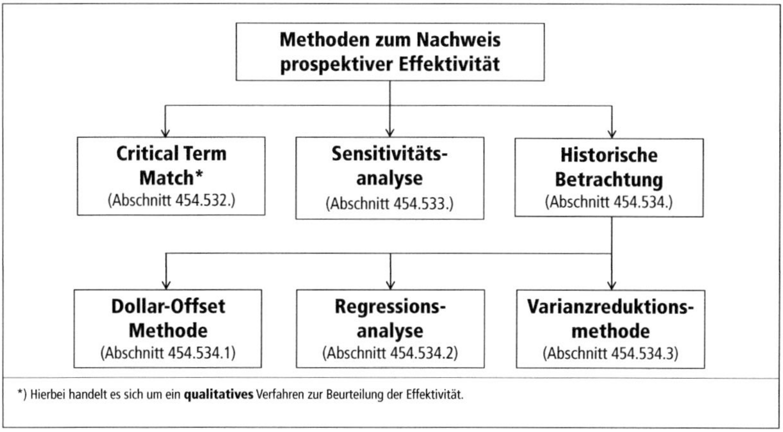

Übersicht 4-4: *Übersicht der prospektiven Effektivitätstests*[250]

248 Vgl. z. B. GELHAUSEN, H./FEY, G./KÄMPFER, G., BilMoG, Abschn. H, Rn. 64; FÖRSCHLE, G./USINGER, R., in: Beck Bilanzkomm., 7. Aufl., § 254 HGB, Rn. 43; PFITZER, N./SCHARPF, P./SCHABER, M., Voraussetzungen für die Bildung von Bewertungseinheiten (Teil 2), S. 727; SCHMIDT, M./PITTROFF, E./KLINGELS, B., Finanzinstrumente, S. 97; WIESE, R., Hedge-Accounting, S. 142; STAUBER, J., Finanzinstrumente im IFRS-Abschluss von Nicht-Banken, S. 223.

249 Vgl. z. B. FÖRSCHLE, G./USINGER, R., in: Beck Bilanzkomm., 7. Aufl., § 254 HGB, Rn. 43; PFITZER, N./SCHARPF, P./SCHABER, M., Voraussetzungen für die Bildung von Bewertungseinheiten (Teil 2), S. 727; SCHMIDT, M./PITTROFF, E./KLINGELS, B., Finanzinstrumente, S. 97; WIESE, R., Hedge-Accounting, S. 142; STAUBER, J., Finanzinstrumente im IFRS-Abschluss von Nicht-Banken, S. 223.

250 Quelle: Eigene Darstellung.

454.532. Critical Term Match

Im Zusammenhang mit der Beurteilung der prospektiven Effektivität stellt sich für das nach HGB bilanzierende Unternehmen die Frage, wieweit der in den IFRS zugelassene **Critical Term Match** auch für das Handelsrecht zugelassen ist. Denn in den IFRS ist es möglich, im – für Industrie- und Handelsunternehmen hochgradig praxisrelevanten – Fall von Mikro-Hedges für Zwecke der prospektiven Effektivitätsbeurteilung auf mathematisch-statistische Methoden zugunsten einer **qualitativen** Beurteilung zu verzichten, falls wesentliche Parameter (z. B. Laufzeit, Volumen, Zinstermine, Referenzzins, Währung, Bonität etc.) von Grund- und Sicherungsgeschäft übereinstimmen (sog. **Critical Term Match**).[251] Der Gesetzgeber lässt eine solche Vereinfachung für Mikro-Hedges ebenfalls zu. Denn in der Begründung zum Regierungsentwurf des BilMoG heißt es:[252]

> *„Wird eine Bewertungseinheit in der Weise gebildet, dass das aus einem einzelnen Grundgeschäft resultierende Risiko durch ein einzelnes Sicherungsinstrument unmittelbar abgesichert wird, [...] spricht – wenn sich* ***im Rahmen einer solchen Bewertungseinheit die Parameter von Grund- und Sicherungsgeschäft (beispielsweise Nominalbetrag, Laufzeit) entsprechen*** *– auch nichts dagegen, an die Dokumentation* [gemeint ist wohl an den Effektivitätstest] *geringere Anforderungen zu stellen."*

Danach darf die **prospektive Effektivität** von weniger komplexen Bewertungseinheiten, d. h. bei Mikro-Hedges, ausnahmsweise auch **ohne ein mathematisch-statistisches Verfahren beurteilt werden, wenn wesentliche bewertungsrelevante Parameter** – die Critical Terms – von Grund- und Sicherungsgeschäft übereinstimmen, um dadurch Rückschlüsse auf die Effektivität ziehen zu können.[253] Nach dieser Methode **gilt** ein Sicherungszusammenhang als zu 100 % effektiv, wenn bei einem zur Absicherung des spezifischen Risikos geeigneten Sicherungsgeschäft **alle bewertungsrelevanten Parameter** wie Nominalwerte, Bonitätsrating, Laufzeit, Fälligkeit, Währung etc. mit dem Grundgeschäft übereinstimmen und das Sicherungsgeschäft keine zusätzlichen Ausgestaltungsmerkmale

---

251 Vgl. IAS 39.AG 108.

252 Vgl. BR-Drucks. 344/08 vom 23.05.2008, S. 127; BT-Drucks. 16/10067 vom 30.07.2008, S. 58 (Einfügungen, Auslassungen und Hervorhebungen durch den Verfasser).

253 Vgl. KUHN, S./SCHARPF, P., Financial Instruments nach IFRS, Rn. 2441; SCHARPF, P., Hedge Accounting nach IAS 39, S. 7 f.

(z. B. Optionsrechte) besitzt, die der Annahme einer vollkommenen Effektivität entgegenstehen könnten.[254] Dies wäre beispielsweise der Fall, wenn mit der Hausbank ein passendes (OTC-)Devisentermingeschäft mit identischem Volumen, identischer Laufzeit und erstklassiger Bonität vereinbart werden würde, um eine Fremdwährungsforderung gegenüber einem Kunden abzusichern. Das IDW kommt diesbezüglich zu einem identischen Ergebnis und lässt den **Critical Term Match** für die prospektive Beurteilung der Effektivität bei perfekten Sicherungsbeziehungen ebenfalls zu.[255]

Da **jegliche** Ausgestaltungsmerkmale von Grund- und Sicherungsgeschäft übereinstimmen müssen, ist die Methode in der Praxis nicht uneingeschränkt anwendbar. Lediglich für den Fall des Mikro-Hedges, bei dem für ein Grundgeschäft genau ein zuordenbares Sicherungsgeschäft existiert, ist es ohne Weiteres möglich, dass sämtliche Merkmale des Sicherungsgeschäfts mit denen des Grundgeschäfts übereinstimmen. In diesem Fall kann individuell mit der Hausbank ein derivatives Finanzinstrument in Form eines OTC-Geschäftes zur Absicherung des Risikos (z. B. ein Zinsrisiko) vereinbart werden, bei dem **ex ante** alle wertbestimmenden Parameter mit denen des Grundgeschäfts übereinstimmen. Ein weiteres (sehr praxisrelevantes) Beispiel stellt die Absicherung einer Fremdwährungsforderung mithilfe einer Fremdwährungsverbindlichkeit gegen Währungsrisiken dar. Nur für den Fall, dass wesentliche Parameter, wie Laufzeit, Währung, und Betrag, übereinstimmen, kann von einer 100 % effektiven und damit vollständig wirksamen Bewertungseinheit ausgegangen werden.

Vor allem für kleine und mittelgroße Unternehmen, die i. d. R. keine standardisierten Finanzinstrumente verwenden, sondern mit ihrer Hausbank individuelle Sicherungsgeschäfte vereinbaren sowie für den Fall, dass risikoinduzierte gegenläufige Bilanzpositionen, wie Fremdwährungsforderungen und Fremdwährungsverbindlichkeiten, zu einer Bewertungseinheit zusammengefasst werden, stellt der Critical Term Match eine erhebliche Vereinfachung für die prospektive Effektivitätsbeurteilung dar.

In diesem Zusammenhang wird darauf hingewiesen, dass sich der **Critical Term Match** als vereinfachtes Verfahren zur Bestimmung der prospektiven Effektivität von der in den US-

---

254 Vgl. MAULSHAGEN, O./TREPTE, F./WALTERSCHEIDT, S., Derivative Finanzinstrumente in Industrieunternehmen, Abschn. C, Rn. 419.

255 Vgl. IDW (Hrsg.), IDW RS HFA 35, Rn. 58.

GAAP zulässigen **Short-Cut Methode** unterscheidet.[256] Die „Short-Cut Methode" ist zwar für die prospektive Effektivitätsmessung mit der Methode des „Critical Term Match" identisch, allerdings **unterstellt** diese Methode **zusätzlich, dass sich die Wert- und Zahlungsstromschwankungen zu 100 % kompensieren, ohne den tatsächlichen Umfang, in dem sich die gegenläufigen Wert- oder Zahlungsstromänderungen von Grund- und Sicherungsgeschäft ausgleichen, rechnerisch am Bilanzstichtag zu ermitteln.**[257] Diese Methode ist allerdings nach § 254 nicht zulässig, da die Begründung des Rechtsausschusses zum BilMoG unmissverständlich feststellt:[258]

> *„Weder § 254 HGB noch die allgemeinen handelsrechtlichen Bewertungsvorschriften bieten eine Grundlage, von der* ***Ermittlung des Umfangs****, in dem sich die gegenläufigen Wertänderungen oder Zahlungsströme einer Bewertungseinheit ausgleichen, abzusehen."*

Danach sind die wirksamen, d. h. die sich kompensierenden Beträge sowie evtl. **unwirksame Beträge der Bewertungseinheit an jedem Bilanzstichtag zwingend rechnerisch zu ermitteln**. Denn ex ante kann nicht uneingeschränkt von einer perfekten Bewertungseinheit ausgegangen werden, wenn bei Begründung der Bewertungseinheit sowie an jedem Bilanzstichtag festgestellt wurde, dass lediglich alle wertbestimmenden Parameter übereinstimmen.

454.533. Sensitivitätsanalysen

Die Sensitivitätsanalyse stellt ein weiteres Verfahren dar, um die **prospektive Effektivität** einer Bewertungseinheit zu messen. Mithilfe der Sensitivitätsanalyse wird untersucht, wie stark sich die Werte oder die Zahlungsströme von Grund- und Sicherungsgeschäft ändern, falls der abgesicherte Risikofaktor (z. B. das Zinsrisiko) von einem vordefinierten Wert **hypothetisch** abweicht.[259] Entsprechen sich die gegenläufigen absoluten Beträge weitgehend,

256 Vgl. FAS 133.

257 Vgl. GELHAUSEN, H./FEY, G./KÄMPFER, G., BilMoG, Abschn. V, Rn. 23; SCHARPF, P., in: Küting/Weber/Pfitzer, HdR, 5. Aufl., § 254 HGB, Rn. 203-208; BEDAU, J./KHAKZAD, F./ KRAKUHN, J., Anwendungsbereich und Grenzen der Critical Terms Match-Methode, S. 491.

258 Vgl. BT-Drucks. 16/12407 vom 24.03.2009, S. 86.

259 Vgl. KUHN, S./SCHARPF, P., Financial Instruments nach IFRS, Rn. 2600; FÖRSCHLE, G./ USINGER, R., in: Beck Bilanzkomm., 7. Aufl., § 254 HGB, Rn. 49; STAUBER, J., Finanzinstrumen-

so gilt die prospektive Effektivität der Bewertungseinheit als erfüllt. Allgemein ausgedrückt, wird mithilfe der Sensitivitätsanalyse die Reagibilität von Grund- und Sicherungsgeschäft beurteilt, falls sich ein wertbestimmender Risikofaktor um eine Einheit ändert.[260] Ein gängiges Maß, um bspw. die **Zinssensitivität von Finanzinstrumenten** zu messen, stellt der sog. **Basis Point Value** dar. Diese Kennzahl gibt an, wie stark der beizulegende Zeitwert eines Finanzinstruments – gemessen anhand eines Barwertkalküls – auf eine marginale Änderung des Marktzinses reagiert, um somit Aussagen über die Reagibilität dieser Geschäfte hinsichtlich des Zinsrisikos zu erlangen.[261]

Da die Sensitivitätsanalyse ein gängiges Instrument der Risikomanagementpraxis darstellt und mit ihr oftmals Risiken eines Unternehmens beurteilt werden, besteht der **Vorteil** dieser Methode darin, dass die Ergebnisse meist vollständig für Zwecke der Rechnungslegung übernommen werden können. Der Aufwand und die Kosten für das bilanzierende Unternehmen können dadurch erheblich reduziert werden.[262]

Der **Nachteil** dieses Verfahrens besteht in der Komplexität der Berechnung. Sollte die Sensitivitätsanalyse nicht bereits zur Steuerung von Risiken im Risikomanagement des Unternehmens verwendet werden, ist es sinnvoll, zunächst zu eruieren, ob die prospektive Effektivität nicht mithilfe eines einfacheren Verfahrens, bspw. durch einen Critical Term Match oder durch eine historische Betrachtung, nachgewiesen werden kann.[263] Ein weiterer Nachteil dieses Verfahrens besteht darin, dass keine Aussage über die gesamte Laufzeit der Bewertungseinheit möglich ist, da es sich hierbei ausschließlich um eine statische Betrachtung handelt.[264]

---

te im IFRS-Abschluss von Nicht-Banken, S. 225; PLATTNER, M., Effektivität von Sicherungsbeziehungen, S. 119 f.

260 Vgl. LANTZIUS-BENINGA, B., Abbildung von Mikro Fair Value Hedges gemäß IAS 39, S. 111; PROKOP, J., Sensitivitätsanalyse und Value at Risk, S. 467; WIESE, R., Hedge-Accounting, S. 150.

261 Vgl. PLATTNER, M., Effektivität von Sicherungsbeziehungen, S. 124; WIESE, R., Hedge-Accounting, S. 153 f.

262 Vgl. PLATTNER, M., Effektivität von Sicherungsbeziehungen, S. 119.

263 Vgl. OLDEWEME, D. J., Commodity-Hedges, S. 148.

264 Vgl. SCHMIDT, M./PITTROFF, E./KLINGELS, B., Finanzinstrumente, S. 99; LANTZIUS-BENINGA, B., Abbildung von Mikro Fair Value Hedges gemäß IAS 39, S. 110.

454.534. Historische Betrachtung

Die Methode der **historischen Betrachtung** stellt ein weiteres Verfahren dar, um die prospektive Effektivität zu beurteilen.[265] Bei der historischen Betrachtung – auch als historischer Abgleich bezeichnet – wird, vereinfacht gesagt, davon ausgegangen, dass sich die Datenmuster der Vergangenheit **künftig wiederholen** werden. Dabei wird die Effektivität einer Bewertungseinheit zunächst retrospektiv, d. h. auf der Grundlage von historischen Daten, festgestellt. Konnte anhand von historischen Daten nachgewiesen werden, dass sich die risikoinduzierten Wert- oder Zahlungsstromänderungen von Grund- und Sicherungsgeschäft in der Vergangenheit ausgeglichen haben, wird dies (auch) für die Zukunft angenommen, womit der Anforderung der prospektiven Effektivität entsprochen wäre.[266] Anders ausgedrückt, wird ein **retrospektiver Effektivitätstest**, wie die Dollar-Offset Methode, durchgeführt und mit dem Resultat die künftig zu **erwartende prospektive Effektivität beurteilt.**[267]

Der **Vorteil** dieses Verfahrens ist die intuitive und einfache Vorgehensweise. Denn aufgrund der Tatsache, dass es sich hierbei um ein nicht parametrisches Verfahren handelt, muss der Bilanzierende weder eine statistische Verteilung einzelner (Markt-) Risikofaktoren bestimmen noch Annahmen über deren Verteilung zugrunde legen.[268]

Nachteile bzw. Probleme ergeben sich vor allem **bei der Begründung einer Bewertungseinheit**, wenn notwendige historische Marktdaten nicht uneingeschränkt zur Verfügung stehen bzw. die Daten aufwendig beschafft werden müssen.[269] Das Unternehmen weiß vor Begründung der Bewertungseinheit i. d. R. noch nicht, welche Risiken es mithilfe welcher Sicherungsinstrumente absichern möchte. Werden börsengehandelte Finanzinstrumente als Sicherungsgeschäft verwendet, ist es zwar relativ einfach, historische Daten über die Wertenwicklung der Finanzinstrumente zu erhalten. Allerdings ist dies bei nicht an einem organisierten Markt gehandelten Finanzinstrumenten, den OTC-Geschäften, nahezu un-

265 Vgl. z. B. IDW (Hrsg.), IDW RS HFA 9, Rn. 238; HENKEL, K., Rechnungslegung von Treasury-Instrumenten, S. 394.

266 Vgl. WIESE, R., Hedge-Accounting, S. 145.

267 Vgl. OLDEWEME, D. J., Commodity-Hedges, S. 147.

268 Vgl. ROMEIKE, F./HAGER, P., Risiko-Management, S. 342.

269 Vgl. WIESE, R., Hedge-Accounting, S. 145.

möglich.[270] Ein weiteres Problem dieses Verfahrens besteht in der Auswahl eines sinnvollen Beobachtungszeitraums.[271] So ist es möglich, einen möglichst langen Zeitraum (z. B. seit Begründung der Bewertungseinheit oder früher) oder einen möglichst kurzen Zeitraum (z. B. lediglich die aktuelle Berichtsperiode) als Datengrundlage zu verwenden. Zum einen stellt sich bei Werten, die weit in die Vergangenheit zurückreichen, die Frage, ob diese Beobachtungen auch noch für die aktuelle Beurteilung der Effektivität relevant sind. Zum anderen stellt sich bei einem sehr kurzen Beobachtungszeitraum die Frage, ob die (geringe) Anzahl von Werten überhaupt repräsentativ sein kann.[272] Einen weiteren Einfluss auf die Datenerhebung hat schließlich noch die Länge der Zeitintervalle.[273] So ist es möglich, die Daten auf jährlicher, monatlicher, wöchentlicher oder täglicher Basis zu ermitteln. Alle diese Faktoren, die subjektiv festgelegt werden müssen, haben Einfluss auf die Datengrundlage und letztlich auf das Ergebnis der Effektivitätsmessung.

Insgesamt ist zu konstatieren, dass eine Reihe konzeptioneller Probleme existieren, die die Anwendung der „historischen Betrachtung" schwierig oder sogar unmöglich machen. Allerdings ist unter der Voraussetzung, dass alle erforderlichen Daten verfügbar sind, der Nachweis der prospektiven Effektivität recht einfach zu erbringen. Das Problem der **fehlenden Objektivität der Datenauswahl** ist aus bilanzpolitischen Gesichtspunkten im Handelsrecht **ex post** gering, da Ineffektivitäten nach den allgemeinen handelsrechtlichen bilanziellen Grundsätzen, d. h. imparitätisch, behandelt werden. Allerdings sollten **ex ante** ein **standardisierter und vergleichbarer Zeitraum sowie ein einheitliches Zeitintervall für die Datenauswahl zugrunde gelegt werden,** damit eine zwischenbetriebliche Vergleichbarkeit **der Effektivitätswerte** gewährleistet werden kann. Beispielsweise sollte am Bilanzstichtag lediglich die aktuelle Berichtsperiode als Zeitfenster für die Datenauswahl verwendet werden, da aktuelle Entwicklungen, wie eine Bonitätsverschlechterung eines Finanzinstrumente-Emittenten (z. B. eines Kreditinstitutes), darin besonders sichtbar werden und nicht durch eine Durchschnittsbetrachtung aus den Daten der vergangenen Jahre konterkariert werden können. In diesem Fall würde das schlechte Ergebnis einer Effektivi-

270 Vgl. WIESE, R., Hedge-Accounting, S. 146.

271 Vgl. ROMEIKE, F./HAGER, P., Risiko-Management, S. 334.

272 Vgl. FILIPPIS, F. DE, Währungsrisikomanagement, S. 102; ROMEIKE, F./HAGER, P., Risiko-Management, S. 334.

273 Vgl. BRÖTZMANN, I., Güterwirtschaftliche Sicherungsbeziehungen, S. 209.

tätsmessung sehr deutlich darauf hinweisen, dass die Risiken von Grund- und Sicherungsgeschäft nicht, wie in § 254 gefordert, *„vergleichbar"* sind und ggf. zusätzliche Risiken, wie Bonitätsrisiken, existieren.[274] Eine Zusammenfassung von Grund- und Sicherungsgeschäft zu einer Bewertungseinheit wäre in diesem Fall nicht sachgerecht.

Im weiteren Verlauf dieses Abschnitts werden diejenigen Methoden beschrieben, die für eine historische Betrachtung verwendet werden können. Um welche Methoden es sich hierbei handelt, kann der folgenden Übersicht entnommen werden:

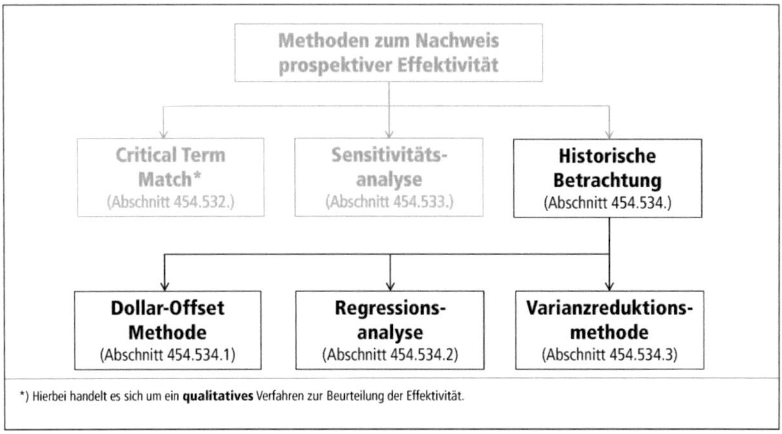

Übersicht 4-5: *Übersicht der Methoden zur historischen Betrachtung*[275]

Zwar stellen die Dollar-Offset-Methode, die Regressionsanalyse und die Varianzreduktionsmethode grundsätzlich retrospektive Effektivitätstests dar, allerdings können diese im Rahmen der historischen Betrachtung auch als prospektive Effektivitätstests verwendet werden.[276]

274 So auch GELHAUSEN, H./FEY, G./KÄMPFER, G., BilMoG, Abschn. H, Rn. 59.

275 Quelle: Eigene Darstellung.

276 Vgl. OLDEWEME, D. J., Commodity-Hedges, S. 147.

454.534.1 Dollar-Offset Methode

Die **Dollar Offset Methode** orientiert sich an der in Abschnitt 454.51 genannten Definition von Effektivität, indem je eine **Verhältniskennzahl** aus den Wert- oder Zahlungsstromänderungen des Grundgeschäfts sowie aus den Wert- oder Zahlungsstromänderungen des Sicherungsgeschäfts gebildet wird.[277] Die Verhältniskennzahl wird auch als sog. **Dollar-Offset Ratio** bezeichnet.[278] Aus der Dollar-Offset Ratio lässt sich der Grad der Effektivität unmittelbar ablesen. Berechnet wird die Dollar-Offset Ratio anhand der folgenden Formel:

$$DOR_t = -\frac{SG_t - SG_{t-1}}{GG_t - GG_{t-1}} \cdot 100\,\%, \text{ mit } \frac{SG_t - SG_{t-1}}{GG_t - GG_{t-1}} \leq 0$$

Legende:

DOR_t = Dollar-Offset Ratio der Periode t, mit t = 0,1,2...T

SG_t = beizulegender Wert/erwarteter Zahlungsstrom des Sicherungsgeschäfts der Periode t

SG_{t-1} = beizulegender Wert/erwarteter Zahlungsstrom des Sicherungsgeschäfts der Periode t – 1

GG_t = beizulegender Wert/erwarteter Zahlungsstrom des Grundgeschäfts der Periode t

GG_{t-1} = beizulegender Wert/erwarteter Zahlungsstrom des Grundgeschäfts der Periode t – 1

Die Dollar-Offset Ratio ist an die (Neben-)Bedingung geknüpft, dass sich die Wert- oder Zahlungsstromänderungen entgegengesetzt entwickeln müssen, damit ein Sicherungseffekt eintritt.[279] Kompensieren sich die Wert- oder Zahlungsstromänderungen von Grund- und Sicherungsgeschäft vollständig, beträgt die Dollar-Offset Ratio 100 %.

Der **Vorteil** dieser Methode besteht in der einfachen methodischen Vorgehensweise.[280] Aus diesem Grund ist die Methode die mit Abstand am häufigsten verwendete Methode zur

277 Vgl. SCHMIDT, M./PITTROFF, E./KLINGELS, B., Finanzinstrumente, S. 100; MAULSHAGEN, O./ TREPTE, F./WALTERSCHEIDT, S., Derivative Finanzinstrumente in Industrieunternehmen, Abschn. H, Rn. 420; PLATTNER, M., Effektivität von Sicherungsbeziehungen, S. 103; BRÖTZMANN, I., Güterwirtschaftliche Sicherungsbeziehungen, S. 196 f.

278 Vgl. WIESE, R., Hedge-Accounting, S. 169.

279 Vgl. BRÖTZMANN, I., Güterwirtschaftliche Sicherungsbeziehungen, S. 197.

280 Vgl. OLDEWEME, D. J., Commodity-Hedges, S. 152.

Messung der Effektivität in der Risikomanagementpraxis.[281] Ein weiterer wesentlicher Vorteil dieser Methode ist, dass die Effektivität mit den Werten berechnet wird, die ohnehin für die Bilanzierung der Bewertungseinheit festgestellt werden müssen.

Der **Nachteil** dieser Methode ist als das **„Problem der kleinen Zahlen"** bekannt.[282] Denn das Ergebnis der Effektivitätsmessung kann sehr **sensitiv** reagieren, wenn die Wert- oder Zahlungsstromänderungen von Grund- und Sicherungsgeschäft nur sehr klein sind.[283] Dies bedeutet, dass bei relativ kleinen Wert- oder Zahlungsstromänderungen von Grund- und Sicherungsgeschäft das Unternehmen auf Grundlage der Effektivitätsmessungen zu dem Ergebnis kommen kann, dass das Sicherungsgeschäft nicht zur Absicherung der Risiken aus dem Grundgeschäft geeignet ist, obwohl die Sicherungsbeziehung tatsächlich wirksam ist. Folgendes **Beispiel** soll das „Problem der kleinen Zahlen" illustrieren:

> Unternehmen U emittiert am 01.01.20X0 eine 10-jährige festverzinsliche Anleihe mit einem Nominalbetrag von EUR 100 Mio. zu pari am Kapitalmarkt. Um sich gegen Wertänderungsrisiken aus der Anleihe abzusichern, geht U im gleichen Zeitpunkt ein Swap-Geschäft ein. U schließt daher einen (Receiver-)Swap mit identischem Nominalwert, identischer Laufzeit und einer erstklassigen Bonität ab. Am Bilanzstichtag, dem 31.12.20X0, ist der Marktwert der Anleihe im Vergleich zum Einstandskurs um EUR 1.000 gestiegen, während der Marktwert des Swaps um EUR 2.000 gesunken ist. Wird daraufhin die Dollar-Offset Ratio berechnet, beläuft sich die ermittelte Effektivität nur auf 50 % (= EUR 1.000 / EUR 2.000). Auf bloßer Grundlage dieses Ergebnisses kann vermutet werden, dass das Sicherungsgeschäft nicht zur Absicherung des Risikos aus dem Grundgeschäft geeignet ist bzw. eine Vergleichbarkeit der Risiken von Grund- und Sicherungsgeschäft nicht gegeben ist, obwohl die Bewertungseinheit in Wirklichkeit wirksam ist.[284] Denn zum einen entwickeln sich die Werte von Grund- und Sicherungsgeschäft **entgegengesetzt** und zum anderen sind die Risiken von Grund- und Sicherungsgeschäft **vergleichbar**, da

281 Vgl. GLAUM, M./KLÖCKER, A., Hedging gem. IAS 39, S. 60 f.

282 Vgl. PRICEWATERHOUSECOOPERS (Hrsg.), IFRS für Banken, S. 561; KUHN, S./SCHARPF, P., Financial Instruments nach IFRS, S. 426 f.

283 Vgl. KUHN, S./SCHARPF, P., Financial Instruments nach IFRS, S. 426.

284 Vgl. SCHMIDT, M./PITTROFF, E./KLINGELS, B., Finanzinstrumente, S. 101; KUHN, S./SCHARPF, P., Financial Instruments nach IFRS, S. 426.

sowohl das Grundgeschäft als auch das Sicherungsgeschäft von dem gleichen Einflussfaktor, nämlich dem Zinsrisiko, abhängen. Die **objektive Eignung** des Sicherungsgeschäfts zur Absicherung des Grundgeschäfts ist ebenfalls gegeben, da ein (Receiver-)Zinsswap zur Absicherung von Wertänderungen aus festverzinslichen Wertpapieren anerkannt ist.[285]

Das Problem der kleinen Zahlen wird dadurch vermieden, dass **Toleranzgrenzen** eingeführt werden.[286] Hierbei legt das Unternehmen ex ante absolute (z. B. EUR 2.000) oder auch relative Toleranzgrenzen (z. B. 0,2 % vom Nominalbetrag des Grund- oder Sicherungsgeschäfts) für die in die Dollar-Offset Ratio einfließenden Beträge fest. Werden die Toleranzgrenzen durch die gegenläufigen Wertänderungen von Grund- und Sicherungsgeschäft nicht überschritten, gilt die Bewertungseinheit trotzdem als effektiv, obgleich die Ergebnisse der Dollar-Offset Ratio ein anderes Ergebnis vermuten lassen.[287]

454.534.2 Regressionsanalyse

Neben der Dollar-Offset Methode eignet sich auch die **Regressionsanalyse**[288] als Effektivitätstest.[289] Bei der Regressionsanalyse handelt es sich um ein anerkanntes statistisches Verfahren, das Kausalzusammenhänge zwischen einer abhängigen[290] und einer bzw. mehreren unabhängigen[291] Variablen untersucht.[292] Diese Zusammenhänge werden durch eine

285 Vgl. z. B. SCHARPF, P./LUZ, G., Finanzderivate, S. 210.

286 Vgl. KUHN, S./SCHARPF, P., Financial Instruments nach IFRS, S. 426.

287 Vgl. PRICEWATERHOUSECOOPERS (Hrsg.), IFRS für Banken, S. 561; ECKES, B., U. A., Vorschriften zum Hedge-Accounting (Teil 2), S. 56; LANTZIUS-BENINGA, B., Abbildung von Mikro Fair Value Hedges gemäß IAS 39, S. 111. Für weitere Lösungsansätze vgl. auch HAILER, A./RUMP, S., Hedge Effektivität.

288 Der Begriff „Regression" geht ursprünglich auf GALTON (1889) zurück. Er beschrieb damit ein biologisches Phänomen, bekannt als „Regression zur Mitte", wonach Nachfahren großer Eltern dazu tendieren, nur durchschnittlich groß zu werden. Für GALTON hatte der Begriff der Regression nur diese biologische Bedeutung. Allerdings wurde seine Arbeit später durch YULE (1897) und PEARSON (1903) in einen statistischen Kontext gesetzt. Vgl. auch BLEYMÜLLER, J./GEHLERT, G./GÜLICHER, H., Statistik, S. 139 sowie HARTUNG, J., Statistik, S. 569.

289 Vgl. BLEYMÜLLER, J./GEHLERT, G./GÜLICHER, H., Statistik, S. 139 f.; KUHN, S./SCHARPF, P., Financial Instruments nach IFRS, S. 427; PLATTNER, M., Effektivität von Sicherungsbeziehungen, S. 143.

290 Als Synonym für die abhängige Variable werden in der Literatur auch die Begriffe „endogene Variable", „erklärte Variable", „Prognosevariable" und „Regressand" verwendet.

291 Als Synonym für die unabhängige Variable werden in der Literatur auch die Begriffe „exogene Variable", „erklärende Variable", „Prädikatorvariable" und „Regressor" verwendet.

Regressionsanalyse funktional spezifiziert.[293] Für den Fall einer **linearen Einfachregression**[294] wird angenommen, dass zwischen der abhängigen und unabhängigen Variablen ein linearer Zusammenhang besteht.[295] Dementsprechend wird die Effektivität einer Bewertungseinheit gemessen, indem ein linearer Zusammenhang zwischen den Wertänderungen des Grundgeschäfts (abhängige Variable) und den Wertänderungen des Sicherungsgeschäfts (unabhängige Variable) angenommen wird.[296]

Der Zusammenhang zwischen dem Grundgeschäft und dem Sicherungsgeschäft mit zwei Variablen kann mit folgender Regressionsfunktion beschrieben werden:[297]

$$\Delta SG = a + b \cdot \Delta GG + \varepsilon$$

Legende:

ΔSG	=	Wertänderung des Sicherungsgeschäfts (abhängige Variable)	
ΔGG	=	Wertänderungen des Grundgeschäfts (unabhängige Variable)	
b	=	Steigung der Regressionsfunktion	Gesuchte Regressionskoeffizienten
a	=	Schnittpunkt der Regressionsfunktion mit der Ordinate	
ε	=	Fehlerterm	

Mithilfe der „Methode der kleinsten Quadrate" wird auf Grundlage einer bestimmten Anzahl von Datenpunkten eine ideale Regressionsfunktion bestimmt, wodurch die Summe

292 Vgl. BLEYMÜLLER, J./GEHLERT, G./GÜLICHER, H., Statistik, S. 139.

293 Vgl. BLEYMÜLLER, J./GEHLERT, G./GÜLICHER, H., Statistik, S. 139; HARTUNG, J., Statistik, S. 569.

294 Für den Fall nur einer unabhängigen Variablen wird von einer linearen Einfachregression gesprochen, während im Fall mehrerer unabhängiger Variablen von einer linearen Mehrfachregression (oder einer multiplen linearen Regression) gesprochen wird. Vgl. BLEYMÜLLER, J./ GEHLERT, G./GÜLICHER, H., Statistik, S. 155-160; MOSLER, K./SCHMID, F., Wahrscheinlichkeitsrechnung und schließende Statistik, S. 291.

295 Vgl. MOSLER, K./SCHMID, F., Wahrscheinlichkeitsrechnung und schließende Statistik, S. 291 f.; BLEYMÜLLER, J./GEHLERT, G./GÜLICHER, H., Statistik, S. 139.

296 Vgl. BRÖTZMANN, I., Güterwirtschaftliche Sicherungsbeziehungen, S. 198; PLATTNER, M., Effektivität von Sicherungsbeziehungen, S. 158 f.; SCHMIDT, M./PITTROFF, E./KLINGELS, B., Finanzinstrumente, S. 110; WIESE, R., Hedge-Accounting, S. 229.

297 Für ein Beispiel zur Bestimmung der Effektivität mithilfe einer Regressionsanalyse vgl. auch PELLENS, B., U. A., Internationale Rechnungslegung, S. 624-626.

der quadrierten vertikalen Abstände der Datenpunkte von der Geraden minimiert wird.[298] Die Abweichungen der Datenpunkte von der Regressionsfunktion werden Residuen genannt, die durch den Fehlerterm (ε) beschrieben werden.[299] Während der Regressionskoeffizient (a) in der Regressionsfunktion die Konstante bildet, zeigt der Regressionskoeffizient (b) die Sensitivität zwischen den Wertänderungen des Grundgeschäfts und des Sicherungsgeschäfts an.[300] Bei einem perfekten Sicherungszusammenhang beträgt der Regressionskoeffizient (b), also die Steigung der Regressionsgeraden b = -1. Bei einem Regressionskoeffizienten von b = -0,8 kann bspw. vermutet werden, dass die Wertänderungen des Grundgeschäfts zu 80 % durch die Wertänderungen des Sicherungsgeschäfts kompensiert werden. Fällt dementsprechend der Wert des Grundgeschäfts um TEUR 1.000, steigt der Wert des Sicherungsgeschäfts um TEUR 800. Anhand des Beispiels wird deutlich, dass der Regressionskoeffizient (b) die Effektivität einer Bewertungseinheit direkt wiedergibt. Dementsprechend muss für eine wirksame Bewertungseinheit vorausgesetzt werden, dass die Steigung der Regressionsgeraden einen negativen Wert (b < 0) aufweist.[301] Ansonsten wäre mit einer Wertzunahme (Wertabnahme) des Grundgeschäfts gleichzeitig auch eine Wertzunahme (Wertabnahme) des Sicherungsgeschäfts verbunden und folglich keine Kompensation möglich.[302] Da der Regressionskoeffizient (b) auch bei einer starken Streuung der Werte von Grund- und Sicherungsgeschäft einen Wert nahe an b = -1 annehmen kann, muss zusätzlich noch das sog. **Bestimmtheitsmaß** (R^2) berechnet werden. Das Bestimmtheitsmaß stellt ein Maß für die Güte und Zuverlässigkeit des zugrunde liegenden Modells dar.[303] Das Maß gibt an, welcher Anteil von den Wertänderungen des Sicherungsgeschäfts durch die Wertänderungen des Grundgeschäfts erklärt werden kann.[304]

298 Vgl. KUHN, S./SCHARPF, P., Financial Instruments nach IFRS, S. 427; HARTUNG, J., Statistik, S. 574.

299 Vgl. HARTUNG, J., Statistik, S. 574.

300 Vgl. BRÖTZMANN, I., Güterwirtschaftliche Sicherungsbeziehungen, S. 198.

301 Vgl. KUHN, S./SCHARPF, P., Financial Instruments nach IFRS, S. 428; SCHMIDT, M./PITTROFF, E./KLINGELS, B., Finanzinstrumente, S. 111.

302 Vgl. SCHMIDT, M./PITTROFF, E./KLINGELS, B., Finanzinstrumente, S. 111.

303 Vgl. MAULSHAGEN, O./TREPTE, F./WALTERSCHEIDT, S., Derivative Finanzinstrumente in Industrieunternehmen, S. 165; ECKES, B., U. A., Vorschriften zum Hedge-Accounting (Teil 2), S. 57; HARTUNG, J., Statistik, S. 579.

304 Vgl. BLEYMÜLLER, J./GEHLERT, G./GÜLICHER, H., Statistik, S. 144; KUHN, S./SCHARPF, P., Financial Instruments nach IFRS, S. 428.

Das Bestimmtheitsmaß kann definitionsgemäß einen Wert zwischen 0 und 1 annehmen.[305] Für $R^2 = 1$ können beispielsweise die Wertänderungen des Sicherungsgeschäfts (abhängige Variable) bei Kenntnis der Wertänderungen des Grundgeschäfts (unabhängige Variable) vollständig durch die Regressionsfunktion beschrieben werden.[306] Anders ausgedrückt, kann mithilfe der Regressionsfunktion die Varianz der abhängigen Variablen durch die Varianz der unabhängigen Variablen zu 100 % erklärt werden.[307] Der IASB setzt zur Bestimmung der Effektivität mithilfe der Regressionsanalyse ein Bestimmtheitsmaß von mindestens $R^2 \geq 0{,}8$ voraus.[308] Diese Vorgabe könnte auch für die Effektivitätsmessung mithilfe der Regressionsanalyse im Handelsrecht als Mindestvoraussetzung gefordert werden, damit mit einer hinreichenden Wahrscheinlichkeit davon ausgegangen werden kann, dass überhaupt ein (negativer) Zusammenhang zwischen den Wertentwicklungen des Grund- und Sicherungsgeschäfts, mithin eine wirksame Bewertungseinheit besteht.

Wie bereits erwähnt, ist für die praktische Anwendung der Regressionsanalyse eine gewisse Mindestanzahl von Datenpunkten bzw. Beobachtungen erforderlich, damit diese Methode zu einem repräsentativen und sinnvollen Ergebnis führt. Im Schrifttum wird von mind. 30 Datenpunkten ausgegangen.[309] Darüber hinaus sollte gewährleistet sein, dass zu jedem Bilanzstichtag die gleiche Zahl an Datenpunkten vorhanden ist, damit das Ergebnis nicht schon allein durch die Zahl der verwendeten Datenpunkte verzerrt werden kann.[310]

Der **Vorteil** der Regressionsanalyse besteht vor allem darin, dass die Methode bei großen Datenmengen ohne Weiteres angewendet werden kann. **Nachteile** aus der Anwendung dieser Methode ergeben sich vor allem aus der Beschaffung der benötigten Datenmenge, aus der komplexen Berechnung sowie aus der nicht gerade intuitiv verständlichen Vorge-

305 Vgl. BACKHAUS, K., U. A., Multivariate Analysemethoden, S. 66; AUER, L. V., Ökonometrie, S. 166.

306 Vgl. AUER, L. V., Ökonometrie, S. 167; BACKHAUS, K., U. A., Multivariate Analysemethoden, S. 66.

307 Vgl. BACKHAUS, K., U. A., Multivariate Analysemethoden, S. 66; HARTUNG, J., Statistik, S. 579.

308 Vgl. BRÖTZMANN, I., Güterwirtschaftliche Sicherungsbeziehungen, S. 198; SCHMIDT, M./PITTROFF, E./KLINGELS, B., Finanzinstrumente, S. 111; ECKES, B., U. A., Vorschriften zum Hedge-Accounting (Teil 2), S. 57 f.

309 Vgl. IDW (Hrsg.), IDW RS HFA 9, Rn. 333; KUHN, S./SCHARPF, P., Financial Instruments nach IFRS, S. 429; PRICEWATERHOUSECOOPERS LLP, Manual of accounting, Rn. 10.177; WIESE, R., Hedge-Accounting, S. 247; DELOITTE & TOUCHE LLP (Hrsg.), Financial Instruments, S. 376.

310 So auch KUHN, S./SCHARPF, P., Financial Instruments nach IFRS, S. 429.

hensweise.[311] Darüber hinaus liefert diese Methode – im Vergleich zur Dollar-Offset Methode – nicht die zur Bilanzierung von Bewertungseinheiten notwendigen Beträge.[312] Diese müssen daher zusätzlich bestimmt werden, um die Bewertungseinheit bilanziell abbilden zu können.

454.534.3 Varianzreduktionsmethode

Die Varianzreduktionsmethode, die teilweise auch als Volatilitätsreduktionsmethode bezeichnet wird, vergleicht die Wert- oder Zahlungsstromschwankungen des Grundgeschäfts mit denen des **gesamten** Sicherungszusammenhangs. Dabei wird untersucht, in welchem Umfang die Wert- oder Zahlungsstromschwankungen des Grundgeschäfts sich durch den Aufbau des Sicherungszusammenhangs verringern.[313] Als Maß für die Wert- oder Zahlungsstromschwankungen wird ein **statistisches Volatilitätsmaß**, nämlich die **Varianz,** verwendet. Die Effektivität ist dabei umso höher, je geringer die Varianz des gesamten Sicherungszusammenhangs im Vergleich zu der Varianz des Grundgeschäfts ist.[314] Dementsprechend kann die Varianzreduktionsmethode mithilfe der folgenden Formel berechnet werden:[315]

$$Effektivität = 1 - \frac{Varianz\ (GG + SG)}{Varianz\ (GG)}$$

Legende:

SG = Wert des Sicherungsgeschäfts

GG = Wert des Grundgeschäfts

311 Vgl. WIESE, R., Hedge-Accounting, S. 246; KUHN, S./SCHARPF, P., Financial Instruments nach IFRS, S. 429.

312 Vgl. KUHN, S./SCHARPF, P., Financial Instruments nach IFRS, S. 429.

313 Vgl. PRICEWATERHOUSECOOPERS (Hrsg.), IFRS für Banken, S. 561; KUHN, S./SCHARPF, P., Financial Instruments nach IFRS, S. 427.

314 Vgl. KUHN, S./SCHARPF, P., Financial Instruments nach IFRS, S. 427; SCHMIDT, M./ PITTROFF, E./KLINGELS, B., Finanzinstrumente, S. 111; PRICEWATERHOUSECOOPERS (Hrsg.), IFRS für Banken, S. 561 f.

315 In Anlehnung an KUHN, S./SCHARPF, P., Financial Instruments nach IFRS, S. 427.

Der Nenner des Quotienten entspricht der Varianz des gesamten Sicherungszusammenhangs. Je geringer die Varianz, d. h. die Volatilität des Sicherungszusammenhangs, im Vergleich zur Volatilität des Grundgeschäfts ist, desto größer ist die entsprechende Effektivität. So ist die Varianz eines perfekten Sicherungszusammenhangs 0, da die Volatilität des Grundgeschäfts durch die Volatilität des Sicherungsgeschäfts exakt und vollständig ausgeglichen wird. Folglich ist auch der Nenner des obigen Quotienten 0. Die Effektivität liegt dementsprechend bei 1 bzw. 100 % (Effektivität = 1 - 0). Analog zur Regressionsanalyse muss auch bei dieser Methode eine ausreichend große Zahl von Datenpunkten vorhanden sein, damit diese Methode zu sinnvollen Ergebnissen führt. Die konzeptionellen **Vor- und Nachteile** entsprechen daher denen der Regressionsanalyse. Allerdings ist die Berechnung der Effektivität mithilfe dieser Methode noch komplexer als bei der Regressionsanalyse, sodass das Verfahren in der Praxis nur sehr selten angewendet wird.[316]

454.6 Zwischenfazit zur Wirksamkeit von Sicherungszusammenhängen und die weitere Vorgehensweise

Eine wesentliche Voraussetzung zur Bildung von Bewertungseinheiten nach § 254 ist die **Wirksamkeit** des zugrunde gelegten Sicherungszusammenhangs. Denn die Rechtsfolgen[317] des § 254 Satz 1 treten nur in dem Umfang und für den Zeitraum ein, in dem sich gegenläufige Wertänderungen oder Zahlungsströme, die aus dem Eintritt vergleichbarer Risiken resultieren, ausgleichen, d. h., soweit die Bewertungseinheit wirksam ist. Die Wirksamkeit einer Bewertungseinheit zeichnet sich – wie die bisherigen Ausführungen zeigen – durch die drei folgenden abstrakten Kriterien aus, die **kumulativ** erfüllt sein müssen:

- Die Risiken von Grund- und Sicherungsgeschäft müssen **vergleichbar** sein,
- die aus den Risiken resultierenden Wert- und Zahlungsstromänderungen müssen **gegenläufig** sein und
- die diesbezüglichen Wert- und Zahlungsstromänderungen müssen sich **verlässlich messen** lassen.

316 Vgl. KUHN, S./SCHARPF, P., Financial Instruments nach IFRS, S. 427.

317 Zu den Rechtsfolgen des § 254 Satz 1 vgl. Abschnitt 462.

Die Wirksamkeit muss auch von Dritten nachprüfbar sein. Dies geschieht durch einen Effektivitätstest, wobei die Effektivität **prospektiv**, d. h. zukunftsgerichtet, vor Bildung einer Bewertungseinheit und zumindest an jedem weiterem Bilanzstichtag beurteilt werden muss. Geeignete und zulässige Methoden zur Beurteilung der Effektivität wurden in den vorherigen Abschnitten dargestellt. Die folgende Übersicht fasst den Prozess zur Beurteilung der Wirksamkeit von Bewertungseinheiten nochmals zusammen:

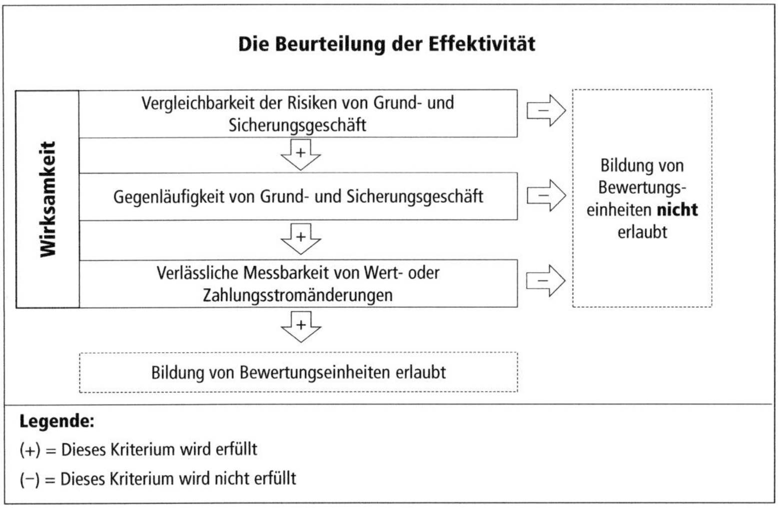

Übersicht 4-6: *Der Effektivitätstest als Nachweis der Wirksamkeit*[318]

Falls eines der genannten Kriterien nicht erfüllt ist, gilt die Wirksamkeit des zugrunde liegenden Sicherungszusammenhangs als nicht gegeben und die Bewertungseinheit darf nicht gebildet werden. Entfällt eines der Kriterien während der Laufzeit, ist eine bereits gebildete Bewertungseinheit wieder aufzulösen und Grund- und Sicherungsgeschäft sind anschließend imparitätisch einzeln zu bewerten.

Nachdem die Kriterien einer wirksamen Bewertungseinheit nach § 254 erläutert und wesentliche Methoden vorgestellt wurden, mit denen der Effektivitätsnachweis erbracht werden kann, wird im folgenden Abschnitt auf die sog. Durchhalteabsicht eingegangen.

318 Quelle: Eigene Darstellung.

455. Durchhalteabsicht

Die **Durchhalteabsicht** stellt eine weitere Voraussetzung dar, um Geschäfte, die in einem Sicherungszusammenhang stehen, zu einer Bewertungseinheit zusammenzufassen.[319] Denn im Zeitpunkt der Begründung einer Bewertungseinheit muss die Absicht bestehen, die Bewertungseinheit so lange aufrechtzuerhalten, bis der **Sicherungszweck** auch tatsächlich eingetreten ist.[320] Andernfalls wäre dem bilanzierenden Kaufmann ein großer bilanzpolitischer Spielraum gegeben, weil an jedem Bilanzstichtag entschieden werden könnte, ob eine in der Vergangenheit gebildete Bewertungseinheit aufgelöst wird oder nicht. In der Begründung zum Regierungsentwurf des BilMoG heißt es nämlich:[321]

> *„Die Bildung von Bewertungseinheiten dient allein der Risikoabsicherung, nicht der Steuerung des Jahresergebnisses."*

Um daher einen bilanzpolitischen Spielraum im Zusammenhang mit der Bildung von Bewertungseinheiten zu vermeiden, muss die Durchhalteabsicht **ex ante**, d. h. vor Begründung der Bewertungseinheit, zwingend dokumentiert werden.[322] Unter der Bedingung, dass die Bewertungseinheit über die gesamte Laufzeit wirksam ist (Abschnitt 454), muss eine bereits gebildete Bewertungseinheit so lange aufrechterhalten werden, bis der Sicherungszweck auch tatsächlich erreicht worden ist. Dies ist der Fall, wenn das abgesicherte Risiko nicht mehr besteht, d. h., wenn das Grundgeschäft weggefallen ist bzw. realisiert wurde.[323] Dies bedeutet allerdings nicht unbedingt, dass die Laufzeit von Grund- und Sicherungsgeschäft identisch sein muss.[324] Ist die Laufzeit der beiden gegenläufigen Geschäfte nicht identisch, ist ab dem Erfüllungszeitpunkt des einen Geschäfts das Gegengeschäft imparitätisch einzeln zu bewerten. Die Bewertungseinheit ist also zu diesem Zeitpunkt aufzulösen.

319 So auch IDW (Hrsg.), IDW RS HFA 35, Rn. 47.

320 Vgl. IDW (Hrsg.), IDW RS HFA 35, Rn. 47; SCHARPF, P., in: Küting/Weber/Pfitzer, HdR, 5. Aufl., § 254 HGB, Rn. 217; KRAFT, G./BISCHOFF, J., Zur Problematik von Bewertungseinheiten in der Steuerbilanz, S. 186; KÜTING, K./CASSEL, J., Bewertungseinheiten, S. 769 f.; SCHARPF, P./SCHABER, M., Bilanzierung von Bewertungseinheiten, S. 532 und S. 538.

321 BR-Drucks. 344/08 vom 23.05.2008, S. 127; BT-Drucks. 16/10067 vom 30.07.2008, S. 59.

322 Zu den Dokumentationsanforderungen vgl. Abschnitt 456.

323 Vgl. DRIESCH, D./OERTZEN, C., Bilanzierung von Bewertungseinheiten nach § 254 HGB, S. 349.

324 Vgl. IDW (Hrsg.), IDW RS HFA 35, Rn. 47 i. V. m. Rn. 33; KÜTING, K./PFITZER, N./WEBER, C.-P., Das neue deutsche Bilanzrecht, S. 217.

Neben der Durchhalteabsicht muss es dem Bilanzierenden auch möglich sein, den Sicherungszusammenhang „durchzuhalten". Über die Durchhalteabsicht hinaus muss das bilanzierende Unternehmen somit auch über eine **Durchhaltefähigkeit** verfügen, d. h., das Unternehmen muss im Zeitpunkt der Begründung einer Bewertungseinheit wirtschaftlich in der Lage sein, Grund- und Sicherungsgeschäft so lange zu halten, bis der Sicherungszweck eingetreten ist.[325] Die Durchhaltefähigkeit wird weder im Gesetz noch in der Begründung des Gesetzentwurfs zum BilMoG gefordert, erscheint aber notwendig, um die mit der Durchhalteabsicht verbundene Zwecksetzung zu erreichen.[326]

Einige Autoren argumentieren, dass zusätzlich eine explizite **Sicherungsabsicht** des Bilanzierenden gegeben sein muss, um Geschäfte, die in einem Sicherungszusammenhang stehen, zu einer Bewertungseinheit zusammenfassen zu dürfen.[327] Wird allerdings – wie in Abschnitt 44 erläutert – von einer Pflicht ausgegangen, die abgesicherten risikoinduzierten Wert- oder Zahlungsstromschwankungen des Grundgeschäfts mithilfe einer Bewertungseinheit zu bilanzieren, da eine Verlustgefahr überhaupt nicht existiert, wird durch eine „Sicherungsabsicht" **als zwingende Voraussetzung ein faktisches Wahlrecht** zur Bildung einer Bewertungseinheit geschaffen. Denn würde das bilanzierende Unternehmen erklären, es besäße keine Sicherungsabsicht, obwohl tatsächlich ein Sicherungszusammenhang existiert, müssten Grund- und Sicherungsgeschäft einzeln imparitätisch bewertet werden. Folglich würde ein Verlust antizipiert werden, der überhaupt nicht eintreten kann. Die **Sicherungsabsicht** stellt daher keine Anwendungsvoraussetzung zur Bildung von Bewertungseinheiten dar, sondern diese ergibt sich entweder unmittelbar aus der im betrieblichen Risikomanagement (z. B. in der Treasuryabteilung) eingegangenen und dokumentierten Sicherungsbeziehung oder sie muss im Fall von risikoinduzierten gegenläufigen Bilanzpositionen überhaupt nicht vorliegen. Letzteres ist der Fall, wenn einer Fremdwährungsforderung eine Fremdwährungsverbindlichkeit in gleicher Höhe, gleicher Laufzeit und

325 Vgl. LÖW, E., Antizipative Sicherungsgeschäfte, S. 1112; SCHARPF, P., in: Küting/Weber/Pfitzer, HdR, 5. Aufl., § 254 HGB, Rn. 867.

326 Vgl. LÖW, E./TORABIAN, F., Auswirkungen des Entwurfs des BilMoG auf die Bilanzierung von Finanzinstrumenten, S. 613; GELHAUSEN, H./FEY, G./KÄMPFER, G., BilMoG, Abschn. H, Rn. 44.

327 Vgl. z. B. SCHMIDT, M., Bewertungseinheiten nach dem BilMoG, S. 885; KÜTING, K./PFITZER, N./WEBER, C.-P., Das neue deutsche Bilanzrecht, S. 216; GELHAUSEN, H./FEY, G./KÄMPFER, G., BilMoG, Abschn. H, Rn. 44.

gleicher Währung gegenübersteht. Denn hierbei ist die aus einem Währungsrisiko resultierende Verlustgefahr faktisch ausgeschlossen.

456. Dokumentation der Designation von Grund- und Sicherungsgeschäft

456.1 Dokumentationserfordernis und Zeitpunkt der Dokumentation

Um eine Bewertungseinheit intersubjektiv nachprüfen zu können, ist die Dokumentation des zugrunde liegenden Sicherungszusammenhangs von wesentlicher Bedeutung.[328] Während nämlich die Verbindung einzelner Bestandteile eines zusammengefassten und einheitlich zu bilanzierenden Vermögensgegenstands, wie einem PKW, unmittelbar durch einen **technischen „Nutzen- und Funktionszusammenhang"**[329] gekennzeichnet ist, ist die Abgrenzung des Bewertungsobjekts bei Positionen, die in einem Sicherungszusammenhang stehen, nicht mehr ohne Weiteres möglich.[330] Bei Bewertungseinheiten nach § 254 werden nicht einzelne physische Vermögensgegenstände zu einem größeren, einheitlich zu bilanzierenden Vermögensgegenstand, der Bewertungsobjekteinheit, zusammengefasst, sondern es werden völlig unterschiedliche Positionen, die als Aktiva, Passiva oder überhaupt nicht in der Bilanz ausgewiesen werden, für die Bewertung zusammengefasst. Werden beispielsweise die risikoinduzierten Wertschwankungen einer Fremdwährungsforderung mit den risikoinduzierten Wertschwankungen einer Fremdwährungsverbindlichkeit zu einer Bewertungseinheit zusammengefasst, betrifft dies sowohl die Aktivseite als auch die Passivseite der Bilanz. Wird ferner das Ausfallrisiko einer Forderung durch ein Kreditderivat abgesichert, wird ein Aktivposten der Bilanz, nämlich die Forderung, für Bewertungszwecke mit einem Geschäft zusammengefasst, das als schwebendes Geschäft überhaupt nicht bilanziert wird. Ohne eine hinreichende Dokumentation des Sicherungszusammenhangs ist es daher nicht

328 So auch IDW (Hrsg.), IDW RS HFA 35, Rn. 41; SCHARPF, P./SCHABER, M., Bilanzierung von Bewertungseinheiten, S. 536; BIEKER, M., Die Bilanzierung von Euro-Bund-Futures, S. 219; FÖRSCHLE, G./USINGER, R., in: Beck Bilanzkomm., 7. Aufl., § 254 HGB, Rn. 40. m. w. N.

329 Die Rechtsprechung hat das Kriterium des *„einheitlichen Nutzen- und Funktionszusammenhangs"* entwickelt, um einen einheitlich zu bilanzierenden Vermögensgegenstand, also das Bewertungsobjekt, von dessen Bestandteilen abzugrenzen. Vgl. BFH vom 26.11.1973, GrS 5/71, BStBl. II 1974, S. 136; BFH vom 15.12.1977, VIII R 121/73, BStBl. II 1978, S. 210 f.; BFH vom 28.09.1990, III R 178/86, BStBl. II 1991, S. 187 sowie BAETGE, J./ZIESEMER, S., in: Baetge/Kirsch/Thiele, § 252 HGB, Rn. 120; KUPSCH, P. U., Zum Verhältnis von Einzelbewertungsprinzip und Imparitätsprinzip, S. 343; SELCHERT, F. W., in: Küting/Weber/Pfitzer, HdR, 5. Aufl., § 252 HGB, Rn. 68.

330 Vgl. HAPPE, P., Buchführung für Swapvereinbarungen, S. 144.

möglich, zu erkennen, welche Sicherungsgeschäfte mit welchen Grundgeschäften eine Einheit bilden. **Folglich bedarf es einer umfangreichen Dokumentation der Bewertungseinheit, um eine intersubjektive Nachprüfbarkeit des Sicherungszusammenhangs zu gewährleisten und zu vermeiden, dass Bewertungseinheiten aus bilanzpolitischem Kalkül gebildet werden.** Der Gesetzgeber sieht die Dokumentation der Bewertungseinheit in der Gesetzesbegründung zum BilMoG ebenfalls als erforderlich an. Darin heißt es nämlich:[331]

> *„Die Rechtsfolgen des § 254 HGB treten **nur** ein, wenn die abgesicherten Risiken nicht eintreten. [...] Daraus folgt gleichzeitig, dass **die Bildung von Bewertungseinheiten zu dokumentieren** [...] **ist.**“*

Weiter heißt es:[332]

> *„Mit einer hinreichenden Dokumentation wird auch die missbräuchliche (**nachträgliche**) Bildung von Bewertungseinheiten eingedämmt.“*

Bewertungseinheiten dürfen daher nicht rückwirkend gebildet werden.[333] Anderenfalls wäre dem bilanzierenden Unternehmen ein großer bilanzpolitischer Spielraum gegeben, falls existierende Finanzinstrumente nachträglich, d. h. am Bilanzstichtag, als Sicherungsgeschäfte designiert werden dürften. Denn dadurch könnte das Jahresergebnis aktiv gesteuert werden.[334] Die Dokumentation und Designation von Grund- und Sicherungsgeschäft wirkt also grundsätzlich vom nachweislichen Zeitpunkt der Begründung an in die Zukunft.[335]

Die beiden Aussagen des Gesetzgebers sind allerdings problematisch. Sofern nämlich die Dokumentation eine zwingende (Tatbestands-)Voraussetzung des § 254 zur Bildung einer Bewertungseinheit darstellt, würde dadurch ein **faktisches Wahlrecht** geschaffen. Würde die Designation von Grund- und Sicherungsgeschäft bewusst nicht dokumentiert, wäre

331 BR-Drucks. 344/08 vom 23.05.2008, S. 126.

332 BR-Drucks. 344/08 vom 23.05.2008, S. 125; BT-Drucks. 16/10067 vom 30.07.2008, S. 58.

333 Vgl. BR-Drucks. 344/08 vom 23.05.2008, S. 128; BT-Drucks. 16/10067 vom 30.07.2008, S. 58. So auch ERNST, C./SEIDLER, H., Referentenentwurf, S. 2559; WIECHENS, G./HELKE, I., Die Bilanzierung von Finanzinstrumenten nach dem Regierungsentwurf des BilMoG, S. 1336; KÜTING, K./PFITZER, N./WEBER, C.-P., Das neue deutsche Bilanzrecht, S. 216.

334 Vgl. ERNST, C./SEIDLER, H., Referentenentwurf, S. 2559; WIECHENS, G./HELKE, I., Die Bilanzierung von Finanzinstrumenten nach dem Regierungsentwurf des BilMoG, S. 1336; KÜTING, K./PFITZER, N./WEBER, C.-P., Das neue deutsche Bilanzrecht, S. 216.

335 Vgl. SCHMIDT, M., Bewertungseinheiten nach dem BilMoG, S. 885; DRIESCH, D./OERTZEN, C., Bilanzierung von Bewertungseinheiten nach § 254 HGB, S. 348.

auch die Bewertungseinheit aufgrund der fehlenden Anwendungsvoraussetzung nicht zu bilden, obwohl tatsächlich ein wirksamer Sicherungszusammenhang bestünde. Darüber hinaus wäre es auch **nicht möglich, risikoinduzierte gegenläufige Bilanzpositionen zu einer Bewertungseinheit zusammenzufassen**, falls der Sicherungszusammenhang zwingend ex ante, d. h. vor dem Bilanzstichtag, zu dokumentieren wäre. Denn vor dem Bilanzstichtag kann überhaupt noch nicht feststehen, ob bspw. eine bestimmte Fremdwährungsforderung zur Absicherung einer Fremdwährungsverbindlichkeit auch am Bilanzstichtag noch existiert oder ob die Forderung bereits bezahlt wurde.

Dieses Problem hat der Gesetzgeber im Laufe des Gesetzgebungsverfahrens erkannt und schreibt deswegen in der Begründung des Rechtsauschusses zum Regierungsentwurf des BilMoG, dass

> *„[...] die Dokumentation [...]* ***nicht zum Tatbestandsmerkmal*** *erhoben [wird].“*[336]

Durch diese Aussage erreicht der Gesetzgeber, dass die Dokumentation zu einer **hinreichenden, aber nicht notwendigen Bedingung** für die Bildung von Bewertungseinheiten wird. Die Dokumentation ist somit **keine Tatbestandsvoraussetzung**, um Sicherungszusammenhänge zu Bewertungseinheiten zusammenfassen zu müssen. **Vielmehr ergibt sich die Pflicht zur Bildung von Bewertungseinheiten bei bestehenden Sicherungszusammenhängen unabhängig von der Dokumentation, wenn gleichzeitig die (anderen) Tatbestandsvoraussetzungen zur Bildung von Bewertungseinheiten erfüllt sind.** Dies bedeutet allerdings nicht, dass Bewertungseinheiten nicht dokumentiert werden müssen, da allein schon die allgemeinen Buchführungspflichten nach §§ 238 f. eine entsprechende Dokumentation fordern.[337] Auch die in § 285 Nr. 23 bzw. § 314 Abs. 1 Nr. 15 kodifizier-

---

336 Vgl. BT-Drucks. 16/12407 vom 24.03.2009, S. 86 (Hervorhebungen und Auslassungen durch den Verfasser).

337 Vgl. BT-Drucks. 16/12407 vom 24.03.2009, S. 86 i. V. m. SCHMIDT, M., Bewertungseinheiten nach dem BilMoG, S. 885; GELHAUSEN, H./FEY, G./KÄMPFER, G., BilMoG, Abschn. H, Rn. 88; FÖRSCHLE, G./USINGER, R., in: Beck Bilanzkomm., 7. Aufl., § 254 HGB, Rn. 41; KOPATSCHEK, M./STRUFFERT, R./WOLFGARTEN, W., Bewertungseinheiten nach BilMoG (Teil 1), S. 275; HOFFMANN, W.-D./LÜDENBACH, N., in: NWB Kommentar Bilanzierung, § 254 HGB, Rn. 40 f.

ten Anhangangabepflichten zu Bewertungseinheiten setzen eine Dokumentation des Sicherungszusammenhangs voraus.[338]

Werden die Aussagen des Gesetzgebers zudem historisch-telelogisch betrachtet, folgt daraus, dass eine Bewertungseinheit zwar zwingend zu dokumentieren ist, allerdings hinsichtlich der Dokumentationsanforderungen zwischen einer

(1) im betrieblichen Risikomanagement zielgerichtet eingegangenen **Sicherungsbeziehung** und

(2) **risikoinduzierten gegenläufigen Bilanzpositionen** am Bilanzstichtag zu unterscheiden ist.

Ad (1): **Sicherungsbeziehung**

Liegt der Bewertungseinheit eine Sicherungsbeziehung zugrunde, ist die Designation von Grund- und Sicherungsgeschäft zwingend **vor dem Bilanzstichtag, d. h. bei Begründung der Sicherungsbeziehung, zu dokumentieren** und wirkt ausschließlich vom nachweislichen Zeitpunkt der Begründung an in die Zukunft.[339] Dadurch soll eine nachträgliche und bilanzpolitisch motivierte Designation von Grund- und Sicherungsgeschäft zu einer Bewertungseinheit vermieden werden. Denn für den Bilanzierenden darf nicht die Möglichkeit bestehen, am Bilanzstichtag im Bestand befindliche derivative Finanzinstrumente, die bspw. zu Spekulationszwecken gekauft wurden, plötzlich als Sicherungsgeschäft zu designieren und mit einem Grundgeschäft zusammenzufassen, um einen drohenden Verlust aus diesem Geschäft zu konterkarieren. Grundlage bildet in diesem Fall die **Dokumentation der Sicherungsbeziehung im betrieblichen Risikomanagement**. In Übersicht 4-7 wird beispielhaft ein sog. **Händlerzettel** dargestellt, der i. d. R. für die interne Dokumentation im betrieblichen Risikomanagement eingesetzt wird und der für die Dokumentation im externen Rechnungswesen als Grundlage genutzt werden könnte:

338 Vgl. auch IDW (Hrsg.), IDW RS HFA 35, Rn. 41.

339 Vgl. SCHMIDT, M., Bewertungseinheiten nach dem BilMoG, S. 885; DRIESCH, D./ OERTZEN, C., Bilanzierung von Bewertungseinheiten nach § 254 HGB, S. 348.

<table>
<tr><th colspan="3">Händlerzettel</th></tr>
<tr><td colspan="2">Händler: Fr. Jonas</td><td>Datum: 30.12.20X0
Uhrzeit: 16:10
Nr.: 001</td></tr>
<tr><td>Auftragsart:</td><td colspan="2">Kauf</td></tr>
<tr><td>Bezeichnung:</td><td colspan="2">Euro-FX-Future</td></tr>
<tr><td>Art des Geschäfts:</td><td colspan="2">Devisen Future</td></tr>
<tr><td>Rating:</td><td colspan="2">AAA</td></tr>
<tr><td>Stückzahl:</td><td colspan="2">1</td></tr>
<tr><td>Nominalbetrag:</td><td colspan="2">1.000.000</td></tr>
<tr><td>Währung:</td><td colspan="2">USD</td></tr>
<tr><td>WKN/ISIN:</td><td colspan="2">1234567890</td></tr>
<tr><td>Fälligkeit:</td><td colspan="2">30.03.20X1</td></tr>
<tr><td>Kassakurs:</td><td colspan="2">0,737 EUR/USD</td></tr>
<tr><td>Terminkurs (fix):</td><td colspan="2">0,738 EUR/USD</td></tr>
<tr><td>Kontrahent:</td><td colspan="2">ABC-Bank</td></tr>
<tr><td>Spekulationsgeschäft:</td><td></td><td></td></tr>
<tr><td>Sicherungsgeschäft:</td><td>X</td><td></td></tr>
<tr><td rowspan="7">Gesichertes Grundgeschäft:</td><td>Bezeichnung:</td><td>USD-Forderung ggü. ABC Inc., USA</td></tr>
<tr><td>Art des Geschäfts:</td><td>Fremdwährungsforderung</td></tr>
<tr><td>Nominalbetrag:</td><td>1.000.000</td></tr>
<tr><td>Währung:</td><td>USD</td></tr>
<tr><td>Fälligkeit:</td><td>30.03.20X1</td></tr>
<tr><td>Art des gesicherten Risikos:</td><td>Währungsrisiko</td></tr>
<tr><td>Form der Sicherungsbeziehung:</td><td>Mikro-Hedge</td></tr>
</table>

Übersicht 4-7: *Beispiel für einen Händlerzettel*[340]

Im betrieblichen Risikomanagement (z. B. in einer Treasuryabteilung) können Händlerzettel aus dem Handelssystem heraus zu Informationszwecken gedruckt werden. Daher ist es – nicht zuletzt, um Dokumentationsaufwand zu vermeiden – **empfehlenswert, eine für Risi-**

340 In Anlehnung an GRÜNEWALD, A., Finanzterminkontrakte, S. 79 sowie KOPATSCHEK, M./STRUFFERT, R./WOLFGARTEN, W., Bewertungseinheiten nach BilMoG (Teil 1), S. 275.

komanagementzwecke erstellte Dokumentation auch als Grundlage für die handelsrechtliche Rechnungslegung heranzuziehen.[341]

Ad (2): **Risikoinduzierte gegenläufige Bilanzpositionen**

Liegen der Bewertungseinheit risikoinduzierte gegenläufige Bilanzpositionen (z. B. Fremdwährungsforderungen und Fremdwährungsverbindlichkeiten) zugrunde, ist die Designation von Grund- und Sicherungsgeschäft **zwingend am Bilanzstichtag** zu dokumentieren.[342] Denn – anders als bei zugrunde liegenden Sicherungsbeziehungen – ist eine Designation und Dokumentation **bei Begründung** des Sicherungszusammenhangs **nicht möglich**, da vor dem Bilanzstichtag noch nicht festgestellt werden kann, ob der bestehende Sicherungszusammenhang auch noch am Bilanzstichtag existiert, wie es bei sich gegenseitig absichernden USD-Forderungen und USD-Verbindlichkeiten in gleicher Höhe der Fall ist. Hierbei ist die Bewertungseinheit somit rückwirkend zu bilden. Allerdings ist der bilanzpolitische Spielraum für das bilanzierende Unternehmen in diesem Fall eher gering, da – im Unterschied zu Sicherungsbeziehungen – sowohl das Grundgeschäft als auch das Sicherungsgeschäft einen bilanzierungsfähigen Bilanzposten darstellt. Zumindest wäre der Sicherungszusammenhang für einen sachverständigen Dritten (z. B. den Abschlussprüfer) aus dem Jahresabschluss erkennbar, falls der Bilanzierende den Sicherungszusammenhang bewusst nicht dokumentieren würde.

456.2 Art und Umfang der Dokumentation

Die Bewertungseinheit kann für handelsbilanzielle Zwecke entweder **explizit** (z. B. in Form einer eigenständigen Darstellung der oben genannten Sachverhalte), **implizit** (z. B. durch Richtlinien, Arbeitsanweisungen, Händlerzettel aus dem IT-System, Schriftverkehr mit der Hausbank etc.) oder kombiniert dokumentiert werden.[343] Unter einer impliziten Dokumentation werden bspw. Vorgaben in internen Richtlinien oder Arbeitsanweisungen

341 So auch IDW (Hrsg.), IDW RS HFA 35, Rn. 41.

342 Hinsichtlich des Verpflichtungsgrades bei risikoinduzierten gegenläufigen Bilanzpositionen vgl. Abschnitt 443.

343 Vgl. IDW (Hrsg.), IDW RS HFA 35, Rn. 46; SCHARPF, P., in: Küting/Weber/Pfitzer, HdR, 5. Aufl., § 254 HGB, Rn. 149; DRIESCH, D./OERTZEN, C., Bilanzierung von Bewertungseinheiten nach § 254 HGB, S. 532.

verstanden, aus denen hervorgeht, dass die oben genannten Dokumentationsanforderungen sichergestellt werden. Wird bspw. in einer internen Unternehmensrichtlinie festgelegt, dass derivative Finanzinstrumente nur zu Sicherungszwecken erworben werden dürfen, ist davon auszugehen, dass diese auch Sicherungsgeschäfte eine Bewertungseinheit darstellen. Im Regelfall wird wohl eine Kombination von impliziter und expliziter Dokumentation verwendet werden.

Werden die bisher in Abschnitt 45 beschriebenen Voraussetzungen zur Bildung von Bewertungseinheiten sowie die erforderlichen Anhangangaben (§§ 285 Nr. 23, 314 Abs. 1 Nr. 15) berücksichtigt, erscheint es sachgerecht, wenn die Dokumentation einer Bewertungseinheit die folgenden Aspekte umfasst:[344]

(1) **Identifikation und Beschreibung des Grundgeschäfts** (einschließlich eines Nachweises für die hohe Eintrittswahrscheinlichkeit erwarteter Transaktionen);

(2) **Identifikation und Beschreibung des Sicherungsgeschäfts** (einschließlich eines Nachweises über die objektive Eignung eines Finanzinstruments zur Absicherung des Risikos);

(3) **Art des zu sichernden Risikos** (einschließlich der Angaben über die Risikomanagementstrategie bzgl. der Absicherung des Risikos);

(4) **Form der Sicherungsbeziehung** (Mikro-, Portfolio- oder Makro-Hedge);

(5) **Angaben zum prospektiven Effektivitätstest** (einschließlich einer Beschreibung der Testmethode und dessen Ergebnis);

(6) **Angaben, wie die unwirksamen Beträge**, d. h. die sich nicht kompensierenden Wertbeiträge, **ermittelt wurden.**

Darüber hinaus ist bei Portfolio-Hedges ein **Nachweis über die Homogenität** der Grundgeschäfte (z. B. ausschließlich USD-Forderungen mit gleicher Fälligkeit) erforderlich.[345]

344 Vgl. IDW (Hrsg.), IDW RS HFA 35, Rn. 43; SCHARPF, P., in: Küting/Weber/Pfitzer, HdR, 5. Aufl., § 254 HGB, Rn. 145.

345 Vgl. IDW (Hrsg.), IDW RS HFA 35, Rn. 44.

457. Spezielle Voraussetzungen für bestimmte Formen von Bewertungseinheiten

457.1 Vorbemerkungen

Grundsätzlich gelten die bisher beschriebenen Voraussetzungen für alle Formen von Bewertungseinheiten. Allerdings sind bei einigen Sicherungsformen bestimmte Besonderheiten zu beachten. So sind die bisher genannten Methoden zur Effektivitätsmessung bei Portfolio- und Makro-Hedges i. d. R. nicht anwendbar. Da der Gesetzgeber aber für die Bildung von Bewertungseinheiten auch explizit Portfolio- und Makro-Hedges zugelassen hat, muss stattdessen ein angemessenes und wirksames Risikomanagementsystem existieren, das die Effektivität des Sicherungszusammenhangs ständig überwacht.[346] Ferner sind auch bei antizipativen Hedges bestimmte Besonderheiten zu beachten, die im Folgenden erläutert werden.

457.2 Besonderheiten bei Portfolio- und Makro-Hedges

Da die Sicherungsgeschäfte bei Portfolio- und Makro-Hedges **nicht eindeutig** den Grundgeschäften zugeordnet werden können, kann die Effektivität **nicht auf einer individualisierten Basis** berechnet werden.[347] Aus diesem Grund ist eine Effektivitätsmessung mithilfe der in Abschnitt 454.53 beschriebenen Methoden i. d. R. nicht möglich. In diesen Fällen darf eine Bewertungseinheit **nur dann** gebildet werden, wenn ein *„angemessenes und wirksames Risikomanagementsystem"* existiert, mit dem die Risiken der zu sichernden Grundgeschäfte ständig kontrolliert werden können.[348] Denn in der Begründung zum Regierungsentwurf des BilMoG heißt es hierzu:[349]

> *„Kann beispielsweise auf der Grundlage eines* ***angemessenen und wirksamen Risikomanagementsystems nachgewiesen werden****, dass die abgesicherten Risiken* ***nicht eintreten****, finden § 249 Abs. 1, § 252 Abs. 1 Nr. 3 und 4, § 253 Abs. 1 Satz 1*

346 Vgl. BR-Drucks. 344/08 vom 23.05.2008, S. 126; BT-Drucks. 16/10067 vom 30.07.2008, S. 58.

347 Vgl. BR-Drucks. 344/08 vom 23.05.2008, S. 126; BT-Drucks. 16/10067 vom 30.07.2008, S. 58.

348 Vgl. GELHAUSEN, H./FEY, G./KÄMPFER, G., BilMoG, Abschn. H, Rn. 79; SCHARPF, P., in: Küting/Weber/Pfitzer, HdR, 5. Aufl., § 254 HGB, Rn. 276.

349 BR-Drucks. 344/08 vom 23.05.2008, S. 125; BT-Drucks. 16/10067 vom 30.07.2008, S. 58 (Hervorhebungen durch den Verfasser).

*und § 256a HGB keine Anwendung, **ohne dass es einer individualisierten Feststellung des Ausgleichs der Wert- oder Zahlungsstromänderungen bedarf.**"*

Danach gestattet es der Gesetzgeber den bilanzierenden Unternehmen, die Effektivität bei Portfolio- und Makro-Hedges **nicht individualisiert** berechnen zu müssen, solange ein *„angemessenes und wirksames Risikomanagementsystem"* existiert und mithilfe des Risikomanagementsystems nachgewiesen werden kann, dass die Risiken aufgrund der Absicherung nicht eintreten.[350] Im Umkehrschluss bedeutet dies allerdings auch, dass Unternehmen ohne ein *„angemessenes und wirksames Risikomanagementsystem"* **generell keine** Portfolio- oder Makro-Hedges zu einer Bewertungseinheit zusammenfassen dürfen, da die Wirksamkeit der Bewertungseinheit **nicht verlässlich gemessen und über die Laufzeit überwacht werden kann.** Das Kriterium eines *„angemessenen und wirksamen Risikomanagements"* ist insofern sinnvoll, da gerade bei Makro- und Portfolio-Hedges die Risiken nicht statisch, sondern **dynamisch** abgesichert werden. Während nämlich bei Mikro-Hedges die Zusammensetzung der Sicherungsbeziehung über den gesamten Absicherungshorizont unverändert bleibt (statischer Hedge), müssen bei Makro- und Portfolio-Hedges die Sicherungsinstrumente und deren relative Gewichtung ständig an die veränderten Marktbedingungen angepasst werden (dynamischer Hedge).[351] Denn die Nettorisikoposition eines zu sichernden Portfolios ändert sich im Laufe der Zeit, bspw. weil neue (Grund-)Geschäfte abgeschlossen werden oder ursprünglich vorhandene und gesicherte Positionen veräußert oder fällig werden. Daher ist es in all diesen Fällen zwingend erforderlich, die Höhe der Nettorisikoposition regelmäßig zu prüfen und ggf. Anpassungen vorzunehmen.[352] Diese Anforderungen sollen durch das *„angemessene und wirksame Risikomanagementsystem"* gewährleistet werden.

In diesem Zusammenhang stellt sich allerdings die Frage, was unter dem auslegungsbedürftigen Begriff des *„angemessenen und wirksamen Risikomanagementsystems"* zu verstehen ist

350 Vgl. GELHAUSEN, H./FEY, G./KÄMPFER, G., BilMoG, Abschn. H, Rn. 79; SCHARPF, P., in: Küting/Weber/Pfitzer, HdR, 5. Aufl., § 254 HGB, Rn. 276.

351 Vgl. MENICHETTI, M. J./FRANKE, G., Terminkontrakte und Optionen, S. 204; BRACKERT, G./PRAHL, R./NAUMANN, T., Risikosteuerung, S. 550.

352 Vgl. SCHARPF, P./LUZ, G., Finanzderivate, S. 394; MENICHETTI, M. J./FRANKE, G., Terminkontrakte und Optionen, S. 198 und S. 204; SCHEFFLER, J., Hedge-Accounting, S. 59.

und wann dies überhaupt vorliegt. Der Begriff **„Risikomanagementsystem"** wird dabei in DRS 5.9 wie folgt definiert:[353]

> *„Nachvollziehbares, alle Unternehmensaktivitäten umfassendes System, das auf der Basis einer definierten Risikostrategie ein systematisches und permanentes Vorgehen mit folgenden Elementen umfasst:* ***Identifikation, Analyse, Bewertung, Steuerung, Dokumentation und Kommunikation von Risiken sowie die Überwachung dieser Aktivitäten.*** *"*

Die Grundidee eines Risikomanagementsystems ist es, das **optimale Verhältnis einer individuellen Risiko- und Chancenbereitschaft** festzulegen und dieses Verhältnis im Zeitablauf möglichst zu erreichen.[354] Dabei ist die in der vorliegenden Untersuchung betrachtete Absicherung mithilfe von Sicherungsbeziehungen lediglich ein Teilaspekt des betrieblichen Risikomanagements. Denn neben Marktpreisrisiken und Bonitätsrisiken, die in einer Sicherungsbeziehung durch Instrumente des Kapitalmarkts abgesichert werden können, besteht bspw. eine weitere Aufgabe des Risikomanagements darin, die Liquidität des Unternehmens sicherzustellen und das Liquiditätsrisiko[355] in ein optimales Risiko-Chancen-Verhältnis zu bringen.[356] Allerdings werden diese Teilaspekte in der vorliegenden Untersuchung nicht weiter betrachtet. Neben der Bedeutung des Begriffs *„Risikomanagementsystem"* stellt sich für den Bilanzierenden auch die Frage, was unter den Begriffen **„angemessen"** und **„wirksam"** zu verstehen ist. Diese Frage kann nicht allgemeingültig beantwortet werden, da dies vor allem von der Art und dem Umfang der zu einer Bewertungseinheit zusammenzufassenden Grund- und Sicherungsgeschäfte sowie von der Art der abzusichernden Risiken abhängt.[357] Grundsätzlich gilt aber, dass ein *„angemessenes und wirksames Risikomanagementsystem"* gewisse **aufbau- und ablauforganisatorische Mindestanforderungen** erfordern. Während diese Mindestanforderungen an das Risikomanagement bei

353 DRS 5.9 (Hervorhebungen durch den Verfasser).

354 Vgl. SCHARPF, P./LUZ, G., Finanzderivate, S. 66.

355 Mit Liquiditätsrisiko wird das Risiko bezeichnet, benötigte Zahlungsmittel nicht oder nur zu erhöhten Kosten beschaffen zu können. Vgl. DRS 5-10.30 sowie SCHARPF, P., Finanzrisiken, S. 256.

356 Vgl. SEETHALER, P./STEITZ, M., Treasury-Management, S. 332 f.

357 Vgl. BR-Drucks. 344/08 vom 23.05.2008, S. 125; BT-Drucks. 16/10067 vom 30.07.2008, S. 58 sowie GELHAUSEN, H./FEY, G./KÄMPFER, G., BilMoG, Abschn. H, Rn. 79; SCHARPF, P., in: Küting/Weber/Pfitzer, HdR, 5. Aufl., § 254 HGB, Rn. 276.

Kreditinstituten und Versicherungen durch die MaRisk[358] konkretisiert und durch die Bundesanstalt für Finanzdienstleistungsaufsicht (BaFin) kontrolliert werden, existieren solche konkreten Vorgaben für Industrie- und Handelsunternehmen nicht.[359] Beispielsweise gehört zu den aufbauorganisatorischen Mindestanforderungen bei Kreditinstituten eine strikte Funktionstrennung zwischen dem Geschäftsabschluss (Handel), der Geschäftsabwicklung, der Kontrolle und der Buchhaltung.[360] Bei großen Kreditinstituten sind die Handelsbestände weiter in Zuständigkeiten aufzuteilen. Da für Industrie- und Handelsunternehmen solche Mindestvorgaben nicht existieren, ist es sachgerecht und sinnvoll, die MaRisk für Kreditinstitute und Versicherungen auf Industrie- und Handelsunternehmen zu übertragen und ggf. zu modifizieren. Im Schrifttum wurden hierzu Vorschläge erarbeitet.[361] Allerdings bestehen **bisher** zum einen keine eindeutigen und einheitlichen Vorgaben für Industrie- und Handelsunternehmen und zum anderen keine Institutionen, wie die BaFin, die die Einhaltung der Mindestanforderungen kontrollieren. **Aus diesem Grund ist es sachgerecht, die Bildung von Bewertungseinheiten bei Portfolio-Hedges und Makro-Hedges nur sehr restriktiv für Industrie- und Handelsunternehmen zuzulassen. Denn es kann nicht mit hinreichender Sicherheit gewährleistet werden, dass die *„abgesicherten Risiken nicht eintreten“*, wie es der Gesetzgeber in der Begründung zum Regierungsentwurf des BilMoG fordert.**[362] Danach dürfen lediglich einfache Portfolio- und Makro-Hedges zu Bewertungseinheiten zusammengefasst werden, bei denen die Effektivität auch noch ohne umfangreiches und kontrolliertes Risikomanagementsystem beurteilt werden kann. Bei Industrie- und Handelsunternehmen dürfte sich daher der Anwendungsbereich von Portfolio- und Makro-Hedges lediglich auf diejenigen Fälle beschränken, in denen

358 Die Mindestanforderungen an das Risikomanagement (MaRisk) sind verbindliche Vorgaben der Bundesanstalt für Finanzdienstleistungsaufsicht (BaFin) zur Ausgestaltung des Risikomanagements in deutschen Kreditinstituten und Versicherungen. Die Vorgaben für Kreditinstitute (MaRisk (BA)) wurden von der BaFin erstmals mit Rundschreiben 18/2005 vom 20.12.2005 veröffentlicht und zuletzt am 15.12.2010 durch das Rundschreiben 11/2010 geändert. Die Vorgaben für Versicherungen (MaRisk(VA)) wurden am 22.01.2009 im Rahmen des Rundschreibens 3/2009 veröffentlicht.

359 Erläuterungen zu den einzelnen Mindestanforderungen an das Risikomanagement (MaRisk) geben z. B. HANNEMANN, R./SCHNEIDER, A./HANENBERG, L., MaRisk; HARTMANN-WENDELS, T./PFINGSTEN, A./WEBER, M., Bankbetriebslehre, S. 598 f.

360 Vgl. GELHAUSEN, H./FEY, G./KÄMPFER, G., BilMoG, Abschn. H, Rn. 79.

361 Zu den im Schrifttum geforderten aufbau- und ablauforganisatorischen Mindestanforderungen bei Industrie- und Handelsunternehmen vgl. z. B. FÖRSCHLE, G., in: Beck Bilanzkomm., 6. Aufl., § 246 HGB, Rn. 182; PRAHL, R./NAUMANN, K.-P., in: HdJ, Abt. II/10, S. 225 und S. 240 f.

362 Vgl. BR-Drucks. 344/08 vom 23.05.2008, S. 125; BT-Drucks. 16/10067 vom 30.07.2008, S. 58.

Währungsrisiken von Fremdwährungsforderungen und Fremdwährungsverbindlichkeiten in gleicher Währung mit nahezu identischer Fälligkeit gemeinsam gegen das Fremdwährungsrisiko abgesichert werden. In diesen Fällen muss lediglich die Nettorisikoposition, d. h. der nicht übereinstimmende und sich nicht gegenseitig ausgleichende Teilbetrag der Forderungen und Verbindlichkeiten, mithilfe eines Sicherungsgeschäfts abgesichert werden.

457.3 Besonderheiten bei antizipativen Hedges

Besonderheiten bei antizipativen Hedges ergeben sich vor allem daraus, dass das zu sichernde (Grund-)Geschäft **noch nicht abgeschlossen** ist, d. h. noch kein gültiges Rechtsgeschäft darstellt.[363] Im bilanziellen Kontext bedeutet dies, dass die in § 254 genannten *„erwarteten Transaktionen"* nicht bilanzierungsfähig sind, da erwartete Transaktionen nicht die Ansatzkriterien für die Bilanz erfüllen.[364] Eine selbstständige Verwertbarkeit ist bei *„erwarteten Transaktionen"* nämlich nicht gegeben. Denn Ansprüche aus einem Schuldverhältnis (gem. § 311 Abs. 1 BGB i. V. m. § 241 Abs. 1 BGB) werden erst bei rechtsverbindlichen Vereinbarungen wirksam und auch dann erst durchsetzbar.[365] Sichert ein Unternehmen somit ein erwartetes Geschäft gegen ein bestimmtes Risiko ab, wird i. d. R. ein derivatives Finanzinstrument als Sicherungsgeschäft verwendet. Da ein derivatives Finanzinstrument einen zweiseitig unerfüllten Vertrag darstellt, entspricht dieses Geschäft ebenfalls nicht den Ansatzkriterien für die Bilanz. Allerdings ist im Unterschied zu einer erwarteten Transaktion u. U. eine Rückstellung für drohende Verluste aus schwebenden Geschäften nach § 249 Abs. 1 zu bilden.[366] **Der Zweck einer Bewertungseinheit bei antizipativen Hedges ist somit, diese Drohverlustrückstellung nicht bilden zu müssen, da der Verlustgefahr aus dem Sicherungsgeschäft gleichzeitig ein positiver Erfolgsbeitrag aus der erwarteten Transaktion gegenübersteht.** Dies ist aber nur möglich, wenn der erwartete positive Erfolgsbeitrag auch tatsächlich realisiert wird.

363 Vgl. BT-Drucks. 16/10067 vom 30.07.2008, S. 58; BR-Drucks. 344/08 vom 23.05.2008, S. 125 sowie BARCKOW, A., Sicherungsbeziehungen, S. 29; BRECKHEIMER, I., Die steuerbilanzielle Behandlung von Sicherungsbeziehungen, S. 77.

364 Vgl. z. B. SCHARPF, P., in: Küting/Weber/Pfitzer, HdR, 5. Aufl., § 254 HGB, Rn. 236.

365 Vgl. BAETGE, J., Objektivierung, S. 17; POPPER, K., Logik der Forschung, S. 21-25; BAETGE, J./KIRSCH, H.-J./THIELE, S., Bilanzen, S. 115.

366 Vgl. GRÜNEWALD, A., Finanzterminkontrakte, S. 100; SCHWARZ, C., Derivative Finanzinstrumente und hedge accounting, S. 99; BAETGE, J./KIRSCH, H.-J./THIELE, S., Bilanzen, S. 330.

Das Problem bei antizipativen Hedges besteht also darin, dass nicht mit Sicherheit davon ausgegangen werden kann, dass ein geplantes Geschäft auch tatsächlich abgeschlossen wird, um den (möglichen) Verlust des Gegengeschäfts ausgleichen zu können. Aus diesem Grund muss nach § 254 eine *„hohe Wahrscheinlichkeit"* für den Abschluss des erwarteten Geschäfts vorliegen, damit es als Grundgeschäft designiert werden darf. Der unbestimmte Rechtsbegriff *„hohe Wahrscheinlichkeit"* wurde bereits in Abschnitt 452 konkretisiert. Kriterien, mit denen die (hohe) Wahrscheinlichkeit des Vertragsabschlusses durch den Bilanzierenden eingeschätzt werden kann, wurden ebenfalls bereits erarbeitet. Allerdings ist bei *„erwarteten Transaktionen"* nicht nur der tatsächliche Abschluss des Geschäfts unsicher, **sondern auch der Vertragsinhalt.**[367] Um eine *„erwartete Transaktion"* daher als Grundgeschäft nutzen zu können, muss eine eindeutige Identifikation des Geschäfts vorausgesetzt werden, d. h., am Bilanzstichtag muss für das Geschäft eine **detaillierte und sichere Planung** existieren. Denn ohne exakte und verlässliche Angaben zum Grundgeschäft kann bspw. die Wirksamkeit der Bewertungseinheit nicht verlässlich beurteilt werden. Dies bedeutet für die *„erwartete Transaktion"* vor allem, dass

(1) der **voraussichtliche Zeitpunkt** für den tatsächlichen Abschluss des Geschäfts,

(2) der **Gegenstand der erwarteten Transaktion** (z. B. Kauf eines bestimmten benötigten Rohstoffs),

(3) das **erwartete Volumen** des Geschäfts (z. B. 100 Tonnen) bekannt sind und

(4) ein **enges Zeitintervall** bis zum Abschluss des Geschäfts existiert.[368]

Darüber hinaus muss grundsätzlich – wie bei allen Bewertungseinheiten – die **Fälligkeit** von Grund- und Sicherungsgeschäft identisch sein.[369] Der Bilanzierende hat also dafür zu sorgen, dass die künftigen Zahlungen aus dem Grund- und Sicherungsgeschäft zum gleichen Zeitpunkt fließen, um die Risiken wirksam absichern zu können. Sollte allerdings die als Grundgeschäft designierte erwartete Transaktion eine **kürzere Laufzeit** aufweisen als das Sicherungsgeschäft, ist die Bewertungseinheit im Fälligkeitszeitpunkt aufzulösen. Das Si-

367 Ähnlich auch SCHARPF, P., in: Küting/Weber/Pfitzer, HdR, 5. Aufl., § 254 HGB, Rn. 238.

368 In Anlehnung an IDW (Hrsg.), IDW RS HFA 35, Rn. 60.

369 Vgl. SCHARPF, P., in: Küting/Weber/Pfitzer, HdR, 5. Aufl., § 254 HGB, Rn. 239; GELHAUSEN, H./FEY, G./KÄMPFER, G., BilMoG, Abschn. H, Rn. 84 f.; IDW (Hrsg.), IDW RS HFA 35, Rn. 62. Die Fristen- bzw. Fälligkeitsidentität wurde auch im Schrifttum vor Inkrafttreten des BilMoG gefordert. Vgl. hierzu z. B. ADS, 6. Aufl., § 253 HGB, Rn. 105; IDW (Hrsg.), WP Handbuch, Bd. I, Abschn. E, Rn. 54.

cherungsgeschäft ist anschließend nach den allgemeinen handelsrechtlichen Regelungen zu bewerten, d. h., bei derivativen Finanzinstrumenten ist u. U. eine Drohverlustrückstellung nach § 249 Abs. 1 zu bilden. Sollte hingegen die als Grundgeschäft designierte erwartete Transaktion **eine längere Laufzeit** aufweisen als das Sicherungsgeschäft, darf die Bewertungseinheit nur gebildet werden, wenn bereits im Zeitpunkt der Designation feststeht, dass ein Anschlusssicherungsgeschäft abgeschlossen werden kann und dies auch beabsichtigt ist.[370] Sollte eine erwartete Transaktion mit einem Finanzinstrument gem. § 254 zu einer Bewertungseinheit zusammengefasst werden, ist in regelmäßigen Abständen (z. B. monatlich) zu prüfen, ob das erwartete und abgesicherte Grundgeschäft

(1) mit **hoher Wahrscheinlichkeit,**

(2) zum **geplanten Zeitpunkt** und

(3) in der **geplanten Höhe** auch tatsächlich eintreten wird.[371]

Kann die abgesicherte *„erwartete Transaktion“* die oben genannten Kriterien nicht mehr erfüllen, ist die Bewertungseinheit umgehend aufzulösen und das Sicherungsinstrument ist imparitätisch einzeln zu bewerten. Sollte bspw. ein als Sicherungsgeschäft verwendetes derivatives Finanzinstrument im Auflösungszeitpunkt einen negativen Marktwert aufweisen, ist auch nachträglich noch eine Rückstellung für drohende Verluste aus schwebenden Geschäften zu bilden.

458. Zusammenfassende Würdigung der Anwendungsvoraussetzungen

Zusammenfassend ist zu konstatieren, dass der Anwendungsbereich des § 254 durch den Gesetzgeber bewusst sehr weit gefasst wurde, allerdings die zahlreichen zu erfüllenden und nachzuweisenden Anwendungsvoraussetzungen (zu Recht) dazu führen, dass der Anwendungsbereich wiederum auf solche Geschäfte beschränkt wird, bei denen die Verlustgefahr des Grundgeschäfts vollkommen abgesichert oder zumindest reduziert wird.[372] Vor dem Hintergrund des handelsrechtlichen Zweck- und GoB-Systems **sollen die in Abschnitt 45 beschriebenen Voraussetzungen sicherstellen, dass der Kapitalerhaltungszweck der han-**

370 So auch IDW (Hrsg.), IDW RS HFA 35, Rn. 62.

371 In Anlehnung an IDW (Hrsg.), IDW RS HFA 35, Rn. 64.

372 Vgl. BT-Drucks. 16/10067 vom 30.07.2008, S. 58; BR-Drucks. 344/08 vom 23.05.2008, S. 125.

delsrechtlichen Rechnungslegung auch bei in einem Sicherungszusammenhang stehenden Geschäften hinreichend gewahrt wird.[373] Wegen der Interessenregelung[374] im Sinne eines vom Gesetzgeber beabsichtigten Ausgleichs der divergierenden Interessen ist allerdings neben dem Kapitalerhaltungszweck auch der **gleichgewichtige Rechenschaftszweck** zu berücksichtigen. Dies bedeutet, dass ein Sicherungszusammenhang bestehend aus Grund- und Sicherungsgeschäft zwingend wirtschaftlich zu betrachten ist, falls gleichzeitig die Anwendungsvoraussetzungen des § 254 erfüllt sind und dadurch eine Verlustgefahr aus dem Grundgeschäft ausgeschlossen werden kann. Der Sicherungszusammenhang bestehend aus Grund- und Sicherungsgeschäft ist dann zwingend zu einer Bewertungseinheit zusammenzufassen.[375] Das Imparitätsprinzip (§ 252 Abs. 1 Nr. 4) als Ausfluss des Kapitalerhaltungszwecks ist daher nicht mehr separat auf das Grund- und Sicherungsgeschäft anzuwenden, sondern auf die aus diesem Geschäften gebildete Bewertungseinheit.

Die Voraussetzungen zur Bildung von Bewertungseinheiten nach § 254 dienen also der **Kapitalerhaltung**. Werden diese Voraussetzungen, die in der folgenden Übersicht zusammengefasst dargestellt werden, **kumulativ erfüllt**, dann kann ex ante eine Verlustgefahr aus dem Sicherungszusammenhang ausgeschlossen werden. Grund- und Sicherungsgeschäft sind in diesem Fall zwingend zu einer Bewertungseinheit zusammenfassen, um auch dem Rechenschaftszweck der handelsrechtlichen Rechnungslegung gerecht zu werden.

373 Zu dem handelsrechtlichen Zweck- und GoB-System vgl. Abschnitt 33 sowie grundlegend LEFFSON, U., Die Grundsätze ordnungsmäßiger Buchführung, 1. Aufl.; BAETGE, J., Rechnungslegungszwecke; BAETGE, J., Bilanzen, 1. Aufl., S. 1-87; BAETGE, J./KIRSCH, H.-J./ THIELE, S., Bilanzen, S. 91-142.

374 Zur Konzeption der Interessenregelung vgl. ausführlich BAETGE, J., Rechnungslegungszwecke; BAETGE, J./THIELE, S., Gesellschafterschutz versus Gläubigerschutz, S. 12-17; JONAS, H., Der Jahresabschluß im Widerstreit der Interessen, S. 110-128.

375 Hinsichtlich des Verpflichtungsgrades zur Bildung von Bewertungseinheiten vgl. Abschnitt 43.

Voraussetzungen zur Bildung von Bewertungseinheiten nach § 254			
Zulässige Grundgeschäfte	Zulässige Sicherungsgeschäfte	Wirksamkeit	Durchhalteabsicht
– Vermögensgegenstände – Schulden – Schwebende Geschäfte – Mit hoher Wahrscheinlichkeit erwartete Transaktionen	– Originäre Finanzinstrumente – Derivative Finanzinstrumente – Warentermingeschäfte	– Vergleichbarkeit der Risiken (inkl. objektiver Eignung des Sicherungsgeschäfts zur Absicherung) – Gegenläufigkeit (inkl. Fristenidentität) – Verlässliche Messbarkeit ↓ Nachweis durch einen Effektivitätstest	– Durchhalteabsicht muss ex ante dokumentiert werden – Durchhaltefähigkeit

Übersicht 4-8: *Übersicht über die kumulativ zu erfüllenden Tatbestandsvoraussetzungen des § 254 zur Bildung von Bewertungseinheiten*[376]

Um die Bewertungseinheit intersubjektiv nachprüfen zu können und nicht gegen die allgemeinen Buchführungspflichten (§§ 238 f.) zu verstoßen, ist der zugrunde liegende Sicherungszusammenhang **zwingend** zu dokumentieren. Allerdings stellt die Dokumentation des der Bewertungseinheit zugrunde liegenden Sicherungszusammenhangs **kein *„Tatbestandsmerkmal"*** und damit **keine Anwendungsvoraussetzung** des § 254 dar. Damit wird durch den Gesetzgeber ein faktisches Wahlrecht zur Bildung von Bewertungseinheiten vermieden.[377] Während sich die Designation von Grund- und Sicherungsgeschäft bei zielgerichtet eingegangenen Sicherungsbeziehungen unmittelbar aus der Dokumentation im betrieblichen Risikomanagement ergibt, sind risikoinduzierte Wertänderungen aus gegenläufigen Bilanzpositionen, welche die beschriebenen (Tatbestands-)Voraussetzungen erfüllen, unabhängig von der Dokumentation zu einer Bewertungseinheit zusammenzufassen. Durch eine bewusst unterlassene (explizite) Dokumentation kann daher nicht die Pflicht

376 Quelle: Eigene Darstellung.

377 Vgl. BT-Drucks. 16/12407 vom 24.03.2009, S. 86.

zur Bildung von Bewertungseinheiten unterlaufen werden.[378] Bei zielgerichtet eingegangenen Sicherungsbeziehungen ist zudem zu beachten, dass eine Bewertungseinheit nicht rückwirkend gebildet werden darf, sondern stets ab dem Zeitpunkt der Begründung an in die Zukunft wirkt.[379] Insgesamt folgt daraus, dass eine bereits gebildete Bewertungseinheit nach § 254 **nur in den folgenden Fällen** wieder aufgelöst werden darf bzw. muss:[380]

- Das Grund- bzw. das Sicherungsgeschäft wird realisiert bzw. fällt weg,
- das Grund- bzw. das Sicherungsgeschäft ist akut ausfallgefährdet (bspw. durch eine drohende Insolvenz),
- die Durchhaltefähigkeit des Bilanzierenden ist nicht mehr vorhanden,
- der prospektive Effektivitätsnachweis ergibt, dass die Bewertungseinheit nicht mehr wirksam ist oder
- die sich kompensierenden bzw. sich nicht kompensierenden Beträge der Bewertungseinheit lassen sich nicht mehr verlässlich ermitteln.

Insgesamt ist festzuhalten, dass durch die vielen kumulativ zu erfüllenden und nachzuweisenden Anwendungsvoraussetzungen ein Mehraufwand auf die bilanzierenden Unternehmen zukommt. Allerdings stellen die zahlreichen Anwendungsvoraussetzungen die einzige Möglichkeit dar, die Wirksamkeit der Bewertungseinheit hinreichend zu gewährleisten. Die Bildung von Bewertungseinheiten ist aber durchaus sinnvoll und auch zwingend notwendig, da mit zunehmender Sicherungsaktivität der Unternehmen die wirtschaftliche Lage verzerrt abgebildet werden würde. Die Bewertungseinheit trägt daher bei bestehenden Sicherungszusammenhängen erheblich dazu bei, dass die wirtschaftliche Lage den tatsächlichen Verhältnissen entsprechend dargestellt wird. Darüber hinaus wird durch § 254 Rechtssicherheit geschaffen, die vor Inkrafttreten des BilMoG überhaupt nicht existierte, da die Zulässigkeit der Bildung und Berücksichtigung von Bewertungseinheiten und

378 Vgl. SCHARPF, P., in: Küting/Weber/Pfitzer, HdR, 5. Aufl., § 254 HGB, Rn. 143.

379 Vgl. SCHMIDT, M., Bewertungseinheiten nach dem BilMoG, S. 885; DRIESCH, D./OERTZEN, C., Bilanzierung von Bewertungseinheiten nach § 254 HGB, S. 348.

380 Ähnlich IDW (Hrsg.), IDW RS HFA 35, Rn. 47.

deren Anwendungsvoraussetzungen umstritten und nicht eindeutig waren. Diese Regelungslücke wird durch § 254 geschlossen und ist somit eindeutig zu begrüßen.[381]

46 Die Abbildung von Bewertungseinheiten

461. Überblick

Nachdem die (Tatbestands-)Voraussetzungen des § 254 zur Bildung von Bewertungseinheiten erläutert wurden, stellt sich für den Bilanzierenden die Frage, wie die zu einer Bewertungseinheit zusammengefassten Grund- und Sicherungsgeschäfte im Jahresabschluss abgebildet werden sollen. In diesem Zusammenhang wird erneut darauf hingewiesen, dass es sich bei § 254 um eine reine **Bewertungsvorschrift** handelt. Das Grundgeschäft und das gegenläufige Sicherungsgeschäft werden folglich nur für Bewertungszwecke zu einer Bewertungseinheit zusammengefasst.[382] **Grund- bzw. Sicherungsgeschäft stellen nach wie vor eigenständige Bewertungsobjekteinheiten dar. Denn durch das „Zusammenfassen" von Grund- und Sicherungsgeschäft entsteht kein neuer Vermögensgegenstand oder eine neue Schuld. Das Bewertungsobjekt wird lediglich auf diese sich gegenseitig absichernden Geschäfte erweitert. Dies führt bei Sicherungszusammenhängen zu einer notwendigen wirtschaftlichen Betrachtungsweise.**[383]

Damit die Abbildung von Bewertungseinheiten im handelsrechtlichen Jahresabschluss hergeleitet und analysiert werden kann, wird zunächst auf die **in § 254 kodifizierten Rechtsfolgen** zur Bildung von Bewertungseinheiten und deren Bedeutung eingegangen (Abschnitt 462). Denn die Vorschrift des § 254 enthält keine direkten und konkreten Vorgaben, nach welcher Methode die „wirksamen" und „unwirksamen" Beträge einer Bewertungseinheit gebucht werden sollen.[384] Wird auf die Begründung zum Regierungs-

381 Vgl. HERZIG, N./BRECKHEIMER, I., Bewertungseinheiten, S. 1451.

382 Vgl. SELCHERT, F. W., in: Küting/Weber/Pfitzer, HdR, 5. Aufl., § 252 HGB, Rn. 70; LÖW, E., Antizipative Sicherungsgeschäfte, S. 1110; ANSTETT, C. W./HUSMANN, R., Bewertungseinheiten bei Derivatgeschäften, S. 1523.

383 Vgl. SELCHERT, F. W., in: Küting/Weber/Pfitzer, HdR, 5. Aufl., § 252 HGB, Rn. 70; HERZIG, N., Derivatebilanzierung und GoB-System, S. 42; BARCKOW, A., Sicherungsbeziehungen, S. 82.

384 Vgl. KÜTING, K./CASSEL, J., Bewertungseinheiten, S. 771 f.; PETERSEN, K./ZWIRNER, C./FROSCHHAMMER, M., Bewertungseinheiten nach § 254 HGB, S. 452; HELKE, I./WIECHENS, G./KLAUS, A., Zur Umsetzung der HGB-Modernisierung durch das BilMoG, S. 32 f.

entwurf des BilMoG zurückgegriffen, schlägt der Gesetzgeber vor, die *„gegenläufigen Wertänderungen oder Zahlungsströme entweder „durchzubuchen" oder „einzufrieren"*.[385] Auf Grundlage dieser Aussage sind im handelsrechtlichen Schrifttum zwei Methoden zur bilanziellen Abbildung von Bewertungseinheiten vorgeschlagen worden, die dementsprechend als **„Durchbuchungsmethode"** und **„Einfrierungsmethode"** bezeichnet werden.[386] Die beiden Methoden unterscheiden sich nicht hinsichtlich der Bewertung, sondern lediglich im **Ausweis** der sich **innerhalb der Bewertungseinheit ausgleichenden (Teil-)Beträge** in der GuV und in der Bilanz. Während nach der „Einfrierungsmethode" die sich gegenseitig ausgleichenden Beträge lediglich in einer Nebenrechnung erfasst werden, werden diese nach der „Durchbuchungsmethode" auch bilanziell erfasst. Im Schrifttum wird diesbezüglich zumeist die Auffassung vertreten, dass der Gesetzgeber dem Bilanzierenden ein **explizites Wahlrecht** zwischen beiden Methoden einräumt.[387]

462. Die Rechtsfolge des § 254

Sind die Tatbestandsvoraussetzungen[388] des § 254 erfüllt, tritt die als **zwingende** Vorschrift ausgestaltete Rechtsfolge des § 254 in Kraft.[389]

385 BT-Drucks. 16/10067 vom 31.07.2008, S. 95; BR-Drucks. 344/08 vom 23.05.2008, S. 209.

386 Vgl. IDW (Hrsg.), IDW RS HFA 35, Rn. 75; WIECHENS, G./HELKE, I., Die Bilanzierung von Finanzinstrumenten nach dem Regierungsentwurf des BilMoG, S. 1333; PETERSEN, K./ZWIRNER, C./FROSCHHAMMER, M., Bewertungseinheiten nach § 254 HGB, S. 452 f.; SCHMITZ, T., Steuerliche Auswirkungen handelsrechtlicher Bewertungseinheiten, S. 1621; HOFFMANN, W.-D./LÜDENBACH, N., in: NWB Kommentar Bilanzierung, § 254 HGB, Rn. 48; GELHAUSEN, H./FEY, G./KÄMPFER, G., BilMoG, Abschn. H, Rn. 98; FÖRSCHLE, G./USINGER, R., in: Beck Bilanzkomm., 7. Aufl., § 254 HGB, Rn. 52 f.; SCHMIDT, M., Bewertungseinheiten nach dem BilMoG, S. 886; KÜTING, K./PFITZER, N./WEBER, C.-P., Das neue deutsche Bilanzrecht, S. 219 f.; HERZIG, N., Steuerliche Konsequenzen des Regierungsentwurfs zum BilMoG, S. 1344; LÜDENBACH, N./FREIBERG, J., Handelsbilanzielle Bewertungseinheiten nach IDW ERS HFA 35, S. 2687.

387 Vgl. IDW (Hrsg.), IDW RS HFA 35, Rn. 75; SCHMIDT, M., Bewertungseinheiten nach dem BilMoG, S. 886; DRIESCH, D./OERTZEN, C., Bilanzierung von Bewertungseinheiten nach § 254 HGB, S. 352; BURKHARDT, K./WALTERSCHEIDT, S., Pro und Contra der abstrakten Regelungen zu Bewertungseinheiten, S. 125; KOPATSCHEK, M./STRUFFERT, R./WOLFGARTEN, W., Bewertungseinheiten nach BilMoG (Teil 2), S. 328; WIECHENS, G./HELKE, I., Die Bilanzierung von Finanzinstrumenten nach dem Regierungsentwurf des BilMoG, S. 1336; FÖRSCHLE, G./USINGER, R., in: Beck Bilanzkomm., 7. Aufl., § 254 HGB, Rn. 53.

388 Zu den (Tatbestands-)Voraussetzungen des § 254 vgl. Abschnitt 45.

Denn werden Grund- und Sicherungsgeschäft zu einer Bewertungseinheit zusammengefasst,

> *„[...] **sind** § 249 Abs. 1, § 252 Abs. 1 Nr. 3 und 4, § 253 Abs. 1 Satz 1 und § 256a in dem Umfang und für den Zeitraum nicht anzuwenden, in dem die gegenläufigen Wertänderungen oder Zahlungsströme sich ausgleichen."*

Aus der Rechtsfolge des § 254 ergibt sich, dass die im Gesetz genannten Vorschriften für die zu einer Bewertungseinheit zusammengefassten Grund- und Sicherungsgeschäfte in dem **Umfang**[390] und für den **Zeitraum**[391] **nicht anzuwenden sind**, in dem die Bewertungseinheit **wirksam** ist. Im Einzelnen bedeutet dies:

(1) Für die Grund- oder Sicherungsgeschäfte sind **keine Rückstellungen für drohende Verluste aus schwebenden Geschäften** zu bilden (§ 249 Abs. 1 Satz 1).

(2) Die zu einer Bewertungseinheit zusammengefassten Grund- und Sicherungsgeschäfte sind **nicht mehr einzeln** zu bewerten. Vielmehr ist der Einzelbewertungsgrundsatz (§ 252 Abs. 1 Nr. 3) auf die gebildete Bewertungseinheit anzuwenden. Der nach § 254 ausgeschlossene Einzelbewertungsgrundsatz bezieht sich somit nur auf eine (zu) **strenge Einzelbewertung** der zu einer Bewertungseinheit zusammengefassten Einzelgeschäfte und nicht auf den Einzelbewertungsgrundsatz im Allgemeinen.

(3) Das **Imparitätsprinzip** und das **Realisationsprinzip** (§ 252 Abs. 1 Nr. 4) sind nicht auf die einzelnen zu einer Bewertungseinheit zusammengefassten Grund- und Sicherungsgeschäfte anzuwenden, sondern auf die gesamte Bewertungseinheit. Dies ergibt sich indirekt auch aus Punkt (2).

(4) Für die zu einer Bewertungseinheit zusammengefassten Grund- und Sicherungsgeschäfte gelten **weder die Anschaffungskosten-Obergrenze noch die allgemeinen Ab-**

---

389 Vgl. LÖW, E./SCHARPF, P./WEIGEL, W., Auswirkungen des Regierungsentwurfs des BilMoG auf die Bilanzierung von Finanzinstrumenten, S. 1016; GELHAUSEN, H./FEY, G./KÄMPFER, G., BilMoG, Abschn. H, Rn. 94; KESSLER, H., in: Haufe HGB Bilanzkommentar, § 254 HGB, Rn. 19.

390 Als Synonym für diesen Begriff wird im Schrifttum vor allem der Begriff der Betragsidentität verwendet. Vgl. GELHAUSEN, H./FEY, G./KÄMPFER, G., BilMoG, Abschn. H, Rn. 82 f.; SCHEFFLER, E., in: Beck HdR, Abschnitt B 233, Rn. 396.

391 Als Synonym für diesen Begriff wird im Schrifttum vor allem der Begriff der Fristenidentität verwendet. Vgl. GELHAUSEN, H./FEY, G./KÄMPFER, G., BilMoG, Abschn. H, Rn. 84 f.; SCHEFFLER, E., in: Beck HdR, Abschnitt B 233, Rn. 396.

schreibungsregeln (§ 253 Abs. 1 Satz 1). Da in der Vorschrift des § 253 Abs. 1 Satz 1 auf § 253 Abs. 3 bis § 253 Abs. 5 verwiesen wird, gelten für die zu einer Bewertungseinheit zusammengefassten Grund- und Sicherungsgeschäfte außerdem nicht die Regelungen zu den außerplanmäßigen Abschreibungen für Vermögensgegenstände des Anlagevermögens (§ 253 Abs. 3 Satz 3 und Satz 4) und für Vermögensgegenstände des Umlaufvermögens (§ 253 Abs. 4).[392]

(5) Für die Bestandteile der Bewertungseinheit ist schließlich auch **nicht die Vorschrift zur Umrechnung von Fremdwährungsposten mit dem Devisenkassamittelkurs zum Bilanzstichtag** (§ 256a) anzuwenden.

Festzuhalten ist allerdings, dass die in (1) bis (5) genannten Vorschriften nach § 254 **nur *„in dem Umfang und für den Zeitraum nicht anzuwenden"* sind**, in dem sich die aus der Bewertungseinheit ergebenden gegenläufigen Wertänderungen oder Zahlungsströme ***„ausgleichen"*** und soweit der Ausgleich aus ***„vergleichbaren Risiken"*** resultiert. Diese Unterscheidung ist für die spätere bilanzielle Abbildung der Bewertungseinheit bedeutsam, da dies im Umkehrschluss bedeutet, dass sich nicht ausgleichende, d. h. unwirksame (Teil-)Beträge einer Bewertungseinheit den in (1) bis (5) genannten Vorschriften unterliegen.[393] Das Gleiche gilt für Wertänderungen oder Zahlungsströme, die aus nicht *„vergleichbaren Risiken"* resultieren.[394] Diese risikoinduzierten Wert- oder Zahlungsstromänderungen der Grund- und Sicherungsgeschäfte sind ebenso nicht Bestandteil der Bewertungseinheit und unterliegen daher u. a. dem Imparitätsprinzip nach § 252 Abs. 1 Nr. 4. Entstehen somit Verlustgefahren aus unwirksamen Beträgen der Bewertungseinheit oder aus nicht vergleichbaren, d. h. nicht abgesicherten Risikoarten, sind diese Verlustgefahren dementsprechend aufwandswirksam zu antizipieren. Dieser Zusammenhang wird in Abschnitt 464 an einem Beispiel verdeutlicht.

392 Gl. A. FÖRSCHLE, G./USINGER, R., in: Beck Bilanzkomm., 7. Aufl., § 254 HGB, Rn. 50; GELHAUSEN, H./FEY, G./KÄMPFER, G., BilMoG, Abschn. H, Rn. 96. A. A. PATEK, G., Bewertungseinheiten nach BilMoG, S. 530.

393 Vgl. KÜTING, K./CASSEL, J., Bewertungseinheiten, S. 771; LÜDENBACH, N./FREIBERG, J., Handelsbilanzielle Bewertungseinheiten nach IDW ERS HFA 35, S. 2686.

394 Vgl. KOPATSCHEK, M./STRUFFERT, R./WOLFGARTEN, W., Bewertungseinheiten nach BilMoG (Teil 2), S. 328 f.; LÜDENBACH, N./FREIBERG, J., Handelsbilanzielle Bewertungseinheiten nach IDW ERS HFA 35, S. 2686.

463. Methoden zur Abbildung von Bewertungseinheiten

463.1 Vorbemerkungen

Ausgehend von der Begründung des Gesetzentwurfs werden im Schrifttum nach Inkrafttreten des BilMoG **zwei unterschiedliche Methoden** zur Bilanzierung von Bewertungseinheiten diskutiert.[395] Denn darin heißt es:[396]

> *„Da § 254 HGB keine Vorschriften zur Art und Weise der bilanziellen Erfassung von Bewertungseinheiten enthält, bleibt es den Unternehmen weiterhin selbst überlassen, die gegenläufigen Wertänderungen oder Zahlungsströme entweder* ***„durchzubuchen"*** *oder die Bilanzierung* ***„einzufrieren"****. Beides gilt jedoch* ***nur innerhalb der wirksamen Bewertungseinheit.****"*

Entsprechend der Begründung zum Gesetzentwurf des BilMoG wurden die Methoden daher als **„Durchbuchungsmethode"** und als **„Einfrierungsmethode"** bezeichnet. Da die im Schrifttum nach Inkrafttreten des BilMoG diskutierte und hergeleitete „Durchbuchungsmethode" gewissermaßen auf der „Einfrierungsmethode" aufbaut, wird diese – entgegen der Reihenfolge in der Gesetzesbegründung – zuerst erläutert (Abschnitt 463.2). Im darauf folgenden Abschnitt wird dann auf die „Durchbuchungsmethode" eingegangen (Abschnitt 463.3). Beide Methoden sollen vor dem Hintergrund der in § 254 kodifizierten Rechtsfolgen und des handelsrechtlichen Zweck- und GoB-Systems analysiert und kritisch gewürdigt werden. Da lediglich Wertänderungen aus gesicherten Risiken Bestandteil einer Bewertungseinheit sein dürfen, wird in einem weiteren Abschnitt schließlich auf die Notwendigkeit eingegangen, zwischen gesicherten und ungesicherten Risiken zu unterscheiden (Abschnitt 463.4).[397]

463.2 Die „Einfrierungsmethode"

Die **„Einfrierungsmethode"** wurde im Schrifttum als Reaktion auf die Aussage des Gesetzgebers in der Begründung zum Gesetzentwurf des BilMoG vorgeschlagen. Danach sind die sich gegenseitig ausgleichenden Wertänderungen oder Zahlungsströme, d. h. der wirksame

395 Vgl. BT-Drucks. 16/10067 vom 31.07.2008, S. 95; BR-Drucks. 344/08 vom 23.05.2008, S. 209.
396 BT-Drucks. 16/10067 vom 31.07.2008, S. 95 (Hervorhebungen durch den Verfasser).
397 Vgl. BT-Drucks. 16/10067 vom 31.07.2008, S. 95.

Teil der Bewertungseinheit, **nicht buchhalterisch**, sondern lediglich in einer **Nebenrechnung** zu erfassen.[398] Diese Vorgehensweise ähnelt der im Schrifttum vor Inkrafttreten des BilMoG diskutierten und als „vollständige Festbewertung" bezeichneten Methode zur Bilanzierung von Bewertungseinheiten.[399] Dies steht im Einklang mit der Aussage des Gesetzgebers, wonach *„Änderungen der bisherigen Bilanzierungspraxis [...] mit der Vorschrift* [gemeint ist § 254] *nicht einhergehen [sollen]."*[400]

Allerdings unterscheiden sich diese beiden Methoden, falls Grund- und Sicherungsgeschäft sich nicht vollständig kompensieren. Denn das Einfrieren gilt *„[...] nur innerhalb der wirksamen Bewertungseinheit."*[401] Im Unterschied zur „vollständigen Festbewertung" sind nämlich die **unwirksamen**, d. h. die sich nicht vollständig ausgleichenden **Beträge bilanziell zu erfassen.** Dies ergibt sich nicht zuletzt aus § 254 Satz 1. Denn die Rechtfolgen des § 254 treten nur

> *„[...] **in dem Umfang** und für den Zeitraum [ein], in dem die gegenläufigen Wertänderungen oder Zahlungsströme **sich ausgleichen.**"*[402]

Somit werden lediglich die **wirksamen Beträge** einer Bewertungseinheit **„eingefroren".**[403] Sinkt bspw. der Marktwert des Grundgeschäfts einer Bewertungseinheit um 3.000 EUR und steigt gleichzeitig der Marktwert des Sicherungsgeschäfts um 2.900 EUR, ist die Bewertungseinheit in Höhe des Kompensationsbetrags, d. h. in Höhe von 2.900 EUR, **wirksam**. Der Wertüberhang in Höhe von 100 EUR wird entsprechend als **unwirksamer** Betrag einer Bewertungseinheit bezeichnet. Da § 254 Satz 1 **keine Regelung zur Bilanzierung von sich nicht gegenseitig ausgleichenden Beträgen enthält, unterliegen diese un-**

398 Vgl. KÜTING, K./PFITZER, N./WEBER, C.-P., Das neue deutsche Bilanzrecht, S. 219; LÖW, E./ SCHARPF, P./WEIGEL, W., Auswirkungen des Regierungsentwurfs des BilMoG auf die Bilanzierung von Finanzinstrumenten, S. 1018 f.; KÜTING, K./CASSEL, J., Bewertungseinheiten, S. 772; SCHMIDT, M., Bewertungseinheiten nach dem BilMoG, S. 886; DRIESCH, D./OERTZEN, C., Bilanzierung von Bewertungseinheiten nach § 254 HGB, S. 352.

399 Vgl. LÖW, E./SCHARPF, P./WEIGEL, W., Auswirkungen des Regierungsentwurfs des BilMoG auf die Bilanzierung von Finanzinstrumenten, S. 1018; GELHAUSEN, H./FEY, G./KÄMPFER, G., BilMoG, Abschn. H, Rn. 104; SCHARPF, P./LUZ, G., Finanzderivate, S. 307 f.

400 BR-Drucks. 344/08 vom 23.05.2008, S. 124 (Einfügungen und Auslassungen durch den Verfasser).

401 BT-Drucks. 16/10067 vom 31.07.2008, S. 95 (Auslassungen durch den Verfasser).

402 Einfügungen, Auslassungen und Hervorhebungen durch den Verfasser.

403 Vgl. GELHAUSEN, H./FEY, G./KÄMPFER, G., BilMoG, Abschn. H, Rn. 104.

wirksamen Beträge den nach § 254 ausgeschlossenen Vorschriften.[404] Dies betrifft vor allem den Einzelbewertungsgrundsatz, das Imparitätsprinzip und das Realisationsprinzip, die entsprechend auf den unwirksamen Teil der Bewertungseinheit anzuwenden sind.[405] Unwirksame Beträge entstehen bspw., wenn die wertbestimmenden Parameter von Grund- und Sicherungsgeschäft nicht vollständig übereinstimmen, aber das Sicherungsgeschäft trotzdem zur Absicherung des Grundgeschäfts geeignet ist.[406] Dies ist der Fall, wenn die dem Grund- und Sicherungsgeschäft zugrunde liegenden Vertragsgegenstände zwar identisch sind, allerdings sich hinsichtlich der Qualität oder Sorte geringfügig unterscheiden.

Für den Fall, dass die Summe der negativen Wertänderungen die Summe der positiven Wertänderungen der zu einer Bewertungseinheit zusammengefassten gegenläufigen Geschäfte übersteigt (Unterkompensation), ist die daraus resultierende Verlustgefahr aufgrund des Imparitätsprinzips gem. § 252 Abs. 1 Nr. 4 aufwandswirksam zu antizipieren.[407] Für den Fall, dass die positiven Wertänderungen die negativen Wertänderungen übersteigen (Überkompensation), ist der unrealisierte Gewinn auf Grundlage des Realisationsprinzips gem. § 252 Abs. 1 Nr. 4 nicht zu vereinnahmen.[408] **Lediglich ein negativer Wertüberhang ist demnach bilanziell zu erfassen.**

Fraglich bleibt für den Bilanzierenden, wie dieser Negativüberhang konkret gebucht werden soll. Bei einer strengen Auslegung des § 254 würde ein Negativüberhang nicht mehr den Rechtsfolgen der Vorschrift unterliegen. Denn die Rechtsfolgen gelten nur so lange, wie die Bewertungseinheit wirksam ist. Daraus folgt gleichzeitig, dass ein Negativüberhang eine Verlustgefahr darstellt und der drohende Verlust auf Grundlage des Imparitätsprinzips antizipiert werden müsste. Der unwirksame Betrag müsste zudem den jeweiligen Einzelgeschäften, d. h. dem Grund- oder Sicherungsgeschäft, zugerechnet werden. Würde der Negativüberhang einer Bewertungseinheit bspw. aus einem nicht perfekt abgesicherten Vermögensgegenstand resultieren, müsste dieser nach § 253 Abs. 1 Satz 1 **außerplanmäßig abgeschrieben** werden. Würde der Negativüberhang einer Bewertungseinheit hingegen aus

404 Vgl. BT-Drucks. 16/12407 vom 24.03.2009, S. 86.

405 Vgl. ERNST, C./SEIDLER, H., Referentenentwurf, S. 767.

406 Vgl. GELHAUSEN, H./FEY, G./KÄMPFER, G., BilMoG, Abschn. H, Rn. 111.

407 Vgl. KOPATSCHEK, M./STRUFFERT, R./WOLFGARTEN, W., Bewertungseinheiten nach BilMoG (Teil 1), S. 279.

408 Vgl. KOPATSCHEK, M./STRUFFERT, R./WOLFGARTEN, W., Bewertungseinheiten nach BilMoG (Teil 1), S. 279.

einem derivativen Finanzinstrument resultieren, müsste nach § 249 Abs. 1 eine **Rückstellung für drohende Verluste aus schwebenden Geschäften** gebildet werden.[409]

Entgegen der vorherigen Argumentation, welche sich aus einer strengen Auslegung des § 254 ergibt, merken das IDW und einige Vertreter des Schrifttums zu Recht an, dass Grund- und Sicherungsgeschäft gewissermaßen zu einer neuen Einheit „verschmelzen", so dass ein **einheitlicher Ausweis des unwirksamen Betrags** durchaus als sachgerecht erachtet werden darf.[410] In diesem Zusammenhang wird allerdings nochmals betont, dass Grund- und Sicherungsgeschäft nur „fiktiv" zu einem neuen Bewertungsobjekt „verschmelzen", da durch die Bewertungseinheit keine neue Bewertungsobjekteinheit i. S. e. neuen Vermögensgegenstands oder einer neuen Schuld entsteht.[411] Das IDW schlägt vor, den Negativüberhang einer Bewertungseinheit unabhängig von seiner Entstehung als **„Rückstellung für Bewertungseinheiten"** unter den **„sonstigen Rückstellungen"** (§ 266 Abs. 3 B. 3.) auszuweisen.[412] Die **Buchwerte** der als Grund- oder Sicherungsgeschäft verwendeten Bilanzpositionen werden folglich ebenso **„eingefroren"**. Anders ausgedrückt, werden bilanzierungsfähige Vermögensgegenstände oder Schulden, die Teil einer Bewertungseinheit sind, nicht auf den am Bilanzstichtag geltenden beizulegenden Wert ab- oder zugeschrieben, sondern deren Buchwerte werden beibehalten. Durch eine einheitlich zu bildende Rückstellung für Bewertungseinheiten würde ein Negativüberhang somit nicht mehr den jeweiligen Einzelgeschäften der Bewertungseinheit zugeordnet, sondern dem Bewertungsobjekt „Bewertungseinheit".

Der Argumentation des IDW ist nach der hier vertretenen Auffassung zu folgen, da auf diese Art und Weise dem Zweck der Bewertungseinheit am besten entsprochen wird. Denn eine Bewertungseinheit, die zur Risikoabsicherung gebildet wurde, sollte entsprechend auch

409 Vgl. HELKE, I./WIECHENS, G./KLAUS, A., Zur Umsetzung der HGB-Modernisierung durch das BilMoG, S. 31.

410 Vgl. IDW (Hrsg.), IDW RS HFA 35, Rn. 4 i. V. m. Rn. 82; LÜDENBACH, N./FREIBERG, J., Handelsbilanzielle Bewertungseinheiten nach IDW ERS HFA 35, S. 2687; PATEK, G., Bewertungseinheiten nach dem Referentenentwurf des BilMoG, S. 370; SCHARPF, P./SCHABER, M., Bilanzierung von Bewertungseinheiten, S. 539.

411 Vgl. SELCHERT, F. W., in: Küting/Weber/Pfitzer, HdR, 5. Aufl., § 252 HGB, Rn. 70; HERZIG, N., Derivatebilanzierung und GoB-System, S. 42; BARCKOW, A., Sicherungsbeziehungen, S. 82.

412 Vgl. IDW (Hrsg.), IDW RS HFA 35, Rn. 82; PATEK, G., Bewertungseinheiten nach dem Referentenentwurf des BilMoG, S. 370; SCHARPF, P./SCHABER, M., Bilanzierung von Bewertungseinheiten, S. 539.

für Bewertungszwecke als Einheit betrachtet werden. Das Bewertungsobjekt stellt demnach nicht mehr das jeweilige Einzelgeschäft der Bewertungseinheit dar, sondern die gesamte gebildete Bewertungseinheit. Dementsprechend sollte auch eine gebildete Bewertungseinheit einheitlich bilanziert werden, indem ein positiver Wertüberhang nicht und ein negativer Wertüberhang als „Rückstellung für Bewertungseinheiten" erfasst wird. Darüber hinaus muss ein entsprechender Wertüberhang, der auf ein gesichertes Risiko zurückzuführen ist, **per definitionem unwesentlich** sein. Wäre nämlich der Wertüberhang wesentlich, dürfte die Bewertungseinheit ex ante überhaupt nicht gebildet werden, da die Wirksamkeit der Bewertungseinheit als Anwendungsvoraussetzung nicht gegeben sein kann. Zudem ist die Zuordnung des Negativüberhangs zu den jeweiligen Einzelgeschäften bei zunehmender Anzahl von einbezogenen Grundgeschäften, d. h. bei Portfolio- und Makro-Hedges, nur sehr schwer möglich.[413] Darüber hinaus dient eine einheitlich zu bildende Rückstellung für den unwirksamen Betrag einer Bewertungseinheit auch dem **Grundsatz der Klarheit** und dem **Grundsatz der Vergleichbarkeit.**[414] Denn durch eine einheitliche Rückstellung können Rechnungslegungsinformationen über Bewertungseinheiten sowohl im Zeitablauf als auch zwischenbetrieblich miteinander verglichen werden, unabhängig von der Art der verwendeten Grund- und Sicherungsgeschäfte. Dies wird auch als **formelle Stetigkeit** bezeichnet.[415]

Als Ergebnis kann festgehalten werden, dass bei Bewertungseinheiten zwischen einem **wirksamen** und einem **unwirksamen** Betrag unterschieden werden muss. Während der wirksame Betrag nach der „Einfrierungsmethode" nicht bilanziert, sondern in einer Nebenrechnung erfasst wird, ist der unwirksame Betrag, d. h. ein Wertüberhang, imparitätisch zu behandeln. Dies bedeutet, dass ein positiver Wertüberhang aufgrund des Realisationsprinzips nicht vereinnahmt werden darf, da der erwartete positive Erfolgsbeitrag noch nicht realisiert ist. Ein negativer Wertüberhang ist hingegen aufgrund des Imparitätsprinzips aufwandswirksam zu antizipieren. Da die daraus resultierende Verlustgefahr dem Bewertungsobjekt „Bewertungseinheit" zuzurechnen ist, ist es nach der hier vertretenen

413 Vgl. PATEK, G., Bewertungseinheiten nach dem Referentenentwurf des BilMoG, S. 370; SCHARPF, P./SCHABER, M., Bilanzierung von Bewertungseinheiten, S. 539.

414 Vgl. grundlegend LEFFSON, U., Die Grundsätze ordnungsmäßiger Buchführung, 1. Aufl., S. 88-100 und S. 227-265; BAETGE, J., Bilanzen, 1. Aufl., S. 53 sowie ausführlich zum Grundsatz der Vergleichbarkeit BAETGE, J./COMMANDEUR, D., Vergleichbar, S. 326-335.

415 Vgl. BAETGE, J., Bilanzen, 1. Aufl., S. 53; BAETGE, J./KIRSCH, H.-J./THIELE, S., Bilanzen, S. 116 f.

Auffassung sachgerecht, den negativen Wertüberhang in einer einheitlich zu bildenden Rückstellung auszuweisen.

463.3 Die „Durchbuchungsmethode"

Die „**Durchbuchungsmethode**" wird im Gesetz nicht genannt, sondern – wie die „Einfrierungsmethode" – nur vom Gesetzgeber in der Gesetzesbegründung erwähnt. Genaue Angaben, wie eine Bewertungseinheit nach der „Durchbuchungsmethode" zu bilanzieren ist, existieren somit weder im Gesetz noch in den Gesetzesmaterialien. Deswegen ist es wichtig, darauf zu achten, dass eine Bilanzierung nach der „Durchbuchungsmethode" nicht zu anderen Rechtsfolgen führt als eine Bilanzierung nach der „Einfrierungsmethode".[416] Eine „Durchbuchung" im strengen Wortsinn würde bedeuten, dass die gegenläufigen Wertänderungen oder Zahlungsströme von Grund- und Sicherungsgeschäft voll umfänglich gebucht werden. Allerdings, so die Gesetzesbegründung zum Regierungsentwurf des BilMoG, gilt dies *„nur innerhalb der wirksamen Bewertungseinheit."*[417] Dies bedeutet, dass die unwirksamen Beträge einer Bewertungseinheit analog zur „Einfrierungsmethode" nicht den Rechtsfolgen des § 254 unterliegen und daher imparitätisch zu behandeln sind.[418] Wird der in Abschnitt 463.2 beschriebenen „Einfrierungsmethode" gefolgt, bedeutet dies, dass für einen negativen Wertüberhang auf Grundlage des Imparitätsprinzips eine „**Rückstellung für Bewertungseinheiten**" zu bilden ist, während positive Wertüberhänge aufgrund des Realisationsprinzips nicht zu berücksichtigen sind, da die Geschäfte der Bewertungseinheit noch nicht realisiert sind.[419] Die „Durchbuchungsmethode" baut gewissermaßen auf der „Einfrierungsmethode" auf und unterscheidet sich von der „Einfrierungsmethode" lediglich

416 Vgl. BRECKHEIMER, I., Die steuerbilanzielle Behandlung von Sicherungsbeziehungen, S. 239.

417 BT-Drucks. 16/10067 vom 31.07.2008, S. 95 (Auslassungen und Hervorhebungen durch den Verfasser). So auch GELHAUSEN, H./FEY, G./KÄMPFER, G., BilMoG, Abschn. H, Rn. 125; IDW (Hrsg.), IDW RS HFA 35, Rn. 75; SCHMIDT, M., Bewertungseinheiten nach dem BilMoG, S. 886; MEINERT, C., Die Bildung objektübergreifender Bewertungseinheiten, S. 359.

418 Vgl. GELHAUSEN, H./FEY, G./KÄMPFER, G., BilMoG, Abschn. H, Rn. 125; SCHMIDT, M., Bewertungseinheiten nach dem BilMoG, S. 886.

419 So auch IDW (Hrsg.), IDW RS HFA 35, Rn. 82.

in der bilanziellen Abbildung der sich **gegenseitig kompensierenden Beträge** innerhalb der Bewertungseinheit.[420]

Während die gegenläufigen Wertänderungen oder Zahlungsströme von Grund- und Sicherungsgeschäft, die auf das gesicherte Risiko zurückzuführen sind, nach der „Einfrierungsmethode" nicht bilanziert werden, werden sie nach der „Durchbuchungsmethode" bilanziell erfasst.[421] Per Saldo führen allerdings sowohl die „Durchbuchungsmethode" als auch die „Einfrierungsmethode" in der GuV zum **selben Ergebnis.**[422] Es handelt sich bei der „Durchbuchungsmethode" gewissermaßen um eine **Bruttodarstellung**, während es sich bei der „Einfrierungsmethode" um eine **Nettodarstellung** der Bewertungseinheit handelt.[423] Das folgende Beispiel soll den Unterschied der beiden Methoden zeigen:

> Sinkt innerhalb einer gebildeten Bewertungseinheit bspw. der beizulegende Wert eines als Grundgeschäft designierten Vermögensgegenstands um 3.000 EUR und steigt gleichzeitig der Marktwert eines als Sicherungsgeschäft designierten derivativen Finanzinstruments um 2.900 EUR, entsteht ein negativer Wertüberhang von 100 EUR (= 2.900 EUR – 3.000 EUR). Für diesen negativen Wertüberhang ist aufwandswirksam eine „Rückstellung für Bewertungseinheiten" zu bilden.[424] Diese Vorgehensweise ist mit der „Einfrierungsmethode" identisch. Die sich innerhalb der Bewertungseinheit gegenseitig kompensierenden Beträge in Höhe von 2.900 EUR sind allerdings im Unterschied zur „Einfrierungsmethode" ebenfalls zu buchen. Während der gesunkene beizulegende Wert des Vermögensgegenstands somit durch eine außerplanmäßig Abschreibung zu berücksichtigen wäre, müsste gleichzeitig der positive Marktwert des derivativen Finanzinstruments bilanziert und ggf. sogar aktiviert werden.

420 Vgl. BURKHARDT, K./WALTERSCHEIDT, S., Pro und Contra der abstrakten Regelungen zu Bewertungseinheiten, S. 125; IDW (Hrsg.), IDW RS HFA 35, Rn. 75; SCHMIDT, M., Bewertungseinheiten nach dem BilMoG, S. 886; GELHAUSEN, H./FEY, G./KÄMPFER, G., BilMoG, Abschn. H, Rn. 98; FÖRSCHLE, G./USINGER, R., in: Beck Bilanzkomm., 7. Aufl., § 254 HGB, Rn. 52 f.

421 Vgl. PATEK, G., Bilanzielle Implikationen, S. 1079.

422 Vgl. PATEK, G., Bilanzielle Implikationen, S. 1079.

423 Aus diesem Grund wird z. T. im Schrifttum die „Durchbuchungsmethode" auch als „Bruttomethode" und die „Einfrierungsmethode" als „Nettomethode" bezeichnet. Vgl. SCHMIDT, M., Bewertungseinheiten nach dem BilMoG, S. 886; PATEK, G., Bewertungseinheiten nach dem Referentenentwurf des BilMoG, S. 368; PATEK, G., Bilanzielle Implikationen, S. 1079.

424 So auch IDW (Hrsg.), IDW RS HFA 35, Rn. 82.

Diese Vorgehensweise ist mit einer Reihe von konzeptionellen Problemen verbunden. Denn eine „Durchbuchungsmethode“ dergestalt, dass die sich ausgleichenden Beträge innerhalb einer Bewertungseinheit **in der Bilanz** zu berücksichtigen sind, würde **streng genommen dem Wortlaut der in § 254 kodifizierten Rechtsfolgen** widersprechen.[425] Zwar würde nach § 254 die Anschaffungskosten-Obergrenze gem. § 253 Abs. 1 Satz 1 sowie das Realisationsprinzip gem. § 252 Abs. 1 Nr. 4 *„in dem Umfang“* nicht gelten, in dem sich die Beträge der Bewertungseinheit ausgleichen, wodurch eine Zuschreibung über die historischen Anschaffungskosten hinaus vertretbar erscheint.[426] Allerdings gilt der Einzelbewertungsgrundsatz gem. § 252 Abs. 1 Satz 3 für die zu einer Bewertungseinheit zusammengefassten **Einzelgeschäfte** in Höhe des Kompensationsbetrags ebenfalls nicht. **Vielmehr ist der Einzelbewertungsgrundsatz auf die gebildete Bewertungseinheit als Bewertungsobjekt anzuwenden.**[427] Eine „Durchbuchung“ der sich gegenseitig ausgleichenden Beträge von Grund- und Sicherungsgeschäft impliziert aber gerade eine Einzelbewertung dieser Einzelgeschäfte und nicht der Bewertungseinheit als neues Bewertungsobjekt.[428]

Darüber hinaus verstößt ein „Durchbuchen“ in zahlreichen Fällen **gegen die GoB.**[429] Denn ein „Durchbuchen“ würde z. B. bei derivativen Finanzinstrumenten, die als Sicherungsgeschäft designiert werden, dazu führen, dass sowohl negative als auch positive Marktwerte von derivativen Finanzinstrumenten bilanziell erfasst werden müssten. Während ein negativer Marktwert eines derivativen Finanzinstruments somit aufwandswirksam passiviert werden müsste, wäre ein positiver Marktwert entsprechend zu aktivieren. Dies wäre allerdings **nicht mit dem Grundsatz der Nichtbilanzierung schwebender Geschäfte**[430]

425 So auch PATEK, G., Bewertungseinheiten nach BilMoG, S. 524 und S. 529; KÜTING, K./ CASSEL, J., Bewertungseinheiten, S. 772. A. A. SCHMIDT, M., Bewertungseinheiten nach dem BilMoG, S. 886, der keinen Widerspruch zum Wortlaut des § 254 sieht.

426 Vgl. FÖRSCHLE, G./USINGER, R., in: Beck Bilanzkomm., 7. Aufl., § 254 HGB, Rn. 53; GELHAUSEN, H./FEY, G./KÄMPFER, G., BilMoG, Abschn. H, Rn. 124; PATEK, G., Bilanzielle Implikationen, S. 1079 f.

427 Vgl. GELHAUSEN, H./FEY, G./KÄMPFER, G., BilMoG, Abschn. H, Rn. 124.

428 Vgl. PATEK, G., Bewertungseinheiten nach BilMoG, S. 529.

429 Vgl. SCHARPF, P., in: Küting/Weber/Pfitzer, HdR, 5. Aufl., § 254 HGB, Rn. 304; SCHARPF, P./ SCHABER, M., Bilanzierung von Bewertungseinheiten, S. 539; KÜTING, K./PFITZER, N./ WEBER, C.-P., Das neue deutsche Bilanzrecht, S. 219.

430 Vgl. zum Nichtbilanzierungsgrundsatz schwebender Geschäfte bei derivativen Finanzinstrumenten Abschnitt 34 sowie grundlegend LEFFSON, U., Die Grundsätze ordnungsmäßiger Buchführung, S. 395; ADS, 6. Aufl., § 246 HGB, Rn. 377; HERZIG, N./KÖSTER, T., in: HdJ, Abt. III/5,

vereinbar, der sich wiederum aus den GoB herleitet.[431] Denn derivative Finanzinstrumente sind als zweiseitig unerfüllte schwebende Geschäfte nicht bilanzierungsfähig. Für den Bilanzierenden stellt sich in diesem Zusammenhang daher die Frage, wie ein positiver oder negativer Marktwert eines derivativen Finanzinstruments bei Anwendung der „Durchbuchungsmethode" überhaupt **in der Bilanz** abgebildet werden soll. Das IDW schlägt bspw. vor, die positiven Marktwerte von derivativen Finanzinstrumenten in der Höhe, in der das Gegengeschäft ausgeglichen wird (wirksamer Betrag), als sonstiger Vermögensgegenstand (§ 266 Abs. 2 B.II.4) auszuweisen, obgleich ein derivatives Finanzinstrument weder abstrakt noch konkret aktivierungsfähig ist.[432] In welcher Form ein negativer Marktwert eines derivativen Finanzinstruments nach der „Durchbuchungsmethode" zu bilanzieren ist, lässt das IDW hingegen offen.[433] Zwar muss für einen Verpflichtungsüberhang eines **einzelnen** derivativen Finanzinstruments nach § 249 Abs. 1 eine „Rückstellung für drohende Verluste aus schwebenden Geschäften" gebildet werden. Allerdings ist gem. § 254 Satz 1 innerhalb einer wirksamen Bewertungseinheit, d. h. in Höhe der sich gegenseitig ausgleichenden Beträge, auch § 249 Abs. 1 streng genommen nicht anzuwenden.[434] Ein Ausweg würde sich bei derivativen Finanzinstrumenten, die als Sicherungsgeschäft designiert werden, nur dann ergeben, wenn schwebende Geschäfte fiktiv als Vermögensgegenstand oder Schuld gelten würden. Hierfür mangelt es allerdings an jeglicher gesetzlichen Grundlage. Zudem sind keine Anzeichen erkennbar, dass der Gesetzgeber durch das BilMoG eine solche Vorgehensweise beabsichtigt hat. Aber nicht nur derivative Finanzinstrumente, die als Sicherungsgeschäft designiert werden, würden bei Anwendung der „Durchbuchungsmethode" gegen die GoB verstoßen, sondern sämtliche Formen von schwebenden Geschäften

Rn. 242-246; HOMMEL, M., in: Baetge/Kirsch/Thiele, § 249 HGB, Rn. 112 f.; GRÜNEWALD, A., Finanzterminkontrakte, S. 100.

431 So auch PATEK, G., Bilanzielle Implikationen, S. 1080; SCHARPF, P., in: Küting/Weber/Pfitzer, HdR, 5. Aufl., § 254 HGB, Rn. 304; SCHARPF, P./SCHABER, M., Bilanzierung von Bewertungseinheiten, S. 539; KÜTING, K./PFITZER, N./WEBER, C.-P., Das neue deutsche Bilanzrecht, S. 219.

432 Vgl. IDW (Hrsg.), IDW RS HFA 35, Rn. 80. So auch GELHAUSEN, H./FEY, G./KÄMPFER, G., BilMoG, Abschn. H, Rn. 126.

433 Allerdings ist zu vermuten, dass das IDW bei in einem Sicherungszusammenhang stehenden Derivaten von der Bildung einer Drohverlustrückstellung ausgeht, wie es auch bei einer Einzelbetrachtung vorgeschrieben ist. Vgl. hierzu ausführlich IDW (Hrsg.), IDW RS HFA 4 sowie GELHAUSEN, H./FEY, G./KÄMPFER, G., BilMoG, Abschn. H, Rn. 126.

434 Vgl. MEINERT, C., Die Bildung objektübergreifender Bewertungseinheiten, S. 360; KÜTING, K./CASSEL, J., Bewertungseinheiten, S. 772; PATEK, G., Bewertungseinheiten nach BilMoG, S. 529.

und erwarteten Transaktionen, die Bestandteil einer Bewertungseinheit sind.[435] Denn keines dieser Geschäfte stellt einen Vermögensgegenstand oder eine Schuld im handelsrechtlichen Sinne dar.[436] Würde dementsprechend ein aus diesen Geschäften resultierender Anspruchs- oder Verpflichtungsüberhang bilanziell erfasst werden, wäre dies, wie bei derivativen Finanzinstrumenten, nicht mit den Ansatzgrundsätzen für die Bilanz vereinbar. **Die „Durchbuchungsmethode" ist folglich nur dann mit den GoB vereinbar, wenn sowohl das Grundgeschäft als auch das Sicherungsgeschäft einer Bewertungseinheit Vermögensgegenstände oder Schulden im handelsrechtlichen Sinne darstellen. Denn nur in diesen Fällen werden die Ansatzgrundsätze für die Bilanz erfüllt und die gegenläufigen Wertänderungen können in der Bilanz durch entsprechende Abschreibungen oder Zuschreibungen der jeweiligen Buchwerte erfasst werden.**

Soll die Bewertungseinheit nach der „Durchbuchungsmethode" bilanziert werden, bestehen allerdings nicht nur Probleme in der **bilanziellen** Abbildung, sondern es stellt sich für das bilanzierende Unternehmen zudem die Frage, wie die sich gegenseitig ausgleichenden Beträge in der **GuV** zu berücksichtigen sind. Denn weder im Gesetz noch in den Gesetzesmaterialien ist geregelt, ob die sich gegenseitig ausgleichenden Wertänderungen zwingend in der GuV auszuweisen sind oder ob eine alleinige Berücksichtigung in der Bilanz genügt.[437] Wird der Begriff „durchbuchen" streng ausgelegt, müssen die sich ausgleichenden Erträge und Aufwendungen in der GuV unsaldiert, d. h. **brutto**, ausgewiesen werden. Allerdings wird es teilweise im Schrifttum für möglich erachtet, die sich gegenseitig ausgleichenden positiven und negativen Wertänderungen zu saldieren und somit nicht erfolgswirksam in der GuV zu erfassen, sondern lediglich in der Bilanz, da ein Bruttoausweis ausschließlich die GuV „aufblähen" würde.[438] Ein saldierter Ausweis von sich gegenseitig ausgleichenden positiven und negativen Erfolgsbeiträgen verstößt indes gegen das Saldierungsverbot des § 246 Abs. 2, wonach Aufwendungen und Erträge grundsätzlich

435 Ähnlich PATEK, G., Bilanzielle Implikationen, S. 1080.

436 Zur Bilanzierungsfähigkeit schwebender Geschäfte vgl. auch Abschnitt 34.

437 Vgl. IDW (Hrsg.), IDW RS HFA 35, Rn. 81; GELHAUSEN, H./FEY, G./KÄMPFER, G., BilMoG, Abschn. H, Rn. 127.

438 Vgl. IDW (Hrsg.), IDW RS HFA 35, Rn. 81; GELHAUSEN, H./FEY, G./KÄMPFER, G., BilMoG, Abschn. H, Rn. 127; KÄMPFER, G./FEY, G., Die Sicherung von Auslandsbeteiligungen gegen Währungsverluste im handelsrechtlichen Jahresabschluss, S. 195; MAULSHAGEN, O./ TREPTE, F./WALTERSCHEIDT, S., Derivative Finanzinstrumente in Industrieunternehmen, Rn. 459, die sowohl einen Bruttoausweis als auch einen Nettoausweis in der GuV zulassen.

nicht zu saldieren, d. h. **netto**, auszuweisen sind.[439] Auch wenn ein Nettoausweis dem wirtschaftlichen Charakter einer Bewertungseinheit, nämlich einem einheitlich zu bewertenden Bewertungsobjekt, besser entsprechen würde als ein Bruttoausweis, kann dieses Argument dennoch nicht herangezogen werden, um gegen eine konkrete handelsrechtliche Vorschrift zu verstoßen.[440] Die Vorschrift zur Bildung von Bewertungseinheiten lässt ein solches Vorgehen ebenfalls nicht zu, da die Rechtsfolgen des § 254 das Saldierungsverbot nach § 246 Abs. 2 explizit nicht ausschließen. Demnach kann ausschließlich ein Bruttoausweis von sich gegenseitig ausgleichenden Erfolgsbeiträgen für zulässig erachtet werden. Die sich innerhalb der Bewertungseinheit ausgleichenden Beträge sind entsprechend als „sonstige betriebliche Erträge" und „sonstige betriebliche Aufwendungen" auszuweisen. Ein Ausweis unter einem eigenständigen Posten nach § 265 Abs. 5 Satz 2 ist aus Gründen der Übersichtlichkeit nicht angemessen.[441]

Zusammenfassend lässt sich festhalten, dass mit der Anwendung der „Durchbuchungsmethode" zahlreiche Probleme verbunden sind. **Um zu vermeiden, dass die „Durchbuchungsmethode" nicht gegen die GoB verstößt, darf diese Methode lediglich in den Fällen angewendet werden, bei denen sowohl das Grundgeschäft als auch das Sicherungsgeschäft bilanzierungsfähig sind, mithin einen Vermögensgegenstand oder eine Schuld darstellen.** Eine im betrieblichen Risikomanagement zielgerichtet eingegangene Sicherungsbeziehung darf nach dieser Methode daher grundsätzlich nicht bilanziert werden. Denn die Sicherungsgeschäfte einer Sicherungsbeziehung stellen zumeist derivative Finanzinstrumente dar, die als schwebende Geschäfte nicht bilanzierungsfähig sind.[442] Für eine GoB-konforme Anwendung der „Durchbuchungsmethode" kommen folglich **nur risikoinduzierte Wertänderungen aus gegenläufigen Bilanzpositionen** in Betracht. Dies ist bspw. der Fall, wenn das Währungsrisiko einer Fremdwährungsforderung durch eine Fremdwährungsverbindlichkeit in gleicher Währung abgesichert wird. Nur dann existieren

439 Vgl. GRÜNEWALD, A., Finanzterminkontrakte, S. 268.

440 So auch GRÜNEWALD, A., Finanzterminkontrakte, S. 268; MEINERT, C., Die Bildung objektübergreifender Bewertungseinheiten, S. 247; BRECKHEIMER, I., Die steuerbilanzielle Behandlung von Sicherungsbeziehungen, S. 263.

441 Vgl. auch GELHAUSEN, H./FEY, G./KÄMPFER, G., BilMoG, Abschn. H, Rn. 127.

442 Vgl. LEFFSON, U., Die Grundsätze ordnungsmäßiger Buchführung, S. 395; GRÜNEWALD, A., Finanzterminkontrakte, S. 100; KUHNER, C., in: Baetge/Kirsch/Thiele, § 246 HGB, Rn. 831 f.

Bilanzpositionen, bei denen die risikoinduzierten Wertänderungen überhaupt bilanziell durch Zu- und Abschreibungen auf den beizulegenden Wert erfasst werden können.

Die „Durchbuchungsmethode" ist allerdings auch in dem oben genannten GoB-konformen Fall nicht mit dem Zweck des § 254 vereinbar, nämlich den Sicherungszusammenhang als ein **einheitlich zu bilanzierendes Bewertungsobjekt** anzusehen. Denn eine „Durchbuchung" der sich gegenseitig ausgleichenden Erfolgsbeiträge von Grund- und Sicherungsgeschäft impliziert – zumindest für den wirksamen Teil – eine Einzelbewertung der jeweiligen Einzelgeschäfte.[443] Darüber hinaus weist der Gesetzgeber im Referentenentwurf explizit darauf hin, lediglich die bisherige Bilanzierungspraxis in das Gesetz aufnehmen zu wollen, und identifiziert als maßgebliche Methode zur bilanziellen Abbildung von Bewertungseinheiten die „Einfrierungsmethode".[444] **Da die „Durchbuchungsmethode" in zahlreichen Fällen nicht mit den GoB vereinbar ist und einer einheitlichen Bilanzierung von Bewertungseinheiten entgegensteht, wird daher empfohlen, ausschließlich die „Einfrierungsmethode" und nicht die „Durchbuchungsmethode" anzuwenden.**[445] Denn die „Einfrierungsmethode" kann – im Unterschied zur „Durchbuchungsmethode" – für jede Form von Bewertungseinheiten angewendet werden und ist stets zweck- und GoB-konform. Zudem sind Rechnungslegungsinformationen über Bewertungseinheiten durch eine einheitliche Bilanzierung miteinander vergleichbar, wodurch auch dem handelsrechtlichen Grundsatz der Vergleichbarkeit entsprochen würde.[446]

443 Vgl. PATEK, G., Bewertungseinheiten nach BilMoG, S. 529.

444 Vgl. BMJ (Hrsg.), Referentenentwurf eines Bilanzrechtsmodernisierungsgesetzes (BilMoG), S. 118 sowie KÜTING, K./CASSEL, J., Bewertungseinheiten, S. 772; PETERSEN, K./ZWIRNER, C./ FROSCHHAMMER, M., Bewertungseinheiten nach § 254 HGB, S. 452.

445 Vgl. PATEK, G., Bilanzielle Implikationen, S. 1080; SCHARPF, P., in: Küting/Weber/Pfitzer, HdR, 5. Aufl., § 254 HGB, Rn. 304; SCHARPF, P./SCHABER, M., Bilanzierung von Bewertungseinheiten, S. 539; KÜTING, K./PFITZER, N./WEBER, C.-P., Das neue deutsche Bilanzrecht, S. 219. Auch das IDW empfiehlt, ausschließlich die „Einfrierungsmethode" anzuwenden, obwohl beide Methoden grundsätzlich zugelassen werden. Vgl. IDW (Hrsg.), IDW RS HFA 35, Rn. 76.

446 Zum Grundsatz der Vergleichbarkeit vgl. bereits LEFFSON, U., Die Grundsätze ordnungsmäßiger Buchführung, 1. Aufl., S. 227 f. sowie BAETGE, J./KIRSCH, H.-J./THIELE, S., Bilanzen, S. 116 f.

463.4 Bilanzielle Erfassung von ungesicherten Risiken bei Existenz einer Bewertungseinheit

Die bisherigen Betrachtungen gingen stets von der Annahme aus, dass Verlustgefahren des Grundgeschäfts (möglichst perfekt) durch das Sicherungsgeschäft abgesichert werden und neben dem gesicherten Risiko keine weiteren Risiken existieren. Allerdings können Grund- oder Sicherungsgeschäft **neben dem gesicherten Risiko noch anderen, d. h. ungesicherten Risiken ausgesetzt sein.** So ist es möglich, dass das Grundgeschäft sowohl einem Währungsrisiko als auch einem Zinsrisiko ausgesetzt ist, wobei nur das Zinsrisiko durch ein Sicherungsgeschäft abgesichert wird. Eine Bewertungseinheit darf allerdings nur für diejenige Risikoart gebildet werden, die auch tatsächlich abgesichert wurde.[447] Denn in § 254 heißt es:[448]

> *„Werden Vermögensgegenstände […] zum Ausgleich gegenläufiger Wertänderungen oder Zahlungsströme* ***aus dem Eintritt vergleichbarer Risiken*** *mit Finanzinstrumenten zusammengefasst (Bewertungseinheit), sind § 249 Abs. 1, § 252 Abs. 1 Nr. 3 und 4, § 253 Abs. 1 Satz 1 und § 256a […] nicht anzuwenden […].“*

Das bedeutet, dass die Wert- oder Zahlungsstromänderungen des Grund- oder Sicherungsgeschäfts, die auf ein ungesichertes Risiko zurückzuführen sind, nicht Bestandteil der Bewertungseinheit sind. Der Unterschied zu den unwirksamen Beträgen einer Bewertungseinheit besteht darin, dass diese Verlustgefahren nun zwingend dem Bewertungsobjekt „Grundgeschäft“ oder „Sicherungsgeschäft“, d. h. den jeweiligen Einzelgeschäften, zuzuordnen sind.[449] Eine einheitliche Bilanzierung durch eine Rückstellung ist in diesem Fall unzulässig. Die **ungesicherte Verlustgefahr** ist also entweder

(1) einem Vermögensgegenstand zuzurechnen und ggf. nach § 253 Abs. 2 Satz 3 (Anlagevermögen) bzw. nach § 253 Abs. 3 (Umlaufvermögen) durch **eine außerplanmäßige Abschreibung** zu erfassen oder

447 Vgl. SCHARPF, P., in: Küting/Weber/Pfitzer, HdR, 5. Aufl., § 254 HGB, Rn. 291; WIECHENS, G./HELKE, I., Zum Referentenentwurf des BilMoG, S. 28; GELHAUSEN, H./FEY, G./KÄMPFER, G., BilMoG, Abschn. H, Rn. 114.

448 Auslassungen und Hervorhebungen durch den Verfasser.

449 So auch IDW (Hrsg.), IDW RS HFA 35, Rn. 83.

(2) einer Schuld zuzurechnen und ggf. nach § 253 Abs. 1 Satz 2 durch eine **Zuschreibung** auf den **Erfüllungsbetrag** zu erfassen oder

(3) einem schwebenden Geschäft zuzurechnen und durch eine **Rückstellung für drohende Verluste aus schwebenden Geschäften** gem. § 249 Abs. 1 zu erfassen.

Erwartete Transaktionen werden nicht genannt, weil nicht kontrahierte Geschäfte **keinem anderen Risiko als dem gesicherten Risiko** ausgesetzt sein dürfen. Falls erwartete Transaktionen ungesicherten Risiken ausgesetzt sind, darf die Bewertungseinheit ex ante schon nicht gebildet werden. Erwartete Transaktionen führen außerhalb einer Bewertungseinheit zu keiner bilanziellen Konsequenz, da erwartete Transaktionen weder abstrakt noch konkret bilanzierungsfähig sind. Im Unterschied zu schwebenden Geschäften, für die ggf. nach § 249 Abs. 1 eine Drohverlustrückstellung gebildet werden muss, existieren für erwartete Transaktionen auch keine konkreten Bilanzierungsvorschriften.

Da bei der Bilanzierung von Bewertungseinheiten zwischen Wertänderungen aus gesicherten und ungesicherten Risiken unterschieden werden muss, wird im Schrifttum eine **zweistufige Vorgehensweise** vorgeschlagen, um die buchungsfähigen Beträge zu ermitteln. Dabei werden auf der ersten Stufe die Wert- oder Zahlungsstromänderungen aus dem abgesicherten Risiko berücksichtigt, die dem Bewertungsobjekt „Bewertungseinheit" zuzurechnen sind. Auf der zweiten Stufe werden die Wert- oder Zahlungsstromänderungen aus nicht abgesicherten Risiken berücksichtigt, die den jeweils einzelnen Bewertungsobjekten „Grundgeschäft" oder „Sicherungsgeschäft" zuzurechnen sind.[450]

Bei Anwendung der zweistufigen Bewertungsmethodik wird daher wie folgt vorgegangen:

- **Stufe 1: Bewertungseinheit**
  Zunächst wird der rechnerische **Saldo** der gegenläufigen Wert- oder Zahlungsstromänderungen bezogen auf die gesicherte Risikoart ermittelt. Für diesen **saldierten** Betrag muss im Falle eines negativen Wertüberhangs aufgrund des Imparitätsprinzips aufwandswirksam eine „Rückstellung für Bewertungseinheiten" gebildet werden. Ein positiver Wertüberhang bleibt aufgrund des Realisationsprinzips entsprechend unberücksichtigt.

450 Vgl. IDW (Hrsg.), IDW RS HFA 35, Rn. 65-74; SCHARPF, P., in: Küting/Weber/Pfitzer, HdR, 5. Aufl., § 254 HGB, Rn. 288-302.

- **Stufe 2: Einzelgeschäfte**

  Anschließend werden die Wert- oder Zahlungsstromänderungen der jeweiligen Einzelgeschäfte auf Basis der ungesicherten Risikoarten ermittelt. Diese Wert- oder Zahlungsstromänderungen sind hingegen **unsaldiert** zu ermitteln. Denn die Verlustgefahren sind im Unterschied zu Stufe 1 den jeweiligen Einzelgeschäften zuzuordnen und aufwandswirksam zu antizipieren, während Gewinnmöglichkeiten unberücksichtigt bleiben müssen, da diese noch nicht realisiert sind.

Da der Einzelbewertungsgrundsatz nach § 252 Abs. 1 Nr. 3 stets die Abgrenzung des Bewertungsobjekts verlangt, ist die Unterscheidung der beiden Stufen sehr wichtig.[451] Während die Wert- oder Zahlungsstromänderungen, die aus einem gesicherten Risiko resultieren, dem Bewertungsobjekt „Bewertungseinheit" zuzuordnen sind (**Stufe 1**), sind Wert- oder Zahlungsstromänderungen, die aus ungesicherten Risiken resultieren, dem Bewertungsobjekt „Grundgeschäft" oder „Sicherungsgeschäft", d. h. den jeweiligen Einzelgeschäften (**Stufe 2**), zuzuordnen. Die folgende Übersicht fasst den Zusammenhang von gesicherten und ungesicherten Risiken in Bezug auf das Bewertungsobjekt und die möglichen Bewertungsmethoden zusammen:

451 Vgl. BAETGE, J./ZIESEMER, S., in: Baetge/Kirsch/Thiele, § 252 HGB, Rn. 115; BALLWIESER, W., in: Beck HdR, Abschnitt B 105, Rn. 58; SELCHERT, F. W., in: Küting/Weber/Pfitzer, HdR, 5. Aufl., § 252 HGB, Rn. 61.

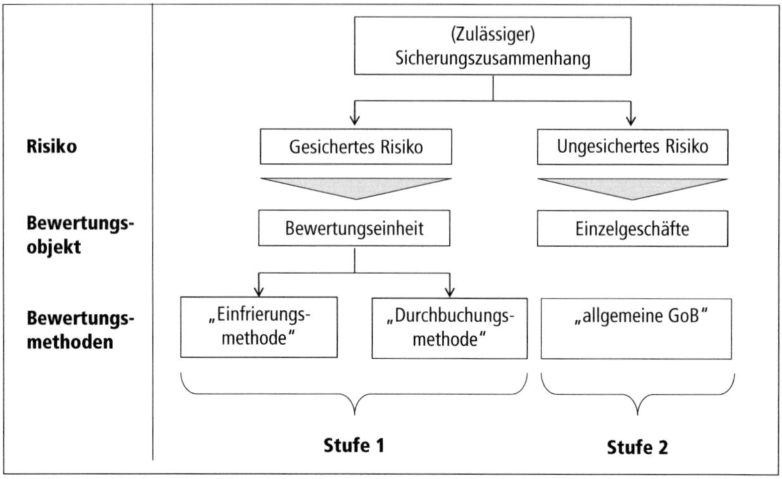

Übersicht 4-9: *Zusammenhang von gesicherten und ungesicherten Risiken*[452]

Sollte eine Zuordnung der Wert- oder Zahlungsstromänderungen zu den beiden Stufen nicht möglich sein, gilt eine Bewertungseinheit als nicht verlässlich messbar und darf dementsprechend auch nicht gebildet werden. Denn die **verlässliche Messbarkeit** stellt eine Voraussetzung zur Bildung von Bewertungseinheiten nach § 254 dar.[453] In diesem Fall sind die Grund- und Sicherungsgeschäfte einzeln nach den allgemeinen handelsrechtlichen Grundsätzen zu bewerten.

Aus dem zweistufigen Vorgehen folgt gleichzeitig, dass die **Wertänderungen der beiden Stufen nicht miteinander saldiert werden dürfen.**[454] Dies ergibt sich nicht zuletzt aus dem Saldierungsverbot nach § 246 Abs. 2, wonach Aufwendungen des einen Bewertungsobjekts nicht mit den Erträgen des anderen Bewertungsobjekts verrechnet werden dürfen.[455] Demnach darf ein (unrealisierter) positiver Wertüberhang des Bewertungsobjekts „Bewertungseinheit", d. h. ein unwirksamer Betrag, nicht mit einer Verlustgefahr des Be-

452 Quelle: Eigene Darstellung.

453 Zur verlässlichen Messbarkeit als Voraussetzung zur Bildung von Bewertungseinheiten vgl. auch Abschnitt 454.4.

454 So auch IDW (Hrsg.), IDW RS HFA 35, Rn. 69.

455 Vgl. THIELE, S., in: Baetge/Kirsch/Thiele, § 246 HGB, Rn. 271; KUßMAUL, H., in: Küting/Weber/Pfitzer, HdR, 5. Aufl., § 246 HGB, Rn. 23.

wertungsobjekts „Grundgeschäft“ oder „Sicherungsgeschäft“ aus einem ungesicherten Risiko saldiert werden.[456] Die Verlustgefahr aus dem ungesicherten Risiko ist somit dem jeweiligen Einzelgeschäft zuzuordnen und **vollständig** aufwandswirksam zu antizipieren.[457]

463.5 Zwischenfazit

Da weder die „Einfrierungsmethode“ noch die „Durchbuchungsmethode“ gesetzlich fixiert ist, besteht auch nach Inkrafttreten des BilMoG keine Rechtssicherheit über die konkrete Bilanzierung von Bewertungseinheiten. Die Bilanzierungsmethoden werden lediglich in der Begründung des Gesetzentwurfs zum BilMoG genannt. Obwohl der Gesetzgeber im Referentenentwurf des BilMoG noch die „Einfrierungsmethode“ als maßgebliche Methode identifiziert hat und die „Durchbuchungsmethode“ gegen das handelsrechtliche GoB- und Zwecksystem verstößt, nämlich immer dann, wenn das Grundgeschäft oder das Sicherungsgeschäft keinen bilanzierungsfähigen Vermögensgegenstand bzw. keine Schuld darstellt, ist das Methodenwahlrecht im Schrifttum dennoch anerkannt.[458] Auch vom IDW wird die „Durchbuchungsmethode“ als Alternative zur „Einfrierungsmethode“ zugelassen, obgleich die Anwendung der „Einfrierungsmethode empfohlen wird.[459]

Als weiteres Ergebnis ist festzuhalten, dass die Grund- und Sicherungsgeschäfte nur hinsichtlich des gesicherten Risikos zu einer Bewertungseinheit zusammengefasst werden dürfen. Sollte das Grund- oder Sicherungsgeschäft ungesicherten Risiken ausgesetzt sein,

456 So auch IDW (Hrsg.), IDW RS HFA 35, Rn. 69; SCHARPF, P., in: Küting/Weber/Pfitzer, HdR, 5. Aufl., § 254 HGB, Rn. 324.

457 Vgl. IDW (Hrsg.), IDW RS HFA 35, Rn. 68 i. V. m. Rn. 70.

458 Vgl. BMJ (Hrsg.), Referentenentwurf eines Bilanzrechtsmodernisierungsgesetzes (BilMoG), S. 118. Das Methodenwahlrecht akzeptieren z. B. IDW (Hrsg.), IDW RS HFA 35, Rn. 75; DRIESCH, D./OERTZEN, C., Bilanzierung von Bewertungseinheiten nach § 254 HGB, S. 352; WIECHENS, G./HELKE, I., Die Bilanzierung von Finanzinstrumenten nach dem Regierungsentwurf des BilMoG, S. 1336; PETERSEN, K./ZWIRNER, C./FROSCHHAMMER, M., Bewertungseinheiten nach § 254 HGB, S. 452 f.; SCHMITZ, T., Steuerliche Auswirkungen handelsrechtlicher Bewertungseinheiten, S. 1621; HOFFMANN, W.-D./LÜDENBACH, N., in: NWB Kommentar Bilanzierung, § 254 HGB, Rn. 48; GELHAUSEN, H./FEY, G./KÄMPFER, G., BilMoG, Abschn. H, Rn. 98; FÖRSCHLE, G./USINGER, R., in: Beck Bilanzkomm., 7. Aufl., § 254 HGB, Rn. 52 f.; SCHMIDT, M., Bewertungseinheiten nach dem BilMoG, S. 886. A. A. SCHARPF, P., in: Küting/Weber/Pfitzer, HdR, 5. Aufl., § 254 HGB, Rn. 304; SCHARPF, P./SCHABER, M., Bilanzierung von Bewertungseinheiten, S. 539; KÜTING, K./PFITZER, N./WEBER, C.-P., Das neue deutsche Bilanzrecht, S. 219.

459 Vgl. IDW (Hrsg.), IDW RS HFA 35, Rn. 75 f.

sind die Verlustgefahren nicht Teil des Bewertungsobjekts „Bewertungseinheit" und daher den Einzelgeschäften, d. h. den jeweiligen Bewertungsobjekten „Grundgeschäft" oder „Sicherungsgeschäft", zuzuordnen. Falls eine Bewertungseinheit nicht zu 100 % wirksam ist, existieren allerdings zusätzlich auch noch positive bzw. negative Wertüberhänge aus dem gesicherten Risiko. Diese unwirksamen Beträge sind Teil des Bewertungsobjekts „Bewertungseinheit" und sind dementsprechend der Bewertungseinheit als Ganzes zuzurechnen. Zwar ist dieser Wertüberhäng ebenfalls imparitätisch zu behandeln, allerdings werden die negativen Wertüberhänge in einer einheitlichen „Rückstellung für Bewertungseinheiten" ausgewiesen.

464. Beispiel zur Abbildung von Bewertungseinheiten

464.1 Überblick und Auswahl des Beispiels

Nachdem die im Schrifttum diskutierten Methoden zur bilanziellen Abbildung von Bewertungseinheiten kritisch analysiert wurden sowie auf den Unterschied zwischen Wertänderungen aus gesicherten und aus ungesicherten Risiken eingegangen wurde, wird in diesem Abschnitt die **Abbildung von Bewertungseinheiten durch ein Beispiel** verdeutlicht. Das Beispiel wird dabei anhand der nachfolgenden Übersicht ausgewählt, die wesentliche und für die Praxis bedeutsame Bewertungseinheiten zusammenfasst.[460] Die Übersicht zeigt, welche zahlreichen Möglichkeiten es zur Risikoabsicherung gibt und welche Bedeutung § 254 für die Praxis hat. Für das ausgewählte Beispiel werden sowohl die Voraussetzungen zur Bildung von Bewertungseinheiten geprüft als auch die sich daraus ergebenden bilanziellen Konsequenzen diskutiert und analysiert.

Die Übersicht ist derart aufgebaut, dass zunächst die nach § 254 zulässigen Grundgeschäfte (Spalte 1) dargestellt werden. Um mögliche Sicherungszusammenhänge hinreichend konkretisieren zu können, werden die in § 254 genannten Grundgeschäfte weiter in „zu sichernde Posten" (Spalte 2) aufgegliedert. Diese Posten sind wiederum einem „zu sichernden Risiko" ausgesetzt (Spalte 3), die mithilfe von „geeigneten Sicherungsgeschäften" (Spalte 4) abgesichert werden können.[461]

460 In Anlehnung an KUHN, S./SCHARPF, P., Financial Instruments nach IFRS, S. 404.

461 Vgl. KUHN, S./SCHARPF, P., Financial Instruments nach IFRS, S. 404 f.

Grundgeschäft	Zu sichernder Posten	Zu sicherndes Risiko	Geeignete Sicherungsgeschäfte
Vermögens-gegenstände	Verzinslicher Vermögensgegenstand*) (z. B. als Wertpapier erworbene Anleihe)	Zinsrisiko	Zinsswap
	Vermögensgegenstand in Fremdwährung (z. B. Forderung aus Lieferung und Leistung)	Währungsrisiko	Devisenfuture/-forward, Währungsswap, ggf. Schuld in Fremdwährung**)
	Vorratsbestand (z. B. Aluminium)	Güterpreisrisiko	Future, Forward, Verkaufsoption (Put)
	Als Wertpapiere gehaltene Aktien	Aktienkursrisiko	Future, Forward, Verkaufsoption (Put)
	Vermögensgegenstand mit Forderungscharakter	Ausfallrisiko	Credit Default Swap
Schulden	Verzinsliche Verbindlichkeit (z. B. Anleiheverbindlichkeit)	Zinsrisiko	Zinsswap
	Schuld in Fremdwährung (z. B. Verbindlichkeit aus Lieferung und Leistung)	Währungsrisiko	Devisenfuture/-forward, Währungsswap, ggf. Vermögensgegenstand in Fremdwährung**)
Schwebende Geschäfte	Kauf von Vermögensgegenständen in Fremdwährung (z. B. Rohstoffe)	Währungsrisiko	Devisenfuture, Devisenforward
	Verkauf von Vermögensgegenständen in Fremdwährung (z. B. Absatzwaren)	Währungsrisiko	Devisenfuture, Devisenforward
Erwartete Transaktionen	Geplanter Kauf von Vermögensgegenständen in Fremdwährung (z. B. Rohstoffe)	Währungsrisiko, Güterpreisrisiko	(Devisen-)Future, (Devisen-)Forward, Verkaufsoption (Put)
	Geplanter Verkauf von Vermögensgegenständen in Fremdwährung (z. B. Absatzwaren)	Währungsrisiko, Güterpreisrisiko	(Devisen-)Future, (Devisen-)Forward, Verkaufsoption (Put)

*) Ausgewähltes Beispiel, vgl. Abschnitt 464.2.
**) Anwendung der Durchbuchungsmethode verstößt in diesem Fall nicht gegen das handelsrechtliche Zweck- und GoB-System.

Übersicht 4-10: *Überblick über mögliche Bewertungseinheiten in praxi*[462]

462 In Anlehnung an KUHN, S./SCHARPF, P., Financial Instruments nach IFRS, S. 404 f.

Wie der Übersicht zu entnehmen ist, werden im folgenden Beispiel die bilanziellen Konsequenzen eines **verzinslichen Vermögensgegenstands**, der mithilfe eines **Zinsswaps** gegen **Zinsrisiken** abgesichert wird, untersucht. Dabei wird sowohl ein zum Bilanzstichtag **steigendes Marktzinsniveau** (Fall A) als auch ein **sinkendes Marktzinsniveau** (Fall B) betrachtet. Um den Unterschied in der Bilanzierung von gesicherten und ungesicherten Risiken bei Bewertungseinheiten zu verdeutlichen, wird zudem unterstellt, dass der zu sichernde Vermögensgegenstand neben dem **gesicherten Zinsrisiko** zusätzlich noch einem **ungesicherten Währungsrisiko** ausgesetzt ist. Da das grundsätzliche Vorgehen bei der Bilanzierung von Bewertungseinheiten identisch ist, reicht es aus, die bilanziellen Konsequenzen von lediglich einem (Standard-)Beispiel zu analysieren. Falls Besonderheiten in der bilanziellen Abbildung von Bewertungseinheiten existieren, wie bei der Absicherung von erwarteten Transaktionen (Abschnitt 465.1) oder bei der Absicherung von Ausfallrisiken (Abschnitt 465.2), wird in einem separaten Abschnitt darauf eingegangen.

Da im Schrifttum sowie vom IDW die Auffassung vertreten wird, die „Durchbuchungsmethode“ neben der „Einfrierungsmethode“ als alternatives Verfahren zur Bilanzierung von Bewertungseinheiten zuzulassen, wird die „Durchbuchungsmethode“ auch anhand des folgenden Beispiels verdeutlicht.[463] Durch das Beispiel wird nochmals veranschaulicht, in welcher Form die „Durchbuchungsmethode“ gegen die GoB verstößt und daher nach der hier vertretenen Auffassung als nicht zulässig erachtet wird.

463 Vgl. IDW (Hrsg.), IDW RS HFA 35, Rn. 75; WIECHENS, G./HELKE, I., Die Bilanzierung von Finanzinstrumenten nach dem Regierungsentwurf des BilMoG, S. 1333; PETERSEN, K./ ZWIRNER, C./FROSCHHAMMER, M., Bewertungseinheiten nach § 254 HGB, S. 452 f.; SCHMITZ, T., Steuerliche Auswirkungen handelsrechtlicher Bewertungseinheiten, S. 1621; HOFFMANN, W.-D./LÜDENBACH, N., in: NWB Kommentar Bilanzierung, § 254 HGB, Rn. 48; GELHAUSEN, H./FEY, G./KÄMPFER, G., BilMoG, Abschn. H, Rn. 98; FÖRSCHLE, G./USINGER, R., in: Beck Bilanzkomm., 7. Aufl., § 254 HGB, Rn. 52 f.; SCHMIDT, M., Bewertungseinheiten nach dem BilMoG, S. 886. A. A. SCHARPF, P., in: Küting/Weber/Pfitzer, HdR, 5. Aufl., § 254 HGB, Rn. 304 f.; KÜTING, K./PFITZER, N./WEBER, C.-P., Das neue deutsche Bilanzrecht, S. 219; HERZIG, N., Steuerliche Konsequenzen des Regierungsentwurfs zum BilMoG, S. 1344, die die „Durchbuchungsmethode“ ebenfalls als unzulässig erachten.

464.2 Beispiel: Absicherung eines verzinslichen Vermögensgegenstands gegen Zinsrisiken

464.21 Steigender Marktzins (Fall A)

Sachverhalt:

Um kurzfristig flüssige Mittel als Liquiditätsreserve anzulegen, erwirbt das Unternehmen U am 30.11.20X0 eine festverzinsliche **Fremdwährungsanleihe** (Nominalzins: 1,5 %) mit einer erstklassigen Bonität zu 100 Mio. USD (Grundgeschäft). Zur Absicherung gegen **zinsrisikoinduzierte** Wertänderungen geht U mit der Hausbank ein Swap-Geschäft ein, das mit allen wertbestimmenden Parametern der Anleihe, wie Nominalbetrag, Laufzeit und Bonität, übereinstimmt (Sicherungsgeschäft). Da das Swap-Geschäft in **Hauswährung**, d. h. EUR, notiert, wird der Nominalbetrag derart gewählt, dass dieser unter Verwendung des aktuellen Kassa-Wechselkurses mit dem Nominalbetrag der Fremdwährungsanleihe übereinstimmt. Zudem wird das Swap-Geschäft zu marktgerechten Konditionen abgeschlossen, wodurch das Geschäft im Zeitpunkt des Vertragsschlusses einen Wert von 0 EUR aufweist. Die aus Anleihe und Swap bestehende Sicherungsbeziehung wird bei Begründung, d. h. am 30.11.20X0, im betrieblichen Risikomanagement dokumentiert. Zu diesem Zeitpunkt beträgt der gültige Marktzins 1,5 % und der entsprechende Wechselkurs 1,25 USD/EUR. Bis zum Bilanzstichtag, dem 31.12.20X0, ist der **Marktzins** um 0,5 % auf 2 % **gestiegen**. Der USD-Wechselkurs ist zum Bilanzstichtag ebenfalls gestiegen und beträgt 1,33 USD/EUR. Die Bonität des Swap-Geschäfts hat sich im Vergleich zum 30.11.20X0 geringfügig verschlechtert, wobei noch von einer erstklassigen Bonität auszugehen ist. Der Marktwert und die Bonität des Swap-Geschäfts werden am Bilanzstichtag durch die Hausbank bestätigt. Den Marktwert der Anleihe muss das Unternehmen U anhand von US-Börsenwerten ermitteln. Da das Unternehmen allerdings in EUR bilanziert, müssen die US-Börsenwerte zunächst in EUR umgerechnet werden. Dies geschieht, indem der ursprüngliche USD-Wert durch den entsprechenden USD/EUR-Wechselkurs (Mengennotierung[464]) dividiert wird. In der folgenden Übersicht werden die Wechselkurse sowie

464 Ein Wechselkurs kann entweder als Mengennotierung oder als Preisnotierung angegeben werden. Bei der Mengennotierung wird der Wert einer Einheit heimischer Währung in fremder Währung beschrieben. Bei der Preisnotierung handelt es sich um den Kehrwert der Mengennotierung. Vgl. hierzu auch ELLER, R., U. A., Kompaktwissen Risikomanagement, S. 88.

die ermittelten Marktwerte im Begründungszeitpunkt und zum Bilanzstichtag zusammengefasst:

Zeitpunkt	(1) Wechselkurs [USD/EUR]	(2) Grundgeschäft [Mio. USD]	(3) = (2)/(1) Grundgeschäft [Mio. EUR]	(4) Sicherungsgeschäft [Mio. EUR]
Marktwert am 30.11.20X0 (Begründung der Sicherungsbeziehung)	1,25	100,0	80,0	0,00
Marktwert am 31.12.20X0 (Bilanzstichtag)	1,33	90,0	67,5	6,75

Übersicht 4-11: *Wechselkurs- und Marktwertübersicht (Fall A)*

Prüfung der Voraussetzungen zur Bildung von Bewertungseinheiten gem. § 254:

Für eine im betrieblichen Risikomanagement eingegangene Sicherungsbeziehung ist eine Bewertungseinheit dann zu bilden, wenn die nach § 254 geforderten (Tatbestands-)Voraussetzungen erfüllt sind. Dies ist im obigen Beispiel der Fall. Denn die erworbene Anleihe (Vermögensgegenstand) und der Zinsswap (Finanzinstrument) stellen zulässige Grund- und Sicherungsgeschäfte i. S. d. § 254 dar. Zudem ist ein Zinsswap (Payer-Zinsswap) ein geeignetes und anerkanntes Finanzinstrument zur Absicherung von Zinsrisiken. Die **Vergleichbarkeit** der wertbestimmenden Risikofaktoren ist gegeben, da die Werte beider Geschäfte abhängig vom Marktzinsniveau, also dem Zinsrisiko, sind. Anhand der Übersicht 4-11 wird zudem deutlich, dass bei einer festverzinslichen Anleihe eine Marktzinserhöhung c. p. zu einem gesunkenen Marktwert führt, da die Anleihe als Folge der Marktzinserhöhung unattraktiver geworden ist und die Nachfrage als Werttreiber zurückgeht.[465] Gleichzeitig steigt allerdings der Wert des Swap-Geschäfts, bei dem das ursprünglich niedrige Zinsniveau kontrahiert wurde. Denn der Eigentümer eines Swap-Geschäfts hat nun das Recht, die ursprünglich niedrigen Zinsen zu zahlen, und erhält im Gegenzug den variablen, aber derzeit höheren Marktzins. Daraus ergibt sich ein Vermö-

465 Die Bewertung von Anleihen ist nicht Gegenstand der vorliegenden Untersuchung. Der Wert einer Anleihe entspricht grundsätzlich dem Barwert aller künftigen Zahlungen. Dies umfasst alle künftig zu zahlenden Nominalzinsen und den bei Endfälligkeit zu zahlenden Nominalbetrag. Vgl. BREALEY, R./MYERS, S./ALLEN, F., Principles of Corporate Finance, S. 74-85; BUCKLEY, A., U. A., Finanzmanagement europäischer Unternehmen, S. 115.

gensvorteil, der sich in einem positiven Marktwert des Swap-Geschäfts ausdrückt.[466] Die **Gegenläufigkeit** von Grund- und Sicherungsgeschäft ist damit ebenfalls gegeben, wobei sich der wertkompensierende Effekt systematisch und nicht zufällig ergibt. Da Unternehmen U alle buchungsrelevanten Werte ermitteln konnte, wird das Kriterium der **verlässlichen Messbarkeit** auch erfüllt. Außerdem stimmen zum Zeitpunkt der Begründung alle wertbestimmenden Parameter (Laufzeit, Nominalbetrag und Bonität) von Grund- und Sicherungsgeschäft überein, sodass der **Critical Term Match** als Nachweis der prospektiven Effektivität angewendet werden darf. Die Effektivität muss in diesem Fall nicht quantitativ berechnet werden, sondern es kann ex ante von einem effektiven Sicherungszusammenhang ausgegangen werden. Alle Tatbestandsvoraussetzungen des § 254 sind demzufolge erfüllt. Anleihe und Swap-Geschäft sind hinsichtlich des abgesicherten Risikos für Bewertungszwecke zu einer Bewertungseinheit zusammenzufassen.

Die bilanzielle Abbildung der gebildeten Bewertungseinheit:

Die Prüfung der (Tatbestands-)Voraussetzungen ergab, dass die im betrieblichen Risikomanagement eingegangene Sicherungsbeziehung hinsichtlich des gesicherten Zinsrisikos durch die Bildung einer Bewertungseinheit nachvollzogen werden muss. Da § 254 allerdings eine **reine Bewertungsvorschrift** darstellt, sind Grund- und Sicherungsgeschäft im **Erwerbszeitpunkt**, d. h. am 30.11.20X0, zunächst einzeln nach den allgemeinen handelsrechtlichen Regelungen zu aktivieren. Unter Berücksichtigung des zu diesem Zeitpunkt gültigen Wechselkurses ergeben sich für die Anleihe folglich Anschaffungskosten in Höhe von 80 Mio. EUR. Der Kauf eines Swap-Geschäfts führt im Erwerbszeitpunkt noch zu keinen bilanziellen Konsequenzen, da es sich hierbei um ein derivatives Finanzinstrument handelt, das als zweiseitig unerfülltes schwebendes Geschäft nicht bilanzierungsfähig ist. Darüber hinaus sind Anspruch und Verpflichtung im Zeitpunkt des Vertragsschlusses, d. h. am 30.11.20X0, noch ausgeglichen, woraus ein Marktwert von 0 EUR resultiert. Am **Bilanzstichtag**, d. h. am 31.12.20X0, stellt sich für den Bilanzierenden die Frage, wie das zu einer Bewertungseinheit zusammengefasste Grund- und Sicherungsgeschäft zu bewerten ist.

466 Die Bewertung eines Swaps ist (ebenfalls) nicht Gegenstand der vorliegenden Untersuchung. Der Wert eines Swap-Geschäfts ergibt sich z. B. nach Marktwertmethode aus der Differenz zwischen dem Barwert der festen Swap-Zahlungen und dem Barwert der variablen Swap-Zahlungen im Zeitpunkt der Betrachtung. Vgl. hierzu ausführlich HAPPE, P., Buchführung für Swapvereinbarungen, S. 89-107.

Grundsätzlich muss dabei zwischen Wertänderungen aufgrund von **gesicherten** und **ungesicherten** Risiken unterschieden werden. Die für die Abbildung der Bewertungseinheit buchungsrelevanten Beträge werden zunächst in der nachfolgenden Übersicht zusammengefasst. Anschließend wird erläutert, wie die einzelnen Werte berechnet und buchungstechnisch umgesetzt werden:

	Zeitpunkt	(1) Wechselkurs [USD/EUR]	(2) Grundgeschäft [Mio. USD]	(3) = (2)/(1) Grundgeschäft [Mio. EUR]	(4) Sicherungsgeschäft [Mio. EUR]	(5) = (3)+(4) Wertänderungssaldo [Mio. EUR]
(A)	**Anschaffungskosten:** Erwerbszeitpunkt (30.11.20X0)	1,25	100,0	80,0	0,00	---
(B)	**Beizulegender Wert (real):** Bilanzstichtag (31.12.20X0)	1,33	90,0	67,5	6,75	---
(C)	**Beizulegender Wert (nur Zinsrisiko):** Bilanzstichtag (31.12.20X0)	1,25	90,0	72,0	6,75	---
(D)	**Wertänderung insgesamt (real):**			**-12,5**	**+6,75**	**-5,75**
(E)	- **Davon aus gesicherten Risiken** (Zinsrisiko)			-8,0	+6,75	-1,25
(F)	- **Davon aus ungesicherten Risiken** (Währungsrisiko)			-4,5	0,00	-4,50

Übersicht 4-12: *Ermittlung der buchungsrelevanten Beträge zur Abbildung der nach § 254 gebildeten Bewertungseinheit (Fall A)*

Der tabellarischen Übersicht ist zu entnehmen, dass der beizulegende Wert (Marktwert) der Anleihe von insgesamt 80 Mio. EUR um 12,5 Mio. EUR auf 67,5 Mio. EUR gesunken ist, während der beizulegende Wert (Marktwert) des Swaps um 6,75 Mio. EUR gestiegen ist (Spalten 3 und 4). Allerdings ist der zum Bilanzstichtag gesunkene Wert der Anleihe nicht nur auf das gestiegene Marktzinsniveau zurückzuführen, sondern auch auf eine Wechselkursänderung. Denn im Unterschied zum Swap-Geschäft ist die Anleihe sowohl einem **Zinsrisiko** als auch einem **Währungsrisiko** ausgesetzt. Da aber ausschließlich das Zinsrisiko abgesichert ist, dürfen auch nur die zinsrisikoinduzierten Wertänderungen zu einer Bewertungseinheit zusammengefasst werden. Die währungsrisikoinduzierten Wertänderungen sind nach den allgemeinen handelsrechtlichen Bewertungsvorschriften zu behandeln. Aus diesem Grund sind die zu buchenden Beträge in **zwei Stufen** zu ermitteln:

Stufe 1: Bewertungseinheit

In dieser Stufe ist der **Wertänderungssaldo** von Anleihe und Swap zu bestimmen, der auf das **gesicherte Risiko**, d. h. das Zinsrisiko, zurückzuführen ist. Zur Ermittlung der zinsrisikoinduzierten Wertänderung der Anleihe ist die Differenz aus den beizulegenden Werten in den jeweiligen Zeitpunkten zu berechnen, wobei der Anteil der Wertänderung, der auf das ungesicherte Währungsrisiko zurückzuführen ist, eliminiert werden muss. Hierfür werden die beizulegenden Werte am Bilanzstichtag mit dem (fiktiven) **Wechselkurs zum Zeitpunkt der Begründung der Bewertungseinheit**, d. h. vom 31.11.20X0, in EUR umgerechnet (hier: 1,25 USD/EUR; Zeile (C)). Um die zinsrisikoinduzierte Wertänderung zu ermitteln, muss anschließend die Differenz aus den beizulegenden Werten bei Begründung der Bewertungseinheit und zum Bilanzstichtag berechnet werden, bei denen die Wechselkursänderung (fiktiv) eliminiert wurde (= Zelle (C3) - Zelle (A3)). Demzufolge beträgt die zinsrisikoinduzierte Wertänderung der Anleihe - 8 Mio. EUR. Da das Swap-Geschäft in EUR notiert, ist die Wertänderung des Swaps ausschließlich auf das Zinsrisiko zurückzuführen. Der Wertänderungssaldo aus den zinsrisikoinduzierten Wertänderungen kann damit gebildet werden (= Zelle (E5)). Da sich die zinsrisikoinduzierten Wertänderungen von Anleihe und Swap lediglich in Höhe von 6,75 Mio. EUR ausgleichen, ergibt sich ein negativer Wertüberhang im obigen Beispiel von – 1,25 Mio. EUR. Die Bewertungseinheit ist somit nicht zu 100 %, sondern lediglich zu ca. 84 % (= 6,75 Mio. EUR / 8 Mio. EUR) effektiv. Dieser unwirksame Betrag ist auf Basis des Imparitätsprinzips nach § 252 Abs. 1 Nr. 4 zu antizipieren, indem eine „Rückstellung für Bewertungseinheiten“ in dieser Höhe gebildet wird.

Für das Bewertungsobjekt „Bewertungseinheit“ ergeben sich daher abhängig von der gewählten Bilanzierungsmethodik folgende Buchungssätze:[467]

467 Die Buchungsmethodik entspricht auch der vom IDW vorgeschlagenen Vorgehensweise. Vgl. IDW (Hrsg.), IDW RS HFA 35.

„Einfrierungsmethode"	**Mio. EUR**			**Mio. EUR**
Aufwand (SbA)	1,25	an	Rückstellungen für Bewertungseinheiten	1,25
„Durchbuchungsmethode"	**Mio. EUR**			**Mio. EUR**
Aufwand (SbA)	1,25	an	Rückstellungen für Bewertungseinheiten	1,25
Sonstiger Vermögensgegenstand (Swap)	6,75	an	Ertrag (SbE)	6,75
Abschreibung	6,75	an	Wertpapiere (UV)	6,75
Legende:				
SbA: Sonstige betriebliche Aufwendungen				
SbE: Sonstige betriebliche Erträge				
UV: Umlaufvermögen				

Anhand der Buchungssätze wird ersichtlich, dass der positive Marktwert des Swaps bei Anwendung der „Durchbuchungsmethode" **aktiviert** werden muss. Dies verstößt gegen den Nichtbilanzierungsgrundsatz schwebender Geschäfte und ist insofern nicht GoB-konform. Aus diesem Grund erscheint es nach der hier vertretenen Auffassung – entgegen der zum Teil im Schrifttum[468] und vom IDW[469] vertretenen Auffassung – sachgerecht, diese Methode nicht als Alternative zur „Einfrierungsmethode" zuzulassen.

Nachdem das Bewertungsobjekt „Bewertungseinheit" bilanziell erfasst wurde, wird im Folgenden erläutert, wie das bilanzierende Unternehmen das ungesicherte Währungsrisiko bilanzieren soll. Dies führt zur zweiten Bewertungsstufe.

468 Die „Durchbuchungsmethode" akzeptieren z. B. DRIESCH, D./OERTZEN, C., Bilanzierung von Bewertungseinheiten nach § 254 HGB, S. 352; WIECHENS, G./HELKE, I., Die Bilanzierung von Finanzinstrumenten nach dem Regierungsentwurf des BilMoG, S. 1336; PETERSEN, K./ZWIRNER, C./FROSCHHAMMER, M., Bewertungseinheiten nach § 254 HGB, S. 452 f.; SCHMITZ, T., Steuerliche Auswirkungen handelsrechtlicher Bewertungseinheiten, S. 1621; HOFFMANN, W.-D./LÜDENBACH, N., in: NWB Kommentar Bilanzierung, § 254 HGB, Rn. 48; GELHAUSEN, H./FEY, G./KÄMPFER, G., BilMoG, Abschn. H, Rn. 98; FÖRSCHLE, G./USINGER, R., in: Beck Bilanzkomm., 7. Aufl., § 254 HGB, Rn. 52 f.; SCHMIDT, M., Bewertungseinheiten nach dem BilMoG, S. 886. A. A. SCHARPF, P., in: Küting/Weber/Pfitzer, HdR, 5. Aufl., § 254 HGB, Rn. 304; SCHARPF, P./SCHABER, M., Bilanzierung von Bewertungseinheiten, S. 539; KÜTING, K./PFITZER, N./WEBER, C.-P., Das neue deutsche Bilanzrecht, S. 219.

469 Vgl. IDW (Hrsg.), IDW RS HFA 35, Rn. 75.

Stufe 2: Einzelgeschäfte

Da die erworbene Anleihe neben dem gesicherten Zinsrisiko zusätzlich noch einem ungesicherten Währungsrisiko ausgesetzt ist, müssen die Wertänderungen, die auf das Währungsrisiko zurückzuführen sind, den Einzelgeschäften, d.h. hierbei dem Bewertungsobjekt „Anleihe“, zugerechnet und nach den allgemeinen handelsrechtlichen Bilanzierungsvorschriften bilanziert werden. Bei Währungsrisiken bedeutet dies vor allem, dass § 256a zu berücksichtigen ist, wonach Vermögensgegenstände mit einer Restlaufzeit von bis zu einem Jahr nicht an das Realisationsprinzip und die damit einhergehende Anschaffungskosten-Obergrenze (§ 253 Abs. 1 Satz 1) gebunden sind.[470] Da aus der Sachverhaltsbeschreibung des vorliegenden Beispiels zu entnehmen ist, dass die liquiden Mittel nur „**kurzfristig**“ angelegt werden sollen, ist von einer Restlaufzeit von bis zu einem Jahr auszugehen. Die Regelungen des § 256a sind daher auch auf die festverzinsliche Anleihe anzuwenden. Allerdings ist der Wert der Anleihe nicht über die Anschaffungskosten gestiegen, sondern um 4,5 Mio. EUR gesunken. Diese währungsrisikoinduzierte Wertminderung der Anleihe entspricht der Differenz aus der gesamten Wertänderung und der zinsrisikoinduzierten Wertänderung der Anleihe. Die daraus resultierende Verlustgefahr ist aufgrund der in § 253 Abs. 4 kodifizierten **strengen Niederstwertvorschrift** entsprechend zu antizipieren, indem die Anleihe außerplanmäßig abgeschrieben wird. Dies führt zum folgenden Buchungssatz:

	Mio. EUR			Mio. EUR
Abschreibung	4,5	an	Wertpapiere (UV)	4,5

Anhand des Beispiels wird der Unterschied zwischen beiden Bewertungsstufen nochmals deutlich. Während auf Stufe 1 die Wertänderungen hinsichtlich des abgesicherten Risikos nach § 254 bilanziert werden müssen, sind die Wertänderungen hinsichtlich des ungesicherten Risikos auf Stufe 2 nach den allgemeinen handelsrechtlichen Regelungen zu bilanzieren.

470 Vgl. hierzu auch KÜTING, K./MOJADADR, M., in: Küting/Weber/Pfitzer, HdR, 5. Aufl., § 256a HGB, Rn. 52-58; BREMBT, T., Möglichkeiten einer internationalisierten Rechnungslegung, S. 177; BAETGE, J./KIRSCH, H.-J./THIELE, S., Bilanzen, S. 324 f.

464.22 Sinkender Marktzins (Fall B)

Sachverhalt:

Die Ausgangsdaten entsprechen dem Sachverhalt von Fall A, wobei folgende Modifikation gegeben sei: Am Bilanzstichtag, dem 31.12.20X0, ist der **Marktzins** nicht um 0,5 % gestiegen, sondern um 0,5 % auf 1 % **gesunken**. Daraus ergeben sich die folgenden Marktwerte im Begründungszeitpunkt und zum Bilanzstichtag:

Zeitpunkt	(1)	(2)	(3) = (2)/(1)	(4)
	Wechselkurs [USD/EUR]	Grund-geschäft [Mio. USD]	Grund-geschäft [Mio. EUR]	Sicherungs-geschäft [Mio. EUR]
Marktwert am 30.11.20X0 (Begründung der Sicherungsbeziehung)	1,25	100,0	80,00	0,00
Marktwert am 31.12.20X0 (Bilanzstichtag)	1,33	110,0	82,50	-6,75

Übersicht 4-13: *Wechselkurs- und Marktwertübersicht (Fall B)*

Prüfung der Voraussetzungen zur Bildung von Bewertungseinheiten gem. § 254:

Die Tatbestandsvoraussetzungen sind wie in Fall A erfüllt, da sich lediglich die Risikoausprägung geändert hat und nicht die Zusammensetzung der Bewertungseinheit. An dieser Stelle wird daher auf Fall A (Abschnitt 464.21) verwiesen.

Die bilanzielle Abbildung der gebildeten Bewertungseinheit:

Im **Erwerbszeitpunkt**, d. h. am 30.11.20X0, ist die erworbene Anleihe – analog zu Fall A – mit den Anschaffungskosten in Höhe von 80 Mio. EUR zu aktivieren. Der Kauf des Swap-Geschäfts führt im Erwerbszeitpunkt zu keinen bilanziellen Konsequenzen.

Zum **Bilanzstichtag** ergeben sich folgende für die bilanzielle Abbildung notwendigen Werte:

	Zeitpunkt	(1) Wechsel-kurs [USD/EUR]	(2) Grund-geschäft [Mio. USD]	(3) = (2)/(1) Grund-geschäft [Mio. EUR]	(4) Sicherungs-geschäft [Mio. EUR]	(5) = (3)+(4) Wert-änderungs-saldo [Mio. EUR]
(A)	**Anschaffungskosten:** Erwerbszeitpunkt (30.11.20X0)	1,25	100,0	80,0	0,00	---
(B)	**Beizulegender Wert (real):** Bilanzstichtag (31.12.20X0)	1,33	110,0	82,5	-6,75	---
(C)	**Beizulegender Wert (nur Zinsrisiko):** Bilanzstichtag (31.12.20X0)	1,25	110,0	88,0	-6,75	---
(D)	**Wertänderung insgesamt (real):**			**+2,5**	**-6,75**	**-4,25**
(E)	- **Davon aus gesicherten Risiken** (Zinsrisiko)			+8,0	-6,75	1,25
(F)	- **Davon aus ungesicherten Risiken** (Währungsrisiko)			-5,5	0,00	-5,50

Übersicht 4-14: *Ermittlung der buchungsrelevanten Beträge zur Abbildung der nach § 254 gebildeten Bewertungseinheit (Fall B)*

Der tabellarischen Übersicht ist zu entnehmen, dass der beizulegende Wert (Marktwert) der Anleihe von insgesamt 80 Mio. EUR um 2,5 Mio. EUR auf 82,5 Mio. EUR gestiegen ist, während gleichzeitig der beizulegende Wert (Marktwert) des Swaps um 6,75 Mio. EUR gesunken ist. Denn ein gesunkener Marktzins führt bei einer festverzinslichen Anleihe – im Unterschied zu Fall A – nicht zu einem sinkenden, sondern zu einem steigenden Kurswert, während der Wert des Swap-Geschäfts im Gegenzug sinkt.[471] Der im Vergleich zum Swap verhältnismäßig geringe Wertzuwachs der Anleihe ist darauf zurückzuführen, dass die Wertänderungen der Anleihe teils zinsrisikoinduziert und teils währungsrisikoinduziert sind. Im Unterschied zu Fall A sind die jeweiligen risikoinduzierten Wertänderungen der Anleihe allerdings gegenläufig, wodurch sich der Effekt zum Teil wieder ausgleicht. Da die Wertänderungen aus den **gesicherten** Zinsrisiken und aus den **ungesicherten** Währungsrisiken

471 Vgl. z. B. HOMMEL, M./HERMANN, O., Hedge-Accounting, S. 2504.

getrennt bilanziert werden, werden die buchungsfähigen Beträge erneut in **zwei Stufen** ermittelt:

Stufe 1: Bewertungseinheit

In dieser Stufe ist der **Wertänderungssaldo** von Anleihe und Swap zu bestimmen, der auf das **gesicherte Risiko**, d. h. das Zinsrisiko, zurückzuführen ist. Zur Ermittlung der zinsrisikoinduzierten Wertänderungen der Anleihe muss der währungsrisikoinduzierte Anteil, wie in Fall A, eliminiert werden. Dies geschieht dadurch, dass am Bilanzstichtag der Wert der Anleihe mit dem Wechselkurs zum Erwerbszeitpunkt, d. h. zum 31.11.20X0, umgerechnet wird (hier: 1,25 USD/EUR; Zeile (C)). Wird die währungsrisikoinduzierte Wertänderung demzufolge eliminiert, ergibt sich eine zinsrisikoinduzierte Wertänderung der Anleihe von + 8 Mio. EUR. Die Wertänderung des Swaps ist ausschließlich auf das Zinsrisiko zurückzuführen. Der Wertänderungssaldo aus den zinsrisikoinduzierten Wertänderungen beträgt somit + 1,25 Mio. EUR (= +8 Mio. EUR - 6,25 Mio. EUR). Da der Saldo ungleich 0 ist, ergibt sich eine (retrospektive) Effektivität von unter 100 % für die Bewertungseinheit, genauer gesagt ca. 84 % (= 6,75 Mio. EUR / 8 Mio. EUR). Die Gewinnmöglichkeit aus dem **positiven** Wertüberhang in Höhe von + 1,25 Mio. EUR ist aufgrund des in § 252 Abs. 1 Nr. 4 kodifizierten Realisationsprinzips (noch) nicht zu vereinnahmen, da diese Gewinne zum Bilanzstichtag noch nicht realisiert sind.[472] Wird die **„Einfrierungsmethode"** angewendet, führt der positive Wertüberhang der Bewertungseinheit zu **keinen bilanziellen Konsequenzen**. Bei Anwendung der **„Durchbuchungsmethode"** führt zwar der positive Wertüberhang auch zu keinen bilanziellen Konsequenzen, doch sind die **sich gegenseitig ausgleichenden** Wertbeiträge bilanziell zu berücksichtigen.

472 Vgl. zum Realisationsprinzip Abschnitt 33 sowie ausführlich LEFFSON, U., Die Grundsätze ordnungsmäßiger Buchführung, 1. Aufl., S. 149-155; BAETGE, J./KIRSCH, H.-J./THIELE, S., Bilanzen, S. 129; KUHNER, C., Geschäftszweckgebundene Bewertungskonzeptionen, S. 53-56.

Daraus ergeben sich folgende Buchungssätze:[473]

„Durchbuchungsmethode“	Mio. EUR			Mio. EUR
Wertpapier (UV)	6,75	an	Ertrag (SbE)	6,75
Aufwand (SbA)	6,75	an	Drohverlust-rückstellung (Swap)	6,75

Legende:

SbA: Sonstige betriebliche Aufwendungen
SbE: Sonstige betriebliche Erträge
UV: Umlaufvermögen

Während für den Swap auf Basis der negativen Wertentwicklung eine „Rückstellung für drohende Verluste aus schwebenden Geschäften“ gebildet werden muss, ist gleichzeitig der Buchwert der Anleihe um diesen Betrag zuzuschreiben.

Stufe 2: Einzelgeschäfte

Da die erworbene Anleihe zusätzlich noch einem ungesicherten Währungsrisiko ausgesetzt ist, sind die Wertänderungen, die auf das Währungsrisiko zurückzuführen sind, den Einzelgeschäften, d. h. dem Bewertungsobjekt „Anleihe“, zuzurechnen. Wird die Differenz aus der gesamten Wertänderung und der risikoinduzierten Wertänderung der Anleihe gebildet, ergibt sich eine negative Wertänderung in Höhe von 5,5 Mio. EUR, die auf das Währungsrisiko zurückzuführen ist. Diese Verlustgefahr ist vollumfänglich der Anleihe zuzuordnen und aufgrund der in § 253 Abs. 4 kodifizierten strengen Niederstwertvorschrift[474] zu antizipieren, indem die Anleihe außerplanmäßig abgeschrieben wird.

473 Die Buchungsmethodik entspricht auch der vom IDW vorgeschlagenen Vorgehensweise. Vgl. IDW (Hrsg.), IDW RS HFA 35.

474 Für die Folgebewertung von Vermögensgegenständen ist grundsätzlich zwischen der strengen Niederstwertvorschrift (§ 253 Abs. 4 Sätze 1 und 2) und der gemilderten Niederstwertvorschrift (§ 253 Abs. 3 Sätze 3 und 4) zu unterscheiden. Während das Anlagevermögen der gemilderten Niederstwertvorschrift unterliegt, muss das Umlaufvermögen (hier: die Anleihe als Wertpapier des Umlaufvermögens) nach der strengen Niederstwertvorschrift folgebewertet werden. Nach der strengen Niederstwertvorschrift besteht stets die Pflicht, den Vermögensgegenstand am Bilanzstichtag auf den niedrigeren beizulegenden Wert außerplanmäßig abzuschreiben. Beim Anlagevermögen ist die Pflicht zur außerplanmäßigen Abschreibung abhängig von der Dauer der Wertminderung. Zu den einzelnen Niederstwertvorschriften für Vermögensgegenstände vgl. ausführlich ADS, 6. Aufl.,

Dies führt zum folgenden Buchungssatz:

	Mio. EUR			Mio. EUR
Abschreibung	5,5	an	Wertpapiere (UV)	5,5

Werden die Fälle „steigender Marktzins" (Fall A) und „sinkender Marktzins" (Fall B) des vorliegenden Beispiels gemeinsam betrachtet, können die bilanziellen Konsequenzen einer Bewertungseinheit gut miteinander verglichen werden. Sowohl künftig zu erwartende Verlustgefahren aus einem Negativüberhang der Bewertungseinheit (Fall A) als auch künftig zu erwartende Verlustgefahren aus ungesicherten Risikoarten (Fall A bzw. Fall B) werden aufwandswirksam antizipiert. Gewinnmöglichkeiten aus einem positiven Wertüberhang der Bewertungseinheit (Fall B) oder aus ungesicherten Risikoarten dürfen hingegen nicht vereinnahmt werden, da diese noch nicht realisiert sind. Durch diese Vorgehensweise wird vor allem den handelsrechtlichen Kapitalerhaltungsgrundsätzen nach § 252 Abs. 1 Nr. 4 Rechnung getragen, wonach **künftig zu erwartende negative** Erfolgsbeiträge **imparitätisch** zu berücksichtigen sind, d. h. die Wertpapiere möglichst **vorsichtig** zu bewerten sind.[475]

Die im Beispiel (Fall A und Fall B) beschriebene Vorgehensweise ist zudem auf jede – nach § 254 zulässige – Form von Bewertungseinheiten übertragbar, **unabhängig davon, welche Risikoarten abgesichert bzw. nicht abgesichert werden.** Dabei beziehen sich die Rechtsfolgen des § 254 ausschließlich auf solche Wert- oder Zahlungsstromänderungen, die auf gesicherte Risiken zurückzuführen sind. So wäre es auch möglich gewesen, nicht das Zinsrisiko, sondern nur das Währungsrisiko der Anleihe abzusichern. Wertänderungen, die auf das Währungsrisiko zurückzuführen wären, müssten folglich mit dem Sicherungsgeschäft zu einer Bewertungseinheit zusammengefasst werden und würden damit den Rechtsfolgen des § 254 unterliegen. Wertänderungen aufgrund von ungesicherten Zinsrisiken unterlägen allerdings nicht den Rechtsfolgen des § 254 und wären nach den allgemeinen Vorschriften zu bilanzieren.

§ 253 HGB, Rn. 449 und Rn. 503; THIELE, S., U. A., in: Baetge/Kirsch/Thiele, § 253 HGB, Rn. 301-314 und Rn. 381-440; BRÖSEL, G./OLBRICH, M./ZÜNDORF, H., in: Küting/Weber/Pfitzer, HdR, 5. Aufl., § 253 HGB, Rn. 571-680.

475 Vgl. LEFFSON, U., Die Grundsätze ordnungsmäßiger Buchführung, S. 465.

465. Besonderheiten bei der Bilanzierung von Bewertungseinheiten

465.1 Bewertungseinheiten bei antizipativen Hedges

Antizipative Hedges zeichnen sich dadurch aus, dass das zu sichernde Grundgeschäft noch nicht kontrahiert ist, also noch kein gültiges Rechtsgeschäft vorliegt.[476] Die noch nicht kontrahierte, aber erwartete Transaktion stellt folglich weder einen Vermögensgegenstand noch eine Schuld gem. § 246 Abs. 1 Satz 1 dar, da diese Geschäfte weder abstrakt bzw. konkret aktivierungsfähig noch abstrakt bzw. konkret passivierungsfähig sind.[477] Aus diesem Grund dürfen erwartete Transaktionen außerhalb eines Sicherungszusammenhangs nicht bilanziert werden.[478] Im Unterschied zu schwebenden Geschäften sind auch keine Drohverlustrückstellungen nach § 249 Abs. 1 zu bilden. Erwartete Transaktionen werden demnach bilanziell **überhaupt nicht erfasst**, da es grundsätzlich an einer hinreichenden Konkretisierung dieser Geschäfte mangelt.

Allerdings dürfen erwartete Transaktionen in einem Sicherungszusammenhang gem. § 254 als Grundgeschäft verwendet und mit einem Sicherungsgeschäft für Bewertungszwecke zu einer Bewertungseinheit zusammengefasst werden. Diese eng abgegrenzte Spezialregelung stellt gewissermaßen eine Ausnahme von der grundsätzlichen Nichtbilanzierung noch nicht kontrahierter Transaktionen dar.[479] Der ökonomische Sinn und Zweck eines antizipativen Hedges besteht darin, die **Preise künftiger Beschaffungs- oder Absatzgeschäfte frühzeitig zu fixieren.**[480] So kann durch ein Termingeschäft, wie ein Future, der Kaufpreis einer geplanten Rohstoffbeschaffung schon lange Zeit vor der eigentlichen Bestellung festgeschrieben werden, indem der positive Erfolgsbeitrag aus dem Sicherungsgeschäft die vergleichsweise schlechteren Konditionen des geplanten Grundgeschäfts im Zeitpunkt des

476 Vgl. BR-Drucks. 344/08 vom 23.05.2008, S. 125; BT-Drucks. 16/10067 vom 30.07.2008, S. 58; PATEK, G., Bilanzielle Implikationen, S. 1080; SCHARPF, P., in: Küting/Weber/Pfitzer, HdR, 5. Aufl., § 254 HGB, Rn. 366; PETERSEN, K./ZWIRNER, C./FROSCHHAMMER, M., Bewertungseinheiten nach § 254 HGB, S. 454.

477 Vgl. m. w. N. CASSEL, J., Bewertungseinheiten, S. 540.

478 Vgl. PATEK, G., Bilanzielle Implikationen, S. 1080; DRIESCH, D./OERTZEN, C., Bilanzierung von Bewertungseinheiten nach § 254 HGB, S. 347; SCHARPF, P., in: Küting/Weber/Pfitzer, HdR, 5. Aufl., § 254 HGB, Rn. 366; FÖRSCHLE, G./USINGER, R., in: Beck Bilanzkomm., 7. Aufl., § 254 HGB, Rn. 54; GELHAUSEN, H./FEY, G./KÄMPFER, G., BilMoG, Abschn. H, Rn. 131.

479 So auch SOLMECKE, H., Auswirkungen des BilMoG auf die GoB, S. 220.

480 Vgl. BERGER, M., Hedging, S. 12; KÜTING, K./PFITZER, N./WEBER, C.-P., Das neue deutsche Bilanzrecht, S. 222.

tatsächlichen Vertragsschlusses ausgleichen soll.[481] Umgekehrt soll eine Bewertungseinheit bei antizipativen Hedges vermeiden, dass erwartete negative Erfolgsbeiträge aus dem als Sicherungsgeschäft verwendeten derivativen Finanzinstrument durch eine Drohverlustrückstellung gem. § 249 Abs. 1 antizipiert werden müssen, wenn ihnen erwartete positive Erfolgsbeiträge aus dem Grundgeschäft (mit *„hoher Wahrscheinlichkeit"*) entgegenstehen. Da allerdings über das zu sichernde (Marktpreis-)Risiko hinaus noch Absatzrisiken bei **nicht kontrahierten** Verkaufsgeschäften und Beschaffungsrisiken bei **nicht kontrahierten** Kaufgeschäften existieren, muss eine hohe Wahrscheinlichkeit für den tatsächlichen Vertragsabschluss vorliegen, damit überhaupt von gegenläufigen Erfolgsbeiträgen zum Sicherungsgeschäft ausgegangen werden kann. Ausschließlich dann darf eine Bewertungseinheit gebildet werden.[482]

Bei antizipativen Hedges wird ein **noch nicht kontrahiertes Geschäft mithilfe eines schwebenden Geschäftes**, nämlich eines derivativen Finanzinstrumentes, abgesichert. Da den am Bilanzstichtag eingetretenen Zahlungsstromänderungen[483] aus dem Sicherungsgeschäft keine gegenläufigen Zahlungsstromänderungen aus **vertraglich vereinbarten** Grundgeschäften gegenüberstehen, ist eine kompensatorische Bewertung innerhalb einer Bewertungseinheit nicht uneingeschränkt möglich.[484] So kann die „Durchbuchungsmethode" bei antizipativen Hedges nicht angewendet werden, da künftig erwartete Transaktionen – ebenso wie schwebende Geschäfte – keine aktivierungsfähigen Vermögensgegenstände verkörpern.[485] Dadurch fehlt es an Bilanzpositionen, bei denen die Wertänderungen durch Zu- oder Abschreibungen „durchgebucht" werden könnten.[486]

481 Vgl. SCHEFFLER, J., Hedge-Accounting, S. 59 f.; SCHARPF, P./LUZ, G., Finanzderivate, S. 328.

482 Zu den Voraussetzungen zur Bildung von Bewertungseinheiten bei erwarteten Transaktionen wird auf Abschnitt 452 der vorliegenden Untersuchung verwiesen.

483 Bei antizipativen Hedges wird von „Zahlungsstromänderungen" gesprochen, da „Wertänderungen" streng genommen nur bei bilanzierungsfähigen Bilanzpositionen entstehen können. Die Grund- und Sicherungsgeschäfte von antizipativen Hedges stellen aber weder bilanzierungsfähige Vermögensgegenstände noch bilanzierungsfähige Schulden im handelsrechtlichen Sinne dar. Vgl. SCHARPF, P., in: Küting/Weber/Pfitzer, HdR, 5. Aufl., § 254 HGB, Rn. 37.

484 Vgl. PATEK, G., Bilanzielle Implikationen, S. 1081.

485 Vgl. IDW (Hrsg.), IDW RS HFA 35, Rn. 77; CASSEL, J., Bewertungseinheiten, S. 540; KOPATSCHEK, M./STRUFFERT, R./WOLFGARTEN, W., Bewertungseinheiten nach BilMoG (Teil 2), S. 332; SCHMIDT, M., Bewertungseinheiten nach dem BilMoG, S. 886; SCHARPF, P., in: Küting/Weber/Pfitzer, HdR, 5. Aufl., § 254 HGB, Rn. 369; SCHMIDT, M., Bewertungseinheiten nach dem BilMoG, S. 886. A. A. GELHAUSEN, H./FEY, G./KÄMPFER, G., BilMoG, Abschn. H,

Das Problem fehlender Bilanzpositionen existiert hingegen bei der „Einfrierungsmethode" nicht, da die gegenläufigen Zahlungsströme aus dem noch nicht kontrahierten Grundgeschäft und dem schwebenden Sicherungsgeschäft bis zum Realisationszeitpunkt nicht gebucht, sondern lediglich in einer **Nebenrechnung** erfasst werden.[487] Allerdings besteht bei antizipativen Hedges das generelle Problem, dass die gegenläufigen Zahlungsströme tatsächlich noch nicht existieren. Aus diesem Grund muss der Abschluss des (geplanten) Geschäfts gewissermaßen simuliert werden, damit die Zahlungsströme in der Nebenrechnung überhaupt erfasst werden können. Dabei wird angenommen, dass das (geplante) Geschäft zu den geplanten Konditionen (Preise, Menge, Erfüllungszeitpunkt etc.) am Bilanzstichtag bereits fest vertraglich vereinbart wurde.[488]

Soweit sich die gegenläufigen Zahlungsstromänderungen ausgleichen, ist der antizipative Hedge bei Anwendung der „Einfrierungsmethode" bis zum Realisationszeitpunkt der erwarteten Transaktion somit weder bilanz- noch erfolgswirksam.[489] Falls während der Laufzeit des Hedges ein positiver oder negativer Zahlungsstromsaldo, also ein unwirksamer Betrag, entsteht, ist dieser analog zur „normalen" Bewertungseinheit zu behandeln. Ein unwirksamer Betrag kann entstehen, wenn kein passgenaues Sicherungsgeschäft für die geplante Transaktion vorliegt. Dies ist der Fall, wenn sich die Vertragsgegenstände hinsichtlich Qualität oder Art geringfügig unterscheiden. Plant bspw. ein Handelsunternehmen einen Vorrat an Kaffee der Sorte „Arabica" zu bestellen und sichert das Unternehmen diesen (geplanten) Beschaffungsvorgang mit einem Terminkontrakt der Sorte „Robusta" ab, entstehen unweigerlich unwirksame Beträge, obwohl das Sicherungsgeschäft trotzdem zur Absicherung des Güterpreisrisikos geeignet ist, da der Vertrags-

Rn. 133, die es für möglich halten, positive Wertänderungen von nicht kontrahierten Geschäften in einem eigenständigen Bilanzposten auszuweisen, obwohl diese noch nicht realisiert sind.

486 Vgl. PATEK, G., Bilanzielle Implikationen, S. 1081; SCHMIDT, M., Bewertungseinheiten nach dem BilMoG, S. 886.

487 Vgl. KOPATSCHEK, M./STRUFFERT, R./WOLFGARTEN, W., Bewertungseinheiten nach BilMoG (Teil 2), S. 328; DRIESCH, D./OERTZEN, C., Bilanzierung von Bewertungseinheiten nach § 254 HGB, S. 352; PATEK, G., Bilanzielle Implikationen, S. 1081; SCHMIDT, M., Bewertungseinheiten nach dem BilMoG, S. 886; KÜTING, K./PFITZER, N./WEBER, C.-P., Das neue deutsche Bilanzrecht, S. 219; LÖW, E./SCHARPF, P./WEIGEL, W., Auswirkungen des Regierungsentwurfs des BilMoG auf die Bilanzierung von Finanzinstrumenten, S. 1018 f.; KÜTING, K./CASSEL, J., Bewertungseinheiten, S. 772.

488 Vgl. PETERSEN, K./ZWIRNER, C./FROSCHHAMMER, M., Bewertungseinheiten, Rn. 432; SCHARPF, P., in: Küting/Weber/Pfitzer, HdR, 5. Aufl., § 254 HGB, Rn. 373.

489 Vgl. PATEK, G., Bilanzielle Implikationen, S. 1080.

gegenstand von Grund- und Sicherungsgeschäft identisch ist.[490] Die in der Nebenrechnung erfassten **unwirksamen Beträge** werden analog zur Bilanzierung von „normalen“ Bewertungseinheiten **imparitätisch behandelt**, während die sich gegenseitig ausgleichenden wirksamen Beträge nicht bilanziert werden. Das bedeutet, dass positive Zahlungsstromsalden weder zu bilanziellen noch zu erfolgswirksamen Konsequenzen führen, solange die jeweiligen Geschäfte innerhalb der Bewertungseinheit noch nicht realisiert sind. Negative Zahlungsstromsalden sind allerdings Ausdruck eines drohenden Verlustes der Bewertungseinheit und müssen auf Basis des Imparitätsprinzips schon vor dem Realisationszeitpunkt erfolgswirksam antizipiert werden, indem eine „Rückstellung für Bewertungseinheiten“ gebildet wird.[491]

Daraus folgt, dass auch negative Zahlungsstromsalden passiviert werden, die auf **erwartete Transaktionen zurückzuführen sind**. Dies wird deswegen besonders hervorgehoben, weil bei einer Einzelbetrachtung grundsätzlich keine Rückstellungen für erwartete Transaktionen gebildet werden dürfen. Denn solche Geschäfte sind weder abstrakt noch konkret passivierungsfähig. Rückstellungen für drohende Verluste sind nach § 249 Abs. 1 lediglich für fest kontrahierte schwebende Geschäfte zu bilden, bei denen zwar das Verpflichtungsgeschäft, aber nicht das Erfüllungsgeschäft abgeschlossen ist. Für geplante Transaktionen trifft das hingegen nicht zu. Da Grund- und Sicherungsgeschäft allerdings durch eine Bewertungseinheit (fiktiv) zu einem neuen Bewertungsobjekt „verschmelzen“, müssen auch erwartete negative Erfolgsbeiträge der Bewertungseinheit, die von nicht kontrahierten erwarteten Geschäften stammen, aufwandswirksam antizipiert werden.[492]

465.2 Bewertungseinheiten bei Absicherung von Ausfallrisiken

Werden Vermögensgegenstände mit Forderungscharakter (z. B. Forderungen oder Wertpapiere) gegen Ausfallrisiken abgesichert, sind bei der Bilanzierung einige Besonderheiten zu

490 Vgl. hierzu auch BRÖTZMANN, I., Güterwirtschaftliche Sicherungsbeziehungen, S. 199.

491 So auch z. B. PATEK, G., Bilanzielle Implikationen, S. 1080; PATEK, G., Bewertungseinheiten nach dem Referentenentwurf des BilMoG, S. 370; SCHARPF, P./SCHABER, M., Bilanzierung von Bewertungseinheiten, S. 539.

492 Vgl. GELHAUSEN, H./FEY, G./KÄMPFER, G., BilMoG, Abschn. H, Rn. 134; PFITZER, N./ SCHARPF, P./SCHABER, M., Voraussetzungen für die Bildung von Bewertungseinheiten (Teil 2), S. 726; PATEK, G., Bilanzielle Implikationen, S. 1080 f.

beachten, die in diesem Abschnitt diskutiert werden sollen. Denn zur Absicherung von Ausfallrisiken werden in der Praxis neben den kapitalmarktorientierten **Kreditderivaten**[493] vornehmlich traditionelle Kreditsicherheiten, wie **Versicherungsverträge**[494], **Bürgschaften**[495] oder **Garantien**[496] verwendet.[497] Werden Vermögensgegenstände durch Kreditderivate ge-

493 Ein **Kreditderivat** (z. B. ein Credit Default Swap) ist unter die derivativen Finanzinstrumente zu subsumieren. Zur Systematisierung derivativer Finanzinstrumente wird auf Abschnitt 232.4 dieser Arbeit verwiesen. Da Kreditderivate derivative Finanzinstrumente darstellen, ist der Grundsatz der Nichtbilanzierung schwebender Geschäfte auch auf solche Finanzinstrumente anzuwenden. Zum Grundsatz der Nichtbilanzierung schwebender Finanzinstrumente vgl. auch Abschnitt 34. Demzufolge ist ein Kreditderivat grundsätzlich nicht bilanzierungsfähig. Lediglich bestehende Verlustgefahren müssen nach § 249 Abs. 1 antizipiert werden, die sich in einem negativen Marktwert des Kreditderivats ausdrücken. Allerdings soll die Bilanzierung von einzelnen derivativen Finanzinstrumenten außerhalb eines Sicherungszusammenhangs im Folgenden nicht weiter betrachtet werden. Zur Bilanzierung von einzelnen Kreditderivaten außerhalb eines Sicherungszusammenhangs vgl. ausführlich AUERBACH, D./FISCHER, G.-E., Bilanzierung von Kreditderivaten nach HGB, S. 240-257.

494 Ein **Versicherungsvertrag** ist ein **zweiseitig verpflichtender Vertrag**, der einen Versicherungsschutz, d. h. eine bestimmte Leistung (z. B. den Ausfall eines Gläubigers), gegen Entgelt (Prämie) gewährt. Vgl. auch § 1 VVG sowie BURGHOF, H.-P./HENKE, S., Alternative Produkte des Kreditrisikotransfers, S. 107 f.

495 Eine **Bürgschaft** ist ein **einseitig verpflichtender Vertrag**, durch den sich der Bürge gegenüber dem Gläubiger eines Dritten (Hauptschuldner) verpflichtet, die Verbindlichkeit des Hauptschuldners zu erfüllen, wenn dieser die Verbindlichkeit nicht begleichen kann (§ 765 Abs. 1 BGB). Die Bürgschaft begründet eine **persönliche** Verpflichtung des Bürgen, dem Gläubiger im Bürgschaftsfall mit seinem gesamten Vermögen zu haften (Personalsicherheit). Die Verbindlichkeit des Bürgen ist **akzessorisch** und **subsidiär** zur Hauptschuld. **Akzessorisch** bedeutet, dass die Bürgschaft von der Existenz der Hauptforderung abhängt. Die Bürgschaft entsteht nur dann, wenn gleichzeitig auch die zu sichernde Forderung entsteht, und erlischt, wenn die gesicherte Forderung erlischt. **Subsidiär** ist eine Verpflichtung, wenn zunächst der Hauptschuldner in Anspruch genommen werden muss. Der Bürge haftet also grundsätzlich erst dann, wenn der Gläubiger eine Zwangsvollstreckung gegen den Hauptschuldner erwirkt, allerdings damit erfolglos bleibt. Um dies zu gewährleisten, steht ihm die Einrede der Vorausklage gemäß § 770 BGB zu. Vgl. hierzu auch THESSINGA, K. D./ALLSTADT-SCHMITZ, G./FÜLLER, J. T., in: Boujong/Ebenroth/Carsten/Joost, 2. Aufl., Kapitel IV, Rn. IV446 sowie HARTMANN-WENDELS, T./PFINGSTEN, A./WEBER, M., Bankbetriebslehre, S. 171.

496 Der **Garantievertrag** ist gesetzlich nicht geregelt, aufgrund der bestehenden Vertragsfreiheit gem. § 311 Abs. 1 BGB aber möglich. Es handelt sich – analog zur Bürgschaft – um einen **einseitig verpflichtenden Vertrag.** Allerdings haftet der Garantiegeber (Garant) gegenüber dem Gläubiger eines Dritten (Hauptschuldner) **nicht akzessorisch** und, falls der Garantiefall eintritt, unabhängig vom Leistungsvermögen des Hauptschuldners. Dies bedeutet, dass der Garant – im Unterschied zur Bürgschaft – dem Gläubiger gewährleistet, auf jeden Fall zu leisten, und zwar selbst dann, wenn die Verbindlichkeit des Hauptschuldners nicht entstanden oder später weggefallen ist. Vgl. hierzu auch THESSINGA, K. D./ALLSTADT-SCHMITZ, G./FÜLLER, J. T., in: Boujong/Ebenroth/Carsten/Joost, 2. Aufl., Kapitel IV, Rn. IV357 sowie HARTMANN-WENDELS, T./PFINGSTEN, A./WEBER, M., Bankbetriebslehre, S. 171.

497 Eine vollständige Übersicht möglicher Instrumente zur Absicherung von Ausfallrisiken liefern STRUFFERT, R., ABS-Transaktionen und Kreditderivate, S. 9 und BURGHOF, H.-P./HENKE, S., Alternative Produkte des Kreditrisikotransfers, S. 106. Zur handelsrechtlichen Abbildung traditioneller Sicherheiten beim **Sicherungsgeber** vgl. ausführlich FEY, G., Bilanzierung für Haftungsverhältnisse, S. 58-153.

gen Ausfallrisiken abgesichert, fällt dieser Sicherungszusammenhang unzweifelhaft in den Anwendungsbereich des § 254 zur Bildung von Bewertungseinheiten. Denn Kreditderivate sind unter die (derivativen) Finanzinstrumente zu subsumieren und daher als Sicherungsgeschäft zugelassen. Dies ist bei traditionellen Kreditsicherheiten, wie bei Bürgschaften, nicht eindeutig ersichtlich. Denn bei traditionellen Kreditsicherheiten stellt sich die Frage, ob diese überhaupt zulässige Sicherungsgeschäfte im Sinne des § 254, d. h. Finanzinstrumente, darstellen.

Ausgangspunkt der Betrachtung sind somit die **drei kumulativ zu erfüllenden Definitionskriterien** eines Finanzinstruments, wonach

(1) **Verträgen**, die

(2) bei dem einen Vertragspartner zu einem **finanziellen Vermögensgegenstand** und

(3) bei dem anderen Vertragspartner zu einer **finanziellen Verbindlichkeit** oder zu einem **Eigenkapitalinstrument** führen,

Finanzinstrumente zugrunde liegen.[498] Im Schrifttum wird überwiegend die Auffassung vertreten, dass auch traditionelle Kreditsicherheiten unter die Finanzinstrumente zu subsumieren sind.[499] Denn auch Versicherungen, Bürgschaften oder Garantien stellen **Verträge** zwischen zwei oder mehreren Vertragspartnern dar.[500] Das erste Definitionskriterium eines Finanzinstruments ist somit erfüllt. Diese Verträge sind derart ausgestaltet, dass im Falle einer Zahlungsunfähigkeit des Hauptschuldners eine Ausgleichzahlung durch den einen Vertragspartner (z. B. einen Bürgen) an den anderen Vertragspartner, also den Gläubiger, geleistet werden muss.[501] Diese Ausgleichzahlung entspricht üblicherweise dem Zahlungsausfall des Hauptschuldners, allerdings können auch andere Beträge individuell vereinbart

498 Der vorliegenden Arbeit wird die Definition eines Finanzinstruments gem. § 1a Abs. 3 KWG zugrunde gelegt, da im Handelsrecht eine Legaldefinition nicht existiert. Vgl. hierzu auch Abschnitt 232.2.

499 So z. B. auch GELHAUSEN, H./FEY, G./KÄMPFER, G., BilMoG, Abschn. H, Rn. 25; FÖRSCHLE, G./USINGER, R., in: Beck Bilanzkomm., 7. Aufl., § 254 HGB, Rn. 23; SCHMIDT, M./PITTROFF, E./KLINGELS, B., Finanzinstrumente, S. 3; KUßMAUL, H., U. A., in: Küting/Weber/Pfitzer, HdR, 5. Aufl., Kapitel 6, Rn. 867h; SCHARPF, P., in: Küting/Weber/Pfitzer, HdR, 5. Aufl., § 254 HGB, Rn. 381.

500 Vgl. HARTMANN-WENDELS, T./PFINGSTEN, A./WEBER, M., Bankbetriebslehre, S. 171; SCHMIDT, M./PITTROFF, E./KLINGELS, B., Finanzinstrumente, S. 3; PRICEWATERHOUSECOOPERS (Hrsg.), IFRS für Banken, S. 285 f.

501 Vgl. HARTMANN-WENDELS, T./PFINGSTEN, A./WEBER, M., Bankbetriebslehre, S. 171.

werden. Durch die vertraglich fixierte Leistungsverpflichtung wird der Gläubiger für einen Verlust entschädigt, der entsteht, wenn ein bestimmter Schuldner seiner Zahlungsverpflichtung nicht fristgemäß nachkommt.[502] Während die zu leistende Ausgleichszahlung des einen Vertragspartners zu einer **finanziellen Verbindlichkeit** führt, wird bei dem anderen Vertragspartner ein **finanzieller Vermögensgegenstand** „geschaffen", in dem dieser die Zahlung trotz Zahlungsunfähigkeit des Hauptschuldners erhält. Der Gläubiger hätte nämlich ohne die Kreditsicherheit die Forderung gegenüber dem Hauptschuldner auf Basis der in § 253 Abs. 4 Sätze 1 und 2 kodifizierten strengen Niederstwertvorschrift vollständig außerplanmäßig abschreiben müssen. Die Forderung dürfte ohne Kreditsicherheit somit nicht mehr ausgewiesen werden, d. h. dieser „Vermögensgegenstand" würde überhaupt nicht mehr existieren. Durch die Kreditsicherheit wird folglich ein „neuer" Vermögensgegenstand geschaffen. Dadurch sind auch die beiden anderen kumulativ zu erfüllenden Definitionskriterien eines Finanzinstruments erfüllt.

Da auch bei **traditionellen Kreditsicherheiten** die Definitionskriterien eines Finanzinstruments erfüllt werden, dürfen neben Kreditderivaten folglich auch Versicherungsverträge, Bürgschaften oder Garantien nach § 254 als Sicherungsgeschäft verwendet werden.[503] Dabei ist es unerheblich, dass diese Verträge abhängig von **künftigen Ereignissen**, d. h. von der Zahlungsunfähigkeit des Hauptschuldners, sind.[504] Darin besteht allerdings ein wesentlicher Unterschied zu Kreditderivaten. Während nämlich Ansprüche und Verpflichtungen aus traditionellen Kreditsicherheiten, wie Bürgschaften, erst bei Eintritt des künftigen Ereignisses entstehen, existieren Ansprüche und Verpflichtungen aus Kreditderivaten unmittelbar nach Vertragsabschluss. Denn Ansprüche und Verpflichtungen aus Kreditderivaten sind **nicht abhängig von künftigen Ereignissen**, sondern von **künftigen Entwicklungen** eines bestimmten Parameters (Basiswerts), wie des Ausfallrisikos (Default Risk) oder des Bonitätsänderungsrisikos (Spread-Widening Risk) eines Schuldners.[505] Ein Beispiel für ein Kreditderivat, dem das Ausfallrisiko als Basiswert zugrunde liegt, ist der sog.

502 Vgl. PRICEWATERHOUSECOOPERS (Hrsg.), IFRS für Banken, S. 285 f.

503 So auch GELHAUSEN, H./FEY, G./KÄMPFER, G., BilMoG, Abschn. H, Rn. 25; FÖRSCHLE, G./ USINGER, R., in: Beck Bilanzkomm., 7. Aufl., § 254 HGB, Rn. 23.

504 Vgl. SCHMIDT, M./PITTROFF, E./KLINGELS, B., Finanzinstrumente, S. 3 f.

505 Vgl. STRUFFERT, R., ABS-Transaktionen und Kreditderivate, S. 16; HEIDE, H./MANGELS, T., Kreditrisiken mit innovativen Finanzinstrumenten, S. 33 f.

Credit Default Swap. Ein Beispiel für ein Kreditderivat, dem das Bonitätsänderungsrisiko als Basiswert zugrunde liegt, ist der sog. **Total Return Swap.**[506]

Als Zwischenfazit lässt sich somit festhalten, dass Vermögensgegenstände zur Absicherung von Ausfallrisiken sowohl mit **Kreditderivaten** (z. B. Credit Default Swaps) als auch mit traditionellen **Kreditsicherheiten** (z. B. Bürgschaften) zu einer Bewertungseinheit zusammengefasst werden dürfen.[507] Allerdings ist die Bilanzierung von Bewertungseinheiten nach der „Durchbuchungsmethode" bei Kreditsicherheiten nicht möglich. Denn im Gegensatz zu Kreditderivaten, bei denen unmittelbar nach Vertragsschluss ein (Markt-)Wert existiert und sich dieser kontinuierlich ändert, entsteht bei Kreditsicherheiten der „Wert" erst bzw. nur dann, wenn das künftige Ereignis, nämlich die Zahlungsunfähigkeit des Hauptschuldners, eintritt. Gegenläufige Wertentwicklungen existieren bei traditionellen Kreditsicherheiten, wie Bürgschaften, nicht, da entweder ein Anspruch auf Zahlung gegenüber einem Bürgen besteht oder nicht. Kontinuierliche gegenläufige Wertentwicklungen, welche „durchgebucht" werden können, existieren folglich nur bei Kreditderivaten. Ein „durchbuchen" dergestalt, dass sowohl negative als auch positive Marktwerte von Kreditderivaten gebucht werden, würde allerdings bei Kreditderivaten – wie bei allen anderen Derivaten – gegen die GoB verstoßen. **Insofern ist auch zur bilanziellen Abbildung von Bewertungseinheiten bei Ausfallrisiken ausschließlich die „Einfrierungsmethode" zulässig.** Im Fall von Kreditsicherheiten entspricht dies zudem der Vorgehensweise vor Inkrafttreten des BilMoG.[508] Denn der Buchwert eines ausfallgefährdeten Vermögensgegenstands wird in der Höhe der Kreditsicherheit „eingefroren", solange die Kreditsicherheit werthaltig ist. Das bedeutet, dass Vermögensgegenstände, die zwar ausfallgefährdet sind, aber durch Kreditsicherheiten vollständig abgesichert werden, nicht außerplanmäßig nach § 253 Abs. 3 Satz 3 und Satz 4 (Anlagevermögen) bzw. nach § 253 Abs. 4 (Umlaufvermö-

---

506 Vgl. STRUFFERT, R., ABS-Transaktionen und Kreditderivate, S. 17 f. und S. 20 f.; HEIDE, H./ MANGELS, T., Kreditrisiken mit innovativen Finanzinstrumenten, S. 33 f.

507 Zu diesem Ergebnis gelangen z. B. auch IDW (Hrsg.), IDW RS HFA 35, Rn. 8; GELHAUSEN, H./FEY, G./KÄMPFER, G., BilMoG, Abschn. H, Rn. 25; KUßMAUL, H., U. A., in: Küting/Weber/Pfitzer, HdR, 5. Aufl., Kapitel 6, Rn. 867h; SCHARPF, P., in: Küting/ Weber/Pfitzer, HdR, 5. Aufl., § 254 HGB, Rn. 381; FÖRSCHLE, G./USINGER, R., in: Beck Bilanzkomm., 7. Aufl., § 254 HGB, Rn. 23; SCHMIDT, M./PITTROFF, E./KLINGELS, B., Finanzinstrumente, S. 3.

508 Zur Bilanzierung von ausfallgefährdeten Vermögensgegenständen (z. B. Forderungen) vor Inkrafttreten des BilMoG, die mittels Kreditsicherheit gegen Ausfallrisiken gesichert werden, vgl. THIELE, S., U. A., in: Baetge/Kirsch/Thiele, § 253 HGB, Rn. 431; HAYN, S./JUTZ, M./ ZÜNDORF, H., in: Beck HdR, Abschnitt B 215, Rn. 24 m. w. N.

gen) abgeschrieben werden müssen, da eine Verlustgefahr faktisch nicht existiert. Ist beispielsweise eine Forderung gegenüber einem insolventen Kunden durch eine Delkredereversicherung vollständig abgesichert, ist diese Forderung trotz des bestehenden Ausfallrisikos nicht außerplanmäßig abzuschreiben, sondern in voller Höhe auszuweisen. Deckt die Leistung aus der Delkredereversicherung den erwarteten Forderungsausfall nicht vollständig ab, ist der ungesicherte Teilbetrag der Forderung nicht Bestandteil der Bewertungseinheit und entsprechend nach den allgemeinen handelsrechtlichen Vorschriften zu bilanzieren, d. h., die Forderung ist in Höhe des ungesicherten Forderungsausfalls außerplanmäßig abzuschreiben.[509]

Da Bewertungseinheiten bei existierenden Kreditsicherheiten relativ einfach zu bilanzieren sind, indem nämlich die Kreditsicherheit direkt bei der Bewertung des ausfallgefährdeten Aktivums berücksichtigt wird, ist es möglich, an die Voraussetzungen zur Bildung von Bewertungseinheiten geringere Anforderungen zu stellen als an eine „normale" Bewertungseinheit. So ist eine Bürgschaft, die einen bestimmten Vermögensgegenstand vollständig gegen Ausfallrisiken absichert, stets zu 100 % effektiv. Die Effektivität muss daher nicht mehr quantitativ berechnet werden, sondern ist durch den der Kreditsicherheit zugrunde liegenden Vertrag schriftlich festgelegt. Eine hinreichende Dokumentation des Sicherungszusammenhangs ergibt sich somit ebenfalls unmittelbar aus der vertraglichen Vereinbarung. Insofern reicht es in diesem Fall aus, lediglich am Bilanzstichtag zu prüfen, z. B. durch den Abschlussprüfer, ob die Kreditsicherheit überhaupt werthaltig ist.[510] Die Voraussetzungen zur Bildung einer Bewertungseinheit ergeben sich somit unmittelbar aus dem der Kreditsicherheit zugrunde liegenden Vertrag.

509 Vgl. KNÜPPE, W., Berücksichtigung der Delkredereversicherung bei der Forderungsbewertung, S. 2365; THIELE, S., U. A., in: Baetge/Kirsch/Thiele, § 253 HGB, Rn. 430 f.

510 Für eine Aufzählung von Anhaltspunkten, die Zweifel an der Werthaltigkeit einer Kreditsicherheit vermuten lassen, vgl. HAYN, S./JUTZ, M./ZÜNDORF, H., in: Beck HdR, Abschnitt B 215, Rn. 23; BRÖSEL, G./OLBRICH, M./ZÜNDORF, H., in: Küting/Weber/Pfitzer, HdR, 5. Aufl., § 253 HGB, Rn. 186.

466. Bilanzierungsmaßnahmen bei Beendigung von Bewertungseinheiten

466.1 Grundsätzliche Vorgehensweise

Bisher wurde lediglich auf die Bilanzierung von Bewertungseinheiten am jeweiligen Abschlussstichtag bzw. während der „Laufzeit" der Bewertungseinheit eingegangen. Allerdings stellt sich für den Bilanzierenden auch die Frage, wie eine bereits gebildete Bewertungseinheit wieder **aufzulösen** ist. Für eine Auflösung von Bewertungseinheiten kommen **lediglich** die folgenden Fälle in Betracht:[511]

- Das Grund- bzw. das Sicherungsgeschäft wird realisiert bzw. fällt weg,
- das Grund- bzw. das Sicherungsgeschäft ist akut ausfallgefährdet und daher nicht mehr werthaltig (z. B. durch drohende Insolvenz),
- die Durchhaltefähigkeit des Bilanzierenden ist nicht mehr gegeben,
- der Effektivitätsnachweis ergibt, dass die Bewertungseinheit ex ante nicht mehr wirksam sein kann oder
- die wirksamen und unwirksamen Beträge der Bewertungseinheit lassen sich ex post nicht mehr verlässlich messen.

Tritt einer der genannten Fälle ein, dann dürfen Bewertungseinheiten nicht nur aufgelöst werden, sondern sie **müssen** es dann auch. Vorgaben, wie eine Bewertungseinheit vorzeitig aufgelöst werden soll, sind in der Begründung zum Gesetzentwurf des BilMoG enthalten. Darin heißt es nämlich:[512]

> *„Gleichwohl sind Fälle denkbar, in denen es zu einer vorzeitigen Beendigung einer Bewertungseinheit kommt. In diesem Fall finden vom Zeitpunkt der Beendigung der Bewertungseinheit an* ***die allgemeinen Vorschriften Anwendung****. Unabhängig davon müssen für eine vorzeitige Beendigung einer Bewertungseinheit plausible wirtschaftliche Gründe vorliegen. Die Bildung von Bewertungseinheiten dient allein der Risikoabsicherung, nicht der Steuerung des Jahresergebnisses."*

511 Vgl. hierzu auch Abschnitt 458 sowie BT-Drucks. 16/10067 vom 30.07.2008, S. 59; BR-Drucks. 344/08 vom 23.05.2008, S. 127.

512 Vgl. BT-Drucks. 16/10067 vom 30.07.2008, S. 59; BR-Drucks. 344/08 vom 23.05.2008, S. 127 (Hervorhebungen durch den Verfasser).

Zwar wird in der Gesetzesbegründung zum BilMoG lediglich auf die **vorzeitige** Auflösung einer Bewertungseinheit eingegangen, allerdings sind die Ausführungen auch auf diejenigen Fälle übertragbar, bei denen die Bewertungseinheit **planmäßig** aufgelöst wird. Tritt demzufolge eines der oben genannten Kriterien ein, sind ab dem Zeitpunkt die Rechtsfolgen des § 254 nicht mehr anzuwenden. Umgekehrt bedeutet dies allerdings auch, dass Bewertungseinheiten bis zum Auflösungszeitpunkt nach den Regelungen des § 254 zu bilanzieren sind. Die Bilanzierungsmaßnahmen des § 254 sind somit kurz vor Auflösung der Bewertungseinheit erneut anzuwenden.[513]

Wird die gebildete Bewertungseinheit anschließend aufgelöst, kann grundsätzlich zwischen den beiden folgenden Fällen unterschieden werden:

- Auflösung von Bewertungseinheiten bei Wegfall **von beiden** Geschäften, d. h. von Grund- **und** Sicherungsgeschäft (**Abschnitt 466.2**)
- Auflösung von Bewertungseinheiten bei Wegfall von **nur einem** Geschäft, d. h. von Grund- **oder** Sicherungsgeschäft (**Abschnitt 466.3**)

Auf Besonderheiten, die aus der Auflösung von Bewertungseinheiten bei **antizipativen Hedges** resultieren, wird separat in **Abschnitt 466.4** eingegangen.

466.2 Auflösung von Bewertungseinheiten bei Wegfall beider Geschäfte

Fallen Grund- **und** Sicherungsgeschäft **gleichzeitig** weg (z. B. durch Erfüllung des Grundgeschäfts und Barausgleich bzw. durch „Glattstellen“[514] des Sicherungsgeschäfts), sind die

513 So auch SCHARPF, P., in: Küting/Weber/Pfitzer, HdR, 5. Aufl., § 254 HGB, Rn. 388; KÜTING, K./PFITZER, N./WEBER, C.-P., Das neue deutsche Bilanzrecht, S. 207; LÖW, E./ SCHARPF, P./WEIGEL, W., Auswirkungen des Regierungsentwurfs des BilMoG auf die Bilanzierung von Finanzinstrumenten, S. 1017; SCHARPF, P./SCHABER, M., Bilanzierung von Bewertungseinheiten, S. 540; KOPATSCHEK, M./STRUFFERT, R./WOLFGARTEN, W., Bewertungseinheiten nach BilMoG (Teil 2), S. 329.

514 Der Begriff „glattstellen“ bezeichnet bei derivativen Finanzinstrumenten den Abschluss eines identischen Gegengeschäfts, wodurch die Verpflichtungen aus den Geschäften ausgeglichen werden. Beispielsweise kann der Kauf eines Termingeschäfts durch einen Verkauf eines Termingeschäfts mit identischen Ausgestaltungsmerkmalen (z. B. hinsichtlich Basiswert, Fälligkeit, Nominalbetrag etc.) geschlossen werden. Da beide Geschäfte i. d. R. zu unterschiedlichen Zeitpunkten abgeschlossen werden, ergibt sich daraus ein Differenzbetrag, der dem Gewinn oder dem Verlust aus der tatsächlichen Erfüllung des ursprünglichen Geschäfts entspricht. Vgl. hierzu auch GRÜNEWALD, A., Finanzterminkontrakte, S. 6.

risikoinduzierten positiven und negativen Erfolgsbeiträge der zuvor zu einer Bewertungseinheit zusammengefassten Grund- und Sicherungsgeschäfte im Zeitpunkt der Auflösung **ergebniswirksam** zu vereinnahmen.

Wurde die Bewertungseinheit nach der **„Einfrierungsmethode“** bilanziert, findet die Wertkompensation von Grund- und Sicherungsgeschäft somit erfolgswirksam **in der GuV** statt. Denn solange zuvor kein negativer Wertüberhang existierte, wurden die gegenläufigen Wertänderungen auch nicht gebucht. Ist bspw. der Wert eines Vermögensgegenstands risikoinduziert gestiegen und wird dieser verkauft, wird im Realisationszeitpunkt auch ein entsprechend höherer Ertrag vereinnahmt. Da gleichzeitig der Wert des als Sicherungsgeschäft verwendeten Derivats gesunken ist, muss auch ein Aufwand gebucht werden. Im besten Fall gleichen sich die Wertentwicklungen in der GuV aus. Allerdings kann auch ein positiver Wertüberhang entstehen, da dieser wegen des Realisationsprinzips (§ 252 Abs. 1 Nr. 4 Halbsatz 2) zuvor nicht vereinnahmt werden durfte, wodurch im Auflösungszeitpunkt per Saldo ein Ertrag ausgewiesen wird. Bei einem negativen Wertüberhang hingegen wird per Saldo kein Aufwand ausgewiesen, da dieser wegen des Imparitätsprinzips (§ 252 Abs. 1 Nr. 4) bereits zuvor aufwandswirksam durch eine Rückstellung antizipiert werden musste. Die Rückstellung ist im Auflösungszeitpunkt erfolgsneutral gegen die jeweilige Zahlung (z. B. eine Verbindlichkeit aus der Auflösung des Derivats) auszubuchen. In diesem Zusammenhang wird darauf hingewiesen, dass die risikoinduzierten Erträge und Aufwendungen **nicht saldiert** in der GuV ausgewiesen werden dürfen, obwohl dies teilweise im Schrifttum vorgeschlagen wird, da ein saldierter Ausweis von Aufwendungen und Erträgen gegen das Saldierungsverbot nach § 246 Abs. 2 verstößt.[515]

Wurde die Bewertungseinheit nach der **„Durchbuchungsmethode“** bilanziert, findet die Wertkompensation auch **in der GuV** statt. Allerdings werden im Unterschied zur „Einfrierungsmethode“ die gegenläufigen und sich ausgleichenden Wertänderungen bereits während des Bestehens der Bewertungseinheit gebucht und **nicht im Auflösungszeitpunkt**.

515 Gl. A. GRÜNEWALD, A., Finanzterminkontrakte, S. 268 sowie m. w. N. MEINERT, C., Die Bildung objektübergreifender Bewertungseinheiten, S. 246. A. A. IDW (Hrsg.), IDW RS HFA 35, Rn. 86; SCHARPF, P., in: Küting/Weber/Pfitzer, HdR, 5. Aufl., § 254 HGB, Rn. 385.

466.3 Auflösung von Bewertungseinheiten bei Wegfall eines Geschäfts

Werden Grund- **und** Sicherungsgeschäft **nicht gleichzeitig** aufgelöst, muss zwischen dem Geschäft, das weiterhin im Bestand gehalten wird, und dem Geschäft, das weggefallen ist (z. B. durch einen Verkaufs) unterschieden werden. Dabei ist grundsätzlich ein risikoinduzierter Erfolgsbeitrag aus dem abgehenden Geschäft erfolgswirksam zu vereinnahmen, während ein risikoinduzierter Erfolgsbeitrag aus dem weiterhin im Bestand befindlichen Geschäft nach den allgemeinen Bilanzierungsgrundsätzen, d. h. imparitätisch, zu behandeln ist. Ein risikoinduzierter Erfolgsbeitrag eines weiterhin im Bestand befindlichen Geschäfts ist nämlich bei Auflösung der Bewertungseinheit noch nicht realisiert.

In diesem Zusammenhang ist darauf hinzuweisen, dass risikoinduzierte Erfolgsbeiträge **im Zeitpunkt der Auflösung** nur dann existieren können, wenn die Bewertungseinheit zuvor nach der **„Einfrierungsmethode"** bilanziert wurde. Während nämlich sich ausgleichende Erfolgsbeiträge bei Anwendung der „Einfrierungsmethode" nicht bzw. lediglich in einer Nebenrechnung erfasst werden, werden die Erfolgsbeiträge bei Anwendung der „Durchbuchungsmethode" bereits vor Auflösung einer Bewertungseinheit, d. h. im Zeitpunkt ihrer Entstehung, gebucht.[516] Bilanzielle Konsequenzen existieren im Zeitpunkt der Auflösung also nur dann, wenn die Bewertungseinheit nach der „Einfrierungsmethode" bilanziert wurde, was im Folgenden daher angenommen wird. Darüber hinaus wird für die weitere Betrachtung zwischen **zwei Fällen** unterschieden. Entweder wird nämlich aus dem abgehenden Geschäft

(a) ein **positiver Erfolgsbeitrag** oder

(b) ein **negativer Erfolgsbeitrag**

vereinnahmt.

Ad (a) Positiver Erfolgsbeitrag aus dem abgehenden Geschäft

Resultiert aus dem abgehenden Geschäft ein risikoinduzierter positiver Erfolgsbeitrag, ist dieser auf Grundlage des Realisationsprinzips (§ 252 Abs. 1 Nr. 4 Halbsatz 2) erfolgswirk-

516 Vgl. KÜTING, K./PFITZER, N./WEBER, C.-P., Das neue deutsche Bilanzrecht, S. 219; LÖW, E./ SCHARPF, P./WEIGEL, W., Auswirkungen des Regierungsentwurfs des BilMoG auf die Bilanzierung von Finanzinstrumenten, S. 1018 f.; KÜTING, K./CASSEL, J., Bewertungseinheiten, S. 772; SCHMIDT, M., Bewertungseinheiten nach dem BilMoG, S. 886; DRIESCH, D./OERTZEN, C., Bilanzierung von Bewertungseinheiten nach § 254 HGB, S. 352.

sam zu vereinnahmen.[517] Da gleichzeitig das weiterhin im Bestand befindliche Geschäft einen risikoinduzierten negativen Erfolgsbeitrag aufweisen muss – ansonsten wäre das Geschäft nicht gegenläufig und damit nicht wirksam – muss die daraus resultierende zu erwartende Verlustgefahr wegen des Imparitätsprinzips (§ 252 Abs. 1 Nr. 4) aufwandswirksam antizipiert werden (z. B. durch eine außerplanmäßige Abschreibung oder durch Bildung einer Drohverlustrückstellung), obgleich der Verlust noch nicht eingetreten ist.[518] Ein über den positiven Erfolgsbeitrag hinausgehender negativer Erfolgsbeitrag, also ein Negativüberhang, wurde bereits zuvor durch eine „Rückstellung für Bewertungseinheiten" aufwandswirksam antizipiert.[519] Die (risikoinduzierten) Wertänderungen von Grund- und Sicherungsgeschäft gleichen sich somit in derselben Periode aus, obwohl die Geschäfte nicht gleichzeitig aufgelöst wurden. Dem handelsrechtlichen **Grundsatz der Abgrenzung der Sache nach** wird in diesem Fall entsprochen.[520] Denn im vorliegenden Fall werden die zu buchenden Aufwendungen im Sinne einer wirtschaftlichen Betrachtungsweise den entsprechend realisierten Erträgen aus dem abgehenden Geschäft periodengerecht zugeordnet. Die Vermögens- Finanz- und Ertragslage wird somit korrekt, d. h. den tatsächlichen Verhältnissen entsprechend, abgebildet. Allerdings wird neben dem Rechenschaftszweck auch der gleichgewichtige Kapitalerhaltungszweck hinreichend gewahrt, da die Verlustgefahr aus dem weiterhin im Bestand befindlichen Geschäft (z. B. ein Vermögensgegenstand) im Zeitpunkt der Auflösung aufgrund des Imparitätsprinzips aufwandswirksam antizipiert werden muss.

517 Vgl. LEFFSON, U., Die Grundsätze ordnungsmäßiger Buchführung, S. 247 f.; BAETGE, J./ZIESEMER, S., in: Baetge/Kirsch/Thiele, § 252 HGB, Rn. 182.

518 Vgl. LEFFSON, U., Die Grundsätze ordnungsmäßiger Buchführung, S. 339-426; BAETGE, J./ZIESEMER, S., in: Baetge/Kirsch/Thiele, § 252 HGB, Rn. 162.

519 Hinsichtlich der zu bildenden „Rückstellung für Bewertungseinheiten" bei einem Negativüberhang aus einer Bewertungseinheit wird auf die Ausführungen in Abschnitt 463.2 verwiesen.

520 Die Grundsätze der Abgrenzung der Sache und der Zeit nach gehören zu den Definitionsgrundsätzen für den Jahreserfolg und tragen zu einem am Realisations- und am Verursachungsprinzip orientierten Erfolgsausweis bei. Der Grundsatz der Abgrenzung der Sache nach verlangt, Aufwendungen derjenigen Berichtsperiode zuzurechnen, in der auch der Ertrag aus dem entsprechenden Aufwand realisiert wird. Ist diese Zurechnung nicht möglich, wird der Aufwand nach dem Grundsatz der Abgrenzung der Zeit nach bereits der Periode der zeitlichen Entstehung zugerechnet. Zeitraumbezogene Einzahlungen werden ebenfalls nach dem Grundsatz der Abgrenzung der Zeit nach pro rata temporis periodisiert. Durch die beiden Grundsätze der Abgrenzung der Sache und der Zeit nach wird eine periodengerechte Erfolgsermittlung verfolgt, die vor allem dem Rechenschaftszweck handelsrechtlicher Rechnungslegung dient. Vgl. BAETGE, J./ZIESEMER, S., in: Baetge/Kirsch/Thiele, § 252 HGB, Rn. 227; BAETGE, J./ZÜLCH, H., in: HdJ, Abt. I/2, Rn. 79 f. sowie grundlegend LEFFSON, U., Die Grundsätze ordnungsmäßiger Buchführung, S. 299-339.

Ad (b) Negativer Erfolgsbeitrag aus dem abgehenden Geschäft

Resultiert aus dem abgehenden Geschäft ein risikoinduzierter negativer Erfolgsbeitrag, ist eine differenzierte Betrachtungsweise notwendig. Denn dieser risikoinduzierte negative Erfolgsbeitrag führt im Zeitpunkt der Auflösung zu einem Aufwand. Gleichzeitig weist das weiterhin im Bestand befindliche Gegengeschäft einen risikoinduzierten positiven Erfolgsbeitrag auf, der aufgrund des Realisationsprinzips (§ 252 Abs. 1 Nr. 4 Halbsatz 2) noch nicht vereinnahmt werden darf, da es den „Sprung zum Absatzmarkt“ noch nicht geschafft hat.[521] Handelt es sich hierbei um einen Vermögensgegenstand, kommt eine Zuschreibung über die historischen AK/HK hinaus wegen des Anschaffungs- und Herstellungskostenprinzips nach § 253 Abs. 1 Satz 1 auch nicht in Betracht. Dieses Prinzip wurde zwar für die Bewertungseinheit nach § 254 außer Kraft gesetzt, lebt aber im Zeitpunkt der Auflösung wieder für die jeweiligen Einzelgeschäfte auf.[522] Während somit ein risikoinduzierter Aufwand für das abgehende Geschäft zu buchen ist, darf der Ertrag aus dem gegenläufigen und noch im Bestand befindlichen Geschäft nicht vereinnahmt werden. Der **Aufwand aus dem abgehenden Geschäft wird folglich nicht derjenigen Berichtsperiode zugeordnet, in der auch der (mögliche) künftige Ertrag aus dem Gegengeschäft realisiert wird.**

Da bei diesem Vorgehen gegen den Grundsatz der Abgrenzung der Sache nach verstoßen wird, wird im **Schrifttum** (sowohl vor als auch nach Inkrafttreten des BilMoG) teilweise die Auffassung vertreten, dass die wirtschaftliche Betrachtungsweise über den Auflösungszeitpunkt hinaus aufrechtzuerhalten ist. Im Wesentlichen können dabei **drei Ansätze** identifiziert und unterschieden werden:

(1) Marktbewertung

Der erste Vorschlag besteht darin, das noch im Bestand befindliche Geschäft im Auflösungszeitpunkt der Bewertungseinheit mit dem **Marktwert** „neu“ zu bewerten, sodass sich die risikoinduzierten Aufwendungen und Erträge sofort in der GuV ausgleichen würden.[523] Eine Zuschreibung wäre allerdings – wie zuvor beschrieben – nicht mit dem

521 Vgl. LEFFSON, U., Die Grundsätze ordnungsmäßiger Buchführung, S. 247 f.; BAETGE, J./ KIRSCH, H.-J./THIELE, S., Bilanzen, S. 130.

522 Vgl. BT-Drucks. 16/10067 vom 30.07.2008, S. 59; BR-Drucks. 344/08 vom 23.05.2008, S. 127.

523 Vgl. hierzu z. B. BAETGE, J./HAPPE, P., Risikomanagement und Bankenpublizität, S. 24; ARBEITSKREIS „EXTERNE UNTERNEHMENSRECHNUNG“, Bilanzierung von Finanzinstrumenten, S. 637; NAUMANN, T., Bewertungseinheiten, S. 181 f.

AK/HK-Prinzip nach § 253 Abs. 1 Satz 1 und mit dem Realisationsprinzip nach § 252 Abs. 1 Nr. 4 Halbsatz 2 vereinbar.[524] Zudem ist eine Marktbewertung im Handelsrecht lediglich für einen eng abgegrenzten Spezialbereich (z. B. die Bewertung von Finanzinstrumenten des Handelsbestands bei Kreditinstituten) vorgesehen.[525] Da eine Marktbewertung im Rahmen der Folgebewertung gegen die GoB verstößt, kann dieser Vorschlag daher nicht wirklich überzeugen.

(2) **Erfolgsneutrale Verrechnung**

Ein weiterer – vom IDW verfolgter – Vorschlag besteht darin, die risikoinduzierten negativen Erfolgsbeiträge aus dem abgehenden Geschäft **erfolgsneutral** mit dem **Buchwert** des weiterhin im Bestand befindlichen Geschäfts **zu verrechnen.**[526] Allerdings kann dieses Verfahren nur angewendet werden, wenn das weiterhin im Bestand befindliche Geschäft bilanzierungsfähig ist, also einen Vermögensgegenstand oder eine Schuld darstellt. Ansonsten existiert nämlich kein Buchwert, der erfolgsneutral um den negativen Erfolgsbeitrag des abgehenden Geschäfts gekürzt werden kann. Unabhängig davon verstößt dieser Vorschlag auch gegen das Saldierungsverbot nach § 246 Abs. 2, falls Schulden mit Vermögensgegenständen und Aufwendungen mit Erträgen der jeweiligen Einzelgeschäfte saldiert werden. Eine erfolgsneutrale Verrechnung im Zeitpunkt der Auflösung kann auch nicht mit § 254 begründet werden. Denn § 254 schließt sogar während der Laufzeit einer Bewertungseinheit § 246 Abs. 2 nicht aus. Folglich verstößt eine erfolgsneutrale Verrechnung ebenfalls gegen die GoB und muss daher als nicht zulässig beurteilt werden.

(3) **Rechnungsabgrenzungsposten**

Einige Autoren vertreten auch die Auffassung, die negativen Erfolgsbeiträge aus dem abgehenden Geschäft seien gem. § 250 Abs. 1 **erfolgsneutral abzugrenzen,** bis der (erwartete) positive Erfolgsbeitrag aus dem Gegengeschäft vereinnahmt werden darf.[527] Da

---

524 Vgl. BAETGE, J./HAPPE, P., Risikomanagement und Bankenpublizität, S. 24; ARBEITSKREIS „EXTERNE UNTERNEHMENSRECHNUNG", Bilanzierung von Finanzinstrumenten, S. 637.

525 Vgl. KNOP, W., U. A., in: Küting/Weber/Pfitzer, HdR, 5. Aufl., § 255 HGB, Rn. 420 f. sowie Rn. 424.

526 Vgl. IDW (Hrsg.), IDW RS HFA 35, Rn. 87.

527 Vgl. GRÜNEWALD, A., Finanzterminkontrakte, S. 275; MEINERT, C., Die Bildung objektübergreifender Bewertungseinheiten, S. 253.

diese Vorgehensweise nicht gegen das Saldierungsverbot verstößt, ist dieser Vorschlag zunächst der erfolgsneutralen Verrechnung mit dem Buchwert des weiterhin im Bestand befindlichen Geschäfts vorzuziehen. Der Vorschlag muss allerdings noch genauer auf seine Zulässigkeit untersucht werden.

Rechnungsabgrenzungsposten stellen bilanzielle Korrekturposten dar, die einer periodengerechten Erfolgsermittlung dienen.[528] Wird dem Wortlaut des § 250 Abs. 1 gefolgt, sind als **aktive Rechnungsabgrenzungsposten** „[...] *Ausgaben vor dem Abschlussstichtag auszuweisen, soweit sie Aufwand für eine bestimmte Zeit nach diesem Tag darstellen.*“[529] Da mit dem abgehenden Geschäft Ausgaben verbunden sind, die erst in der nachfolgenden Periode zu Aufwendungen führen sollen, kommt für die Abgrenzung grundsätzlich ein **aktiver Rechnungsabgrenzungsposten** in Betracht.[530] Rechnungsabgrenzungsposten stellen weder Vermögensgegenstande noch Schulden dar, sondern sind ein Bilanzposten eigener Art.[531] Denn im Unterschied zu Vermögensgegenständen und Schulden sind Rechnungsabgrenzungsposten dadurch gekennzeichnet, dass sich die jeweilige Zahlung der abgeschlossenen Berichtsperiode **auf einen bestimmten konkreten künftigen Zeitraum** beziehen muss.[532] Die *„bestimmte Zeit“* muss sich unmittelbar aus dem zugrunde liegenden Sachverhalt ergeben.[533] Der Grundsatz der Abgrenzung der Sache nach verlangt nämlich, dass sich die Ausgaben aus dem abgehenden Geschäft sachlich einem künftigen Ertrag aus dem weiterhin im Bestand befindlichen Gegengeschäft eindeutig als Aufwand zuordnen lassen.[534] Sowohl die **Erfolgswirksamkeit** als auch die **Zeitbestimmtheit** sind allerdings bei dem noch

528 Vgl. BAETGE, J./KIRSCH, H.-J./THIELE, S., Bilanzen, S. 521.

529 Auslassungen durch den Verfasser.

530 Vgl. TRÜTZSCHLER, K., in: Küting/Weber/Pfitzer, HdR, 5. Aufl., § 250 HGB, Rn. 5.

531 Vgl. HÖMBERG, R./KÖNIG, M., in: Baetge/Kirsch/Thiele, § 250 HGB, Rn. 7; TIEDCHEN, S., in: HdJ, Abt. II/11, Rn. 35 f.

532 Vgl. BAETGE, J./KIRSCH, H.-J./THIELE, S., Bilanzen, S. 523.

533 Vgl. HÖMBERG, R./KÖNIG, M., in: Baetge/Kirsch/Thiele, § 250 HGB, Rn. 27; ADS, 6. Aufl., § 250 HGB, Rn. 31.

534 Vgl. GRÜNEWALD, A., Finanzterminkontrakte, S. 280; BAETGE, J./KIRSCH, H.-J./THIELE, S., Bilanzen, S. 523.

weiter im Bestand befindlichen Geschäft **nicht gegeben.**[535] Wird bspw. eine im Wert geminderte Fremdwährungsforderung beglichen und wurde die Fremdwährungsforderung zuvor gegen diese Wertminderung mithilfe eines Fremdwährungsfutures abgesichert, kann zu dem Zeitpunkt noch nicht davon ausgegangen werden, dass der positive Marktwert des (gegenläufigen) Derivats auch tatsächlich realisiert wird. Wird nämlich das Derivat nicht gleichzeitig mit der Forderung aufgelöst, können aus diesem Geschäft erhebliche Verlustgefahren resultieren, die im Auflösungszeitpunkt der Bewertungseinheit noch nicht vorhergesehen werden können. Neben der Erfolgswirksamkeit ist zudem auch völlig ungewiss, wann das Derivat aufgelöst wird. Aus den genannten Gründen ist es daher nicht sachgerecht, einen Rechnungsabgrenzungsposten zur zeitlichen Abgrenzung der negativen Erfolgsbeiträge aus dem wegfallenden Geschäft zu verwenden.[536]

Als **Ergebnis** kann festgehalten werden, dass die bisher im Schrifttum und in Fachgremien diskutierten Ansätze zur Abgrenzung von realisierten negativen Erfolgsbeiträgen aus dem weggefallenen Geschäft nicht wirklich überzeugend sind. Ebenso lässt sich eine über den Auflösungszeitpunkt hinausgehende wirtschaftliche Betrachtungsweise vor dem Hintergrund des in den Gesetzesmaterialien des BilMoG geäußerten Willens des Gesetzgebers, im Zeitpunkt der Auflösung wieder die allgemeinen – zuvor durch § 254 ausgeschlossenen – Vorschriften anzuwenden, nicht rechtfertigen. Folglich ist der negative Erfolgsbeitrag aus dem abgehenden Geschäft sofort erfolgswirksam zu vereinnahmen. Ob und wieweit ein positiver Erfolgsbeitrag aus dem noch im Bestand befindlichen Gegengeschäft künftig realisiert werden kann, ist im Zeitpunkt der Auflösung noch nicht absehbar. Denn es ist durchaus denkbar, dass im Zeitablauf aus diesem Geschäft noch erhebliche Verluste resultieren. Aus diesem Grund darf der Rechenschaftszweck nicht zulasten des gleichgewichtigen Kapitalerhaltungszwecks überbetont werden. Schließlich dient die handelsrechtliche Rechnungslegung der **Interessenregelung** im Sinne eines vom Gesetzgeber beabsichtigten

535 Vgl. HÖMBERG, R./KÖNIG, M., in: Baetge/Kirsch/Thiele, § 250 HGB, Rn. 27. Zu diesem Ergebnis kommen auch GRÜNEWALD, A., Finanzterminkontrakte, S. 280; MEINERT, C., Die Bildung objektübergreifender Bewertungseinheiten, S. 254.

536 Gl. A. GRÜNEWALD, A., Finanzterminkontrakte, S. 280 sowie m. w. N. MEINERT, C., Die Bildung objektübergreifender Bewertungseinheiten, S. 253 f.

Ausgleichs der divergierenden Interessen.[537] Indes wäre der intendierte Interessenausgleich bei einer einseitigen Berücksichtigung des Rechenschaftszwecks nicht erfüllt, wenn gleichzeitig aus dem einzelnen weiterhin im Bestand befindlichen Geschäft ein Verlust droht. Insofern sollte ein einzelnes Geschäft, das nicht gleichzeitig mit dem Gegengeschäft aufgelöst wird, imparitätisch nach den allgemeinen Grundsätzen (folge-)bewertet werden. Dies kann bspw. bei einem Derivat zu einer nachträglichen Bildung einer Drohverlustrückstellung gem. § 249 Abs. 1 führen. Dem kann nur durch unternehmerische Dispositi-Disposition vorgebeugt werden. Das Management sollte demnach ein Sicherungsgeschäft abschließen, das exakt die **gleiche Fristigkeit** aufweist wie das zu sichernde Grundgeschäft. Dies ist vor allem bei Derivaten, die als OTC-Geschäft mit einem Kreditinstitut individuell vereinbart werden, ohne Weiteres möglich.

466.4 Besonderheiten bei der Auflösung von antizipativen Bewertungseinheiten

Nachdem die Maßnahmen und die Auswirkungen bei Auflösung von „normalen" Bewertungseinheiten beschrieben wurden, wird in diesem Abschnitt auf Besonderheiten eingegangen, die aus der Auflösung von **antizipativen Hedges** resultieren. Abhängig von dem zu sichernden Grundgeschäft kann dabei zwischen **zwei Formen** der Absicherung unterschieden werden. Denn entweder werden

(a) **geplante Absatzgeschäfte** oder

(b) **geplante Beschaffungsgeschäfte**

gegen Risiken abgesichert. Diese Fallunterscheidung wird daher auch für die folgenden Ausführungen übernommen. Zudem wird angenommen, dass der aus Grund- und Sicherungsgeschäft bestehende antizipative Hedge alle Voraussetzungen zur Bildung einer Bewertungseinheit nach § 254 erfüllt, bis die erwartete Transaktion tatsächlich erfüllt ist.

537 Vgl. BAETGE, J., Rechnungslegungszwecke, S. 21-24; BAETGE, J./THIELE, S., Gesellschafterschutz versus Gläubigerschutz, S. 12-17; SOMMERHOF, D., Berichterstattung über das selbsterstellte immaterielle Anlagevermögen im Vergleich zu internationalen Rechnungslegungsnormen, S. 51.

Ad (a) Absicherung eines geplanten Absatzgeschäfts gegen Risiken

Wird ein geplantes – mit hoher Wahrscheinlichkeit erwartetes – Absatzgeschäft gegen Risiken abgesichert, stellt sich für den Bilanzierenden die Frage, wann und wie die zuvor gebildete Bewertungseinheit wieder aufgelöst werden soll. Grundsätzlich ist für die Beendigung einer solchen Bewertungseinheit der Zeitpunkt maßgeblich, in dem das (erwartete) Absatzgeschäft realisiert wird.[538] Der **Realisationszeitpunkt**, der durch das Realisationsprinzip (§ 252 Abs. 1 Nr. 4 Halbsatz 2) bestimmt wird, ist der Zeitpunkt, zu dem Güter den Wertsprung zum Absatzmarkt schaffen, also vornehmlich die (Haupt-)Leistung erbracht wird.[539] In diesem Zeitpunkt wird ein Forderungszugang oder – falls die Güter sofort bezahlt werden – ein Zugang liquider Mittel in Höhe des erzielten Umsatzes gebucht.[540] Fraglich ist allerdings, mit welchem Betrag die Forderung aus einem abgesicherten Absatzgeschäft im Zugangszeitpunkt zu bewerten ist. Grundsätzlich ist auch eine Forderung im Zeitpunkt ihrer Entstehung mit ihren AK/HK nach § 253 Abs. 1 Satz 1 zu bewerten, wobei die AK/HK der Forderung dem erwarteten Zahlungsmitteleingang entsprechen.[541] Bei einem „normalen" Verkaufsgeschäft bestimmt sich die Höhe der Forderung also nach dem in der Rechnung ausgewiesenen Betrag.[542] Bei einem antizipativen Hedge wurde allerdings der Absatzpreis schon vor Vertragsschluss durch das Termingeschäft gesichert, indem der positive Erfolgsbeitrag aus dem Sicherungsgeschäft die vergleichsweise schlechteren Konditionen des geplanten Absatzgeschäfts im Zeitpunkt des tatsächlichen Vertragsschlusses ausgleichen soll.[543] Teilweise wird daher im Schrifttum die Auffassung vertreten, die Forderung im Zugangszeitpunkt nicht mit dem Nennbetrag aus dem Verkaufsvertrag zu bewerten, sondern mit dem durch das Sicherungsgeschäft gesicher-

538 Siehe hierzu auch Abschnitt 466.1.

539 Vgl. LEFFSON, U., Die Grundsätze ordnungsmäßiger Buchführung, S. 247 f. Ein Verkaufsgeschäft gilt i. d. R. dann als realisiert, wenn über das Gut ein Vertrag geschlossen worden ist, die vertraglich vereinbarte Lieferung bzw. Leistung erbracht worden ist und das Gut den Verfügungsbereich des zur Lieferung oder Leistung verpflichteten Unternehmens verlassen hat. Vgl. BAETGE, J./ ZIESEMER, S., in: Baetge/Kirsch/Thiele, § 252 HGB, Rn. 191.

540 Vgl. BAETGE, J./KIRSCH, H.-J./THIELE, S., Bilanzen, S. 130.

541 Vgl. MOXTER, A., Bilanzlehre, S. 399; BRÖSEL, G./OLBRICH, M./ZÜNDORF, H., in: Küting/ Weber/Pfitzer, HdR, 5. Aufl., § 253 HGB, Rn. 180; BAETGE, J./KIRSCH, H.-J./THIELE, S., Bilanzen, S. 320.

542 Vgl. BAETGE, J./KIRSCH, H.-J./THIELE, S., Bilanzen, S. 320.

543 Vgl. SCHEFFLER, J., Hedge-Accounting, S. 59 f.; SCHARPF, P./LUZ, G., Finanzderivate, S. 328.

ten Verkaufspreis.[544] Diese Vorgehensweise lässt sich allerdings bilanzrechtlich nicht begründen, da im Zeitpunkt der Auflösung Grund- und Sicherungsgeschäft nach den allgemeinen handelsrechtlichen Vorschriften, also vor allem einzeln, zu bewerten sind.[545] Grund- und Sicherungsgeschäft sind bei Auflösung der Bewertungseinheit zwei separat zu bilanzierende Geschäfte. Ist bspw. der durch ein unbedingtes Termingeschäft (Sicherungsgeschäft) faktisch fixierte Preis vergleichsweise schlechter als der vertraglich vereinbarte Preis aus dem Absatzgeschäft (Grundgeschäft), resultiert zwar aus dem realisierten Absatzgeschäft eine Forderung, allerdings aus dem Sicherungsgeschäft gleichzeitig eine Verbindlichkeit. Die Verbindlichkeit aus dem Termingeschäft entsteht dadurch, dass der Vertragsgegenstand des Absatzgeschäfts – entgegen der Erwartung des Unternehmens – zu geringeren Preisen verkauft werden muss, als tatsächlich für das Gut im Realisationszeitpunkt erzielt werden könnte. Würde demnach die Forderung mit dem gesicherten Preis bewertet, käme dies einer Saldierung von Forderungen und Verbindlichkeiten gleich. Einen Ergebniseffekt hätte die Bewertung der Forderung zum Sicherungskurs allerdings nicht, da es sich gewissermaßen um einen Nettoausweis der Zahlungen aus Grund- und Sicherungsgeschäft handelt. Auch wenn die Saldierung von Forderungen und Verbindlichkeiten zu keinem Ergebniseffekt führen würde, rechtfertigt dies aber nicht einen Verstoß gegen das Saldierungsverbot nach § 246 Abs. 2. Das Saldierungsverbot als Konkretisierung des Grundsatzes der Klarheit und Übersichtlichkeit (§ 243 Abs. 2) besagt nämlich, dass weder Posten der Aktivseite mit Posten der Passivseite noch Erträge mit Aufwendungen saldiert werden dürfen.[546] Gegen eine Saldierung der Posten spricht auch, dass der Vertragspartner aus dem Verkaufsgeschäft – zumeist ein bestimmter Kunde – i. d. R. nicht mit dem Vertragspartner aus dem Sicherungsgeschäft – zumeist ein Kreditinstitut – übereinstimmt. Folglich ist eine Forderung aus dem abgesicherten Verkaufsgeschäft in der Höhe auszuweisen, welche auch tatsächlich vertraglich vereinbart wurde. Sowohl Aufwendungen und Erträge als auch die damit verbundenen Zahlungen sind im Realisationszeitpunkt somit separat im Jahresabschluss auszuweisen.

---

544 Dies befürworten z. B. SCHARPF, P., in: Küting/Weber/Pfitzer, HdR, 5. Aufl., § 254 HGB, Rn. 376; GELHAUSEN, H./FEY, G./KÄMPFER, G., BilMoG, Abschn. H, Rn. 136.

545 Vgl. BT-Drucks. 16/10067 vom 30.07.2008, S. 59; BR-Drucks. 344/08 vom 23.05.2008, S. 127.

546 Vgl. BAETGE, J./FEY, D./FEY, G., in: Küting/Weber/Pfitzer, HdR, 5. Aufl., § 243 HGB, Rn. 60-63; BAETGE, J./KIRSCH, H.-J./THIELE, S., Bilanzen, S. 570.

Ad (b) Absicherung eines geplanten Beschaffungsgeschäftes gegen Risiken

Neben geplanten Absatzgeschäften können auch geplante, noch nicht kontrahierte Beschaffungsgeschäfte durch Sicherungsinstrumente abgesichert und nach § 254 zu einer Bewertungseinheit zusammengefasst werden.[547] Auch hierbei steht die frühzeitige Fixierung von Preisen im Vordergrund.[548] So ist es möglich, den Beschaffungspreis eines bestimmten (börsengehandelten) Rohstoffs schon vor der eigentlichen Bestellung durch ein Termingeschäft faktisch zu fixieren. Dabei soll das Termingeschäft die (erwarteten) vergleichsweise schlechteren Konditionen des künftigen Beschaffungsgeschäfts im Zeitpunkt des Vertragsschlusses ausgleichen.[549] Im Zeitpunkt des Zugangs sind die bestellten Güter nach § 253 Abs. 1 Satz 1 mit ihren AK/HK zu bewerten. In diesem Zeitpunkt ist auch die gebildete Bewertungseinheit aufzulösen. Da ein Termingeschäft als zweiseitig unerfülltes schwebendes Geschäft keinen Vermögensgegenstand oder auch keine Schuld darstellt und damit nicht bilanzierungsfähig ist, stellt sich die Frage, ob das Termingeschäft bei der Ermittlung der Anschaffungskosten des nunmehr erfüllten Beschaffungsgeschäfts zu berücksichtigen ist oder nicht.[550] Sind also Zahlungen, die aus der Auflösung des Terminkontrakts resultieren, als Anschaffungskostenbestandteil des erworbenen Vermögensgegenstands (z. B. eines bestimmten Rohstoffs) zu aktivieren oder direkt erfolgswirksam zu vereinnahmen. Das folgende Beispiel illustriert dies:[551]

> Ein Unternehmen mit Bilanzstichtag zum 31.12. plant zu Produktionszwecken 1.000 Tonnen eines bestimmten börsengehandelten Rohstoffs zu bestellen. Um den Beschaffungspreis frühzeitig zu fixieren, geht das Unternehmen im laufenden Geschäftsjahr, d. h. am 1. November 20X0, ein Termingeschäft auf diesen Rohstoff zu 100 EUR/Tonne ein. Da der Rohstoff erst am 1. Juni 20X1 benötigt wird, also auch

547 Vgl. SCHARPF, P., in: Küting/Weber/Pfitzer, HdR, 5. Aufl., § 254 HGB, Rn. 377; GELHAUSEN, H./FEY, G./KÄMPFER, G., BilMoG, Abschn. H, Rn. 136; FÖRSCHLE, G./USINGER, R., in: Beck Bilanzkomm., 7. Aufl., § 254 HGB, Rn. 54.

548 Vgl. BERGER, M., Hedging, S. 12; KÜTING, K./PFITZER, N./WEBER, C.-P., Das neue deutsche Bilanzrecht, S. 222.

549 Vgl. SCHEFFLER, J., Hedge-Accounting, S. 59 f.; SCHARPF, P./LUZ, G., Finanzderivate, S. 328.

550 Vgl. LEFFSON, U., Die Grundsätze ordnungsmäßiger Buchführung, S. 395; ADS, 6. Aufl., § 246 HGB, Rn. 377; HERZIG, N./KÖSTER, T., in: HdJ, Abt. III/5, Rn. 242-246; HOMMEL, M., in: Baetge/Kirsch/Thiele, § 249 HGB, Rn. 112 f.; GRÜNEWALD, A., Finanzterminkontrakte, S. 100; TIEDCHEN, S., Der Vermögensgegenstand im Handelsbilanzrecht, S. 71-75 m. w. N.

551 Beispiel in Anlehnung an PATEK, G., Bilanzielle Implikationen, S. 1081.

dann erst geliefert werden soll, plant die Unternehmensleitung die Bestellung frühestens im März 20X1 auszulösen. Das Termingeschäft wird am Liefertermin durch einen Barausgleich erfüllt. Unter der Annahme, dass alle Voraussetzungen zur Bildung einer antizipativen Bewertungseinheit erfüllt sind, wird eine Bewertungseinheit aus der erwarteten Transaktion und dem (derivativen) Finanzinstrument gebildet. Wird nun im Folgejahr der Rohstoff, wie geplant, geliefert, muss die Bewertungseinheit aus dem geplanten, nunmehr erfüllten Beschaffungsgeschäft und dem Termingeschäft aufgelöst werden. Der gekaufte Rohstoff ist gem. § 253 Abs. 1 Satz 1 zu AK/HK als Vermögensgegenstand zu aktivieren. Wird der Kaufvertrag des Beschaffungsgeschäfts für die Ermittlung der AK/HK zugrunde gelegt, ergibt sich im Fall a) ein Kaufpreis von 90 EUR/Tonne und im Fall b) ein Kaufpreis von 110 EUR/Tonne. Gleichzeitig weist das Termingeschäft im Fall a) einen (negativen) Marktwert von – 9.500 EUR (Barausgleichsverpflichtung) und im Fall b) einen (positiven) Marktwert von + 10.500 EUR (Barausgleichsanspruch) auf. In diesem Zusammenhang stellt sich für das bilanzierende Unternehmen die Frage, ob der Zahlungsanspruch bzw. die Zahlungsverpflichtung aus dem Terminkontrakt ein Anschaffungskostenbestandteil des Beschaffungsgeschäfts darstellt oder nicht. Würden Beschaffungsgeschäft und Termingeschäft im Erfüllungszeitpunkt getrennt bilanziert, wären Anschaffungskosten im Fall a) von 90.000 EUR (= 1.000 Tonnen · 90 EUR/Tonne) und im Fall b) von 110.000 EUR (= 1.000 Tonnen · 110 EUR/Tonne) zu aktivieren. Gleichzeitig müsste aus dem Terminkontrakt im Fall a) eine Verbindlichkeit in Höhe von 9.500 EUR und im Fall b) eine Forderung in Höhe von 10.500 EUR ausgewiesen werden. Würden die Zahlungen aus dem Terminkontrakt allerdings den Anschaffungskosten des Beschaffungsgeschäfts zugerechnet, wären in beiden Fällen Anschaffungskosten in Höhe von 99.500 EUR (= 90.000 EUR + 9.500 EUR für Fall a) bzw. 110.000 EUR – 10.500 EUR für Fall b)) zu aktivieren.

Solange der bestellte Rohstoff im gleichen Berichtsjahr verbraucht wird, in dem auch die Lieferung erfolgt, ergeben sich keine Ergebniseffekte aus der unterschiedlichen Bilanzierung.[552] Werden allerdings die Rohstoffe nicht in der gleichen Berichtsperiode verbraucht, führt die unterschiedliche Bilanzierung auch zu einem Ergebniseffekt.[553] Falls nämlich der

552 Vgl. PATEK, G., Bilanzielle Implikationen, S. 1081.

553 Vgl. PATEK, G., Bilanzielle Implikationen, S. 1081.

Barausgleich als Anschaffungskostenbestandteil des Rohstoffs angesehen würde, führt die Auflösung des Terminkontrakts nicht unmittelbar zu einem Aufwand oder einem Ertrag. Der Ergebniseffekt ist in diesem Fall abhängig von der Wertentwicklung des bilanzierten Rohstoffs und teilt das Schicksal des aktivierten Postens. Besondere Bedeutung erlangt diese Betrachtung, falls es sich bei dem Beschaffungsgeschäft nicht um Umlaufvermögen, sondern um abnutzbares Anlagevermögen handelt, das gem. § 253 Abs. 3 planmäßig über die Nutzungsdauer abgeschrieben werden muss.[554] Die als Anschaffungskostenbestandteil aktivierten Zahlungen aus dem Termingeschäft würden dann erst über die Jahre erfolgswirksam verteilt.

Wirtschaftlich betrachtet, scheint es sinnvoll, den Barausgleich aus dem Terminkontrakt als Anschaffungskostenbestandteil des Beschaffungsgeschäfts zu aktivieren, da der Zweck des antizipativen Hedges darin besteht, den Zugangswert der Vermögensposition aus dem Beschaffungsgeschäft frühzeitig zu fixieren.[555] Allerdings ist es zweifelhaft, ob sich die Berücksichtigung einer Zahlung aus dem Terminkontrakt als Anschaffungskostenbestandteil des Beschaffungsgeschäfts überhaupt bilanzrechtlich rechtfertigen lässt. Einen Anhaltspunkt dafür könnte die Anschaffungskostendefinition nach § 255 Abs. 1 liefern. Danach werden Anschaffungskosten definiert als

> *„Aufwendungen, die geleistet werden, um einen Vermögensgegenstand zu erwerben und ihn in einen betriebsbereiten Zustand zu versetzen, soweit sie dem Vermögensgegenstand einzeln zugeordnet werden können. Zu den Anschaffungskosten gehören auch die Nebenkosten sowie die nachträglichen Anschaffungskosten. Anschaffungspreisminderungen sind abzusetzen."*

Die Zahlungen aus dem Termingeschäft können zwar dem Beschaffungsgeschäft direkt *„zugeordnet"* werden, allerdings sind die Zahlungen nicht erforderlich, um den erworbenen Vermögensgegenstand *„in einen betriebsbereiten Zustand zu versetzen"*. Dies spricht folglich

554 Vgl. PATEK, G., Bilanzielle Implikationen, S. 1081, THIELE, S., U. A., in: Baetge/Kirsch/Thiele, § 253 HGB, Rn. 25.

555 Gl. A. IDW (Hrsg.), IDW RS HFA 35, Rn. 92; LÖW, E./SCHARPF, P./WEIGEL, W., Auswirkungen des Regierungsentwurfs des BilMoG auf die Bilanzierung von Finanzinstrumenten, S. 1019; BERGER, M., Hedging, S. 12; SCHARPF, P., in: Küting/Weber/Pfitzer, HdR, 5. Aufl., § 254 HGB, Rn. 377; FÖRSCHLE, G./USINGER, R., in: Beck Bilanzkomm., 7. Aufl., § 254 HGB, Rn. 54; GELHAUSEN, H./FEY, G./KÄMPFER, G., BilMoG, Abschn. H, Rn. 136; KÜTING, K./PFITZER, N./WEBER, C.-P., Das neue deutsche Bilanzrecht, S. 222 f.

gegen eine Aktivierung als Anschaffungsnebenkosten. Gegen die Ansicht, die Zahlungen aus dem Termingeschäft als Anschaffungskostenbestandteil zu aktivieren, spricht auch, dass es sich weder um typische Nebenkosten des Erwerbs (z. B. Provisionen, Grunderwerbsteuer) noch um typische Nebenkosten der physischen Lieferung (z. B. Zölle, Transportversicherung, Verpackung) noch um typische Nebenkosten der Inbetriebnahme (z. B. Kosten der Fundamentierung, Montagekosten) handelt.[556] Auch unter die Anschaffungspreisminderungen auf den Beschaffungspreis (z. B. Boni, Rabatte oder Skonti) können die Zahlungen aus dem Termingeschäft nur schwer subsumiert werden.[557]

Die obigen Ausführungen machen die Schwierigkeit der bilanziellen Abbildung von Bewertungseinheiten nochmals deutlich. Denn die Frage, wie die Zahlungen aus dem als Sicherungsgeschäft verwendeten Termingeschäft zu berücksichtigen sind, lassen sich nicht einfach und eindeutig beantworten. Grundsätzlich können dabei – wie bei Zuwendungen Dritter[558] – unterschiedliche Ergebnisse vertreten werden. Nach der hier vertretenen Auffassung sollten allerdings pagatorische Kostenbestandteile, die direkt dem **erworbenen** Vermögensgegenstand zugerechnet werden können, auch bei der Ermittlung der Anschaffungskosten des Vermögensgegenstands berücksichtigt werden. Dies trifft bei Termingeschäften, die **ausschließlich** zur Fixierung der Beschaffungspreise abgeschlossen werden, vollends zu. Zahlungen aus der Auflösung des Sicherungsgeschäfts, die eigens zur Absicherung des Beschaffungspreises abgeschlossen wurden, sollten daher auch bei der Ermittlung des Beschaffungspreises des erworbenen Vermögensgegenstands berücksichtigt werden,

556 Vgl. KAHLE, H., U. A., in: Baetge/Kirsch/Thiele, § 255 HGB, Rn. 102; BALLWIESER, W., in: Münchener Komm. HGB, § 255 HGB, Rn. 25-27; ADS, 6. Aufl., § 255 HGB, Rn. 22-26; HUSEMANN, K.-H., Bilanzierung für Anlagegegenstände, S. 90-92; BAETGE, J./KIRSCH, H.-J./ THIELE, S., Bilanzen, S. 193.

557 Vgl. KAHLE, H., U. A., in: Baetge/Kirsch/Thiele, § 255 HGB, Rn. 121-125; BALLWIESER, W., in: Münchener Komm. HGB, § 255 HGB, Rn. 21; KNOP, W., U. A., in: Küting/Weber/Pfitzer, HdR, 5. Aufl., § 255 HGB, Rn. 57-62; BAETGE, J./KIRSCH, H.-J./THIELE, S., Bilanzen, S. 191 f.

558 Bei Zuwendungen zu einem Beschaffungsgeschäft (z. B. Subventionen) ist sowohl eine sofortige erfolgswirksame Vereinnahmung der Zuwendung möglich als auch eine Berücksichtigung der Zuwendung als Anschaffungskostenminderung. Vgl. BALLWIESER, W., in: Münchener Komm. HGB, § 255 HGB, Rn. 38-40; KAHLE, H., U. A., in: Baetge/Kirsch/Thiele, § 255 HGB, Rn. 81 f. Vom IDW wird eine weitere Möglichkeit vorgeschlagen, wonach ein spezieller Passivposten angesetzt und erfolgswirksam über die Nutzungsdauer des erworbenen Vermögensgegenstands aufgelöst werden darf. Vgl. IDW (Hrsg.), HFA 1/1984, S. 612-615; KAHLE, H., U. A., in: Baetge/Kirsch/Thiele, § 255 HGB, Rn. 82.

wenn dadurch eine periodengerechte Erfolgsermittlung gewährleistet wird.[559] Die mit dem Sicherungsgeschäft verbundenen Aufwendungen sollten, dem **Grundsatz der Abgrenzung der Sache nach** folgend, im Sinne eines am Realisations- und Verursachungsprinzip orientierten Erfolgsausweises denjenigen Erträgen zugeordnet werden, die auch aus dem Verbrauch bzw. Verkauf des aktivierten Vermögensgegenstands resultieren.[560]

467. Zusammenfassende Würdigung der bilanziellen Abbildung von Bewertungseinheiten

Zusammenfassend ist festzuhalten, dass durch die neue Vorschrift des § 254 vor allem Rechtssicherheit hinsichtlich der Bildung von Bewertungseinheiten bei in einem Sicherungszusammenhang stehenden Geschäften geschaffen wurde.[561] Zwar ergab sich die Bildung von Bewertungseinheiten auch vor Inkrafttreten des BilMoG unmittelbar **aus einer zweckkonformen Auslegung der GoB unter Berücksichtigung der handelsrechtlichen Interessenregelung.**[562] Aufgrund fehlender Vorschriften existierten im Schrifttum allerdings auch Interpretationen, die die GoB nicht im Sinne eines vom Gesetzgeber beabsichtigten Interessensausgleichs der divergierenden Rechnungslegungsadressaten auslegten. Durch die neue Vorschrift des § 254 wird der vom Gesetzgeber intendierte Interessenausgleich auch bei Bewertungseinheiten auf eine sichere und klare Rechtsbasis gehoben.[563] Sind folglich die **Voraussetzungen des § 254 als Ausfluss des handelsrechtlichen Kapitalerhaltungszwecks** erfüllt, ist die Bildung von Bewertungseinheiten bei in einem Sicherungszusammenhang

559 Gl. A. IDW (Hrsg.), IDW RS HFA 35, Rn. 92; SCHARPF, P., in: Küting/Weber/Pfitzer, HdR, 5. Aufl., § 254 HGB, Rn. 377; GELHAUSEN, H./FEY, G./KÄMPFER, G., BilMoG, Abschn. H, Rn. 136; FÖRSCHLE, G./USINGER, R., in: Beck Bilanzkomm., 7. Aufl., § 254 HGB, Rn. 54.

560 Vgl. LEFFSON, U., Die Grundsätze ordnungsmäßiger Buchführung, S. 299-339; BAETGE, J./ ZIESEMER, S., in: Baetge/Kirsch/Thiele, § 252 HGB, Rn. 187; BAETGE, J./ZÜLCH, H., in: HdJ, Abt. I/2, Rn. 79 f.

561 Vgl. BR-Drucks. 344/08 vom 23.05.2008, S. 127; BT-Drucks. 16/10067 vom 30.07.2008, S. 58; PATEK, G., Bilanzielle Implikationen, S. 1077.

562 Vgl. BAETGE, J., Rechnungslegungszwecke, S. 21; SOLMECKE, H., Auswirkungen des BilMoG auf die GoB, S. 193-195; ARBEITSKREIS „EXTERNE UNTERNEHMENSRECHNUNG", Bilanzierung von Finanzinstrumenten, S. 642.

563 Vgl. HELKE, I./WIECHENS, G./KLAUS, A., Zur Umsetzung der HGB-Modernisierung durch das BilMoG, S. 37.

stehenden Geschäften sogar **geboten**, um ein **den tatsächlichen Verhältnissen entsprechendes Bild der Unternehmung** zu zeichnen.[564]

Da es sich bei § 254 um eine reine Bewertungsvorschrift handelt, entsteht durch die Bildung einer Bewertungseinheit **keine neue Bewertungsobjekteinheit in Sinne eines neuen Vermögensgegenstands oder einer neuen Schuld.**[565] Lediglich die Grund- und Sicherungsgeschäfte sind im Sinne einer wirtschaftlichen Betrachtungsweise kompensatorisch zu bewerten, **wenn zugleich** die Anwendungsvoraussetzungen des § 254 erfüllt sind. **Die neue Vorschrift des § 254 dient somit dem Rechenschaftszweck des handelsrechtlichen Jahresabschlusses, ohne den Kapitalerhaltungszweck zu vernachlässigen.** Die neue Vorschrift des § 254 zur Bildung von Bewertungseinheiten ist aus Sicht der Interessenregelung eindeutig zu befürworten. Auch trägt die neue Vorschrift dazu bei, dass Zweifel an der generellen Zulässigkeit einer kompensatorischen Bewertung bei bestehenden und wirksamen Sicherungszusammenhängen ausgeräumt werden.

Allerdings bleibt der Gesetzgeber, was die Frage nach der konkreten **Bilanzierung von Bewertungseinheiten** angeht, sowohl im Gesetz als auch in den Gesetzesmaterialien zum BilMoG nur sehr abstrakt. Außerdem zeichnen die Rechtsfolgen des § 254 kein eindeutiges Bild, wie Bewertungseinheiten zu bilanzieren sind. Zwar werden die Vorschriften des § 249 Abs. 1 (Rückstellungen), des § 252 Abs. 1 Nr. 3 (Einzelbewertungsgrundsatz) und Nr. 4 (Imparitäts- und Realisationsprinzip), des § 253 Abs. 1 Satz 1 (AK-/HK-Prinzip) und des § 256a (Währungsumrechnung) in dem Umfang und für den Zeitraum aufgehoben, in dem sich die Wertänderungen von Grund- und Sicherungsgeschäft gegenseitig kompensieren. Allerdings wird z. B. im Gesetz und in den Gesetzesmaterialien zum BilMoG nicht darauf eingegangen, wie Beträge zu behandeln sind, die sich **nicht** *„ausgleichen"*. Konkrete

564 Vgl. BURKHARDT, K./WALTERSCHEIDT, S., Pro und Contra der abstrakten Regelungen zu Bewertungseinheiten, S. 129; LÖW, E./SCHARPF, P./WEIGEL, W., Auswirkungen des Regierungsentwurfs des BilMoG auf die Bilanzierung von Finanzinstrumenten, S. 1016; SCHARPF, P., in: Küting/Weber/Pfitzer, HdR, 5. Aufl., § 254 HGB, Rn. 20; KÜTING, K./PFITZER, N./WEBER, C.-P., Das neue deutsche Bilanzrecht, S. 202; KOPATSCHEK, M./STRUFFERT, R./WOLFGARTEN, W., Bewertungseinheiten nach BilMoG (Teil 1), S. 273; KÜTING, K./CASSEL, J., Bewertungseinheiten, S. 769.

565 Vgl. SELCHERT, F. W., in: Küting/Weber/Pfitzer, HdR, 5. Aufl., § 252 HGB, Rn. 70; HERZIG, N., Derivatebilanzierung und GoB-System, S. 42; BARCKOW, A., Sicherungsbeziehungen, S. 82.

Aussagen hinsichtlich Wertänderungen, die auf **nicht** *„vergleichbaren Risiken"* basieren, macht der Gesetzgeber ebenfalls nicht.

Da das Gesetz und der Gesetzgeber hinsichtlich der konkreten Bilanzierung von Bewertungseinheiten keine bzw. nur sehr vage Aussagen machen, wurden im Schrifttum nach Inkrafttreten des BilMoG zwei unterschiedliche Bilanzierungsmethoden vorgeschlagen.[566] Im Wesentlichen basieren die Methoden auf der Aussage des Gesetzgebers in der Begründung zum Gesetzentwurf des BilMoG. Danach soll es nämlich dem Bilanzierenden überlassen werden, die gegenläufigen Wertänderungen von Grund- und Sicherungsgeschäft entweder *„durchzubuchen"* oder *„einzufrieren"*.[567] In Anlehnung an die Aussage des Gesetzgebers wurden daraufhin die Rechtsfolgen des § 254 im Schrifttum ausgelegt. Allerdings wurde dabei das handelsrechtliche **Zweck- und GoB-System** im Rahmen der Auslegung des § 254 nur unzureichend beachtet.[568]

Werden nämlich die Rechtfolgen des § 254 – wie in der vorliegenden Untersuchung – nach der in der Jurisprudenz üblichen und gebotenen **hermeneutischen Methode** ausgelegt, wird ersichtlich, dass ein *„Durchbuchen"* der sich ausgleichenden Wertänderungen zumeist **gegen die GoB verstößt.**[569] So käme es bei Anwendung der „Durchbuchungsmethode" ggf. zu einem Ansatz von Derivaten, was gegen den Grundsatz der Nichtbilan-

566 Vgl. z. B. IDW (Hrsg.), IDW RS HFA 35, Rn. 75; SCHMIDT, M., Bewertungseinheiten nach dem BilMoG, S. 886; KOPATSCHEK, M./STRUFFERT, R./WOLFGARTEN, W., Bewertungseinheiten nach BilMoG (Teil 2), S. 328; SCHMITZ, T., Steuerliche Auswirkungen handelsrechtlicher Bewertungseinheiten, S. 1621; HOFFMANN, W.-D./LÜDENBACH, N., in: NWB Kommentar Bilanzierung, § 254 HGB, Rn. 48; WIECHENS, G./HELKE, I., Die Bilanzierung von Finanzinstrumenten nach dem Regierungsentwurf des BilMoG, S. 1336; PETERSEN, K./ZWIRNER, C./FROSCHHAMMER, M., Bewertungseinheiten nach § 254 HGB, S. 452 f.; LÖW, E./SCHARPF, P./WEIGEL, W., Auswirkungen des Regierungsentwurfs des BilMoG auf die Bilanzierung von Finanzinstrumenten, S. 1018 f.; GELHAUSEN, H./FEY, G./KÄMPFER, G., BilMoG, Abschn. H, Rn. 98; FÖRSCHLE, G./USINGER, R., in: Beck Bilanzkomm., 7. Aufl., § 254 HGB, Rn. 52 f.

567 Vgl. BR-Drucks. 344/08 vom 23.05.2008, S. 209.

568 Ähnlich SCHARPF, P., in: Küting/Weber/Pfitzer, HdR, 5. Aufl., § 254 HGB, Rn. 304; KÜTING, K./PFITZER, N./WEBER, C.-P., Das neue deutsche Bilanzrecht, S. 219; KOPATSCHEK, M./STRUFFERT, R./WOLFGARTEN, W., Bewertungseinheiten nach BilMoG (Teil 2), S. 333.

569 Vgl. KOPATSCHEK, M./STRUFFERT, R./WOLFGARTEN, W., Bewertungseinheiten nach BilMoG (Teil 2), S. 333; SCHARPF, P., in: Küting/Weber/Pfitzer, HdR, 5. Aufl., § 254 HGB, Rn. 304; KÜTING, K./PFITZER, N./WEBER, C.-P., Das neue deutsche Bilanzrecht, S. 219.

zierung schwebender Geschäfte verstoßen würde.[570] Denn Derivate sind als zweiseitig unerfüllte schwebende Geschäfte grundsätzlich nicht bilanzierungsfähig, weil es ihnen an einer Schuldendeckungsfähigkeit fehlt.[571] Zudem ist bei derivativen Finanzinstrumenten, vor allem bei OTC-Geschäften, die *selbständige Verwertbarkeit* nicht gegeben.[572] Bei antizipativen Hedges wird der Verstoß gegen die GoB noch deutlicher, wonach sogar erwartete, d. h. noch nicht einmal kontrahierte Geschäfte aktiviert werden müssten, um risikoinduzierte positive Erfolgsbeiträge *„durchbuchen"* zu können.[573]

Darüber hinaus entspricht ein *„Durchbuchen"* dergestalt, dass die gegenseitig kompensierenden Wertbeiträge der jeweiligen **Einzelgeschäfte** gebucht werden, nach der hier vertretenen Auffassung nicht der *ratio legis* des § 254. Denn nach objektiv-teleologischen Gesichtspunkten zielt die Bildung von Bewertungseinheiten gem. § 254 darauf ab, den Einzelbewertungsgrundsatz (§ 252 Abs. 1 Nr. 3) nicht auf die jeweiligen Einzelgeschäfte anzuwenden, sondern auf die für Bewertungszwecke gebildete Bewertungseinheit. Dafür spricht auch der Wortlaut des § 254, wonach der Einzelbewertungsgrundsatz explizit nicht auf die jeweiligen Einzelgeschäfte anzuwenden ist. Ein *„Durchbuchen"* impliziert aber gerade eine Einzelbewertung der sich gegenseitig absichernden Geschäfte und nicht der Bewertungseinheit als neues Bewertungsobjekt.[574]

Ein weiterer Grund, der gegen die „Durchbuchungsmethode" als Alternative zur „Einfrierungsmethode" spricht, ist die Verletzung des **Grundsatzes der Vergleichbarkeit**.[575] Denn ein (explizites) Wahlrecht zwischen der „Einfrierungsmethode" und der „Durchbuchungsmethode" würde einer einheitlichen Behandlung von Bewertungseinheiten entgegenstehen

570 Vgl. PATEK, G., Bilanzielle Implikationen, S. 1080; SCHARPF, P., in: Küting/Weber/Pfitzer, HdR, 5. Aufl., § 254 HGB, Rn. 304; SCHARPF, P./SCHABER, M., Bilanzierung von Bewertungseinheiten, S. 539; KÜTING, K./PFITZER, N./WEBER, C.-P., Das neue deutsche Bilanzrecht, S. 219.

571 So auch GRÜNEWALD, A., Finanzterminkontrakte, S. 105 f.; HAPPE, P., Buchführung für Swapvereinbarungen, S. 59 f.

572 Vgl. RUDOLPH, B./SCHÄFER, K., Derivative Finanzmarktinstrumente, S. 18; BRÜGGEMANN, P., Finanzinstrumente des Handelsbestands, S. 97 f.

573 Vgl. PATEK, G., Bilanzielle Implikationen, S. 1081; SCHMIDT, M., Bewertungseinheiten nach dem BilMoG, S. 886.

574 Vgl. PATEK, G., Bewertungseinheiten nach BilMoG, S. 529.

575 Zum Grundsatz der Vergleichbarkeit siehe im Einzelnen BAETGE, J./COMMANDEUR, D., Vergleichbar, S. 326-335.

und damit die Vergleichbarkeit von Abschlüssen und damit den Rechenschaftszweck handelsrechtlicher Rechnungslegung schwächen.

Vor dem Hintergrund der beschriebenen Ergebnisse scheint es sachgerecht, sich auf eine einheitliche Bilanzierung von Bewertungseinheiten zu beschränken und **lediglich die „Einfrierungsmethode" als einzige Methode zuzulassen**. Zudem werden durch eine einheitliche Bilanzierung gleichzeitig Ermessenspielräume des Managements in der bilanziellen Abbildung von Bewertungseinheiten vermieden.

Zu befürworten ist ferner der vom IDW und Teilen des Schrifttums eingebrachte Vorschlag, unwirksame Beträge imparitätisch in einer einheitlichen „Rückstellung für Bewertungseinheiten" zu erfassen.[576] Denn dadurch wird dem Zweck der Bewertungseinheit gem. § 254 am ehesten entsprochen, nämlich ein eigenständiges und einheitlich zu bewertendes Bewertungsobjekt bei Geschäften, die in einem Sicherungszusammenhang zueinander stehen, abzugrenzen. Ferner trägt die zweistufige Bewertungstechnik dazu bei, dass eine wortlautgetreue Bilanzierung von Bewertungseinheiten erreicht wird. Denn nach dem Wortlaut des § 254 dürfen lediglich Wertänderungen aus *„dem Eintritt vergleichbarer Risiken"* zu einer Bewertungseinheit zusammengefasst werden.[577] Wertänderungen aus ungesicherten Risiken unterliegen somit **nicht** den Rechtsfolgen des § 254. Der Vorschlag einer zweistufigen Bewertungstechnik ist folglich eine elegante Lösung, damit zwischen dem Bewertungsobjekt „Bewertungseinheit" und dem Bewertungsobjekt „Grundgeschäft" bzw. „Sicherungsgeschäft" unterschieden werden kann. Während nämlich die risikoinduzierten Wert- oder Zahlungsstromänderungen aus dem gesicherten Risiko dem Bewertungsobjekt „Bewertungseinheit" zugerechnet werden müssen, sind Wert- oder Zahlungsstromänderungen aus ungesicherten Risiken den jeweiligen Einzelgeschäften, d. h. dem Bewertungsobjekt „Grundgeschäft" bzw. „Sicherungsgeschäft", zuzurechnen, da diese nicht Bestandteil der Bewertungseinheit sind.

---

576 Vgl. IDW (Hrsg.), IDW RS HFA 35, Rn. 82; LÜDENBACH, N./FREIBERG, J., Handelsbilanzielle Bewertungseinheiten nach IDW ERS HFA 35, S. 2687; PATEK, G., Bewertungseinheiten nach dem Referentenentwurf des BilMoG, S. 370; SCHARPF, P./SCHABER, M., Bilanzierung von Bewertungseinheiten, S. 539.

577 Vgl. KOPATSCHEK, M./STRUFFERT, R./WOLFGARTEN, W., Bewertungseinheiten nach BilMoG (Teil 2), S. 328 f.; LÜDENBACH, N./FREIBERG, J., Handelsbilanzielle Bewertungseinheiten nach IDW ERS HFA 35, S. 2686.

Da die neue Vorschrift des § 254 zur Bildung von Bewertungseinheiten nicht regelt, wie eine einmal gebildete Bewertungseinheit wieder **aufzulösen** ist, besteht auch nach Inkrafttreten hierüber keine Rechtssicherheit. Lediglich in der Begründung zum Gesetzentwurf des BilMoG erwähnt der Gesetzgeber, dass ab dem Zeitpunkt der Auflösung wieder die *„allgemeinen Vorschriften"* anzuwenden sind.[578] Dies lässt den Schluss zu, dass Grund- und Sicherungsgeschäft ab diesem Zeitpunkt wieder streng imparitätisch, d. h. einzeln, zu bewerten sind. Dies gilt vor allem auch dann, wenn nur ein Geschäft der Bewertungseinheit wegfällt. Eine über die „Laufzeit" der Bewertungseinheit hinausgehende kompensatorische Bewertung von Grund- und Sicherungsgeschäft, indem z. B. die Erfolgsbeiträge des wegfallenden Geschäfts zeitlich so lange abgegrenzt werden, bis auch das Gegengeschäft wegfällt, kann bilanzrechtlich nicht gerechtfertigt werden.[579] Für den Fall, dass also das Grundgeschäft oder das Sicherungsgeschäft vorzeitig wegfällt, sind für das weiterhin im Bestand befindliche Geschäft u. U. Verlustgefahren nachträglich zu antizipieren, da von da an eine offene und keine geschlossene Position (mehr) vorliegt.

Zwar wurde durch § 254 Rechtssicherheit in der Form geschaffen, dass die bisher in der Praxis schon übliche, aber bisher sehr unterschiedlich operationalisierte Bilanzierung von Sicherungszusammenhängen mithilfe von Bewertungseinheiten kodifiziert und damit vereinheitlicht wurde. Doch haben die vorangegangenen Ausführungen gezeigt, dass auch nach Inkrafttreten des BilMoG wesentliche Umsetzungsfragen unbeantwortet bleiben. Ziel der vorliegenden Untersuchung war es folglich, diese Umsetzungsfragen zweck- und GoB-konform zu beantworten.

Im Folgenden werden die wesentlichen Ergebnisse der vorliegenden Untersuchung zur Bildung von Bewertungseinheiten nach § 254 zusammengefasst.

578 Vgl. BT-Drucks. 16/10067 vom 30.07.2008, S. 59; BR-Drucks. 344/08 vom 23.05.2008, S. 127.

579 Vgl. hierzu Abschnitt 466.

5 Zusammenfassung

Die Absicherung von Risiken hat in den vergangenen Jahren nicht zuletzt aufgrund der zunehmenden Volatilität der (Markt-)Preise sowie der Finanz- und Wirtschaftskrisen ganz erheblich an Bedeutung gewonnen. Den Fortbestand des Unternehmens zu sichern, ergibt sich dabei nicht nur aus einer ökonomischen Notwendigkeit heraus, sondern auch aus zahlreichen gesetzlichen Vorgaben (z. B. die Implementierung eines Früherkennungs- und Überwachungssystems gem. § 91 Abs. 2 AktG). Neben Kreditinstituten und Versicherungen setzen deshalb auch Industrie- und Handelsunternehmen immer häufiger derivative Finanzinstrumente ein, um sich gegen Marktpreisrisiken oder Ausfallrisiken abzusichern. Die Risiken werden dabei dergestalt abgesichert, dass offene Risikopositionen durch gegenläufige Sicherungspositionen, vornehmlich derivative Finanzinstrumente, ausgeglichen und damit geschlossen werden.

Eine handelsrechtliche Vorschrift zur Abbildung von gesicherten Positionen existierte bis zum Inkrafttreten des Bilanzrechtsmodernisierungsgesetzes (BilMoG) nicht, sondern musste aus den GoB hergeleitet werden. Erst durch das BilMoG wurde mit § 254 eine zentrale, d. h. branchen-, rechtsform- und größenunabhängige Vorschrift eingeführt, die eine bilanzielle Abbildung von Sicherungszusammenhängen in einer **Bewertungseinheit** unter bestimmten Voraussetzungen vorsieht. Allerdings sind mit neuen gesetzlichen Vorschriften auch neue **Ermessens- und Auslegungsspielräume** verbunden. Um möglichst objektive, d. h. intersubjektiv nachprüfbare Rechnungslegungsinformationen über die Unternehmung zu erhalten, müssen diese Spielräume ausgefüllt werden.

Das **Ziel dieser Arbeit** bestand folglich darin, die im Rahmen des BilMoG erstmals eingeführte Vorschrift zur Bildung von Bewertungseinheiten zu analysieren und die Regelung des § 254 nach der in der Jurisprudenz üblichen und gebotenen Auslegungsmethode, der **Hermeneutik**, zweck- und GoB-konform auszulegen. Da der Gesetzgeber durch den handelsrechtlichen Jahresabschluss das Ziel verfolgt, die divergierenden Interessen aller Adressaten i. S. e. Interessenregelung zu wahren, und der Jahresabschluss neben der Informationsvermittlung auch die Grundlage für die Ausschüttungsbemessung bildet, sind besonders hohe Anforderungen an die Zuverlässigkeit der Rechnungslegungsinformationen zu stellen. Ermessens- und Auslegungsspielräume sind daher unter Berücksichtigung einer **ausgewogenen Gewichtung** der handelsrechtlichen Jahresabschlusszwecke „Rechenschaft“

und „Kapitalerhaltung" auszufüllen. Die weitaus ausführlicheren Regelungen zum Hedge Accounting in den IFRS dürfen indes nicht zur Auslegung der neuen handelsrechtlichen Vorschrift herangezogen werden. Denn der primäre Zweck der IFRS besteht lediglich darin, mit dem Jahresabschluss entscheidungsnützliche Informationen über die Vermögens-, Finanz- und Ertragslage zu vermitteln, während andere handelsrechtliche Zwecke, wie die Kapitalerhaltung bzw. der Gläubigerschutz, in den IFRS nur eine untergeordnete Rolle spielen. Daher können die IFRS lediglich ein **Ideenlieferant** zur Prüfung einer zweck- und GoB-konformen Auslegung bzw. Konkretisierung handelsrechtlicher Normen sein. Andere Gesetze, wie das KWG oder das WpHG, dürfen ebenso nur dann als Auslegungshilfe herangezogen werden, wenn diese mit den Zwecken der handelsrechtlichen Rechnungslegung vereinbar sind.

Die im Rahmen der Auslegung des § 254 zur Bildung von Bewertungseinheiten gewonnenen Ergebnisse werden im Folgenden zusammengefasst:

Der Verpflichtungsgrad zur Bildung von Bewertungseinheiten:

- Hinsichtlich der Frage nach dem **Verpflichtungsgrad** des § 254 ergibt die hermeneutische Auslegung des Einzelbewertungsgrundsatzes, dass wirtschaftlich zusammengehörige Grund- und Sicherungsgeschäfte **zwingend** zu einer **Bewertungseinheit** zusammenzufassen sind, **falls** dadurch gleichzeitig eine Verlustgefahr ausgeschlossen werden kann. Durch die Bildung von Bewertungseinheiten soll eine Verlustantizipation als Ausfluss des Kapitalerhaltungszwecks (lediglich) auf solche Geschäfte beschränkt werden, die tatsächlich einer Verlustgefahr ausgesetzt sind. Die Bildung von Bewertungseinheiten bei Grund- und Sicherungsgeschäften dient somit dem Rechenschaftszweck des Jahresabschlusses. Da der handelsrechtliche Jahresabschluss als interessengeregeltes Instrument allerdings nicht der Rechenschaft allein dient, sondern auch der Kapitalerhaltung, sind **strenge Objektivierungskriterien** notwendig, nach denen Bewertungseinheiten gebildet werden dürfen. Sind diese Kriterien erfüllt, ist vor dem Hintergrund des handelsrechtlichen Zweck- und GoB-Systems der Sicherungszusammenhang hinsichtlich des abgesicherten Risikos zwingend zu einer Bewertungseinheit zusammenzufassen. Ein (explizites) Wahlrecht zur Bildung von Bewertungseinheiten ergibt sich daher **nicht** aus einer zweck- und GoB-konformen Auslegung der Vorschrift. Ansonsten wäre dem bilanzierenden Kaufmann ein erheblicher bilanzpolitischer Spielraum gegeben, der mit wesentlichen GoB, wie dem

Grundsatz der Richtigkeit oder dem Grundsatz der Vergleichbarkeit, nicht vereinbar wäre. Ein (explizites) Wahlrecht zur Bildung von Bewertungseinheiten kommt daher aus objektiv-teleologischen Gesichtspunkten nicht in Betracht.

Die Voraussetzungen zur Bildung von Bewertungseinheiten:

- **Notwendige Voraussetzungen** zur Bildung von Bewertungseinheiten sind vor allem die Zulässigkeit und die Wirksamkeit des zugrunde liegenden Sicherungszusammenhangs. Teilweise werden die Kriterien im Gesetz genannt, teilweise ergeben sie sich auch aus den Gesetzesmaterialien des BilMoG oder aus einer objektiv-teleologischen Betrachtung.

- Als **zulässige Grundgeschäfte** werden in § 254 Vermögensgegenstände, Schulden, schwebende Geschäfte und erwartete Transaktionen genannt. Als **zulässige Sicherungsgeschäfte** kommen ausschließlich Finanzinstrumente in Betracht. Da der Begriff des Finanzinstruments nicht im HGB definiert ist, muss dieser zunächst konkretisiert werden. Eine auf die Gesetzesmaterialien des BilMoG gestützte Definition erfordert, dass der Begriff des Finanzinstruments nach HGB möglichst weit zu fassen ist und daher in Übereinstimmung mit § 1a Abs. 3 KWG abgegrenzt werden sollte. Den Finanzinstrumenten liegen Verträge zugrunde, die für eine der beteiligten Seiten einen **finanziellen** Vermögensgegenstand und für die andere Seite eine **finanzielle** Verbindlichkeit oder ein Eigenkapitalinstrument begründen. Zu den Finanzinstrumenten zählen damit sowohl originäre und derivative Finanzinstrumente als auch traditionelle Kreditsicherheiten, wie Bürgschaften oder Garantien. Nach § 254 Satz 2 gelten auch **Warentermingeschäfte** als Finanzinstrumente. Die Klarstellung ist insofern von Bedeutung, als Warentermingeschäfte die genannten Definitionskriterien eines Finanzinstruments nicht erfüllen und daher keine Finanzinstrumente i. S. d. § 254 Satz 1 sind. Durch eine physische Erfüllung des Warentermingeschäfts entsteht nämlich kein finanzieller Vermögensgegenstand oder eine finanzielle Schuld.

- Neben der Zulässigkeit von Grund- und Sicherungsgeschäft muss zudem auch die **Wirksamkeit** des der Bewertungseinheit zugrunde liegenden Sicherungszusammenhangs gegeben sein. Wirksam kann ein Sicherungszusammenhang indes nur sein, wenn Grund- und Sicherungsgeschäft

  (1) von den **gleichen** wertbestimmenden (Risiko-)**Faktoren** abhängen, das Sicherungsgeschäft also objektiv geeignet ist, die offene Risikoposition abzusichern,

(2) die Risiken zu **gegenläufigen** Wert- oder Zahlungsstromänderungen führen und

(3) sich diese Änderungen **verlässlich** ermitteln lassen.

Damit die Wirksamkeit des Sicherungszusammenhangs objektiv beurteilt und intersubjektiv nachgeprüft werden kann, ist die Wirksamkeit durch einen entsprechenden **Effektivitätstest** nachzuweisen.

- Ein **Effektivitätstest** misst den **Kompensationsgrad** von Grund- und Sicherungsgeschäft hinsichtlich des abgesicherten Risikos. Die Effektivität kann dabei entweder **prospektiv**, d. h. zukunftsgerichtet, oder **retrospektiv**, d. h. vergangenheitsorientiert, ermittelt werden. Vorausgesetzt wird allerdings lediglich ein prospektiver Effektivitätstest. Denn ein retrospektiver Effektivitätstest als Voraussetzung zur Bildung und Fortführung einer Bewertungseinheit ist im deutschen Handelsrecht – im Unterschied zu den IFRS – nicht erforderlich, da mit unwirksamen, d. h. sich nicht kompensierenden Beträgen keine speziellen bilanziellen Konsequenzen verbunden sind, sondern diese Beträge den allgemeinen handelsrechtlichen Vorschriften unterliegen. Da die Bewertungseinheit bereits in der Vergangenheit aufgrund eines positiven prospektiven Effektivitätstests gebildet wurde, ist ein zusätzlicher retrospektiver Effektivitätstest nicht erforderlich. Anders verhält es sich bei einem prospektiven Effektivitätstest. Dieser ist zwingend bei Begründung des Sicherungszusammenhangs und an jedem (nachfolgenden) Bilanzstichtag durchzuführen.

- Als **prospektiver Effektivitätstest** kommt neben zahlreichen quantitativen Verfahren, wie der Regressionsanalyse oder der Sensitivitätsanalyse, auch ein qualitatives Verfahren, der **Critical Term Match**, in Betracht. Danach **gilt** ein Sicherungszusammenhang als zu 100 % effektiv, wenn bei einem zur Absicherung des spezifischen Risikos geeigneten Sicherungsgeschäft **alle bewertungsrelevanten Parameter**, wie Nominalwerte, Bonitätsrating, Laufzeit, Fälligkeit, Währung etc., mit dem Grundgeschäft übereinstimmen und das Sicherungsgeschäft keine zusätzlichen Ausgestaltungsmerkmale (z. B. Optionsrechte) besitzt, die der Annahme einer vollkommenen Effektivität entgegenstehen könnten. Allerdings ist diese Form des Effektivitätsnachweises nur bei sehr einfachen Bewertungseinheiten, den **Mikro-Hedges**, zugelassen.

- **Keine (Tatbestands-)Voraussetzung** zur Bildung von Bewertungseinheiten nach § 254 stellt – entgegen der teilweise im Schrifttum vertretenen Auffassung – die Dokumentation einer **Sicherungsabsicht** dar. Die Bewertungseinheit ist zwar zwingend zu dokumentieren, dies ergibt sich allein schon aus den allgemeinen Buchführungspflichten (§§ 238 f.) und aus den Anhangangabepflichten zu Bewertungseinheiten (§ 285 Nr. 23), doch ist die Dokumentation der Sicherungsabsicht keine zwingend zu erfüllende (Tatbestands-)Voraussetzung, weil dies sonst zu einem nicht akzeptablen **faktischen Wahlrecht** führen würde. Grund- und Sicherungsgeschäft sind deshalb unabhängig von der Dokumentation der Sicherungsabsicht zu einer Bewertungseinheit zusammenzufassen, **falls** die **notwendigen** (**Tatbestands-**)**Voraussetzungen kumulativ** erfüllt sind.

Besonderheiten bei bestimmten Bewertungseinheiten:

- Neben **Mikro-Hedges**, bei denen das Grundgeschäft eindeutig einem Sicherungsgeschäft zugeordnet werden kann, lässt der Gesetzgeber auch **Makro- und Portfolio-Hedges**, bei denen die Zuordnung aufgrund der Vielzahl der zu sichernden Grundgeschäfte nicht mehr eindeutig möglich ist, grundsätzlich zu. Voraussetzung für die Bildung von Bewertungseinheiten bei Makro- und Portfolio-Hedges ist aber, dass ein **angemessenes und wirksames Risikomanagementsystem** existiert. Während die Wirksamkeit und die Angemessenheit von Risikomanagementsystemen bei Kreditinstituten und Versicherungen durch die MaRisk konkretisiert und durch die BaFin kontrolliert werden, existiert für Industrie- und Handelsunternehmen eine derartige Regelungs- und Kontrolldichte bislang nicht. Folglich sollten Makro- und Portfolio-Hedges bei Industrie- und Handelsunternehmen grundsätzlich nicht bzw. nur sehr restriktiv zugelassen werden. Der Anwendungsbereich dürfte sich daher auf diejenigen Beispiele beschränken, in denen das Währungsrisiko von Fremdwährungsforderungen und Fremdwährungsverbindlichkeiten in gleicher Währung mit nahezu identischer Laufzeit zusammengefasst und anschließend diese Nettorisikoposition durch ein Sicherungsgeschäft abgesichert wird.
- § 254 lässt auch erwartete, d. h. vertraglich noch nicht fest kontrahierte Transaktionen als Grundgeschäft zu. Zur Bildung von Bewertungseinheiten sind also auch **antizipative Hedges** zugelassen. Der Sinn und Zweck eines antizipativen Hedges besteht darin, den Beschaffungspreis oder den Absatzpreis einer künftig erwarteten Transaktion schon frühzeitig durch ein Termingeschäft zu fixieren. Vor dem Hintergrund des handelsrechtlichen Zweck- und GoB-Systems sind antizipative Hedges allerdings als kritisch zu beurteilen, da hiermit **Gewinnerwartungen durch schwebende Geschäfte** (derivati-

ve Finanzinstrumente) abgesichert werden dürfen. Da im deutschen Handelsrecht neben dem Rechenschaftszweck auch der gleichgewichtige Kapitalerhaltungszweck verankert ist, setzen bilanzierungsfähige Sachverhalte eine hohe Objektivität voraus. Diese ist aber bei erwarteten Transaktionen nicht unbedingt gegeben, da das Grundgeschäft, das den gegenläufigen Erfolgsbeitrag zum Sicherungsgeschäft liefern soll, noch nicht existiert. Probleme bei antizipativen Hedges bestehen folglich immer dann, wenn aus einem Geschäft ein Verlust droht und diese Verlustgefahr durch eine Drohverlustrückstellung auf der Grundlage des Imparitätsprinzips antizipiert werden müsste, allerdings aufgrund der „Hoffnung" auf eine (gegenläufige) Transaktion nicht gebildet wird. Da es einer erwarteten Transaktion erheblich an Objektivität mangelt, ermöglicht § 254 die Bildung einer Bewertungseinheit, die gegen den in § 239 Abs. 2 kodifizierten Grundsatz der Richtigkeit verstößt. Diese Regelung ist grundsätzlich weder mit dem Zweck der Rechenschaft noch mit dem Zweck der Kapitalerhaltung vereinbar. Allerdings versucht der Gesetzgeber, die mangelnde Objektivität dadurch zu heilen, indem er für den Eintritt der erwarteten Transaktion eine *„hohe Wahrscheinlichkeit"* voraussetzt. Da der handelsrechtliche Jahresabschluss – im Unterschied zu den IFRS – über die Informationsaufgabe hinaus auch die Grundlage für die Ausschüttungsbemessung bildet, sind vor dem Hintergrund des handelsrechtlichen Zwecksystems besonders hohe Anforderungen an das Wahrscheinlichkeitskriterium zu stellen. Der Eintritt der erwarteten Transaktion muss deswegen *„so gut wie sicher"* sein, damit dieses Grundgeschäft akzeptiert werden kann.[1] Die Mindesteintrittswahrscheinlichkeit für die nach § 254 erwarteten Transaktionen sollte **über 80 %** liegen.

Die bilanzielle Abbildung von Bewertungseinheiten:

- Zur **Abbildung von Bewertungseinheiten** werden im Schrifttum nach Inkrafttreten des BilMoG zwei alternative Methoden vorgeschlagen. Während nach der **„Einfrierungsmethode"** sich ausgleichende Wertänderungen von Grund- und Sicherungsgeschäft hinsichtlich des abgesicherten Risikos unberücksichtigt bleiben, werden diese nach der **„Durchbuchungsmethode"** ergebniswirksam gebucht. Allerdings ist bei erwarteten Transaktionen oder bei schwebenden Geschäften ein „Durchbuchen" nicht mit den GoB vereinbar. Denn weder sind erwartete Transaktionen noch schwebende

1 BT-Drucks. 16/10067 vom 30.07.2008, S. 58.

Geschäfte, wie derivative Finanzinstrumente, abstrakt und konkret aktivierungsfähig, da es ihnen an der selbstständigen Verwertbarkeit und damit an einem Schuldendeckungspotenzial mangelt. Folglich ist die „Durchbuchungsmethode" lediglich für solche Fälle zulässig, bei denen sowohl das Grund- als auch das Sicherungsgeschäft bilanzierungsfähig sind. Sofern derivative Finanzinstrumente als Sicherungsgeschäfte verwendet werden, ist die GoB-Konformität nicht gegeben. Allerdings ist die „Durchbuchungsmethode" auch in GoB-konformen Fällen nicht mit dem Zweck der Bewertungseinheit vereinbar, weil die handelsrechtliche Abbildung eines wirtschaftlichen Sicherungszusammenhangs ein **einheitlich zu bewertendes Objekt** voraussetzt. Ein „Durchbuchen" impliziert aber gerade eine Einzelbewertung der zu einer Bewertungseinheit zusammengefassten Geschäfte. Daher wird empfohlen, lediglich die „Einfrierungsmethode" als einzig zulässige Bilanzierungsmethode zuzulassen.

- Wertminderungen oder Wertsteigerungen von Grund- und Sicherungsgeschäft, die sich hinsichtlich des **abgesicherten Risikos** nicht vollkommen ausgleichen, sind imparitätisch zu behandeln und dem (fiktiven) Bewertungsobjekt „Bewertungseinheit" zuzurechnen. Während somit ein positiver Wertüberhang auf Basis des Realisationsprinzips (§ 252 Abs. 1 Nr. 4 Halbsatz 2) unberücksichtigt bleibt, ist ein negativer Wertüberhang auf Basis des Imparitätsprinzips (§ 252 Abs. 1 Nr. 4) erfolgswirksam zu antizipieren, indem eine einheitliche „Rückstellung für Bewertungseinheiten" gebildet wird.

- Wertminderungen oder Wertsteigerungen von Grund- und Sicherungsgeschäft, die aus **nicht abgesicherten Risiken** resultieren, sind nach dem Wortlaut des § 254 nicht Bestandteil der Bewertungseinheit und daher dem Bewertungsobjekt „Grundgeschäft" oder „Sicherungsgeschäft", d. h. den jeweiligen Einzelgeschäften, zuzurechnen. Die **ungesicherte Verlustgefahr** ist also entweder

  (1) einem Vermögensgegenstand zuzurechnen und ggf. nach § 253 Abs. 2 Satz 3 (Anlagevermögen) bzw. nach § 253 Abs. 3 (Umlaufvermögen) außerplanmäßig abzuschreiben oder

  (2) einer Schuld zuzurechnen und ggf. auf den Erfüllungsbetrag gem. § 253 Abs. 1 Satz 2 zuzuschreiben oder

(3) einem schwebenden Geschäft zuzurechnen und durch eine Rückstellung für drohende Verluste aus schwebenden Geschäften gem. § 249 Abs. 1 zu berücksichtigen.

Bilanzierungsmaßnahmen bei Beendigung der Bewertungseinheit:

- Die **Bewertungseinheit ist aufzulösen,** wenn entweder die Voraussetzungen zur Bildung einer Bewertungseinheit nicht mehr erfüllt sind oder das Grund- bzw. Sicherungsgeschäft wegfällt. Dabei sind die Bilanzierungsmaßnahmen des § 254 kurz vor Auflösung einer Bewertungseinheit erneut anzuwenden. Anschließend sind Grund- und Sicherungsgeschäft entweder auszubuchen oder, falls nur ein Geschäft wegfällt, das weiter im Bestand befindliche Geschäft streng imparitätisch einzeln zu bewerten. Für den Sonderfall eines antizipativen Beschaffungsgeschäfts, bei dem der Beschaffungspreis eines Vermögensgegenstands durch ein Termingeschäft frühzeitig festgelegt wurde, ist der Vermögensgegenstand im Zugangszeitpunkt mit dem gesicherten Preis zu aktivieren. Denn Zahlungen aus Termingeschäften, die ausschließlich zur Fixierung des Beschaffungspreises abgeschlossen wurden, sind als pagatorischer Kostenbestandteil des Vermögensgegenstands zu werten und direkt dem erworbenen Vermögensgegenstand zuzurechnen. Die mit einem Sicherungsgeschäft verbundenen Zahlungen sollten dem **Grundsatz der Abgrenzung der Sache nach** folgend im Sinne eines am Realisations- und Verursachungsprinzip orientierten Erfolgsausweises denjenigen Erträgen zugeordnet werden, die auch aus dem Verbrauch bzw. Verkauf des aktivierten Vermögensgegenstands resultieren.

Zusammenfassend ist zu konstatieren, dass die Neuregelung des § 254 erheblich dazu beiträgt, die **Rechenschaft** des handelsrechtlichen Jahresabschlusses zu stärken, indem die Bildung von Bewertungseinheiten nicht zuletzt auf eine klare Rechtsbasis gehoben wurde. Darüber hinaus wurden Zweifel an der generellen Zulässigkeit von Bewertungseinheiten und demzufolge nicht zweck- und GoB-konforme Interpretationen des Einzelbewertungsgrundsatzes ausgeräumt. In der vorliegenden Arbeit wurde zudem gezeigt, wie dem Konzept der Interessenregelung i. S. e. vom Gesetzgeber beabsichtigten Ausgleichs der divergierenden Interessen durch eine ausgewogene Gewichtung der Jahresabschlusszwecke entsprochen werden kann. Der **Kapitalerhaltung** wird nämlich einerseits durch die zahlreich zu erfüllenden Anwendungsvoraussetzungen und andererseits durch die imparitätische Bewertung der Bewertungseinheit selbst Rechnung getragen.

Quellenverzeichnis

Verzeichnis der Kommentare und Handbücher zur Bilanzierung

ADLER, HANS/DÜRING, WALTHER/SCHMALZ, KURT, Rechnungslegung und Prüfung der Unternehmen, 6. Aufl., Stuttgart 1994/2001 (zitiert: ADS, 6. Aufl.).

BAETGE, JÖRG/KIRSCH, HANS-JÜRGEN/THIELE, STEFAN (Hrsg.), Bilanzrecht, Loseblatt, Bonn/Berlin 2002 ff. (zitiert: BEARBEITER, in: Baetge/Kirsch/Thiele).

BAETGE, JÖRG/WOLLMERT, PETER/KIRSCH, HANS-JÜRGEN/OSER, PETER/BISCHOF, STEFAN (Hrsg.), Rechnungslegung nach IFRS, Loseblatt, 2. Aufl., Stuttgart 2003 ff. (zitiert: BEARBEITER, in: Baetge u. a., Rechnungslegung nach IFRS, 2. Aufl.).

BAUMBACH, ADOLF/HOPT, KLAUS J./MERKT, HANNO, Handelsgesetzbuch, Kommentar, 34. Aufl., München 2010 (zitiert: BEARBEITER, in: Baumbach/Hopt, 34. Aufl.).

BERTRAM, KLAUS/BRINKMANN, RALPH/KESSLER, HARALD/MÜLLER, STEFAN (Hrsg.), Haufe HGB Kommentar, 2. Aufl., Freiburg 2010 (zitiert: BEARBEITER, in: Haufe HGB Kommentar).

BÖCKING, HANS-JOACHIM/CASTAN, EDGAR/HEYMANN, GERD/PFITZER, NORBERT/SCHEFFLER, EBERHARD (Hrsg.), Beck'sches Handbuch der Rechnungslegung, Loseblatt, München 1986 ff. (zitiert: BEARBEITER, in: Beck HdR).

BOUJONG, KARLHEINZ/EBENROTH, CARSTEN THOMAS/JOOST, DETLEV (Hrsg.), Handelsgesetzbuch, 2. Aufl., München 2009 (zitiert: BEARBEITER, in: Boujong/Ebenroth/Carsten/Joost, 2. Aufl.).

CLAUSSEN, CARSTEN PETER/SCHERRER, GERHARD (Hrsg.), Kölner Kommentar zum Rechnungslegungsrecht, 1. Aufl., Köln 2010 (zitiert: BEARBEITER, in: Kölner Kommentar zum Rechnungslegungsrecht).

ELLROTT, HELMUT/FÖRSCHLE, GERHART/KOZIKOWSKI, MICHAEL/WINKELJOHANN, NORBERT (Hrsg.), Beck'scher Bilanzkommentar, 7. Aufl., München 2006 (zitiert: BEARBEITER, in: Beck Bilanzkomm., 6. Aufl.).

ELLROTT, HELMUT/FÖRSCHLE, GERHART/KOZIKOWSKI, MICHAEL/WINKELJOHANN, NORBERT (Hrsg.), Beck'scher Bilanzkommentar, 7. Aufl., München 2010 (zitiert: BEARBEITER, in: Beck Bilanzkomm., 7. Aufl.).

GOETTE, WULF/HABERSACK, MATHIAS/KALSS, SUSANNE (Hrsg.), Münchener Kommentar zum Aktiengesetz, 3. Aufl., München 2008 (zitiert: BEARBEITER, in: Münchener Kommentar zum Aktiengesetz, 3. Aufl.).

HOFFMANN, WOLF-DIETER/LÜDENBACH, NORBERT (Hrsg.), NWB Kommentar Bilanzierung: Handels- und Steuerrecht, 1. Aufl., Herne 2009 (zitiert: BEARBEITER, in: NWB Kommentar Bilanzierung).

KÜTING, KARLHEINZ/PFITZER, NORBERT/WEBER, CLAUS-PETER (Hrsg.), Handbuch der Rechnungslegung – Einzelabschluss, Loseblatt, 5. Aufl., Stuttgart 2002 ff. (zitiert: BEARBEITER, in: Küting/Pfitzer/Weber, HdR-E, 5. Aufl.).

LÜDENBACH, NORBERT/HOFFMANN, WOLF-DIETER (Hrsg.), Haufe IFRS-Kommentar, 8. Aufl., Freiburg 2010 (zitiert: BEARBEITER, in: Haufe IFRS-Kommentar, 8. Aufl.).

PALANDT, OTTO (Begr.), Kurzkommentar zum Bürgerlichen Gesetzbuch, 69. Aufl., München 2010 (zitiert: BEARBEITER, in: Palandt, 69. Aufl.).

SCHMIDT, KARSTEN (Hrsg.), Münchener Kommentar zum Handelsgesetzbuch, 2. Aufl., München 2005/2008 (zitiert: BEARBEITER, in: Münchener Komm. HGB, 2. Aufl.).

VON STAUDINGER, JULIUS (Hrsg.), Kommentar zum Bürgerlichen Gesetzbuch, 2. Aufl., Berlin 2004 (zitiert: BEARBEITER, in: Staudinger, 2. Aufl.).

VON WYSOCKI, KLAUS/SCHULZE-OSTERLOH, JOACHIM/HENNRICHS, JOACHIM/KUHNER, CHRISTOPH (Hrsg.), Handbuch des Jahresabschlusses in Einzeldarstellungen, Loseblatt, Köln 1984 ff. (zitiert: BEARBEITER, in: HdJ).

Verzeichnis der Aufsätze und Monographien

ALSHEIMER, CONSTANTIN, Die Rechtsnatur derivativer Finanzinstrumente und ihre Darstellung im Jahresabschluß, Frankfurt am Main 2000 (Derivative Finanzinstrumente und ihre Darstellung im Jahresabschluß).

ANSTETT, CHRISTOF WERNER, Financial Futures im Jahresabschluß deutscher Kreditinstitute, Wiesbaden 1997 (Financial Futures).

ANSTETT, CHRISTOF WERNER/HUSMANN, RAINER, Die Bildung von Bewertungseinheiten bei Derivatgeschäften, in: BB 1998, S. 1523-1530 (Bewertungseinheiten bei Derivatgeschäften).

ARBEITSKREIS „EXTERNE UNTERNEHMENSRECHNUNG“, Bilanzierung von Finanzinstrumenten im Währungs- und Zinsbereich auf der Grundlage des HGB, in: DB 1997, S. 637-642 (Bilanzierung von Finanzinstrumenten).

ARBEITSKREIS „EXTERNE UND INTERNE ÜBERWACHUNG DER UNTERNEHMUNG“, Stellungnahme zu dem Referentenentwurf eines Bilanzrechtsmodernisierungsgesetzes, in: BB 2008, S. 994-997 (Stellungnahme zu dem Referentenentwurf des BilMoG).

AUER, LUDWIG VON, Ökonometrie – Eine Einführung, 3. Aufl., Berlin 2005 (Ökonometrie).

AUERBACH, DIRK/FISCHER, GÖTZ-ERIC, Bilanzierung von Kreditderivaten nach HGB, in: Kreditderivate, hrsg. v. Burghof, Hans-Peter/Henke, Sabine/Rudolph, Bernd/Schönbucher, Philipps J./Sommer, Daniel, 2. Aufl., Stuttgart 2005, S. 237-260 (Bilanzierung von Kreditderivaten nach HGB).

BACKHAUS, KLAUS/ERICHSON, BERND/PLINKE, WULFF/WEIBER, ROLF, Multivariate Analysemethoden – Eine anwendungsorientierte Einführung, 11. Aufl., Berlin 2003 (Multivariate Analysemethoden).

BAETGE, JÖRG, Möglichkeiten der Objektivierung des Jahreserfolges, Düsseldorf 1970 (Objektivierung).

BAETGE, JÖRG, Rechnungslegungszwecke des aktienrechtlichen Jahresabschlusses, in: Bilanzfragen. Festschrift zum 65. Geburtstag von Prof. Dr. Ulrich Leffson, hrsg. v. Baetge, Jörg/Moxter, Adolf/Schneider, Dieter, Düsseldorf 1976, S. 11-30 (Rechnungslegungszwecke).

BAETGE, JÖRG, Bilanzen, Düsseldorf 1991 (Bilanzen, 1. Aufl.).

BAETGE, JÖRG, Grundsätze ordnungsmäßiger Buchführung und Bilanzierung, in: Handwörterbuch des Rechnungswesens, hrsg. v. Chmielewicz, Klaus/Schweiter, Marcell, 3. Aufl., Stuttgart 1993, S. 702–714 (GoB und Bilanzierung).

BAETGE, JÖRG, Grundsätze ordnungsmäßiger Buchführung, in: Handwörterbuch Unternehmensrechnung und Controlling, hrsg. v. Küpper, Hans-Ulrich/ Wagenhofer, Alfred, 4. Aufl., Stuttgart 2002 (Grundsätze ordnungsmäßiger Buchführung).

BAETGE, JÖRG, Verwendung von DCF-Kalkülen bei der Bilanzierung nach IFRS, in: WPg 2009, S. 13-33 (Verwendung von DCF-Kalkülen).

BAETGE, JÖRG/COMMANDEUR, DIRK, Vergleichbar – vergleichbare Beträge in aufeinanderfolgenden Jahresabschlüssen, in: Handwörterbuch unbestimmter Rechtsbegriffe im Bilanzrecht des HGB, hrsg. v. Leffson, Ulrich/Rückle, Dieter/ Großfeld, Bernhard, Köln 1986, S. 326-335 (Vergleichbar).

BAETGE, JÖRG/HAPPE, PETER, Risikomanagement und Bankenpublizität, in: Bankeninformation und Genossenschaftsforum 1996, S. 22-29 (Risikomanagement und Bankenpublizität).

BAETGE, JÖRG/KIRSCH, HANS-JÜRGEN/SOLMECKE, HENRIK, Auswirkungen des BilMoG auf die Zwecke des handelsrechtlichen Jahresabschlusses, in: WPg 2009, S. 1211-1222 (Auswirkungen des BilMoG auf die Zwecke).

BAETGE, JÖRG/KIRSCH, HANS-JÜRGEN/THIELE, STEFAN, Bilanzen, 11. Aufl., Düsseldorf 2011 (Bilanzen).

BAETGE, JÖRG/KIRSCH, HANS-JÜRGEN/THIELE, STEFAN, Konzernbilanzen, 8. Aufl., Düsseldorf 2009 (Konzernbilanzen).

BAETGE, JÖRG/KLÖNNE, HENNER/SCHUMACHER, KAI, Herausforderungen bei Financial Due Diligence-Untersuchungen aufgrund des BilMoG, in: DB 2011, S. 829-836 (Financial Due Diligence).

BAETGE, JÖRG/KNÜPPE, WOLFGANG, Vorhersehbare Risiken und Verluste, in: Handwörterbuch unbestimmter Rechtsbegriffe im Bilanzrecht des HGB, hrsg. v. Leffson, Ulrich/Rückle, Dieter/Großfeld, Bernhard, Köln 1986, S. 394-404 (Risiken und Verluste).

BAETGE, JÖRG/NIEMEYER, KAI/KÜMMEL, JENS/SCHULZ, ROLAND, Darstellung der Discounted Cashflow-Verfahren (DCF-Verfahren mit Beispiel), in: Praxishandbuch der Unternehmensbewertung, hrsg. v. Peemöller, Volker v., 4. Aufl., Herne 2009, S. 339-477 (Darstellung der Discounted Cashflow-Verfahren).

BAETGE, JÖRG/SCHULZE, DENNIS, Möglichkeiten der Objektivierung der Lageberichterstattung über "Risiken der künftigen Entwicklung", in: DB 1998, S. 937-948 (Risiken der künftigen Entwicklung).

BAETGE, JÖRG/THIELE, STEFAN, Gesellschafterschutz versus Gläubigerschutz – Rechenschaft versus Kapitalerhaltung, in: Handelsbilanzen und Steuerbilanzen, hrsg. v. Budde, Wolfgang Dieter/Beisse, Heinrich, Düsseldorf 1997, S. 11-24 (Gesellschafterschutz versus Gläubigerschutz).

BAETGE, JÖRG/ZÜLCH, HENNING, Fair Value-Accounting, in: BFuP 2001, S. 543-562 (Fair Value-Accounting).

BANK FOR INTERNATIONAL SETTLEMENTS (Hrsg.), Quarterly Review November 2000 (Quarterly Review November 2000).

BANK FOR INTERNATIONAL SETTLEMENTS (Hrsg.), Quarterly Review November 2010 (Quarterly Review November 2010).

Bank for International Settlements (Hrsg.), Quarterly Review June 2011 (Quarterly Review June 2011).

BARCKOW, ANDREAS, Die Bilanzierung von derivaten Finanzinstrumenten und Sicherungsbeziehungen – Eine Gegenüberstellung des deutschen Bilanzrechts mit SFAS 133 und IAS 32/39, Düsseldorf 2004 (Sicherungsbeziehungen).

BECKER, HANS/PEPPMEIER, ARNO, Bankbetriebslehre, 6. Aufl., Ludwigshafen 2006 (Bankbetriebslehre).

BECKMANN, REINHARD, Zur Bilanzierung bei Kurssicherung durch Termingeschäfte –Ein Beitrag zu den Kapitalerhaltungsgrundsätzen ordnungsmäßiger Buchführung, in: RIW 1993, S. 387-395 (Zur Bilanzierung bei Kurssicherung durch Termingeschäfte).

BEDAU, JANOS/KHAKZAD, FARHAD/KRAKUHN, JOACHIM, Anwendungsbereich und Grenzen der Critical Terms Match-Methode, in: IRZ 2010, S. 491-497 (Anwendungsbereich und Grenzen der Critical Terms Match-Methode).

BEIKE, ROLF/BARCKOW, ANDREAS, Risk-Management mit Finanzderivaten – Steuerung von Zins- und Währungsrisiken, 3. Aufl., München 2002 (Risk-Management).

BEISSE, HEINRICH, Rechtsfragen der Gewinnung von GoB, in: BFuP 1990, S. 499-514 (Rechtsfragen der Gewinnung von GoB).

BEISSE, HEINRICH, Zum neuen Bild des Bilanzrechtssystems, in: Bilanzrecht und Kapitalmarkt: Festschrift zum 65. Geburtstag von Professor Dr. Dr. h.c. Dr. h.c. Adolf Moxter, hrsg. v. Ballwieser, Wolfgang u. a., Düsseldorf 1994, S. 3-31 (Bilanzrechtssystem).

BENNE, JÜRGEN, Die Bedeutung von Gewinnerwartungen aus schwebenden Geschäften für die Bewertung der Aktiva und Passiva, in: BB 1979, S. 1653-1656 (Die Bedeutung von Gewinnerwartungen aus schwebenden Geschäften).

BENNE, JÜRGEN, Einzelbewertung und Bewertungseinheit, in: DB 1991, S. 2601-2610 (Einzelbewertung und Bewertungseinheit).

BERG, BERND, Finanzkrisen und Hedgefonds – Finanzmagier oder Krisenauslöser?, Wiesbaden 2009 (Hedgefonds).

BERGER, MANFRED, Hedging – Effiziente Kursabsicherung festverzinslicher Wertpapiere mit Finanzterminkontrakten, Wiesbaden 1990 (Hedging).

BERTSCH, ANDREAS/KÄRCHER, RALPH, Handels- und steuerbilanzielle Behandlung von Derivaten und strukturierten Produkten, in: Handbuch derivativer Instrumente, hrsg. v. Eller, Roland/Perrot, René/Reif, Markus/Heinrich, Markus, 3. Aufl., Stuttgart 2005, S. 549-596 (Derivate).

BIEG, HARTMUT, Schwebende Geschäfte in Handels- und Steuerbilanz – Die derzeitige und mögliche bilanzielle Behandlung beiderseits noch nicht erfüllter synallagmatischer Verträge unter besonderer Berücksichtigung der Interessen der Bilanzadressaten, Frankfurt am Main 1977 (Schwebende Geschäfte in Handels- und Steuerbilanz).

BIEG, HARTMUT, Bilanzierung und Bewertung von Financial Futures – Teil I, in: StB 2003, S. 92-96 (Bilanzierung und Bewertung von Financial Futures – Teil I).

BIEG, HARTMUT, Bilanzierung und Bewertung von Financial Futures – Teil II, in: StB 2003, S. 126-130 (Bilanzierung und Bewertung von Financial Futures – Teil II).

BIEG, HARTMUT, Bilanzierung und Bewertung von Financial Swaps – Teil I, in: StB 2003, S. 209-214 (Bilanzierung und Bewertung von Financial Swaps – Teil I).

BIEG, HARTMUT, Bilanzierung und Bewertung von Financial Swaps – Teil II, in: StB 2003, S. 259-263 (Bilanzierung und Bewertung von Financial Swaps – Teil II).

BIEG, HARTMUT, Bilanzierung und Bewertung von Forward Rate Agreements, in: StB 2003, S. 174-180 (Bilanzierung und Bewertung von Forward Rate Agreements).

BIEG, HARTMUT, Bilanzierung und Bewertung von Optionen und Zinsbegrenzungsvereinbarungen – Teil I, in: StB 2003, S. 288-292 (Bilanzierung und Bewertung von Optionen und Zinsbegrenzungsvereinbarungen – Teil I).

BIEG, HARTMUT, Bilanzierung und Bewertung von Optionen und Zinsbegrenzungsvereinbarungen – Teil II, in: StB 2003, S. 324-329 (Bilanzierung und Bewertung von Optionen und Zinsbegrenzungsvereinbarungen – Teil II).

BIEG, HARTMUT, Bilanzierung und Bewertung von Optionen und Zinsbegrenzungsvereinbarungen – Teil III, in: StB 2003, S. 377-383 (Bilanzierung und Bewertung von Optionen und Zinsbegrenzungsvereinbarungen – Teil III).

BIEG, HARTMUT, Grundlagen der Bilanzierung und Bewertung von Derivaten – Teil I, in: StB 2002, S. 429-433 (Grundlagen der Bilanzierung und Bewertung von Derivaten – Teil I).

BIEG, HARTMUT, Grundlagen der Bilanzierung und Bewertung von Derivaten – Teil II, in: StB 2002, S. 472-477 (Grundlagen der Bilanzierung und Bewertung von Derivaten – Teil II).

BIEG, HARTMUT/BOFINGER, PETER/KÜTING, KARLHEINZ/KUßMAUL, HEINZ/WASCHBUSCH, GERD/WEBER, CLAUS-PETER, Die Saarbrücker Initiative gegen den Fair Value, in: DB 2008, S. 2549-2552 (Die Saarbrücker Initiative gegen den Fair Value).

BIEG, HARTMUT/KUßMAUL, HEINZ/PETERSEN, KARL/WASCHBUSCH, GERD/ZWIRNER, CHRISTIAN, Bilanzrechtsmodernisierungsgesetz – Bilanzierung, Berichterstattung und Prüfung nach dem BilMoG, München 2009 (Bilanzrechtsmodernisierungsgesetz).

BIEKER, MARCUS, Die Bilanzierung von Euro-Bund-Futures nach HGB und IFRS –Teil 1: Grundlagen und Fallbeispiel zur bilanziellen Erfassung gem. BilMoG, in: KoR 2011a, S. 167-172 (Die Bilanzierung von Euro-Bund-Futures).

BIEKER, MARCUS, Die Bilanzierung von Euro-Bund-Futures nach HGB und IFRS –Teil 2: Fallbeispiel zur Bilanzierung von Sicherungszusammenhängen und kritische Analyse, in: KoR 2011b, S. 218-222 (Die Bilanzierung von Euro-Bund-Futures).

BIEKER, MARCUS, HGB Reloaded: Die Bewertungskonzeption des BilMoG – Fine Tuning oder Paradigmenwechsel?, in: PiR 2008, S. 365-369 (Die Bewertungskonzeption des BilMoG).

BIERMAN, HAROLD/TODD, JOHNSON/PETERSON, SCOTT, Hedge Accounting: An Exploratory Study of the Underlying Issues, Norwalk, Connecticut 1991 (Hedge Accounting).

BITZ, HORST, Risikomanagement nach KonTraG – Einrichtung von Frühwarnsystemen zur Effizienzsteigerung und zur Vermeidung persönlicher Haftung, Stuttgart 2000 (Risikomanagement).

BLACK, F./SCHOLES, M., The Pricing of Options and Corporate Liabilities, in: Journal of Political Economy 1973, S. 637-654 (The Pricing of Options and Corporate Liabilities).

BLEYMÜLLER, JOSEF/GEHLERT, GÜNTHER/GÜLICHER, HERBERT, Statistik für Wirtschaftswissenschaftler, 15. Aufl., München 2008 (Statistik).

BMW AG (Hrsg.), Jahresabschluss der BMW AG 2010, München 2011 (Jahresabschluss der BMW AG 2010).

BÖCKING, HANS-JOACHIM/LOPATTA, KERSTIN/RAUSCH, BENJAMIN, Fair Value-Bewertung versus Anschaffungskostenprinzip – ein Paradigmenwechsel in der Rechnungslegung?, in: Fair Value, hrsg. v. Bieg, Hartmut/Heyd, Reinhard, München 2005, S. 83-105 (Fair Value-Bewertung versus Anschaffungskostenprinzip).

BÖRSIG, CLEMENS, Globalisierung als Chance für Wachstum und Wohlstand – Eine deutsche Standortbestimmung, in: zfbf 2008, S. 618-629 (Globalisierung).

BRACKERT, GERHARD/PRAHL, REINHARD/NAUMANN, THOMAS, Neue Verfahren der Risikosteuerung und ihre Auswirkung auf die handelsrechtliche Gewinnermittlung – Ein Plädoyer für die Zulässigkeit von imperfekten Mikro-Bewertungseinheiten auf modifizierter Mark-to-Market-Basis, in: WPg 1995, S. 544-554 (Risikosteuerung).

BREALEY, RICHARD/MYERS, STEWART/ALLEN, FRANKLIN, Principles of Corporate Finance, 10. Aufl., Boston 2011 (Principles of Corporate Finance).

BREALEY, RICHARD/MYERS, STEWART/MARCUS, ALAN, Fundamentals of Corporate Finance, 6. Aufl., Boston 2009 (Corporate Finance).

BRECKHEIMER, INGA, Die steuerbilanzielle Behandlung von Sicherungsbeziehungen, Wiesbaden 2010 (Die steuerbilanzielle Behandlung von Sicherungsbeziehungen).

BREKER, NORBERT, Optionsrechte und Stillhalterverpflichtungen im handelsrechtlichen Jahresabschluß, Düsseldorf 1993 (Optionsrechte und Stillhalterverpflichtungen).

BREMBT, TOBIAS, Möglichkeiten einer internationalisierten Rechnungslegung für deutsche nicht-kapitalmarktorientierte Unternehmen, Düsseldorf 2010 (Möglichkeiten einer internationalisierten Rechnungslegung).

BRÖTZMANN, INGO, Bilanzierung von güterwirtschaftlichen Sicherungsbeziehungen nach IAS 39 zum Hedge Accounting, Düsseldorf 2004 (Güterwirtschaftliche Sicherungsbeziehungen).

BRÜGGEMANN, PETER, Finanzinstrumente des Handelsbestands in HGB-Abschlüssen von Kreditinstituten, Düsseldorf 2010 (Finanzinstrumente des Handelsbestands).

BRÜTTING, CHRISTIAN/WEBER, NICOLAS/HEIDENREICH, MARKUS, Einsatz von Kreditderivaten durch deutsche Banken – Marktsituation, Problemfelder und Perspektiven (Teil I), in: FB 2003, S. 754-763 (Einsatz von Kreditderivaten).

BUCKLEY, ADRIAN/ROSS, STEPHEN/WESTERFIELD, RANDOLPH/JAFFE, JEFFREY, Finanzmanagement europäischer Unternehmen, Maidenhead, Berkshire 2000 (Finanzmanagement europäischer Unternehmen).

BURGHOF, HANS-PETER/HENKE, SABINE, Alternative Produkte des Kreditrisikotransfers, in: Kreditderivate, hrsg. v. Burghof, Hans-Peter/Henke, Sabine/ Rudolph, Bernd/Schönbucher, Philipps J./Sommer, Daniel, 2. Aufl., Stuttgart 2005, S. 105-120 (Alternative Produkte des Kreditrisikotransfers).

BURKHARDT, DIETRICH, Grundsätze ordnungsmäßiger Bilanzierung für Fremdwährungsgeschäfte, Düsseldorf 1988 (Grundsätze ordnungsmäßiger Bilanzierung für Fremdwährungsgeschäfte).

BURKHARDT, KATJA/WALTERSCHEIDT, SVEN, Pro und Contra der abstrakten Regelungen zu Bewertungseinheiten, in: Bilanzpolitik und Bilanzanalyse nach neuem Handelsrecht, hrsg. v. Fink, Christian/Schultze, Wolfgang/ Winkeljohann, Norbert, Stuttgart 2010, S. 120-138 (Pro und Contra der abstrakten Regelungen zu Bewertungseinheiten).

BÜSCHGEN, HANS, Bankbetriebslehre – Bankgeschäfte und Bankmanagement, 5. Aufl., Wiesbaden 1999 (Bankbetriebslehre).

CASSEL, JOCHEN, Bewertungseinheiten, in: Handbuch Bilanzrechtsmodernisierungsgesetz, hrsg. v. Kessler, Harald/Leinen, Markus/Strickmann, Michael, 2. Aufl., Freiburg 2010, S. 522-550 (Bewertungseinheiten).

CASTAN, EDGAR, Rechnungslegung in der Europäischen Gemeinschaft – Besonderheiten des Jahresabschlusses und Lagebericht in den 12 EU-Staaten, München 1993 (Rechnungslegung in der EG).

COENENBERG, ADOLF/HALLER, AXEL/SCHULTZE, WOLFGANG, Jahresabschluss und Jahresabschlussanalyse – Betriebswirtschaftliche, handelsrechtliche, steuerrechtliche und internationale Grundsätze, 21. Aufl., Stuttgart 2009 (Jahresabschluss und Jahresabschlussanalyse).

CYRANKIEWICZ, HEINRICH/WENDLAND, HOLGER, Die bilanzielle Behandlung von Wertpapieroptionsgeschäften, in: ZfgK 1990, S. 1026-1031 (Wertpapieroptionsgeschäfte).

DELOITTE & TOUCHE LLP (Hrsg.), iGAAP 2006 Financial Instruments: IAS 32, IAS 39 and IFRS 7 explained, London 2006 (Financial Instruments).

DIBUS, REINOLF, Swaps im Kommunaldarlehensgeschäft einer Hypothekenbank, in: Modernes Bondmanagement, hrsg. v. Eller, Roland, Wiesbaden 1993, S. 265-284 (Swaps).

DÖLLERER, GEORG, Grundsätze ordnungsmäßiger Bilanzierung, deren Entstehung und Ermittlung, in: BB 1959, S. 1217-1221 (Grundsätze ordnungsmäßiger Bilanzierung).

DRIESCH, DIRK/OERTZEN, CORNELIA, Anwendungsfragen bei der Bilanzierung von Bewertungseinheiten nach § 254 HGB, in: IRZ 2010, S. 345-353 (Bilanzierung von Bewertungseinheiten nach § 254 HGB).

ECKES, BURKHARD/BARZ, KATJA/BÄTHE-GUSKI, MARTINA/WEIGEL, WOLFGANG, Die aktuellen Vorschriften zum Hedge-Accounting (Teil 2), in: Die Bank 2004, S. 54-59 (Vorschriften zum Hedge-Accounting (Teil 2)).

ELLER, ROLAND/HEINRICH, MARKUS/PERROT, RENÉ/REIF, MARKUS, Kompaktwissen Risikomanagement – Nachschlagen, verstehen und erfolgreich umsetzen, Wiesbaden 2010 (Kompaktwissen Risikomanagement).

ERNST, CHRISTOPH/SEIDLER, HOLGER, Kernpunkte des Referentenentwurfs eines Bilanzrechtsmodernisierungsgesetzes, in: BB 2007, S. 2557-2567 (Referentenentwurf).

FARNY, DIETER, Grundfragen des Risk Management, in: Risk Management – Strategien zur Risikobeherrschung, Bericht von der 5. Kölner BFuP-Tagung am 5. und 6.10.1978 in Leverkusen, hrsg. v. Goetzke, Wolfgang/Sieben, Günter, Köln 1979, S. 11-37 (Risk Management).

FEY, DIRK, Imparitätsprinzip und GoB-System im Bilanzrecht 1986, Berlin 1987 (Imparitätsprinzip und GoB-System).

FEY, GERD, Grundsätze ordnungsmäßiger Bilanzierung für Haftungsverhältnisse, Düsseldorf 1989 (Bilanzierung für Haftungsverhältnisse).

FILIPPIS, FERNANDO DE, Währungsrisikomanagement in kleinen und mittleren Unternehmen, Wiesbaden 2011 (Währungsrisikomanagement).

FINNE, THOMAS, Bilanzielle Berücksichtigung von Kurssicherungen, in: BB 1991, S. 1295-1304 (Bilanzielle Berücksichtigung von Kurssicherungen).

FÜLBIER, ROLF/GASSEN, JOACHIM, Das Bilanzrechtsmodernisierungsgesetz (BilMoG): Handelsrechtliche GoB vor der Neuinterpretation, in: DB 2007, S. 2605-2612 (Handelsrechtliche GoB vor der Neuinterpretation).

FÜSER, KARSTEN/WEBER, MAX, Mindestanforderungen an das Risikomanagement (MaRisk) – Synoptischer Vergleich mit MaK, MaH und MaIR, Stuttgart 2005 (MaRisk).

GADAMER, HANS, Wahrheit und Methode, Tübingen 1960 (Wahrheit und Methode).

GEBHARDT, GÜNTHER, Berichterstattung deutscher Unternehmen über den Einsatz derivativer Finanzinstrumente, in: WPg 1995, S. 609-617 (Berichterstattung über derivative Finanzinstrumente).

GEBHARDT, GÜNTHER, Probleme der bilanziellen Abbildung von Finanzinstrumenten, in: BFuP 1996, S. 557-585 (Probleme der bilanziellen Abbildung von Finanzinstrumenten).

GEBHARDT, GÜNTHER/BREKER, NORBERT, Bilanzierung von Fremdwährungstransaktionen im handelsrechtlichen Jahresabschluß – Replik von Prof. Dr. Günther Gebhardt, Frankfurt a. M. / Dipl.-Ök. Norbert Breker, Münster/Westf., in: DB 1991, S. 338-339 (Fremdwährungstransaktionen).

GELHAUSEN, HANS/FEY, GERD/KÄMPFER, GEORG, Rechnungslegung und Prüfung nach dem Bilanzrechtsmodernisierungsgesetz, Düsseldorf 2009 (BilMoG).

GLANEGGER, PETER, Bewertungseinheit und einheitliches Wirtschaftsgut, in: Ertragsbesteuerung, hrsg. v. Raupach, Arndt/Uelner, Adalbert, München 1993, S. 145-160 (Bewertungseinheit und einheitliches Wirtschaftsgut).

GLASER, ANDREAS/HACHMEISTER, DIRK, Pflicht oder Wahlrecht zur Bildung bilanzieller Bewertungseinheiten nach dem BilMoG, in: BB 2011, S. 555-559 (Pflicht oder Wahlrecht).

GLAUM, MARTIN/FÖRSCHLE, GERHART, Rechnungslegung für Finanzinstrumente und Risikomanagement – Ergebnisse einer empirischen Untersuchung, in: DB 2000, S. 1525-1534 (Finanzinstrumente und Risikomanagement).

GLAUM, MARTIN/KLÖCKER, ANDRÉ, Hedge Accounting nach IAS 39 in der Praxis, in: KoR 2008, S. 329-340 (Hedge Accounting nach IAS 39 in der Praxis).

GLAUM, MARTIN/KLÖCKER, ANDRÉ, Hedging von Finanzrisiken und Hedge Accounting gemäß IAS 39 – Ergebnisse einer Befragung zur Bilanzierung von Sicherungsbeziehungen, Frankfurt am Main 2009 (Hedging gem. IAS 39).

GÖLLERT, KURT, Auswirkungen des Bilanzrechtsmodernisierungsgesetzes (BilMoG) auf die Bilanzpolitik, in: DB 2008, S. 1165-1171 (Auswirkungen des BilMoG auf die Bilanzpolitik).

GÖTTGENS, MICHAEL, Kompensation von Zinsänderungs- und Währungsrisiken in der Bankbilanz, Wiesbaden 1997 (Kompensation von Zinsänderungs- und Währungsrisiken).

GÖTTGENS, MICHAEL/PRAHL, REINHARD, Bilanzierung und Prüfung von Financial Futures und Forward Rate Agreements, in: WPg 1993, S. 503-513 (Bilanzierung und Prüfung von Financial Futures und Forward Rate Agreements).

GRAUMANN, MATHIAS, Controlling – Begriff, Elemente, Methoden und Schnittstellen, 2. Aufl., Düsseldorf 2008 (Controlling).

GROßE, JAN-VELTEN, Ablösung von IAS 39 – Implikationen für das Hedge Accounting, in: KoR 2010, S. 191-200 (Implikationen für das Hedge Accounting).

GRÜNEWALD, ANDREAS, Finanzterminkontrakte im handelsrechtlichen Jahresabschluß – Ansatz, Bewertung und Ausweis von Zinstermin- und Aktienindexterminkontrakten, Düsseldorf 1993 (Finanzterminkontrakte).

HAILER, ANGELIKA/RUMP, SIEGFRIED, Hedge Effektivität: Lösung des Problems der kleinen Zahlen, in: Zeitschrift für das gesamte Kreditwesen 2000, S. 12-16 (Hedge Effektivität).

HANNEMANN, RALF/SCHNEIDER, ANDREAS/HANENBERG, LUDGER, Mindestanforderungen an das Risikomanagement (MaRisk) – Eine einführende Kommentierung, 2. Aufl., Stuttgart 2008 (MaRisk).

HAPPE, PETER, Grundsätze ordnungsmäßiger Buchführung für Swapvereinbarungen, Düsseldorf 1996 (Buchführung für Swapvereinbarungen).

HARTMANN-WENDELS, THOMAS/PFINGSTEN, ANDREAS/WEBER, MARTIN, Bankbetriebslehre, 4. Aufl., Berlin, Heidelberg 2007 (Bankbetriebslehre).

HARTUNG, JOACHIM, Statistik – Lehr- und Handbuch der angewandten Statistik, 14. Aufl., München 2005 (Statistik).

HARTUNG, WERNER, Zur Bilanzierung bei Kurssicherung, in: RIW 1990, S. 635-646 (Zur Bilanzierung bei Kurssicherung).

HAUSMANN, WILFRIED/DIENER, KATHRIN/KÄSLER, JOACHIM, Derivate, Arbitrage und Portfolio-Selection – Stochastische Finanzmarktmodelle und ihre Anwendungen, Braunschweig 2002 (Derivate, Arbitrage und Portfolio-Selection).

HEIDE, HARALD/MANGELS, THOMAS, Kreditrisiken mit innovativen Finanzinstrumenten managen, in: Bankmagazin 2004, S. 32-34 (Kreditrisiken mit innovativen Finanzinstrumenten).

HELKE, IRIS/WIECHENS, GERO/KLAUS, ANDREAS, Zur Umsetzung der HGB-Modernisierung durch das BilMoG: Die Bilanzierung von Finanzinstrumenten, in: DB 2009, S. 30-37 (Zur Umsetzung der HGB-Modernisierung durch das BilMoG).

HENKEL, KNUT, Rechnungslegung von Treasury-Instrumenten nach IAS/IFRS und HGB, Wiesbaden 2010 (Rechnungslegung von Treasury-Instrumenten).

HENNRICHS, JOACHIM, BilMoG – Verhältnis zu IFRS und Gläubigerschutz, in: S:R 2009, S. 127-130 (BilMoG – Verhältnis zu IFRS und Gläubigerschutz).

HENNRICHS, JOACHIM, Zur handelsrechtlichen Beurteilung von Bewertungseinheiten bei Auslandsbeteiligungen, in: WPg 2010, S. 1185-1193 (Bewertungseinheiten bei Auslandsbeteiligungen).

HENNRICHS, JOACHIM/PÖSCHKE, MORITZ, Die Bedeutung der IFRS für die Auslegung und Anwendung des (Konzern-)Bilanzrechts nach dem BilMoG, in: Der Konzern 2009, S. 532-540 (Bedeutung der IFRS für die Auslegung).

HENNRICHS, JOACHIM/PÖSCHKE, MORITZ, Fortentwicklung der GoB vor dem Hintergrund von BilMoG und IFRS, in: Bilanzpolitik und Bilanzanalyse nach neuem Handelsrecht, hrsg. v. Fink, Christian/Schultze, Wolfgang/Winkeljohann, Norbert, Stuttgart 2010, S. 47-64 (GoB vor dem Hintergrund des BilMoG und der IFRS).

HERZIG, NORBERT, Derivatebilanzierung und GoB-System, in: Jahresabschluß und Jahresabschlußprüfung, hrsg. v. Fischer, Thomas R./Hömberg, Reinhold, Düsseldorf 1997, S. 38-63 (Derivatebilanzierung und GoB-System).

HERZIG, NORBERT, Steuerliche Konsequenzen des Regierungsentwurfs zum BilMoG, in: DB 2008, S. 1339-1345 (Steuerliche Konsequenzen des Regierungsentwurfs zum BilMoG).

HERZIG, NORBERT/BRECKHEIMER, INGA, Bewertungseinheiten in der Steuerbilanz – Neuerungen in § 5 AbS. 1a EStG, in: DB 2006, S. 1451-1454 (Bewertungseinheiten).

HERZIG, NORBERT/MAURITZ, PETER, Grundkonzeption einer bilanziellen Marktbewertungspflicht für originäre und derivative Finanzinstrumente, in: BB 1997, S. 1-16 (Grundkonzeption).

HERZIG, NORBERT/MAURITZ, PETER, Micro-Hedges, Macro-Hedges und Portfolio-Hedges für derivative Finanzinstrumente: Kompatibel mit dem deutschen Bilanzrecht?, in: WPg 1997, S. 141-155 (Micro-Hedges, Macro-Hedges und Portfolio-Hedges).

HERZIG, NORBERT/MAURITZ, PETER, Ökonomische Analyse von Konzepten zur Bildung von Bewertungseinheiten: Micro-Hedges, Macro-Hedges und Portfolio-Hedges – wünschenswert im deutschen Bilanzrecht?, in: zfbf 1998, S. 99-128 (Ökonomische Analyse von Konzepten zur Bildung von Bewertungseinheiten).

HEUSER, PAUL/THEILE, CARSTEN, IFRS-Handbuch – Einzel- und Konzernabschluss, 4. Aufl., Köln 2009 (IFRS-Handbuch).

HOMMEL, MICHAEL/HERMANN, OLGA, Hedge-Accounting und Full-Fair-Value-Approach Hedge in der internationalen Rechnungslegung, in: DB 2003, S. 2501-2506 (Hedge-Accounting).

HORAT, ROBERT, Kreditderivate – Variantenreiche Finanzinstrumente mit Potential für die Praxis, in: Der Schweizer Treuhänder 2003, S. 969-976 (Kreditderivate).

HULL, JOHN, Optionen, Futures und andere Derivate, 7. Aufl., München 2009 (Optionen, Futures und andere Derivate).

HULL, JOHN, Risikomanagement – Banken, Versicherungen und andere Finanzinstitutionen, 2. Aufl., München 2011 (Risikomanagement).

HUSEMANN, KARL-HEINZ, Grundsätze ordnungsmäßiger Bilanzierung für Anlagegegenstände, 2. Aufl., Düsseldorf 1976 (Bilanzierung für Anlagegegenstände).

IDW (Hrsg.), Einzelfragen zur Bilanzierung von Finanzinstrumenten nach IFRS, Stellungnahme Hauptfachausschuß, in: FN-IDW 2007, S. 326-400 (IDW RS HFA 9).

IDW (Hrsg.), Handelsrechtliche Bilanzierung von Bewertungseinheiten, Entwurf einer IDW Stellungnahme zur Rechnungslegung, in: FN-IDW 2010, S. 396-419 (IDW ERS HFA 35).

IDW (Hrsg.), IDW Stellungnahme zur Rechnungslegung: Handelsrechtliche Bilanzierung von Bewertungseinheiten, in: FN-IDW 2011, S. 445-459 (IDW RS HFA 35).

IDW (Hrsg.), IDW Stellungnahme zur Rechnungslegung: Anhangangaben nach § 285 Nr. 18 und 19 HGB zu bestimmten Finanzinstrumenten, in: WPg 2010, S. 86 ff. (IDW RH HFA 1.005).

IDW (Hrsg.), IDW Stellungnahme zur Rechnungslegung: Bilanzierungsfragen bei Zuwendungen, dargestellt am Beispiel finanzieller Zuwendungen der öffentlichen Hand, in: WPg 1984, S. 612-615 (HFA 1/1984).

IDW (Hrsg.), IDW Stellungnahme zur Rechnungslegung: Bilanzierung und Prüfung von Financial Futures und Forward Rate Agreements, in: WPg 1993, S. 517-518 (BFA 2/1993).

IDW (Hrsg.), IDW Stellungnahme zur Rechnungslegung: Bilanzierung von Optionsgeschäften, in: WPg 1995, S. 421-425 (BFA 2/1995).

IDW (Hrsg.), IDW Stellungnahme zur Rechnungslegung: Bilanzierung von Kreditderivaten, in: WPg 2002, S. 195-198 (IDW RS BFA 1).

IDW (Hrsg.), IDW Stellungnahme zur Rechnungslegung: Bilanzierung von Finanzinstrumenten des Handelsbestands bei Kreditinstituten, in: FN-IDW 2010, S. 154-166 (IDW RS BFA 2).

IDW (Hrsg.), IDW Stellungnahme zur Rechnungslegung: Zweifelsfragen zum Ansatz und zur Bewertung von Drohverlustrückstellungen, in: FN-IDW 2010, S. 298 ff. (IDW RS HFA 4).

IDW (Hrsg.), WP Handbuch 2006 – Handbuch für Rechnungslegung, Prüfung u. Beratung, 13. Aufl., Düsseldorf 2006 (WP Handbuch).

IDW (Hrsg.), Zur einheitlichen oder getrennten handelsrechtlichen Bilanzierung strukturierter Finanzinstrumente, in: FN-IDW 2008, S. 455-459 (IDW RS HFA 22).

JONAS, HEINRICH H., Der Jahresabschluß im Widerstreit der Interessen – aus Sicht des bilanzierenden Kaufmanns, in: Der Jahresabschluss im Widerstreit der Interessen, hrsg. v. Baetge, Jörg, Düsseldorf 1983, S. 95-155 (Der Jahresabschluß im Widerstreit der Interessen).

JÜTTNER, UWE, GoB-System, Einzelbewertungsgrundsatz und Imparitätsprinzip, Frankfurt am Main 1993 (GoB-System).

KÄMPFER, GEORG/FEY, GERD, Die Sicherung von Auslandsbeteiligungen gegen Währungsverluste im handelsrechtlichen Jahresabschluss, in: Private und öffentliche Rechnungslegung, hrsg. v. Wagner, Franz W./Schildbach, Thomas/ Schneider, Dieter, Wiesbaden 2008, S. 187-200 (Die Sicherung von Auslandsbeteiligungen gegen Währungsverluste im handelsrechtlichen Jahresabschluss).

KESSLER, HARALD/BUDDE, THOMAS, Bilanzrechtsmodernisierungsgesetz (BilMoG-RegE) – Regierungsentwurf, Freiburg 2008 (BilMoG).

KLEIN, KLAUS-GÜNTER/JONAS, MARTIN, Due Diligence und Unternehmensbewertung, in: Due Diligence bei Unternehmensakquisitionen, hrsg. v. Berens, Wolfgang/ Brauner, Hans U./Strauch, Joachim, 5. Aufl., Stuttgart 2008, S. 165-183 (Due Diligence und Unternehmensbewertung).

KNIGHT, FRANK, Risk, Uncertainty and Profit, Kissimmee 1921 (Reprint 2009) (Risk, Uncertainty and Profit).

KNÜPPE, WOLFGANG, Die Berücksichtigung der Delkredereversicherung bei der Forderungsbewertung, in: DB 1985, S. 2361-2365 (Berücksichtigung der Delkredereversicherung bei der Forderungsbewertung).

KOCH, HELMUT, Die Problematik des Niederstwertprinzips, in: WPg 1957, S. 1-7, S. 31-35 und S. 60-63 (Die Problematik des Niederstwertprinzips).

KOELEN, PETER, Investitionstheoretische Bewertungskalküle in der IFRS-Rechnungslegung – Möglichkeiten und Grenzen einer unternehmenswertorientierten Berichterstattung, Lohmar 2009 (Investitionstheoretische Bewertungskalküle).

KOPATSCHEK, MARTIN/STRUFFERT, RALF/WOLFGARTEN, WILHELM, Bilanzielle Abbildung von Bewertungseinheiten nach BilMoG (Teil 1) – Auslegungsfragen und Praxisbeispiele, in: KoR 2010, S. 272-279 (Bewertungseinheiten nach BilMoG (Teil 1)).

KOPATSCHEK, MARTIN/STRUFFERT, RALF/WOLFGARTEN, WILHELM, Bilanzielle Abbildung von Bewertungseinheiten nach BilMoG (Teil 2) – Auslegungsfragen und Praxisbeispiele, in: KoR 2010, S. 328-333 (Bewertungseinheiten nach BilMoG (Teil 2)).

KRAFT, GERHARD/BISCHOFF, JAN, Zur Problematik von Bewertungseinheiten in der Steuerbilanz, in: Steuerliche Gewinnermittlung nach dem Bilanzrechtsmodernisierungsgesetz, hrsg. v. Schmiel, Ute/Breithecker, Volker, Berlin 2008, S. 173-193 (Zur Problematik von Bewertungseinheiten in der Steuerbilanz).

KRELLE, WILHELM, Unsicherheit und Risiko in der Preisbildung, in: ZgS 1957, S. 632-640 (Unsicherheit und Risiko).

KRUMNOW, JÜRGEN/SPRIẞLER, WOLFGANG/BELLAVITE-HÖVERMANN, YVETTE, Rechnungslegung der Kreditinstitute – Kommentar zum deutschen Bilanzrecht unter Berücksichtigung von IAS/IFRS, 2. Aufl., Stuttgart 2004 (Rechnungslegung der Kreditinstitute).

KUHN, STEFFEN/SCHARPF, PAUL, Rechnungslegung von Financial Instruments nach IFRS – IAS 32, IAS 39 und IFRS 7, 3. Aufl., Stuttgart 2006 (Financial Instruments nach IFRS).

KUHNER, CHRISTOPH, Geschäftszweckgebundene Bewertungskonzeptionen in der externen Rechnungslegung von Unternehmen, Berlin 1994 (Geschäftszweckgebundene Bewertungskonzeptionen).

KÜMMEL, JENS, Grundsätze für die Fair Value-Ermittlung mit Barwertkalkülen, Düsseldorf 2002 (Fair Value-Ermittlung mit Barwertkalkülen).

KÜNKELE, PETER/KOSS, CLAUS, § 255 HGB – Bewertungsmaßstäbe, in: Bilanzrechtsmodernisierungsgesetz – BilMoG, hrsg. v. Petersen, Karl/Zwirner, Christian/Boecker, Corinna/Petersen-Zwirner, München 2009, S. 433-448 (§ 255 HGB – Bewertungsmaßstäbe).

KUPSCH, PETER U., Risiken als Gegenstand der Unternehmenspolitk, in: WiSt 1975, S. 153-159 (Risiken).

KUPSCH, PETER U., Zum Verhältnis von Einzelbewertungsprinzip und Imparitätsprinzip, in: Rechnungslegung – Entwicklungen bei der Bilanzierung und Prüfung von Kapitalgesellschaften, hrsg. v. Moxter, Adolf/Windmöller, Rolf/Müller, Hans-Peter/Wysocki, Klaus von, Düsseldorf 1992, S. 341-357 (Zum Verhältnis von Einzelbewertungsprinzip und Imparitätsprinzip).

KÜTING, KARLHEINZ/CASSEL, JOCHEN, Bilanzierung von Bewertungseinheiten nach dem Entwurf des BilMoG, in: KoR 2008, S. 769-781 (Bewertungseinheiten).

KÜTING, KARLHEINZ/PFITZER, NORBERT/WEBER, CLAUS-PETER, Das neue deutsche Bilanzrecht – Handbuch zur Anwendung des Bilanzrechtsmodernisierungsgesetzes (BilMoG), 2. Aufl., Stuttgart 2009 (Das neue deutsche Bilanzrecht).

LAMERS, ALFONS, Aktivierungsfähigkeit und Aktivierungspflicht immaterieller Werte, München 1981 (Aktivierungsfähigkeit und Aktivierungspflicht).

LANG, JOACHIM, Grundsätze ordnungsmäßiger Buchführung I und II, in: Handwörterbuch unbestimmter Rechtsbegriffe im Bilanzrecht des HGB, hrsg. v. Leffson, Ulrich/Rückle, Dieter/Großfeld, Bernhard, Köln 1986, S. 221-240 (Grundsätze ordnungsmäßiger Buchführung).

LANGENBUCHER, GÜNTHER, Die Umrechnung von Fremdwährungsgeschäften – Eine Untersuchung nach handels- und steuerrechtlichen Grundsätzen, Stuttgart 1988 (Die Umrechnung von Fremdwährungsgeschäften).

LANTZIUS-BENINGA, BERTHOLD, Abbildung von Mikro Fair Value Hedges gemäß IAS 39, in: KoR 2005, S. 105-115 (Abbildung von Mikro Fair Value Hedges gemäß IAS 39).

LARENZ, KARL, Methodenlehre der Rechtswissenschaft, 6. Aufl., Berlin 1991 (Methodenlehre).

LAUX, HELMUT, Entscheidungstheorie, 5. Aufl., Berlin 2003 (Entscheidungstheorie).

LEFFSON, ULRICH, Das Gebot der Stetigkeit im europäischen Bilanzrecht, in: WPg 1988, S. 441-446 (Stetigkeit).

LEFFSON, ULRICH, Die Grundsätze ordnungsmäßiger Buchführung, 1. Aufl., Düsseldorf 1964 (Die Grundsätze ordnungsmäßiger Buchführung, 1. Aufl.).

LEFFSON, ULRICH, Die Grundsätze ordnungsmäßiger Buchführung, 7. Aufl., Düsseldorf 1986 (Die Grundsätze ordnungsmäßiger Buchführung).

LÖW, EDGAR, Antizipative Sicherungsgeschäfte und Fortentwicklung des deutschen Bilanzrechts, in: Rechnungslegung, Steuerung und Aufsicht von Banken, hrsg. v. Lange, Thomas A./Löw, Edgar, Wiesbaden 2004, S. 243-275 (Antizipative Sicherungsgeschäfte und Fortentwicklung des deutschen Bilanzrechts).

LÖW, EDGAR, Verlustfreie Bewertung antizipativer Sicherungsgeschäfte nach HGB – Anlehnung an internationale Rechnungslegungsvorschriften -, in: WPg 2004, S. 1109-1123 (Antizipative Sicherungsgeschäfte).

LÖW, EDGAR/SCHARPF, PAUL/WEIGEL, WOLFGANG, Auswirkungen des Regierungsentwurfs zur Modernisierung des Bilanzrechts auf die Bilanzierung von Finanzinstrumenten, in: WPg 2008, S. 1011-1020 (Auswirkungen des Regierungsentwurfs des BilMoG auf die Bilanzierung von Finanzinstrumenten).

LÖW, EDGAR/TORABIAN, FARHOOD, Auswirkungen des Entwurfs des BilMoG auf die Bilanzierung von Finanzinstrumenten, in: ZfgK 2008, S. 608-614 (Auswirkungen des Entwurfs des BilMoG auf die Bilanzierung von Finanzinstrumenten).

LÜDENBACH, NORBERT/FREIBERG, JENS, Handelsbilanzielle Bewertungseinheiten nach IDW ERS HFA 35 unter Berücksichtigung der steuerbilanziellen Konsequenzen, in: BB 2010, S. 2683-2688 (Handelsbilanzielle Bewertungseinheiten nach IDW ERS HFA 35).

MACK, CLAUDIA/JUNG, JÜRGEN, Steuerliche Aspekte einzelner Finanzinstrumente, in: Modernes Bondmanagement, hrsg. v. Eller, Roland, Wiesbaden 1993, S. 307-333 (Finanzinstrumente).

MÄRKL, HELMUT/GLASER, ANDREAS, IFRS 9 Financial Instruments: Neuerungen beim hedge accounting durch ED/2010/13, in: KoR 2011, S. 124-132 (Neuerungen beim hedge accounting durch ED/2010/13).

MÄRKL, HELMUT/SCHABER, MATTHIAS, IFRS 9 Financial Instruments: Neue Vorschriften zur Kategorisierung und Bewertung von finanziellen Vermögenswerten, in: KoR 2010, S. 65-74 (IFRS 9).

MARKOWITZ, HARRY M., Portfolio Selection, in: Journal of Finance 1952, S. 77-91 (Portfolio Selection).

MARTIN, MARCUS/REITZ, STEFAN/WEHN, CARSTEN, Kreditderivate und Kreditrisikomodelle – Eine mathematische Einführung, Wiesbaden 2006 (Kreditderivate).

MAULSHAGEN, OLAF/TREPTE, FOLKER/WALTERSCHEIDT, SVEN, Derivative Finanzinstrumente in Industrieunternehmen – Einsatz, Risikomanagement und Bilanzierung nach HGB und IFRS, 4. Aufl., Frankfurt M. 2008 (Derivative Finanzinstrumente in Industrieunternehmen).

MAURITZ, PETER, Konzepte der Bilanzierung und Besteuerung derivativer Finanzinstrumente, Wiesbaden 1997 (Bilanzierung derivativer Finanzinstrumente).

MEINERT, CARSTEN, Die Bildung objektübergreifender Bewertungseinheiten nach Handels- und Steuerrecht, Köln 2010 (Die Bildung objektübergreifender Bewertungseinheiten).

MELCHER, THORSTEN, Aufdeckung wirtschaftskrimineller Handlungen durch den Abschlussprüfer, Lohmar 2009 (Aufdeckung wirtschaftskrimineller Handlungen).

MENICHETTI, MARCO J./FRANKE, GÜNTER, Die Bilanzierung von Terminkontrakten und Optionen bei Einsatz im Risikomanagment, in: DBW 1994, S. 193-209 (Terminkontrakte und Optionen).

MENNINGER, JUTTA, Spekulative Zins-Futures im Jahresabschluß großer Kapitalgesellschaften, in: BB 1994, S. 175-183 (Spekulative Zins-Futures).

MOSLER, KARL/SCHMID, FRIEDRICH, Wahrscheinlichkeitsrechnung und schließende Statistik, 2. Aufl., Berlin, Heidelberg 2006 (Wahrscheinlichkeitsrechnung und schließende Statistik).

MOXTER, ADOLF, Bilanzlehre – Band II: Einführung in die Bilanztheorie, Wiesbaden 1984a (Bilanzlehre).

MOXTER, ADOLF, Bilanzrechtsprechung, 6. Aufl., Tübingen 2007 (Bilanzrechtsprechung).

MOXTER, ADOLF, Das System der handelsrechtlichen Grundsätze ordnungsmäßiger Bilanzierung, in: Der Wirtschaftsprüfer im Schnittpunkt nationaler und internationaler Entwicklungen, Festschrift für Klaus v. Wysocki, hrsg. v. Große, G., Düsseldorf 1985, S. 17-28 (handelsrechtlichen Grundsätze).

MOXTER, ADOLF, Grundsätze ordnungsgemäßer Rechnungslegung, Düsseldorf 2003 (Grundsätze ordnungsgemäßer Rechnungslegung).

MOXTER, ADOLF, IFRS als Auslegungshilfe für handelsrechtliche GoB?, in: WPg 2009, S. 7-12 (IFRS als Auslegungshilfe).

MOXTER, ADOLF, Zum Sinn und Zweck des handelsrechtlichen Jahresabschlusses nach neuem Recht, in: Bilanz- und Konzernrecht, Festschrift zum 65. Geburtstag von Rheinard Goerdeler, hrsg. v. Havermann, Hans, Düsseldorf 1987 (Zum Sinn und Zweck des handelsrechtlichen Jahresabschlusses nach neuem Recht).

MÜßIG, ANKE, Bilanzielle Risikovorsorge und außerbilanzielle Risikoberichterstattung – Das Verhältnis von Lagebericht und Management Commentary zum Jahresabschluss nach HGB und IFRS, Wiesbaden 2006 (Bilanzielle Risikovorsorge).

NAUMANN, THOMAS, Bewertungseinheiten im Gewinnermittlungsrecht der Banken, Düsseldorf 1995 (Bewertungseinheiten).

NGUYEN, TRISTAN, Bilanzielle Abbildung von Finanzderivaten und Sicherungsgeschäften – Hedge accounting nach HGB und IAS/IFRS, München 2007 (Finanzderivate und Sicherungsgeschäfte).

OEHLER, ANDREAS/UNSER, MATTHIAS, Finanzwirtschaftliches Risikomanagement, 2. Aufl., Berlin 2002 (Risikomanagement).

OESTREICHER, ANDREAS, Grundsätze ordnungsmäßiger Bilanzierung von Zinsterminkontrakten – Das Prinzip der Einzelbewertung bei funktional verknüpften Finanzgeschäften, Düsseldorf 1992 (Zinsterminkontrakte).

OLDEWEME, DANIEL JOHANNES, Die Bilanzierung von Commodity-Hedges nach International Financial Reporting Standards (IFRS), Mannheim 2008 (Commodity-Hedges).

OSER, PETER, Handelsrechtliche Bilanzierung von Bewertungseinheiten, in: WPg 2010, S. I (Handelsrechtliche Bilanzierung von Bewertungseinheiten).

PATEK, GUIDO, Abbildung derivativer Finanzprodukte im handelsrechtlichen Jahresabschluß, Lohmar 2002 (Derivative Finanzprodukte).

PATEK, GUIDO, Bewertungseinheiten nach dem Referentenentwurf des Bilanzrechtsmodernisierungsgesetzes, in: KoR 2008, S. 364-372 (Bewertungseinheiten nach dem Referentenentwurf des BilMoG).

PATEK, GUIDO, Bewertungseinheiten nach dem Regierungsentwurf des Bilanzrechtsmodernisierungsgesetzes – Kritische Würdigung der Änderungen gegenüber dem Referentenentwurf, in: KoR 2008, S. 524-531 (Bewertungseinheiten nach BilMoG).

PATEK, GUIDO, Bilanzielle Implikationen der handelsrechtlichen Normierung von Bewertungseinheiten, in: DB 2010, S. 1077-1083 (Bilanzielle Implikationen).

PELLENS, BERNHARD/FÜLBIER, ROLF UWE/GASSEN, JOACHIM/SELLHORN, THORSTEN, Internationale Rechnungslegung, 8. Aufl., Stuttgart 2011 (Internationale Rechnungslegung).

PERRIDON, LOUIS/STEINER, MANFRED/RATHGEBER, ANDREAS, Finanzwirtschaft der Unternehmung, 15. Aufl., München 2009 (Finanzwirtschaft der Unternehmung).

PETERSEN, KARL/ZWIRNER, CHRISTIAN/FROSCHHAMMER, MATTHIAS, § 254 HGB – Bildung von Bewertungseinheiten, in: Bilanzrechtsmodernisierungsgesetz – BilMoG, hrsg. v. Petersen, Karl/Zwirner, Christian/Boecker, Corinna/Petersen-Zwirner, München 2009, S. 424-433 (Bewertungseinheiten).

PETERSEN, KARL/ZWIRNER, CHRISTIAN/FROSCHHAMMER, MATTHIAS, Die Bilanzierung von Bewertungseinheiten nach § 254 HGB, in: StuB 2009, S. 449-456 (Bewertungseinheiten nach § 254 HGB).

PFITZER, NORBERT/KAHRE, BURKHARD, Risikovorsorge nach HGB, IFRS und US-GAAP, in: Herausforderungen und Chancen durch weltweite Rechnungslegungsstandards, hrsg. v. Küting, Karlheinz/Pfitzer, Norbert/Weber, Claus-Peter, Stuttgart 2004, S. 201-251 (Risikovorsorge nach HGB, IFRS und US-GAAP).

PFITZER, NORBERT/SCHARPF, PAUL/SCHABER, MATTHIAS, Voraussetzungen für die Bildung von Bewertungseinheiten und Plädoyer für die Anerkennung antizipativer Hedges (Teil 1), in: WPg 2007, S. 675-685 (Voraussetzungen für die Bildung von Bewertungseinheiten (Teil 1)).

PFITZER, NORBERT/SCHARPF, PAUL/SCHABER, MATTHIAS, Voraussetzungen für die Bildung von Bewertungseinheiten und Plädoyer für die Anerkennung antizipativer Hedges (Teil 2), in: WPg 2007, S. 721-729 (Voraussetzungen für die Bildung von Bewertungseinheiten (Teil 2)).

PLATTNER, MANUEL, Analyse der Effektivität von Sicherungsbeziehungen im Rahmen des Hedge Accounting nach IAS/IFRS in Banken, Berlin 2007 (Effektivität von Sicherungsbeziehungen).

POPPER, KARL, Logik der Forschung, 11. Aufl., Tübingen 2005 (Logik der Forschung).

PRAHL, REINHARD, Bilanzierung von Financial Instruments – quo vadis?, in: Rechnungslegung, Steuerung und Aufsicht von Banken, hrsg. v. Lange, Thomas A./ Löw, Edgar, Wiesbaden 2004, S. 209-239 (Bilanzierung von Financial Instruments).

PRAHL, REINHARD/NAUMANN, THOMAS, Die Bewertungseinheit am Bilanzstichtag – und was danach?, in: ZBB 1994, S. 1-9 (Die Bewertungseinheit am Bilanzstichtag).

PRAHL, REINHARD/NAUMANN, THOMAS, Financial Instruments, Köln 2000 (Financial Instruments).

PRICEWATERHOUSECOOPERS (Hrsg.), IFRS für Banken, 4. Aufl., Frankfurt am Main 2008 (IFRS für Banken).

PRICEWATERHOUSECOOPERS LLP, Manual of accounting – Financial instruments 2010, Kingston upon Thames 2009 (Manual of accounting).

PRIGGE, CORD, Konzernlageberichterstattung vor dem Hintergrund einer Bilanzierung nach IFRS, Düsseldorf 2006 (Konzernlageberichterstattung).

PROKOP, JÖRG, Sensitivitätsanalyse und Value at Risk als Instrumente des Marktpreisrisiko-Reporting nach IFRS 7, in: BFuP 2008, S. 464-481 (Sensitivitätsanalyse und Value at Risk).

RICARDO, DAVID, On the Principles of Political Economy and Taxation, London 1817 (On the Principles of Political Economy and Taxation).

ROLAND, HELMUT, Der Begriff des Vermögensgegenstandes im Sinne der handels- und aktienrechtlichen Rechnungslegungsvorschriften, Göttingen 1980 (Der Begriff des Vermögensgegenstandes).

ROMEIKE, FRANK/HAGER, PETER, Erfolgsfaktor Risiko-Management 2.0 – Methoden, Beispiele, Checklisten, 2. Aufl., Wiesbaden 2009 (Risiko-Management).

ROSS, NORBERT, Gemeinsamkeiten und Unterschiede handels- und steuerrechtlicher Aktivierungskonzeptionen, in: Rechnungslegung und Prüfung, hrsg. v. Baetge, Jörg, Düsseldorf 1996, S. 231-253 (Gemeinsamkeiten und Unterschiede handels- und steuerrechtlicher Aktivierungskonzeptionen).

RUDOLPH, BERND/SCHÄFER, KLAUS, Derivative Finanzmarktinstrumente – Eine anwendungsbezogene Einführung in Märkte, Strategien und Bewertung, Berlin 2005 (Derivative Finanzmarktinstrumente).

SCHABER, MATHIAS/REHM, KATI/MÄRKL, HELMUT/SPIES, KORDELIA, Handbuch strukturierter Finanzinstrumente, 2. Aufl., Düsseldorf 2010 (Handbuch strukturierter Finanzinstrumente).

SCHARPF, PAUL, Derivative Finanzinstrumente im Jahresabschluss unter Prüfungsgesichtspunkten – Erfassung, Abwicklung und Bildung von Bewertungseinheiten, in: BFuP 1995, S. 166-206 (Derivative Finanzinstrumente im Jahresabschluss).

SCHARPF, PAUL, Finanzrisiken, in: Praxis des Risikomanagements, hrsg. v. Dörner, Dietrich/Horváth, Péter/Kagermann, Henning, Stuttgart 2000, S. 255-282 (Finanzrisiken).

SCHARPF, PAUL, Hedge Accounting nach IAS 39: Ermittlung und bilanzielle Behandlung der Hedge (In)-Effektivität, in: KoR 2004, S. 3-22 (Hedge Accounting nach IAS 39).

SCHARPF, PAUL/LUZ, GÜNTHER, Risikomanagement, Bilanzierung und Aufsicht von Finanzderivaten, 2. Aufl., Stuttgart 2000 (Finanzderivate).

SCHARPF, PAUL/SCHABER, MATTHIAS, Bilanzierung von Bewertungseinheiten nach § 254 HGB-E, in: KoR 2008, S. 532-542 (Bilanzierung von Bewertungseinheiten).

SCHEFFLER, JAN, Hedge-Accounting – Jahresabschlußrisiken in Banken, Wiesbaden 1994 (Hedge-Accounting).

SCHILDBACH, THOMAS, Der handelsrechtliche Jahresabschluss, 9. Aufl., Herne 2009 (Der handelsrechtliche Jahresabschluss).

SCHMALENBACH, EUGEN, Theoretische Studie über den gemeinen Wert, in: Zeitschrift für Handelswissenschaftliche Forschung 1917/18, S. 9-151 (Theoretische Studie über den gemeinen Wert).

SCHMIDT, CLAUDE, Hedge Accounting mit Optionen und Futures – Ein Konzept für die Schweiz unter Berücksichtigung nationaler und internationaler Rahmenbedingungen, Zürich 1996 (Hedge Accounting).

SCHMIDT, MARTIN, Bewertungseinheiten nach dem BilMoG, in: BB 2009, S. 882-886 (Bewertungseinheiten nach dem BilMoG).

SCHMIDT, MARTIN, Rechnungslegung von Finanzinstrumenten – Abbildungskonzeptionen aus Sicht der Bilanztheorie, der empirischen Kapitalmarktforschung und der Abschlussprüfung, Wiesbaden 2005 (Rechnungslegung von Finanzinstrumenten).

SCHMIDT, MATTHIAS/PITTROFF, ESTHER/KLINGELS, BERND, Finanzinstrumente nach IFRS, München 2007 (Finanzinstrumente).

SCHMITTING, WALTER, Perspektiven eines Risikomanagements im Rahmen von Unternehmensakquisition und Due Diligence, in: Due Diligence bei Unternehmensakquisitionen, hrsg. v. Berens, Wolfgang/Brauner, Hans U./Strauch, Joachim, 5. Aufl., Stuttgart 2008, S. 236-265 (Perspektiven eines Risikomanagements im Rahmen von Unternehmensakquisition und Due Diligence).

SCHMITZ, THEO, Steuerliche Auswirkungen handelsrechtlicher Bewertungseinheiten, in: DB 2009, S. 1620-1623 (Steuerliche Auswirkungen handelsrechtlicher Bewertungseinheiten).

SCHULZE, DENNIS, Die Berichterstattung über Risiken der künftigen Entwicklung im Lagebericht nach dem KonTraG, Aachen 2001 (Berichterstattung über Risiken).

SCHWARZ, CHRISTIAN, Derivative Finanzinstrumente und hedge accounting – Bilanzierung nach HGB und IAS 39, Berlin 2006 (Derivative Finanzinstrumente und hedge accounting).

SEETHALER, PETER/STEITZ, MARKUS, Praxishandbuch Treasury-Management – Leitfaden für die Praxis des Finanzmanagements, Wiesbaden 2007 (Treasury-Management).

SITTMANN-HAURY, CAROLINE, Forderungsbilanzierung von Kreditinstituten – Kritische Analyse von HGB-, US GAAP-, IAS-Vorschriften und "fair value model", Wiesbaden 2003 (Forderungsbilanzierung von Kreditinstituten).

SOLMECKE, HENRIK, Auswirkungen des Bilanzrechtsmodernisierungsgesetzes (BilMoG) auf die handelsrechtlichen Grundsätze ordnungsmäßiger Buchführung, Düsseldorf 2009 (Auswirkungen des BilMoG auf die GoB).

SOMMERHOF, DOMINIC, Die handelsrechtliche Berichterstattung über das selbsterstellte immaterielle Anlagevermögen im Vergleich zu internationalen Rechnungslegungsnormen – Eine theoretische und empirische Analyse, Düsseldorf 2010 (Berichterstattung über das selbsterstellte immaterielle Anlagevermögen im Vergleich zu internationalen Rechnungslegungsnormen).

STAUBER, JÜRGEN, Finanzinstrumente im IFRS-Abschluss von Nicht-Banken – Ein konkreter Leitfaden zur Bilanzierung und Offenlegung, Wiesbaden 2009 (Finanzinstrumente im IFRS-Abschluss von Nicht-Banken).

STEINER, MANFRED/MEYER, FRIEDER, Hedging mit Financial Futures, in: Handbuch des Finanzmanagements, hrsg. v. Gebhardt, Günther/Gerke, Wolfgang/Steiner, Manfred, München 1993, S. 721-749 (Hedging mit Financial Futures).

STEINER, MANFRED/TEBROKE, HERMANN-JOSEF/WALLMEIER, MARTIN, Konzepte der Rechnungslegung für Finanzderivate, in: WPg 1995 (Rechnungslegung für Finanzderivate).

STIBI, BERND/FUCHS, MARKUS, Zum Referentenentwurf des Bilanzrechtsmodernisierungsgesetzes (BilMoG). Erste Würdigung ausgewählter konzeptioneller Fragen, in: DB, S. 6-13 (Zum Referentenentwurf des Bilanzrechtsmodernisierungsgesetzes (BilMoG)).

STRUFFERT, RALF, Asset Backed Securities-Transaktionen und Kreditderivate nach IFRS und HGB, Wiesbaden 2006 (ABS-Transaktionen und Kreditderivate).

TIEDCHEN, SUSANNE, Der Vermögensgegenstand im Handelsbilanzrecht, Köln 1991 (Der Vermögensgegenstand im Handelsbilanzrecht).

TIPKE, KLAUS, Auslegung unbestimmter Rechtsbegriffe, in: Handwörterbuch unbestimmter Rechtsbegriffe im Bilanzrecht des HGB, hrsg. v. Leffson, Ulrich/ Rückle, Dieter/Großfeld, Bernhard, Köln 1986, S. 1-11 (Auslegung unbestimmter Rechtsbegriffe).

TIPKE, KLAUS, Die Steuerrechtsordnung, 2. Aufl., Köln 2000 (Die Steuerrechtsordnung).

TÖNNIES, MICHAEL/SCHIERSMANN, BERT, Die Zulässigkeit von Bewertungseinheiten in der Handelsbilanz (Teil 1), in: DStR 1997, S. 714-720 (Die Zulässigkeit von Bewertungseinheiten (Teil 1)).

TÖPFER, ARMIN/HEYMANN, ANJA, Marktrisiken, in: Praxis des Risikomanagements, hrsg. v. Dörner, Dietrich/Horváth, Péter/Kagermann, Henning, Stuttgart 2000 (Marktrisiken).

WAGENHOFER, ALFRED, Internationale Rechnungslegungsstandards IAS/IFRS, 6. Aufl., München 2010 (Internationale Rechnungslegungsstandards IAS/IFRS).

WATRIN, CHRISTOPH/STRUFFERT, RALF, Verbesserung der Berichterstattung über den Transfer von Kreditrisiken – Vorschlag eines Kreditrisikospiegels, in: FB 2007, S. 29-41 (Verbesserung der Berichterstattung über den Transfer von Kreditrisi-ken – Vorschlag eines Kreditrisikospiegels).

WICHMANN, GERD, Der Vermögensgegenstand als Bilanzierungsobjekt nach dem HGB, in: DB 1988, S. 192-194 (Der Vermögensgegenstand als Bilanzierungsobjekt).

WIECHENS, GERO/HELKE, IRIS, Die Bilanzierung von Finanzinstrumenten nach dem Regierungsentwurf des BilMoG, in: DB 2008, S. 1333-1338 (Die Bilanzierung von Finanzinstrumenten nach dem Regierungsentwurf des BilMoG).

WIECHENS, GERO/HELKE, IRIS, Zum Referentenentwurf des Bilanzrechtsmodernisierungsgesetzes (BilMoG): Bilanzielle Abbildung von Bewertungseinheiten, in: DB Beilage 2008, S. 26-29 (Zum Referentenentwurf des BilMoG).

WIEDMANN, HARALD, Bewertungseinheit und Realisationsprinzip, in: Neuorientierung der Rechenschaftslegung, hrsg. v. Institut der Wirtschaftsprüfer in Deutschland, Düsseldorf 1995, S. 101-122 (Bewertungseinheit und Realisationsprinzip).

WIEDMANN, HARALD, Die Bewertungseinheit im Handelsrecht, in: Bilanzrecht und Kapitalmarkt, hrsg. v. Moxter, Adolf/Ballwieser, Wolfgang/Böcking, Hans-Joachim/Drukarczyk, Jochen, Düsseldorf 1994, S. 455-482 (Die Bewertungseinheit im Handelsrecht).

WIESE, ROLAND, Hedge-Accounting im IFRS-Abschluss – Methoden der Effektivitätsmessung und Aspekte der Abschlussprüfung, Düsseldorf 2009 (Hedge-Accounting).

WIESE, ROLAND/SPINDLER, MICHAEL, IFRS 9 Financial Instruments – Neuregelungen zum Hedge Accounting (ED/2010/13), in: PiR 2011, S. 57-65 (IFRS 9 Financial Instruments).

WILLNOW, JOACHIM, Derivative Finanzinstrumente – Vom Europäischen zum Exotischen, Wiesbaden 1996 (Derivative Finanzinstrumente).

WOLKE, THOMAS, Risikomanagement, München 2007 (Risikomanagement).

ZANTOW, ROGER/DINAUER, JOSEF, Finanzwirtschaft des Unternehmens – Die Grundlagen des modernen Finanzmanagements, 3. Aufl., München 2011 (Finanzwirtschaft des Unternehmens).

ZÜLCH, HENNING/HOFFMANN, SEBASTIAN, Der Referentenentwurf zum BilMoG. Ein kritischer Literaturüberblick, in: DB 2008, S. 1053-1060 (Der Referentenentwurf zum BilMoG).

Gesetzesverzeichnis und Rechtsquellen der EG/EU

Aktiengesetz (AktG) vom 06.09.1965, BGBl. I 1965, S. 1089-1184, zuletzt geändert durch Gesetz vom 09.12.2010, BGBl. I 2010, S. 1929 f.

Bürgerliches Gesetzbuch (BGB) in der Fassung der Bekanntmachung vom 02.01.2002, BGBl. I 2002, S. 42-44, zuletzt geändert durch Gesetz vom 17.01.2011, BGBl. I 2011, S. 34-36.

Einführungsgesetz zum Handelsgesetzbuch (EGHGB) vom 10.05.1897, RGBl. 1897, S. 437, zuletzt geändert durch Gesetz vom 08.12.2010, BGBl. I 2010, S. 1870.

Gesetz über das Kreditwesen (Kreditwesengesetz – KWG) in der Fassung der Bekanntmachung vom 09.09.1998, BGBl. I 1998, S. 2776-2819, zuletzt geändert durch Gesetz vom 09.12.2010, BGBl. I 2010, S. 1907-1921.

Gesetz über den Wertpapierhandel (Wertpapierhandelsgesetz – WpHG) in der Fassung der Bekanntmachung vom 09.09.1998, BGBl. I 1998, S. 2708, zuletzt geändert durch Gesetz vom 19.11.2010, BGBl. I 2009, S. 1592.

Gesetz zur Durchführung der Richtlinie des Rates der Europäischen Gemeinschaften über den Jahresabschluss und den konsolidierten Abschluss von Banken und anderen Finanzinstituten (Bankbilanzrichtlinien-Gesetz – BilRiLiG) vom 19.12.1985, BGBl. I 1985, S. 2355-2433.

Gesetz zur Modernisierung des Bilanzrechts (Bilanzrechtsmodernisierungsgesetz –BilMoG) vom 25.05.2009, BGBl. I 2009, S. 1102-1137.

Gesetz zur Umsetzung der neu gefassten Bankenrichtlinie und der neu gefassten Kapitaladäquanzrichtlinie (BKRUG) vom 17.11.2006, BGBl. I 2006, S. 2606.

Gesetz über den Versicherungsvertrag (Versicherungsvertragsgesetz – VVG) vom 23.11.2007, BGBl. I 2007, S. 2631, zuletzt geändert durch Gesetz vom 14.04.2010, BGBl. I 2010, S. 410.

Handelsgesetzbuch (HGB) vom 10.5.1897, RGBl. 1897, S. 219-436, zuletzt geändert durch Artikel 6 des Gesetzes vom 08.12.2010, BGBl. I 2010, S. 1797 f.

Verordnung (EG) Nr. 1606/2002 des Europäischen Parlaments und des Rates vom 19.07.2002 betreffend die Anwendung internationaler Rechnungslegungsstandards, in: Amtsblatt der EG Nr. L 243 vom 11.09.2002, S. 1-4.

Vierte Richtlinie 78/660/EWG des Rates vom 25. Juli 1978 aufgrund von Artikel 54 AbS. 3 Buchst. g) des Vertrages über den Jahresabschluss von Gesellschaften bestimmter Rechtsform, in: Amtsblatt der EG Nr. L 222 vom 14.08.1978, S. 11-31 (Richtlinie 78/660/EWG).

Verzeichnis der Gesetzesmaterialien

BUNDESMINISTERIUM DER JUSTIZ (Hrsg.), Referentenentwurf eines Gesetzes zur Modernisierung des Bilanzrechts (Bilanzrechtsmodernisierungsgesetz – BilMoG) vom 08.11.2007, http://www.iasplus.com/europe/0711germanlawproposal.pdf (Stand: 10.04.2011) (Referentenentwurf).

BR-Drucksache 199/06 vom 17.03.2006: Gesetzesbeschluss des Deutschen Bundestages: Gesetz zur Eindämmung missbräuchlicher Steuergestaltungen (BR-Drucks. 199/06).

BR-Drucksache 344/08 vom 23.05.2008: Gesetzesentwurf der Bundesregierung – Entwurf eines Gesetzes zur Modernisierung des Bilanzrechts (Bilanzrechtsmodernisierungsgesetz – BilMoG) (BR-Drucks. 344/08).

BR-Drucksache 270/09 vom 27.03.2009: Gesetz zur Modernisierung des Bilanzrechts (Bilanzrechtsmodernisierungsgesetz – BilMoG) (BR-Drucks. 270/09).

BT-Drucksache 16/634 vom 13.02.2006: Gesetzesentwurf der Bundesregierung – Entwurf eines Gesetzes zur Eindämmung missbräuchlicher Steuergestaltungen (BT-Drucks. 16/634).

BT-Drucksache 16/10067 vom 30.07.2008: Gesetzesentwurf der Bundesregierung – Entwurf eines Gesetzes zur Modernisierung des Bilanzrechts (Bilanzrechtsmodernisierungsgesetz – BilMoG) (BT-Drucks. 16/10067).

BT-Drucksache 16/12407 vom 24.03.2009: Beschlussempfehlung und Bericht des Rechtsausschusses (6. Ausschuss) zu dem Gesetzesentwurf des Bundesregierung – Drucksache 16/10067 – Entwurf eines Gesetzes zur Modernisierung des Bilanzrechts (Bilanzrechtsmodernisierungsgesetz – BilMoG) (BT-Drucks. 16/12407).

Verzeichnis der Rechtsprechung

BFH, Urteil vom 7.9.1954 – I 50/54 U, in: BStBl. III 1954, S. 330.

BFH, Beschluss vom 26.11.1973 – GrS 5/71, BStBl. II 1974, S. 132.

BFH, Urteil vom 15.12.1977 – VIII R 121/73, BStBl. II 1978, S. 210.

BFH, Urteil vom 28.09.1990 – III R 178/86, BStBl. II 1991, S. 187.

Stichwortverzeichnis

Rechnungslegung und Wirtschaftsprüfung

Herausgegeben von Prof. (em.) Dr. Dr. h. c. Jörg Baetge, Münster, Prof. Dr. Hans-Jürgen Kirsch, Münster, und Prof. Dr. Stefan Thiele, Wuppertal

Band 28
Corinna Ewelt-Knauer
Der Konzernabschluss als Berichtsinstrument der wirtschaftlichen Einheit – Zur Abgrenzung des Vollkonsolidierungskreises sowie zur bilanziellen Abbildung von Transaktionen mit Dritten
Lohmar – Köln 2010 • 304 S. • € 59,- (D) • ISBN 978-3-89936-996-0

Band 29
Kathrin Köhling
Barwertorientierte Fair Value-Ermittlung für Renditeimmobilien in der IFRS-Rechnungslegung – Empfehlungen zur Konkretisierung eines Bewertungskalküls
Lohmar – Köln 2011 • 304 S. • € 59,- (D) • ISBN 978-3-8441-0041-9

Band 30
Tim Hoffmann
Unternehmerische Nachhaltigkeitsberichterstattung – Eine Analyse des GRI G3.1-Berichtsrahmens
Lohmar – Köln 2011 • 292 S. • € 59,- (D) • ISBN 978-3-8441-0057-0

Band 31
Daniel Siegel
Die Bilanzierung latenter Steuern im handelsrechtlichen Jahresabschluss nach § 274 HGB
Lohmar – Köln 2011 • 300 S. • € 59,- (D) • ISBN 978-3-8441-0058-7

Band 32
Martin Jonas
Die Bildung von Bewertungseinheiten im handelsrechtlichen Jahresabschluss – Eine auslegende Untersuchung des § 254 HGB zur Bilanzierung von Sicherungszusammenhängen bei Industrie- und Handelsunternehmen
Lohmar – Köln 2011 • 288 S. • € 58,- (D) • ISBN 978-3-8441-0090-7